ENTRE CRÓNICAS
Viaje a la Venezuela histórica

ENTRE CRÓNICAS

Viaje a la Venezuela histórica

LUIS ALBERTO PEROZO PADUA

Número de Control de la Biblioteca del Congreso de EE. UU.: 2020909245
ISBN: Tapa Dura   978-1-5065-3256-1
           Tapa Blanda   978-1-5065-3257-8
           Libro Electrónico   978-1-5065-3255-4

Las gráficas de este reportaje pertenecen a Diario EL IMPULSO
Otras fueron aportadas por Florencio "Fuller" Sequera Giménez, quien generosamente las proporcionó para preservar la historia
Edición a cargo de Editorial Palibrio
Corrección licenciada magíster Violeta Villar Liste y doctor Carlos Giménez Lizarzado

FUNDACION

Información de la imprenta disponible en la última página.

Fecha de revisión: 11/06/2020

Para realizar pedidos de este libro, contacte con:
Palibrio
1663 Liberty Drive
Suite 200
Bloomington, IN 47403
Gratis desde EE. UU. al 877.407.5847
Gratis desde México al 01.800.288.2243
Gratis desde España al 900.866.949
Desde otro país al +1.812.671.9757
Fax: 01.812.355.1576
ventas@palibrio.com
806599

ÍNDICE

TESTIGOS DEL TIEMPO

LOS YEPES GIL, UNA FAMILIA DE HISTORIA

CABUDARE COMO MEMORIA

INESTIMABLE PATRIMONIO RELIGIOSO

DISCURSO

A Luis Daniel, Gabriel Alejandro,
Andrés Santiago y Mathias Marcelo, porque hoy
volví a leer sus nombres en el libro de mi vida. Allí
Dios los esculpió siempre y para siempre

Gratitudes

"Y cuando mis ojos ya no puedan
mirar lejos, tú mirarás por mí".

Estás líneas fueron las primeras que guardé en la única maleta que me llevé al exilio. Esa frase vino no solo en esa maleta de ropas y libros, sino en mi memoria, la cual repetía con estruendoso silencioso a medida que pasaba y repasaba las imágenes de Haydee Padua, mi madre, despidiéndose, con su mano alzada en amargo adiós.

Ella es la autora de esas líneas mágicas.

Me las regaló el día que cumplí diecinueve años y desde entonces, cada noche, le agradezco por ese generoso gesto.

Pero la génesis de esta obra se remonta a mis once años, cuando una mañana, ella, mi mamá, me obsequió un librito artesanalmente editado que narraba la vida y obra del general Juan Jacinto Lara Meléndez, epónimo de mi estado natal, escrito por el historiador cabudareño, José Ramón Brito Calles, obra que leí y releí, sin revelar que era un boleto sin retorno al apasionante mundo de la narración histórica, lo que venía a complementar los apasionados y sentidos cuentos de Olga Padua, mi abuela materna, que cada noche, antes de dormir, nos narraba, a Sikiú, Eduardo y a mí, las historias y anécdotas de sus travesuras de niña y amores de juventud que complementaba con episodios de la historia y leyendas venezolanas, lo que me llevó a formarme esquemas literarios imaginarios para cuando su ausencia comenzara a quemarme, se hiciera menos dolorosa.

De allí, en adelante, los libros han sido parte de mi vida y de mi creencia. Para estas grandes mujeres, heroínas de la venezolanidad, mi gratitud de posteridad.

Pero toda empresa amerita un sacrificio: En unas hay que transitar por senderos más escarpados que otros, y, en lo referente a este libro, afirmaría que en ese caminar me han acompañado mis hijos y mi esposa Margarita Barrios Gudiño, pasando días y noches enteros solo con mi ausencia, pero sin ese insondable vacío, este libro no hubiese sido posible. Así que mi agradecimiento eterno también para ellos.

Otro de los grandes retos era investigar sobre el tema histórico a más de seis mil millas de distancia, una proeza que hacía más arduo y desventurado el asunto, por lo que apelé al auxilio de aquellos nobles trilladores de libros y datos como lo son el historiador Carlos Giménez Lizarzado, quien me leía obras de antiguos cronistas vía telefónica a medianoche, para luego hacer las respectivas capturas de los textos y enviármelos como soporte, vía WhatsApp; o las oportunas diligencias de la licenciada María Elisa Isea y mis hermanos Elker y Eduardo, quienes, en medio de constantes apagones y bloqueos de Internet por parte del régimen venezolano, en momentos muy apremiantes, aportaron desde Venezuela datos sorprendentes que sirvieron para despejar la bruma en los abismos que aparecían con cada investigación.

Pero definitivamente esta obra no hubiese sido una realidad sin la constancia y la seriedad que se aportó el cronista Carlos Guerra Brandt, quien además de enviarme como obsequio libros de su propiedad para que disipara dudas y blindara el contenido de mis investigaciones, realizaba apresuradas salidas a cualquier hora, para consultar datos que vendrían a complementar las lagunas de esta obra, demostrando no solo su juramento como celador de la historia y las crónicas, sino como fiel creyente de nuestra amistad. A él, un tributo grande.

Otro agradecimiento, de manera especial, a la periodista Violeta Villar Liste, por sus palabras alentadoras en momentos de desesperanza mostrándome luces al final del túnel y que, además, se tomó como propia la corrección milimétrica de este libro. A ella, mi profunda gratitud. A Dios y a la Divina Pastora, que son finalmente quienes dirigen mi pluma y los destinos de mi existir.

Luis Alberto Perozo Padua
Germatown, Maryland, primavera de 2020

Prefacio

Entre Crónicas, Viaje a la Venezuela Histórica, es un compendio de enjundiosos artículos que no precisamente por estar dentro del género de la crónica, combinan magistralmente la investigación histórica con la reseña periodística.

Cuando en la Fundación Buría conocimos la labor incansable del autor de este formidable texto, supimos inmediatamente que la historia y las crónicas tendrían un lugar preponderante en su ardoroso recorrido.

En las páginas del diario centenario **EL IMPULSO** de Barquisimeto, comenzaron a producirse textos de investigación, entrevistas, semblanzas y un sinfín de crónicas que hablaban del pasado de notables personalidades y también de aquellos anónimos que bien merecían ser conocidos. Podíamos leer diariamente en las páginas del periódico barquisimetano, sobre la historia y el antiguo quehacer de vecinos de pueblos y ciudades, así como de acontecimientos olvidados o no difundidos.

Más tarde, surgió *CorreodeLara.com*, como uno de sus proyectos enfocados a reproducir esa producción literaria que cobraba cada vez más afectos. Viene entonces esta plataforma a convertirse en un punto de referencia motivacional para los jóvenes que incursionan en las artes de la escritura, de la crónica y a historia. *CorreodeLara.com*, ya es un repositorio con una diversidad de temas históricos no solamente de Barquisimeto o el estado Lara, sino del país. Es una ventana cultural de importancia en estos tiempos aciagos de la República.

Nos impregnamos de su entusiasmo en cada título, de su pasión en la investigación rigurosa, que a la postre, lo convirtió en fundador de un estilo que hemos calificado como un cronista moderno, que conjuga el dinamismo del periodismo con la historia.

Luis Alberto Perozo Padua nos entrega con esta obra, la revelación del arte moderno de un periodista en labores de investigador de hechos pasados, sin agotar la profundidad y la sencillez.

Nuestro autor es formado como periodista e investigador en las aulas barquisimetanas de la academia y en la redacción del diario de don Federico Carmona, pero de igual manera, con estrecho vínculo a la Fundación Buría. Ahora recorre otras sendas en medios nacionales e internacionales como LaPatilla. com, El Universal, y en Estados Unidos en El Tiempo Latino y el Washington Hispanic.

Destaca entre los reporteros de cultura siguiendo los pasos a sus predecesores Sonia Botero, Moraima Guanipa, Francisco 'Larry' Camacho y Violeta Villar Liste, esa generación de periodistas que superaron su oficio de noticias e información para convertirse en referentes por su contribución al conocimiento y la investigación.

En tal sentido, nos sentimos honrados de ver la concreción de este proyecto que vendrá a contribuir con la comprensión de la historia y el conocimiento general, en un libro que ocupará un lugar privilegiado en la colección literaria de Fundación Buría.

Prof. Carlos Giménez Lizarzado
Director de Publicaciones de Fundación Buría
El Eneal, Lara, Junio de 2020

Viaje fascinante a la Venezuela histórica

EN LUIS ALBERTO PEROZO PADUA siempre han vivido en gozosa armonía, su pasión indeclinable por el ejercicio periodístico junto con su pasión por el devenir histórico.

Lo primero, en realidad, no excluye a lo segundo. De hecho, se complementan. Luis Alberto, el entusiasta periodista cuya pasión viví en la sala de Redacción del centenario diario EL IMPULSO de Barquisimeto (estado Lara, Venezuela), ha sabido hilar la trama y la urdimbre de ambas pasiones que derivan en crónicas, muy celosas en la tarea de vigilar y resguardar el pasado.

Custodio de la memoria; curioso por naturaleza, se permite encontrarse con la historia desde la rigurosidad del dato, pero también con la maestría y la sencillez que le facilita su largo desandar por la escritura periodística.

Entre crónicas, Viaje a la Venezuela histórica, de esta forma, se convierte en una apasionante colección de momentos del ayer de un país al cual el autor ayuda a custodiar de olvidos.

En una entrevista, el periodista estadounidense Jon Lee Anderson, comentaba su gusto por la crónica, el poder "masticar por horas, días o semanas" lo escrito y contar ese "algo" para que influya en la realidad y la gente "lo recuerde quizás muchos años después".

Este influir en la realidad, y la capacidad de recordación y evocación, son logros en la escritura y el cuidado trabajo de investigación de este texto que el lector tiene ahora en sus manos.

No hay azar. Son palabras que hilan fino gracias al tiempo que Luis Alberto Perozo se regaló entre bibliotecas, libros antiguos, manuscritos, fotografías y la paciencia de largas conversaciones entre los antiguos que ya no están.

Este libro, en cierta forma, es un tributo a la Venezuela antigua, al país presente, desgarrado, en permanente angustia, tan necesitado de voces que le recuerden que más allá del dolor la esperanza se asoma en un pasado invencible y necesario.

Gracias a Luis Alberto por cuidar para el mañana los días acontecidos y la trascendencia de esta historia que nunca nos podrán arrebatar.

Violeta Villar Liste

La hermosa dama de Tarabana

UN HOMBRE apuesto cabalga por la ribera del río Claro en dirección al Central Tarabana, propiedad de su familia: los Yepes Gil. El caballero de impecable atuendo y sombrero, aprovecha la marcha para revisar los potreros y cortes de cañamelar de sus posesiones enclavadas en el Valle del Turbio, traspasadas de generación en generación desde 1822, como lo atestigua un documento notariado en Barquisimeto el 21 de mayo de ese año.

Alegres voces alertan tanto al jinete como al brioso caballo. A lo lejos, varias mujeres en edad juvenil lavan sus ropas en el caudaloso afluente. Acelera el paso entre el apretujado espigar para observarlas y descubrir quiénes son, qué hacen allí

Los cascos de la vigorosa bestia se clavan en el barro de los surcos de riego del extenso sembradío. Los torrentes del río chocando con las piedras limitan su audición hasta que alcanza la margen del caudal. Allí, frente a él, se encontró a la dama más hermosa jamás vista en aquellos predios. Quién era aquella damisela del Valle de Tarabana.

Toques de queda y despliegue de tropas convulsionaron a Barquisimeto y Cabudare por ese entonces, pues hacía pocos días que un movimiento político-militar había derrocado al presidente democráticamente electo don Rómulo Gallegos, obligándolo a exiliarse y en su lugar instalar una junta militar presidida por Carlos Delgado Chalbaud.

Los apuntes de la investigadora

Rememora Haydee Padua, investigadora de la genealogía histórica de la familia Yepes Gil e hija de don Daniel Yepes Gil, que fue entre los verdes cultivos de cañas del Valle del Turbio, en épocas pasadas, donde don Daniel "encontró su verdadero amor".

Don Daniel ya había contraído nupcias con doña Nelly Arévalo, procreando cuatro hijas. Doña Nelly fue una distinguida dama hija de don Rafael Arévalo González, el denodado periodista fundador de El Pregonero quien, con su periódico desafió la recia dictadura gomecista lo que le costó 27 años de cárcel en 14 prisiones entre La Rotunda en Caracas, y el Castillo Libertador, en Puerto Cabello, entre otros.

Pertenecía don Daniel a esa prosapia de hombres que a fuerza de trabajo continuaron el legado de sus ancestros, construyendo un futuro promisorio para los larenses. Su linaje otorgaba no solo una categoría principal, sino que también era un compromiso moral y ético. Nieto del doctor José Espiritusanto Gil, conocido en la literatura histórica como el Pelón Gil, un legendario héroe de la Guerra Federal que defendió sin titubeo la plaza de Barquisimeto durante los terribles años de 1860 y 61.

El Pelón Gil era abogado litigante y un atinado político desde su curul en el Congreso que sancionó la Constitución de 1858. Más tarde, desde su pequeño y modesto despacho en la calle Real de Barquisimeto, ejerció la primera magistratura del gran estado que abrigaba Lara y buena parte del Yaracuy. Asimismo, introdujo la primera imprenta a El Tocuyo para fundar el semanario Aura Juvenil, que dirigirá su hijo José Gil Fortoul junto a Lisandro Alvarado.

El Valle Neosegoviano como escenario

Una mañana de sol radiante, en cabalgata rumbo a la Hacienda Tarabana, en donde el moderno trapiche alemán de sus hermanos Cruz María, José Antonio y Mariano, trituraba el cañamelar para convertirlo en azúcar, divisó a orillas del río a una hermosa mujer que lo enamoraría para siempre.

Describe con entusiasmo Haydee Padua, que don Daniel apresuró su caballo para atravesar el lecho y cautivo de una trampa del destino, sus animados ojos se clavaron en aquella bella silueta: una agraciada y joven damisela, de rasgos muy criollos y pueblerinos, de largos cabellos azabaches, de labios que no agotaban la pasión del rojo, dueña de grandes y expresivos ojos negros. Las travesuras de Cupido merodearon Tarabana en aquel remoto año 48.

Y mi padre al acercarse cada vez más a aquella mujer, quedó inerte y sin aliento -recuenta Haydee Padua sumida en un fascinante relato-, adicionando que su esquema de hombre recio y poderoso se derritió ante la presencia magnífica de la esplendorosa mujer.

Es testimonio de don Daniel, entre las memorias escritas por su hija, que desde ese entonces las citas a hurtadillas "fueron más frecuentes, y las visitas a Tarabana se tornaron obligadas".

Cada tarde, con un sol resplandeciente, Olga caminaba presurosa desde Cabudare por el camino Real a Barquisimeto hasta las extremidades del río Claro, para encontrarse con el apuesto hombre a caballo y sombrero.

-Así nació ese amor fantástico, en encuentros furtivos en el escenario más sublime, a las puertas de la histórica Capilla Las Mercedes-, traza la escritora sin advertir las grietas de su corazón y sus ojos anegados en lágrimas.

Olga Padua y Daniel Yepes Gil, un amor de siglos

En Tarabana lo flechó Cupido

Aquel maravilloso encuentro se inspiró en el feudo del despiadado tirano Aguirre, entre el altivo Terepaima y la vasta meseta neosegoviana, testigos auténticos de la Batalla de Tierrita Blanca, acontecimiento desarrollado "en el año del Señor de 1813", donde chocaron las tropas de Bolívar, Urdaneta y Palavecino contra las hordas del cruel brigadier español José Ceballos y su lugarteniente Francisco María de Oberto.

Y, desde ese entonces don Daniel compartió su vida con Olga Padua, la hermosa dama de Tarabana, "La Negra" como la llamaba con mágico acento. De esta esencia seductora nacieron: Oscar, Haydee, Héctor, Virginia, Gisela y Fernando.

Pero don Daniel, no pudo ser más franco, más llano, pues le ofreció a la dama de Tarabana, eterna compañía, aunque el destino pronto se encargaría de negar esa noble promesa. Olga fue para él un tesoro de piratas, y con el transcurrir de los años, don Daniel dejaría de pensar en el tiempo que le perseguía, porque para sí, con ella, ya todo lo poseía.

Allí, en Tarabana, entre las faldas del imperioso Terepaima y el Valle dominado por Lope de Aguirre, con vista a la meseta neosegoviana, lo flechó Cupido.

El Ferrocarril Bolívar es la historia de los caminos de hierro

PARA LA CONSTRUCCIÓN de esta moderna infraestructura que significó el progreso de Venezuela, se invirtieron 30 millones 956 mil 500 bolívares Su construcción estuvo íntimamente ligada a la explotación del cobre en la Minas de Aroa para el traslado a puertos marítimos y luego al exterior Las líneas surcaron un recorrido de 232,04 kilómetros, que comprendió –en términos de espacio- los hoy estados Falcón, Yaracuy, Lara y Carabobo

El Ferrocarril Bolívar fue el portador del progreso y el medio de transporte para el comercio internacional. Adelantos tecnológicos se conocieron gracias a los caminos de hierro, lo que vino a sustituir el intercambio comercial a lomo de mulas por escarpados senderos desde tiempos de la colonia.

El tramo inicial del ferrocarril fue inaugurado desde las Minas de Aroa por el presidente Antonio Guzmán Blanco el 7 de febrero de 1877, quien fue el primero en pisar la escalerilla del vagón especial. La segunda etapa del Ferrocarril Bolívar, fue inaugurada en enero de 1891, desde El Hacha pasando por Duaca Hasta Barquisimeto.

El mandatario llegó a Tucacas a bordo del vapor Bolívar y se hizo acompañar de ministros alemanes y españoles, además de personalidades como H. L Boulton, Carlos Hans, H. Valentiner, Gustavo Vollmer, J. Rol y el general Lino Duarte Level. A las 10 de la mañana, el primer tren de América del Sur recorrió la línea férrea hasta la estación de Palma Sola, conduciendo al presidente y su comitiva.

Luego de una ceremonia de recepción en la citada estación, siguieron hasta el sitio de La Luz, de donde partirían en caballo hasta las Minas de Aroa, lugar en donde Guzmán Blanco esbozó: *"Queda inaugurado el ferrocarril de Tucacas a Aroa, por lo cual felicito a Venezuela, a la compañia empresaria, a los empleados que han desempeñado tan importante obra. Nace hoy la vida de la civilización".*

La osada construcción del Ferrocarril Bolívar se otorgó el 15 de octubre de 1873, por 25 años, concesión a la compañía inglesa New Quebrada Company Limited, con una inversión de 30 millones 956 mil 500 bolívares, reformando así la concesión suscrita entre el Gobierno con la empresa también inglesa Quebrada Land Railway and Mining el 2 de junio de 1863.

Para la construcción del Gran Ferrocarril de Venezuela, asumida por los alemanes, se inyectaron 79 millones de bolívares, lo que significó un empeño de Guzmán Blanco de abrir las puertas del país para la inversión extranjera. La infraestructura del Ferrocarril Bolívar, surcó un recorrido de 232,04 kilómetros, que comprendió –en términos de espacio- los hoy estado Falcón, Yaracuy, Lara y Carabobo.

El primer pitazo del nuevo tramo

La segunda sección del Ferrocarril Bolívar, con un recorrido de 87 kilómetros entre el Hacha y Barquisimeto, fue inaugurada por el presidente Raimundo Andueza Palacio el 18 de enero de 1891, luego de un primer pitazo. "El gobierno de Lara decretó una semana de fiestas desde el 18 hasta el 23 de enero, con banquetes, actos literarios, instalación de sociedades de estudio y hasta un sarao público", describe Asuaje. Como honra a quienes hicieron posible la construcción de este tramo ferroviario, el presidente Andueza Palacio, decretó el 30 de diciembre de 1890, imponer la medalla La Paz y el Progreso.

El día de la inauguración, además la iglesia ofició un Te Deum en la iglesia san Francisco, cantado por monseñor Críspulo Uzcátegui, arzobispo de Caracas. Llegaron de todos los pueblos vecinos personalidades, todos invitados al gran evento y las páginas de todos los periódicos se llenaron con crónicas y vivas al trascendente acontecimiento.

Rafael Domingo Silva Uzcátegui, narra que "… *La estación estaba brillantemente adornada para el recibo del Presidente; a la entrada un arco triunfal desprendiendo de él tres líneas de más de cien metros con telas de colores. A las ocho apareció el tren con parte de la Fuerza*

Armada y la Banda Marcial, a las nueve se presentó el tren presidencial con el Dr Andueza Palacio acompañado de sus ministros. Ese mismo día la compañía del ferrocarril dio un banquete y el discurso alusivo, a cargo del Dr. Luis María Castillo".

Para la época de la llegada del ferrocarril Sud-Oeste de Venezuela, Barquisimeto contaba con 9.093 habitantes. El 23 de mayo de 1881, el Gobierno aprobó el contrato de concesión para la edificación de la línea ferroviaria entre Barquisimeto y La Luz, y entre San Felipe y Palma Sola, compromiso adquirido por Sebastián Viale Rigo.

Debido al incumplimiento de la negociación, fue revocado y traspasado a la compañía South Western of Venezuela Railway Company Limited, suscrita el 30 de octubre de 1886 y aprobada por el Congreso Nacional el 15 de agosto de 1888, con una duración de 99 años.

Refiere Mujica, que el Ayuntamiento del Distrito Iribarren, presidido por Elías Agüero, el 21 de marzo de 1890, concedió al ferrocarril –en seguimiento a la pauta nacional- una franja de terreno de 16 metros de ancho de lado a lado en toda su longitud desde Barquisimeto a Duaca para la fabricación de las respectivas estaciones y dependencias de funcionamiento.

Esta línea abarcó un radio de acción desde El Hacha -poblado que surgió producto de la actividad comercial del ferrocarril- pasando por Duaca hasta Barquisimeto, que abrió una ventana con el centro del país y a través de los puertos marítimos el gran portal al exterior.

Según la historiadora Lucila Mujica de Asuaje, el tramo de la línea que unió Barquisimeto-Yaracuy-Tucacas con el Golfo Triste, se denominó Ferrocarril del Sudoeste. El cronista Otto Acosta, indica que el ambicioso proyecto surgió con el propósito de transportar el mineral de cobre de las Minas de Aroa, (conocidas en la Colonia y por más de un siglo como Minas de Cocorote), además de productos agrícolas debido al auge cafetalero en la zona.

A través de los caminos de hierro, el progreso comenzó a llegar a Barquisimeto a finales del siglo XIX: La luz eléctrica, el aeroplano, el automóvil, el cinematógrafo y el fonógrafo.

En la segunda mitad del siglo XIX, a raíz de la puesta en funcionamiento la primera etapa del Ferrocarril Bolívar en 1877, y para fortalecer el comercio exterior, el general Jacinto Fabricio Lara, decretó la fabricación de una carretera desde Barquisimeto, pasando por Duaca hasta El Hacha para encontrarse con la vía férrea.

Inicio del proyecto ferroviario

La construcción del ferrocarril estuvo sujeta a la necesidad de transporte del mineral explotado en las Minas de Cocorote. Los entonces propietarios de las minas, que transportaban el material a través del río Aroa, lo que presentaba calamidades al momento de crecidas y otras contrariedades, iniciaron los primeros estudios para la edificación de un ferrocarril, contratando al ingeniero John Haw Kshaw.

Anota Mujica, que los primeros rieles se tendieron entre los años 1835 a 1840, para trenes de tracción animal. Pero los trabajos se paralizaron por las condiciones adversas del tramo propuesto: Aroa-puerto de embarque del Golfo Triste. Más tarde, el proyecto tomó forma y creció según la demanda del comercio internacional y de los productos proporcionados por su área de influencia: Minerales, agrícolas, pecuarios. Igualmente se construyó otro ramal que se unió a la vía principal de 13,59 kilómetros y se internaba en las minas, el cual atravesaba la mayor parte de los sitios de explotación con cuatro bifurcaciones, además de otras cuatro vías posteriores que sumaban 103,4 kilómetros.

Incremento de la extracción

Apunta Asuaje como dato curioso, que la construcción de los caminos de hierro y la explotación del mineral, trastocaron en Cerritos de Cocorote y Aroa, la producción de Cacao. "Para mediados del siglo XVIII se contabilizaban unos 117 mil 800 árboles de cacao con una producción promedio de 1.767 fanegadas, además de la gran cantidad de café, caña de azúcar, plátanos y algodón... Todos prósperos con mano de obra esclava e indígena proveniente de Duaca".

No es coincidencia que con la inauguración del Ferrocarril Bolívar en 1877, aumentó la extracción de cobre, que un año antes su explotación se situó en f 15.000 y en 1878 la cifra se triplicó representando en moneda nacional la cantidad de un millón 300 mil bolívares, gracias a la demanda del recurso por la expansión de la industria metalúrgica en Inglaterra.

Ferrocarril Bolívar en Barquisimeto 1930

Costo del tramo Barquisimeto

Para la instalación de la nueva vía ferrocarrilera se efectuaron movimientos de tierra y otras obras de pequeña envergadura, no así el puente sobre la quebrada La Ruezga (kilómetro 95), con 22 metros de largo por tres de altura. El gobierno de Lara comisionó al ingeniero Luciano Urdaneta, para el análisis técnico de rigor, cuya memoria descriptiva especificó: *"Partiendo del Pueblo de Duaca, a la altura de 727 metros sobre el nivel del mar, el ferrocarril desciende dirigiéndose al noroeste hasta el sitio de El Cují en el kilómetro 76, en la parte norte de la ciudad, donde está situada la estación de Barquisimeto. Desde el sitio El Pegón (kilómetro 60) hasta el paso de Tacarigua (kilómetro 63) existieron repetidas curvas cuyos menores radios son de 46,61 y 76 metros. Siguen luego rectas y curvas de regulares dimensiones hasta el kilómetro 66, donde continúa una recta de dos kilómetros de longitud. Entre Duaca y Barquisimeto existen 103 curvas, 3.288 metros a nivel y 2.817 de subida. Las pendientes varían de 0.09 a 3. 39%".*

En lo referente al movimiento de tierra entre Duaca y Barquisimeto, el especialista expuso que alcanzó un promedio por kilómetro de 2,50 bolívares por metro. El costo de alcantarillas, puentes y muros, 5.200,00 bolívares.

El costo por kilómetro de línea férrea fue de 69 mil 435 en el tramo Duaca-Barquisimeto, en tanto en el sector Duaca-El Hacha alcanzó los 144 mil 352 bolívares. El valor total de la obra fue de 13.746.960 bolívares.

Según la Guía General de Venezuela, describe que «Entre puentes y viaductos sumaban 518 con una longitud total de 2.109, 07 metros. Así como el ancho de la vía entre los rieles es de metros 0,610. El peso de los rieles por metro lineal de 24.300 kilos y el costo medio por kilómetro de construcción fue de 175.301 bolívares».

Servicio de pasajeros

Con el transcurrir de los años, el uso del Ferrocarril Bolívar se hizo necesario y su uso inicial para el transporte exclusivo de cobre se fue diversificando para el traslado de rubros agrícolas en demanda del mercado internacional. Igualmente se adaptaron vagones para el transporte de pasajeros, que ya no tenía que pasar meses en caminos de recuas desde Barquisimeto hasta Puerto Cabello y de allí en vapor hasta La Guaira, travesía que duraba meses.

Para este servicio se diseñó un programa de atención a los pasajeros con salida los días lunes y jueves a las 7:00 de la mañana con llegada a Tucacas a las 5:00 de la tarde. Allí pernoctaban para partir a primera hora de la mañana de ese otro día hasta Puerto Cabello, en donde también se tenía que hacer una parada hasta el día siguiente con destino a Caracas.

Asuaje asegura que además de Tucacas, a lo largo de la línea férrea, se establecieron las estaciones de Santa Bárbara, Alambique, Palma Sola, Yumare, El Hacha, La Luz y Boquerón, en donde existía un registro de pasajeros que abordaba la vía.

Declive mortal

A finales de los años 40, el declive de la actividad comercial a través del Ferrocarril Bolívar decretó su dramática agonía. La construcción de carreteras que surcaban extensos espacios geográficos acortó las distancias entre los pueblos, ejemplo de ello fue la edificación de la vía Barquisimeto-Puerto Cabello, cuyo recorrido en 163 kilómetros, al tiempo que por ferrocarril el tramo era de 191.

Esto generó además que el servicio de transporte de mercancía era esporádico por cuanto había que llenar todos los vagones para que el tren partiera, retrasando la economía de puerto. En 1947, ocurrió algo similar con el transporte de pasajeros: 406.245 pasajeros prefirieron utilizar el sistema de carreteras, frente a 52.857 que optaron trasladarse por ferrocarril. Un año después, el Instituto Autónomo de Ferrocarriles heredó por medio de la compra el Ferrocarril Bolívar, que costó al Estado 827 mil libras esterlinas, que luego de un estudio detallado, el ente recomendó:

"El Ferrocarril Bolívar de 232 kilómetros de longitud con sus ramales de Palma Sola-Tucacas-San Felipe-Barquisimeto acusó en 1953 un déficit de 850 mil bolívares y en primer semestre de 1954 su déficit había alcanzado la cifra de 203 mil 094 bolívares. Por lo que recomiendo su cierre de inmediato".

Hoy, el proyecto ferroviario nacional, incluyendo la línea Barquisimeto-Puerto Cabello, es una promesa sepultada en la expectativa y los anuncios incumplidos por parte del Gobierno nacional con una concesión milmillonaria a los chinos y posteriormente cubanos.

Fuente: Lucila Mujica: El Ferrocarril Bolívar de Tucacas a Barquisimeto. Barquisimeto 2003

Otto Acosta: Barquisimeto Eran Otros Tiempos Editorial Futuro San Cristóbal 2002

Rafael Domingo Silva Uzcátegui: Enciclopedia Larense. Tomo I. Caracas 1941

Florencio Sequera Jiménez: Apuntes personales

Archivo Diario EL IMPULSO Años 1977, 1983, 1986,1998 y 2006

El Cambural, el antiguo bar de Barquisimeto

"**CREO QUE NO EXISTE** en Barquisimeto una persona que no haya visitado o no se haya topado con alguna historia cercana a El Cambural, el bar más antiguo de la ciudad", fue la advertencia que le escuchamos hace algunos años a Arnoldo Dávila, un riguroso cronista prestado a esta urbe, testigo de excepción de estos hechos y referencia fundamental a la hora de estudiar la historia cotidiana.

Barquisimeto ha crecido vertiginosamente, pero la calle 31, antigua Aldao, entre carreras 15 y 16 (José Ángel Álamo y Regeneración, respectivamente) se detuvo en el tiempo, negándose a someterse a los cambios del momento. Testigo añejo, es el legendario aviso de la refrescante Bidú, con un gaucho en su corcel que se remonta a los años 70.

Entrar a El Cambural, significa hundirse en las crónicas de Barquisimeto de ayer; es suscribir memorias; es reencontrarse con la ciudad señorial, la de calles y esquinas con nombre de héroes y reseñas de proezas memorables. Cuna de la historia de San Juan Para muchos cronistas como el recordado y laureado Ramón Querales, el mismo Salvador Macías, Florencio Sequera (Fuller), y Arnoldo Dávila, han dado valiosos testimonios que aseguran que en el Bar El Cambural, quedó "guardada" la historia del barrio de San Juan.

Al ingresar al recinto, con su fisonomía que ya cuenta con 95 años -la cual permanece inalterable-, se respira envejecidas anécdotas y para los apasionados de las crónicas, es un paseo embriagador por las tradiciones y cuentos de un vecindario de calles empedradas, de imponentes templos y un comercio pujante.

El Cambural fue registrado en 1922, bajo licencia de licores N° 16, a nivel nacional, siendo su primer dueño Luis Antonio Rodríguez, más tarde pasó a ser propiedad del recordado y querido Benito Polleto, quien colocó en uno de los antiguos mostradores un cartel que decía: *"Las mentes grandes hablan de ideas. Las mentes pobres hablan de los demás"*.

Yo visité El Cambural

Ezequiel Bujanda Octavio, escribió una elocuente anécdota que bien vale rescatar: "Yo visité en mis años de joven el Bar Cambural, como se le llamaba, para tomarnos unas cervecitas por un real (Bs 0,50) cada una, ya que en los demás expendios de las famosas «frías», su costo era de real y medio (Bs 0,75), lo que significaba que con bolívares uno cincuenta (Bs 1,50), en El Cambural uno se tomaba tres cervecitas pero en los demás sitios de la ciudad solo dos. Cuál era entonces la opción para los jóvenes con poco dinero, por supuesto El Cambural".

El fotoperiodista Alfredo Defendini, otro apasionado de las crónicas barquisimetanas, enfatiza que el Bar El Cambural era ampliamente conocido como: como «El Banana Club», en donde a los clientes que tomaban más de tres cervecitas o tragos, se les proporcionaba unas mini empanadas de atún y sardina picante.

"Viaje en el Tiempo"

El cronista barquisimetano Iván Brito López, realizó un minucioso relato sobre la fisonomía y el funcionamiento de El Cambural, indicando que su nombre, quizá proviene del plantío de cambures en el patio del antiguo recinto, subrayando que "era tupida" y que posteriormente, en ese patio se construyó una serie baños en una especie de cubículos divididos con postes de maderas y láminas de zinc. En cada división había una pipa con capacidad para 200 litros de agua dispuestos para que los clientes acalorados o pasados de tragos, pudieran refrescarse. Cada cubículo tenía una repisa para el jabón y en sus vigas de madera, sobresalían enormes clavos de acera para colgar la ropa y evitar se mojara y arrugara.

Dentro de cada tambor de agua, flotaba una totuma o lata de leche que servía para "echarse encima la gélida agua serenada, que mientras la jornada se llevaba a efecto muchos clientes, ordenaban desde su cubículo les sirvieran sus respectivos tragos o les llevaran una carterita de tal o cual licor". Aquellos baños famosos también desaparecieron para dar paso a dos enormes y bien diseñadas canchas de bolas criollas, en donde cada tarde se reunían vecinos de la zona y otras latitudes, a disfrutar y compartir sus historias y anécdotas, en un viaje en el tiempo con el inmortal Benito Polleto, en El Cambural, el antiguo bar de Barquisimeto.

Cómo se llamaban las calles y esquinas de Barquisimeto

Calle del Comercio esquina de la calle Wonhsiedler
(av 20 con calle 28) acera noreste. Se aprecia la
Farmacia Cruz Roja, más tarde Farmacia Sigala

JOSÉ LAZARO FERRER, reportaba en 1745: "… una meseta alta de sabana muy alegre y descombrada, de hermosa y deleitable vista (…) Sus casas son de ocho varas de ancho y las cuadras de ciento y veinte y la calle principal y plaza están empedradas (…) Su vecindario se compone de ochocientos vecinos; de estos, los noventa son de primera clase, caballeros de ilustres y conocidas prosapias.

Los doscientos y cincuenta blancos de segunda clase; los ciento y veinticinco mestizos y indios criollos, y los demás mulatos, zambos y negros libres» (sic). Eliseo Soteldo en sus Crónicas de Barquisimeto, señaló que entre 1801 y 1810 Barquisimeto tenía seis calles: Obispo Villarroel (carrera 16), Puente (carrera 17), Ayacucho que era la de Isleños (carrera 18), Libertador que era la

Real (carrera 19) y debió agregar para hacer la seis, la del Comercio (carrera 20).

Entre 1822-1823, el coronel William Duane visitó Barquisimeto y apuntó en sus crónicas: «Las calles tendrían alrededor de veinte pies de anchura (5,40 mts.), bien adoquinadas y aun cuando la fundación y edificación de la ciudad sólo databa desde la época del terremoto de 1812 ya presentaba, sin embargo, un aspecto de mayor antigüedad".

Cómo se denominaron

Calle 11 -Antonio María Pineda
Calle 12 -José Saer D'Héguert
Calle 13 – Domingo de Alvarado
Calle 14 -Diego de Osorio
Calle 15 -Los Crepúsculos
Calle 16 -Antonio Carrillo
Calle 17 -José Gil Fortoul
Calle 18 -Vargas
Calle 19 -El Campamento
Calle 20 -Pablo Acosta Ortiz
Calle 21 -Paya 1812
Calle 22 -Bernabé Planas – Andrés Bello
Calle 23 -Franco Medina
Calle 24 -Lara
Calle 25 -Juares
Calle 26 -Aguedo Felipe Alvarado
Calle 27 -Eladio A. del Castillo
Calle 28 -Wonhsiedler
Calle 29 -Hendrina–Simón Rodríguez
Calle 30 -Casta J. Riera – 5 de julio
Calle 31 -Aldao
Calle 32 -Urdaneta
Calle 33 -Martín María Aguinagalde
Calle 34 Genaro Vásquez
Calle 35 -Ayamanes

Calle 36 -Simón A. Escovar
Calle 37 -Juan de Villegas
Calle 38 -Ana Pacheco
Calle 39 -Hermanos Torres
Calle 40 -Mateo Salcedo
Calle 41 -Vicente Landaeta Gil
Calle 42 -Rómulo Gallegos
Calle 43 -Manuel León
Calle 44 -Taormina Guevara
Calle 45 -Amábilis Cordero
Calle 46 -Juan de Salas

Las carreras y sus nombres

Carrera 12 -Mariano Raldíriz
Carrera 13 -Pío Tamayo – Av. Roosevelt
Carrera 13A -Domingo Fernández
Carrera 13B -Lucrecia García
Carrera 13C -Rudecindo Freitez Pineda
Carrera 14 -Río Turbio
Carrera 14A -Niobe Giménez
Carrera 14B -Pastora Arévalo
Carrera 15 – José Ángel Álamo
Carrera 16 -Nueva Segovia-Regeneración
Carrera 17 – Iribarren
Carrera 18 – Ayacucho
Carrera 19 -Bolívar
Carrera 20 -Comercio
Carrera 21 -Barquisimeto
Carrera 21-Enma Silveira
Carrera 22 -Gayones
Carrera 22A – Magdalena Seijas
Carrera 23 -El Carmen
Carrera 24 -Rosendo Perdomo
Carrera 25 -Caquetíos
Carrera 26 -Venezuela

Carrera 26A -Telasco A. Mac Pherson
Carrera 27 -Ana Soto
Carrera 28 -Antonio Arráiz
Carrera 29 -Negro Miguel
Carrera 30 -Buría
Carrera 31 – Rivas Dávila
Carrera 32 -José Félix Ribas
Carrera 33-Los Estudiantes
Carrera 34 -Diego de Losada
Carrera 35 -Pbro. Toribio Ruiz
Carrera 36 -José Parra Pineda
Avenida Lara -Avenida Divina Pastora

100 esquinas

En los albores del siglo XX, la calle del Comercio (Av. 20) tenía 18 esquinas debidamente identificadas con nombres de personalidades.

En 1902, don Juan Manuel Álamo, se dispuso a reorganizar la nomenclatura de Barquisimeto, dando nuevos nombres a calles y esquinas, y ratificando aquellos que la costumbre venía conservando desde el siglo XIX. El nomenclador fue publicando, en detalle, su iniciativa en un pequeño diario llamado El Legítimo.

El público en general pudo conocer entonces que la ciudad tuvo un total de casi 100 esquinas con nombres propios, pero además de las 18 esquinas de la calle Comercio: La calle del Libertador o calle Real, 15 esquinas; la calle Ayacucho, 10; la calle Ilustre Americano, también llamada Calle del Puente, 12; la calle De la Paz, o Regeneración, 9; la calle de San Juan o Villarroel, 13; la Márquez, 16; la calle Bruzual, 11 esquinas.

Fuente: Eliseo Soteldo. Crónicas del Barquisimeto de Ayer. Concejo Municipal de Iribarren. 1952
Ramón Querales. Nomenclatura de Barquisimeto. Ediciones de la Alcaldía de Iribarren 1996

A principios de siglo decomisan imprenta en Barquisimeto

LUEGO DEL TRIUNFO de las fuerzas restauradoras afectas a Cipriano Castro contra los alzados nacionalistas de Manuel Hernández, que tras un pacto circunstancial con Castro (eliminar coma) llegaron a controlar el sitio de Barquisimeto, le fue decomisada una imprenta al general Carlos Liscano, partidario del 'Mocho' Hernández.

A tal efecto, el general Jacinto Fabricio Lara, jefe civil y militar de la reconquistada Barquisimeto, en campaña en los distritos del norte, desde el 8 de febrero, ordenó por medio de Decreto del 30 de diciembre de 1900, «*la devolución de la imprenta a su propietario legítimo* ». La referida imprenta había sido puesta bajo la custodia del Dr Ramón Escovar Alvizu, y a él se dirige el general Lara a los fines de ejecutar la devolución.

Fuente: Ramón Querales. Aconteceres de la Aldea. Edición del Concejo Municipal de Iribarren 1998

De albergue de enfermos a Hospital La Caridad

EL DOCTOR ANTONIO MARÍA PINEDA tuvo la iniciativa de proponer al Gobierno provincial, sin suerte, la construcción de un hospital debido a la necesidad imperiosa de atención sanitaria. El edificio se levantó, gracias a las donaciones de la población y fue llamado Hospital La Caridad e inaugurado en 1918.

Antes, en 1912, el galeno escribió en el Boletín Científico: "No debemos desmayar en esta empresa, que nos proporcionará el orgullo y el placer de tener un edificio que será honra, no sólo de Barquisimeto, sino del estado Lara y de la patria. Esta infraestructura será la primera de esta índole que se realizará en Barquisimeto a esfuerzos individuales, y por esto, debemos terminarlo, cualquiera que sea el sacrificio que tengamos que hacer para que en lo sucesivo podamos llevar a cabo otras obras". El inmueble se construyó en el solar donde funcionaba el antiguo Hospital San Lázaro en la calle Obispo, (hoy carrera 15 entre calles 25 y 26). En 1939, el centro asistencial adquirió el nombre de su creador, funcionando allí hasta 1954, fecha que fue inaugurado la nueva estructura que conocemos hoy, ubicado al final de la Avenida Vargas.

Inauguración del Nuevo Hospital. Barquisimeto 1918

De hospital a museo

Cuando el hospital fue mudado, se le dio diversos usos, amenazado luego con ser demolido, hasta que el ayuntamiento, en 1977, inició los trámites para adquirirlo como utilidad cultural. En acuerdo con la Gobernación de Lara, se ejecutó la rehabilitación de la colosal infraestructura y abrió sus puertas como Museo de Barquisimeto en 1982.

Raúl Azparren, en Barquisimeto, paisaje sentimental de la ciudad y su gente, anota que el director del Hospital La Caridad, trajo para el centro de salud, a las hermanas de La Caridad. "Y fueron los bazares de caridad organizados por la Sociedad Hijas de La Caridad, que el propio doctor Pineda formara en Barquisimeto, Cabudare, Quíbor, Siquisique, Bobare, Yaritagua, Río Claro y en Mucuragua".

Apunta Azparren, que Las Hijas de La Caridad, no sólo recolectaban dinero, sino cualquier tipo de objeto que luego rifaban en lo referidos bazares. De esas actividades creadoras se destacó aquella velada a beneficio del hospital efectuado en el antiguo Teatro Juares, el 19 de abril de 1918. Dice Azparren que el doctor Pineda introdujo a Barquisimeto el primer equipo de rayos x, el cual se instaló en el Hospital La Caridad.

Sería el clérigo Pedro del Castillo, quien 25 años después de la instalación de Barquisimeto en la meseta, construiría, en una esquina de la plaza principal, al sur del templo de la Concepción, un albergue para enfermos que se denominaría San Lázaro, que habría de mantenerse gracias a los réditos de 100 pesos que dejó este sacerdote al morir.

El nuevo siglo marcó la llegada de los vehículos a Barquisimeto

EN LA AURORA del siglo XX, los barquisimetanos observaron con estupor la llegada de los primeros vehículos, en donde algunos cronistas citan que dentro de las casas, a través de los postigos de las puertas y ventanas, *"las beatas se santiguaban vociferando que estas máquinas sobre ruedas serían la perdición del mundo. Había otros que al escuchar estos aparatos, corrían despavoridos"*

El primer vehículo automotor que llegó a Lara, fue importado directamente de Europa con destino a Duaca. *"Llegó a Puerto Cabello a finales de agosto de 1904"*, según reseña el Eco Industrial del 2 de septiembre.

"Un automóvil. Ayer fue probado en nuestras calles el automóvil que fue importado con destino al estado Lara, por un comerciante de aquellos lares. Entre los paseantes se encontraba nuestro digno jefe civil coronel Julio C. León y otros apreciables caballeros, más quienes se sintieron satisfechos del buen resultado de estos cómodos aparatos, hasta hoy en Venezuela solamente conocidos en la capital de la República".

El propietario del automotor residía en Duaca y el "aparato" fue transportado en vapor de Puerto Cabello a Tucacas, y de allí a través del Ferrocarril Bolívar hasta Duaca. Pese al anuncio de ser exhibido en Barquisimeto, el escenario se vio frustrado porque los paseos por la bucólica Duaca agotaron el combustible. Luego de una querella legal, el vehículo fue embargado y trasladado a Barquisimeto y depositado en una casona del señor J. Hanser situada en la esquina de El Rebote. Más tarde, fue trasladado a Caracas con destino a Europa nuevamente.

Reseñaron los primeros vehículos

En 1913, siete años después del frustrado intento de ver un vehículo en las empedradas calles de Barquisimeto, Ignacio Ortiz y Francisco Agüero, ricos propietarios de la ciudad, llegaron de

Europa *"con sendos automóviles franceses marca Clement Bayard, para uso particular"*. El Nuevo Diario de Caracas, reseñó el 31 de enero de 1931, la siguiente noticia transmitida telegráficamente desde Barquisimeto: "Barquisimeto, enero 29. En la mañana de hoy recorrió las calles de esta ciudad el magnífico auto del Sr. Ignacio Ortiz, guiado por él personalmente. Le acompañaba su hermano el general Lino Díaz, hijo y otros amigos".

A principio de 1915, ya había en Barquisimeto, 11 automóviles según noticias publicadas en El Universal el 11 de enero, transmitida por el telégrafo en donde informa que en casa del señor Daniel Camejo Acosta, *"se realizó una reunión de los dueños de vehículos que hay en esta ciudad, con la finalidad de ofrecer al progresista primer magistrado del estado Gral. Torrellas Urquiola, un obsequio de sus autos una gira a donde él lo disponga"*.

El día 13, el mismo diario publicó que *"la romería se efectuó hacia Duaca"*. Salió a las 7 de la mañana con entrada al pueblo a las 11, para ser recibidos con un banquete de 140 cubiertos en la casa de la señora Manuela de Manzanares.

"Acompañaban al Gral. Presidente, su señora esposa y un grupo de damas y caballeros de los más distinguido de nuestra ciudad. El desfile fue atrayente por la perfección que presentaba el conjunto de 12 automóviles marchando de seguidas".

La llegada de los primeros vehículos convulsionó a Barquisimeto. A su paso por las empedradas calles, muchas personas *"se espantaban a correr por el miedo que estas máquinas le causaban"*. Al escuchar el rugido de los motores, dentro de las casas, a través de los postigos de puertas y ventanas, *"las beatas se santiguaban vociferando que estas máquinas sobre ruedas serían la perdición del mundo. Había otros que al escuchar estos aparatos acercarse, corrían despavoridos»*.

Avenida Vargas desde el Hospital Central Universitario
Antonio María Pineda de Barquisimeto. Foto realizada
en Noviembre de 1954, cuando se inaugura este
corredor vial. Colección de Carlos Guerra Brandt

Auge vehicular

Para 1913, había en Venezuela, 127 vehículos, entre carros y
camiones, y para 1919, el número de automotores casi se había
triplicado aumentando la cifra a 334. Pero paralelamente al
crecimiento vehicular, ocurría lo propio con la red de carreteras y
caminos en todo el país. Entre 1908 y 1920, el gobierno del general

Juan Vicente Gómez, construyó unos 5.000 kilómetros de vías que contribuyeron a la movilización y comunicación.

Según datos de la Cámara de Comercio de Lara, para 1951, había en Barquisimeto más de 1.700 automóviles particulares y 600 de alquiler, así como autobuses, camiones, motocicletas y unas 3.000 bicicletas, *"todo, por la fuerza económica del petróleo"*.

Fuente: Eliseo Soteldo. Crónicas de Barquisimeto
Rafael Domingo Silva Uzcátegui. Barquisimeto. Historia Privada, Alma y Fisonomía
Lucila Mujica de Asuaje. El Ferrocarril Bolívar de Tucacas a Barquisimeto
Otto Acosta. Barquisimeto. Eran otros Tiempos

En Cabudare existió plaza Guzmán más tarde Bolívar

FUE CONOCIDA antiguamente como plaza de la iglesia, más tarde Guzmán Blanco y luego Sucre. En el centro de esta plaza funcionó una fuente o pila de agua para conducir a ella las aguas de la quebrada Cabudare o La Mata. Esta fuente y su alumbrado fue construido por el gobernador Juan de Dios Ponte.

Las luminarias de tipo farol fueron sustituidas más tarde por bombillos eléctricos la noche del 21 de julio de 1929, al inaugurarse el alumbrado público en Cabudare. Quedó esa noche inaugurado el nuevo alumbrado de la plaza Sucre de Cabudare con bombillos de diferentes colores en alegoría al pabellón nacional.

Cambió a Bolívar

La plaza era el sitio de encuentros y hasta de desencuentros para los cabudareños. Era el lugar de la tertulia diaria «pero nadie, absolutamente nadie podía entrar a la plaza sin sombrero y un traje adecuado. Hasta los jornaleros evitaban pasar tan siquiera cerca por respeto a Simón Bolívar», comentó don Eurípides Ponte en una entrevista para EL IMPULSO. En 1931, el Gobierno Provincial colocó artísticos bancos de concreto armado y demuelen la pila de agua para instalar un busto del Padre de la Patria, en un pedestal de mármol blanco que se develó en acto solemne el 24 de julio, cambiando el nombre de la plaza por Bolívar. En ambos actos inaugurales, don Héctor Rojas Meza, preclaro vecino de Cabudare, pronunció encendidos discursos. Para 1963, el busto del Libertador fue cambiado del centro de la plaza al lado sur, instalándose en un nuevo pedestal de mármol negro, nueva instalación eléctrica subterránea.

Ese año, en ocasión de la campaña por la carrera presidencial, Raúl Leoni realizó un mitin en la plaza y se dirigió al pueblo de Cabudare. También se fijaron bancos de madera y uno largo de cemento. Las calles circundantes se pavimentaron de varios colores. Durante la mañana del sábado 29 de agosto de 1981, luego del elocuente discurso del doctor Ramón Guillermo Aveledo, se inauguró la nueva estatua pedestre de Simón Bolívar, luego de 50 años de develarse el busto del Libertador.

Tropas revolucionarias

La historia registra que, en esta plaza, el 1º y el 5 de septiembre de 1899, acamparon las tropas del caudillo Cipriano Castro durante la Revolución Restauradora.

La fiebre fría hace estragos en Cabudare

EN UNA INTERESANTE publicación del Diario EL IMPULSO de Barquisimeto, en su primera página del sábado 14 de enero de 1939, el periódico titula: El flagelo de la "fiebre fría" en Cabudare. En ese ejemplar número 11 mil 128, dirigido por el periodista y cronista barquisimetano Eligio Macías Mujica, el periódico informa que hasta la fecha se habían reportado "Dieciséis muertos en poco tiempo". La nota fechada el 13 de enero del citado año, refiere que "En esta población y campos distritales causa enormes estragos epidemia 'fiebre fría' registrándose dieciséis defunciones en el transcurso de breve tiempo. La población clama por recursos de todas clases".

No era otra cosa que malaria

El historiador larense Carlos Giménez Lizarzado, certifica que la llamada popularmente "Fiebre Fría" no era otra cosa que malaria que, para esos años, "seguramente a Cabudare la epidemia había llegado con los braceros de la caña de azúcar". Agrega Giménez además, que para entonces el estado Lara en general, estuvo asediado por otras epidemias como fiebre amarilla, fiebre tifoidea y cólera morbo.

El médico Rafael A. Segundo Ceballos, apunta que para 1939, las primeras causas de muertes en Barquisimeto eran: tuberculosis, diarreas, paludismo, neumonías y bronquitis, nefritis y nefrosis, prematurez, cáncer, sífilis, tétanos, tosferina y enfermedades asociadas al corazón.

No obstante, en el transcurso de los años subsiguientes a 1939, la malaria causó pérdidas humanas en las vecinas poblaciones aledañas a Barquisimeto, como Duaca, Quíbor, Sarare, El Tocuyo, Carora, Sanare, Yaritagua y Acarigua.

Fue asaltado el Congreso Nacional

A LAS DOS DE LA TARDE del 24 de enero de 1848, llegó el Dr. Tomas Sanabria, secretario (ministro) de Relaciones Interiores, a la sede el Congreso Nacional, ubicado en el antiguo Convento de San Francisco, hoy Palacio de las Academias. Traía un pliego contentivo del mensaje del general José Tadeo Monagas, recién elegido presidente de la República para el periodo 1847-1851.

Para evitar las ya anunciadas alteraciones del orden público, los diputados conservadores, instruyeron al coronel Guillermo Smith, para que se encargara de la seguridad de los parlamentarios e instalaciones, pero pese a eso, ocurre lo inevitable. Una vez presentado el mensaje, el grupo de diputados conservadores impidieron que Sanabria saliera del recinto como también les cerraron el paso a los secretarios de Hacienda; Guerra y Marina; y de Exteriores.

Especulación fatídica

En las afueras del convento franciscano, unas mil personas afectas al liberalismo, exigieron la inmediata liberación de los funcionarios secuestrados. Todo fue confusión y rumores. Y mientras los ánimos de la muchedumbre se avivaron, los conservadores calcularon que Monagas disolvería el Congreso para evitar el juicio que se urdía en su contra por traición a la patria y manejo doloso. Entre el forcejeo y los golpes iniciales en la puerta del convento, los milicianos Pedro Pablo Azpúrua y Juan Maldonado, defensores del Congreso, fallecieron. Un guardia accionó su arma e hirió al capitán Miguel Riverol y luego al sastre Juan Maldonado.

Entre el desconcierto, varios diputados liberales, saltaron por los balcones y ventanas, algunos se asilaron en las legaciones diplomáticas, otros se embarcaron en La Guaira con destino a Curazao. Aquella fatídica tarde, también fue herido por arma blanca el coronel Smith y mueren apuñalados los diputados

Juan Vicente Salas, Juan García y Francisco García Argotte. El tumulto asesinó a Julián García, quien comenzó a disparar entre la multitud. Otro que sufrió fatal destino fue el doctor Manuel Alemán.

La Constitución sirve para todo

Cuando Monagas se enteró de lo ocurrido, se apersonó a la sede del congreso en donde fue recibido con vítores y aplausos de la multitud; y luego de conversar con algunos de sus partidarios, se trasladó a la legación inglesa, para persuadir a algunos parlamentarios de retornar al parlamento. Increpó también a otro emisario para que buscara al diputado Toro, y lo obligara a presentarse en la sesión, pero la dignidad de este parlamentario estuvo por encima de los intereses personales y es cuando lanza al déspota la lapidaria expresión registrada para la posteridad: *"Dígale a Monagas, que mi cadáver lo pueden llevar, pero Fermín Toro, no se prostituye"*.

A consecuencia de las heridas recibidas durante el "Fusilamiento del Congreso", el diputado Santos Michelena, falleció el 12 de marzo. Era conocido como un excepcional político, economista, diplomático. Autor de las positivas negociaciones fronterizas con Colombia, mediante el Tratado Pombo- Michelena.

En el infame acontecimiento del 24 de enero de 1848, hubo un fatal desenlace que registró ocho personas asesinadas, de los cuales, tres diputados conservadores y uno liberal. Inmediatamente Monagas y sus tropas restablecieron el orden e impusieron la actividad parlamentaria, recibiendo poderes extraordinarios, lo que le aseguró, a él y a su hermano José Gregorio, la alternación en el poder por once años, periodo conocido como "el Monagato".

Aquel Congreso sancionó la Ley del 14 de marzo de 1849, con lo cual el presidente Monagas declaró el 24 de enero de cada año, junto con el 5 de julio, *"grandes días de la Independencia y de la Libertad de los venezolanos"*, y expresó con sarcasmo: *"La Constitución sirve para todo"*.

Fuente: www.CorreodeLara.com

El Obelisco de Barquisimeto, homenaje a la ciudad en sus 400 años

Monumento Obelisco. Barquisimeto en 1952, era una pequeña ciudad de algo más de 100 mil habitantes que se aprestaba a celebrar sus 400 años de fundada

EL OBELISCO DE BARQUISIMETO, una espectacular infraestructura de 75 metros de altura, fue anunciada por el doctor Esteban Agudo Freitez, gobernador del estado Lara, el día 24 de junio, encargándose de su construcción el arquitecto Gutiérrez Otero y el ingeniero Rodríguez Delpino. Fue un monumento asumido por el Gobierno nacional como emblema de la fausta celebración de los 400 años de la ciudad.

EL IMPULSO, en su edición del 12 de septiembre de 1952, publicó que el proyecto presentado posee una escalinata, ascensor, rampa de acceso sobre una verde redoma con amplio estacionamiento, avenidas perimetrales y un mirador con acceso a toda la ciudad. Se edificó en tres meses a base de concreto armado, la más alta estructura de ese tipo en el país, a un costo de 300 mil bolívares.

Los actos centrales del Cuatricentenario de Barquisimeto, según el cronista Otto Acosta, se efectuaron el 14 de septiembre de 1952. En horas de la mañana de ese día, una gran comitiva acompañó a los miembros de la Junta de Gobierno: doctor Germán Suárez Flamerich, presidente, los coroneles Marcos Pérez Jiménez y Luis Felipe Llovera Páez, mandatarios que inauguraron algunas de las obras anunciadas.

Hubo ese día misa en el campo Mariano, sesión solemne en el Concejo Municipal, desfile militar en la avenida Concordia (ahora Libertador), reunión en el Centro de Historia Larense, banquete en el Palacio de Gobierno y concierto de la Orquesta Mavare en el Complejo Ferial, donde actualmente funciona la escuela Ramón E. Gualdrón. Al siguiente día se inauguraron otras obras anunciadas y los actos culturales se desarrollaron en el Teatro Juares y el Estadio Olímpico.

Fuente: Otto Acosta, Barquisimeto, Eran Otros Tiempos, Edición de la Universidad Fermín Toro 2002

En 1851 necesitaban médicos en Barquisimeto

EL 11 DE OCTUBRE de 1851, *El Correo de Caracas*, en su página I, publicó una nota curiosa que entre otros detalles revela la ausencia de profesionales de la medicina en Barquisimeto. "A los profesionales de la medicina. –La populosa y rica provincia de Barquisimeto carece de los facultativos necesarios para atender a sus necesidades en el orden médico-quirúrgico, pues apenas existen en toda ella tres o cuatro doctores en ejercicio; habiendo cantones como los de Cabudare, Yaritagua, Quíbor &, que no tienen un solo profesor que alivie la humanidad.

–Un médico-cirujano inteligente que se situase en la capital de Barquisimeto, tendría mucha ocupación, porque atendería a los enfermos de dicho lugar y a los de inmediatos cantones; y no hay duda de que haría su fortuna, como la han hecho varios en poco tiempo- (Por un mes)". El aviso de *El Correo de Caracas*, da cuenta que en Barquisimeto, ciertamente había una notoria ausencia de médicos, pero señala que es una provincia con recursos. Faltarían muchos años para que se materializara el Hospital de la Caridad (1911) pero ya funcionaba el de San Lázaro.

Fuente: El Arte de Curar. La farmacia antes de la farmacia. Elías Pino, Inés Quintero. Caracas 2011

La Blanquita, la antigua Casa de AD en Cabudare

Casa de AD Cabudare, en av Libertador. "La Blanquita" en 1985

EN EL AYER quedaron los días gloriosos de los mítines del partido Acción Democrática en La Blanquita, una antigua casona ubicada en la avenida Libertador, lindera a la plaza Aquilino Juares de Cabudare. Para muchos cabudareños, ese espacio que hoy es un edificio comercial asiático, evoca los días de encendidos discursos de dirigentes como el propio Carlos Andrés Pérez, quien visitó el concurrido inmueble en su campaña presidencial del año 88. El edificio fue construido por el presbítero Félix Falcón y un caballero de apellido Montesdeoca, cuyo nombre ilegible aparece vendiendo la propiedad al pulpero mayorista de Cabudare: don Augusto Casamayor en la década de los años 40.

Restaurante y estación de combustible

La Blanquita, como se le conocerá años posteriores, pasará a manos de don Juan Hernández Canario, según la tradición apuntada por el cronista Julio Álvarez, quien instaló el primer restaurante con pista de baile en Cabudare. Igualmente, a la par del ambiente familiar, en 1952, se estableció la Bomba Venezuela, tercera estación de gasolina del pueblo, "ya que la segunda bomba la instaló José Duilio González en un terreno que le arrendó el Concejo Municipal en 1946", anota Álvarez. El predio en cuestión es el hoy Centro Comercial La Candelaria, en donde en otros tiempos se desarrollaba el carrusel y se montaban los pocos circos que llegaban a Cabudare. En el solar de La Blanquita, a casa llena se celebró en 1953, el Primer Campeonato de Bolas Criollas, evento amenizado por Anselmo (El Loco) Giménez.

El glorioso Jacinto Lara

Pero La Blanquita, por ser una espaciosa y cómoda casona, de amplias habitaciones, servicios y salones, en 1965, se decide fundar allí la Escuela de Especialidades, que más tarde se le rebautizará con el nombre de la heroína Luisa Cáceres de Arismendi. Y para 1966, iniciará en este edificio, las actividades del primer liceo público del Distrito Palavecino, con el nombre de: Liceo General Juan Jacinto Lara, inaugurándose con dos secciones: primero y segundo año, creado por Decreto del Ejecutivo Regional rubricado por Miguel Romero Antoni, en su carácter de gobernador del estado Lara. En la década de 1970, esta casona fue rebautizada como La Blanquita para convertirse en la Casa Distrital de AD por más de 15 años. Como dato revelador encontramos que José Carrera acompañado de A. Sequera, Jesús Chuíto Escalona y Pablo González, fueron los fundadores de Acción Democrática en Cabudare, partido que antes de La Blanquita tuvo varias sedes.

Foto: Archivo del Diario EL IMPULSO 1985
Fuente: Julio Álvarez. Crónicas en torno a lo humano y divino del Cabudare de ayer. Concejo Municipal de Palavecino. Editora Boscán. Barquisimeto 1994
Entrevista a Naudy Salguero, exconcejal del municipio Palavecino
Archivo Histórico Municipal de Palavecino

Sentenciados a la Cárcel Real

EN 1797 se realizó una ampliación fortuita a la Cárcel Real de Caracas anexándole una casa contigua perteneciente a doña Juana Sojo. Las autoridades conocían de una conspiración contra el régimen monárquico español y con esas acciones, ya prevenían a dónde iban a parar los insubordinados.

Serán Manuel Gual y José María España, los cabecillas de la conjura, prevista para estallar el 3 de febrero de 1797, pero fue descubierta hacia julio de ese año, lo que generó un gran movimiento. Las autoridades procedieron a desmantelar el intento de revuelta capturando a la mayoría de los implicados y sospechosos. Por la captura de Gual o de España se ofrecían 500 pesos de recompensa, y en caso de presentar resistencia la cantidad era de 10.000 pesos por Gual (que era militar) y de 5.000 pesos por España.

Debido al gran número de los complotados, y pese a los anexos y ajustes, realizados a la Cárcel Real, no ofrecía el suficiente espacio para contenerlos. En tal sentido, se ocuparon los calabozos del "Batallón Veterano" del Cuartel San Carlos, se habilitaron dos más en la casa del Ayuntamiento y otros dos en la casa del Gobernador. A muchos otros se les envió a España donde se les abrió juicio por sedición.

España fue arrestado en 1799 y conducido a Caracas a fines de abril. Juzgado sumariamente, fue condenado a muerte el 6 de mayo y ejecutado el 8, en la plaza Mayor. Su esposa, Joaquina Sánchez, que había sido arrestada al mismo tiempo que él, fue condenada a 8 años de reclusión en la Casa de Misericordia de Caracas. En cuanto a Gual, que siguió conspirando contra la Corona, murió en San José de Oruña (Trinidad), probablemente envenenado por un espía el 25 de octubre de 1800.

La Cárcel Real de Caracas se erigió en 1589, construida con los mismos procesados, además de negros esclavos y otros grupos de indígenas, pero la primera referencia que se hace de una mazmorra es en las actas del Cabildo de marzo de 1573. Antes de esa fecha, los condenados iban a calabozos improvisados.

Será en 1589 cuando se registra la primera intención formal de construir un calabozo destinado para cárcel. Éste estaba ubicado en la esquina de Principal, en el mismo edificio de las llamadas Casas Capitulares. En 1696, con motivo de las celebraciones de la fiesta de Santiago Apóstol, se inauguró la nueva cárcel con una misa para los presos.

Durante la Colonia, las prisiones eran sólo para blancos, otros recintos se construían o improvisaban para pardos o negros, como las casas de corrección. En 1745, se registra una fuga de 25 reos, todos recapturados en menos de siete días y pasados por las armas, más tarde. Hacia 1790 la cárcel estaba ya bastante deteriorada y se informa de una gran reparación efectuada ese año en donde se "debieron cambiar muchas vigas de madera podrida en varias habitaciones, empotrar puertas y reforzar paredes" según el informe de Gastos Públicos: tomo III, fol. 403) 14 de julio de 1790.

Sin comida

Durante el antiguo régimen de administración de justicia de la Provincia de Venezuela, la responsabilidad de los carceleros se limitaba a mantener el lugar aseado y proveer agua fresca a los reos. Igualmente se permitía a algunos presos pedir limosnas por las rejas y según fuentes bibliográficas, en la Colonia, muchos familiares llevaban comida a los presos de Caracas ya que su alimentación no era responsabilidad absoluta del Estado.

La alimentación en las cárceles obedeció más a una «obligación moral» que a una responsabilidad jurídica. Las raciones de comida diaria de los esclavos a menudo se reducían a yuca hervida y carne salada. El caraqueño Díaz Cienfuegos fue un negro libre en la Colonia, acusado de asesinato y protegido por la Iglesia por sus destrezas musicales.

La población de la Cárcel Real registrada entre los años 1791 y 1805, oscilaba entre los 85 y 120 reos. Sin embargo, en 1809 el número de presos sobrepasaba el límite superior de ese rango. El 4 de diciembre de ese año, el oficial de Guardia de Prevención, Juan Escalona, dio parte al capitán General de haber recibido 120 presos que pasaron de la Real Cárcel al Cuartel San Carlos, donde fueron alojados en las dos cuadras que dejaron las "Compañías de Campo Volante". Menciona además la existencia de otros 90 reos que ya estaban con anterioridad en dicho cuartel, haciendo un total de 210 reclusos.

Mujeres tras las rejas

Las mujeres, también eran objeto de reclusión, en consecuencia 1807 María del Rosario Cumare fue acusada de haber matado a su hija de tierna edad, lanzándola contra el suelo. El proceso contra ella duró alrededor de dos años, tiempo que permaneció en la Cárcel Real, hasta que el 8 de septiembre de 1809 fue sentenciada a 10 años en la Casa de Misericordia de Caracas.

El 5 de marzo de 1751, había 12 mujeres encerradas en la Cárcel Real, de las cuales 8 de ellas se encontraban con procesos abiertos en distintas fases, las restantes encerradas por concubinato, puestas tras los barrotes junto a sus respectivas parejas. De las 7 mujeres que había en la cárcel el 25 de enero de 1805, solo dos eran blancas.

Fuente: Ermila Troconis de Veracoechea. 1982: Historia de las cárceles en Venezuela. (1600-1890). Caracas: Academia Nacional de la Historia.
Hernando Villamizar. Discursos y prácticas del encierro punitivo en la ciudad de Caracas a finales de la época colonial (1780-1810). 2008
Manuel Pérez Vila, Pedro Grases. Conspiración de Gual y España. Diccionario de Historia de Venezuela. Fundación Empresas Polar

Un siglo de guerras y revoluciones

EL DIECINUEVE fue un siglo de guerras en Venezuela. Imperaba en la región un clima de guerra auspiciada por montoneras y caudillos. Todos descendientes de la guerra para conquistar la independencia.

La lucha independentista duró 14 años, desde 1810, con la Campaña de Coro, hasta 1823, con la Batalla Naval del Lago de Maracaibo. Historiadores versados de la talla de Elías Pino, Edgardo Mondolfi Gudat y Edgar Esteves González, coinciden que a partir de 1830, en Venezuela comienza otro periodo de guerras internas, "fratricidas, luego de una tensa calma de siete años".

Destacan la Revolución de las Reformas; más tarde la Revolución de Marzo; luego la Guerra Federal; y posteriormente, en 1868, José Tadeo Monagas enarbola el estandarte de la Revolución Azul, "para sucederse dos años de anarquía", a juicio de Esteves González.

Lo que se creía el fin

Para poner fin a las hostilidades en el país, Antonio Guzmán Blanco, brillante estratega político, aprovecha el terrible escenario y en 1870, encabeza la Revolución de Abril, para hacerse del poder. «Su dominio personal durará 19 años", pero emerge la Revolución Legalista de Joaquín Crespo, secundada de la revolución Liberal restauradora de Cipriano Castro, y contra esta, surge la Revolución Libertadora, que del seno de ambas, irrumpirá el general Juan Vicente Gómez, cuyo vasto predominio se enquistará en Venezuela 27 largos años.

Desde la toma de poder del general José Antonio Páez, en 1830, hasta la muerte del Benemérito Juan Vicente Gómez, en 1935, se suceden 105 años de ásperas luchas armadas.

Apunta Esteves González, que el método para hacerse del poder era simple: "Consistía en una revolución dirigida por un jefe militar de algún prestigio". El estado de atraso de la población hizo posible la encarnación del caudillismo. Asimismo, el analfabetismo y la pobreza, facilitaron las revueltas armadas "toda vez existía un permanente descontento general en el país".

Fuente: Edgar Esteves González. Las Guerras de los Caudillos. Editorial CEC, S.A Los Libros de El Nacional. 2006

Las Tres Torres fue un correccional para opositores al régimen

El 17 de diciembre de 1935 tras la muerte de Juan Vicente Gómez los presos políticos abandonaron casi a la medianoche Las Tres Torres

LUEGO DE VARIAS NOCHES con sus días, de cavilar sobre el destino de delincuentes y algunos confinados políticos, el general Aquilino Juares, en su condición de presidente de la Provincia de Barquisimeto, se dispuso a dirigir comunicación al Poder Legislativo. Corría el año de 1865, y para marzo se tenía prevista la instalación del Congreso en donde se ratificaría a Juan Crisóstomo Falcón como Presidente de Venezuela para el período 1865-1868.

Pese a que Juares sabía que la correspondencia demoraría en ser atendida por Guzmán Blanco, presidente encargado, tras la grave situación conflictiva del país debido a la invasión de Venancio Pulgar, colocando a Falcón nuevamente en campaña militar hacia el Zulia, se aventuró a expresar en la misiva su preocupación por el estado deplorable de la prisión existente en Barquisimeto, la cual consideró *"... no como correccional, sino como un suplicio por sus defectos técnicos"*. Apuntando además que no había en donde *"encarcelar con dignidad"* a los presos políticos cuyas voces se habían levantado en contra del régimen.

En agosto de 1896, Juares designó al ingeniero del estado, Dr. Luis Muñoz Tébar, con un sueldo mensual de mil bolívares, para que levantara los planos correspondientes y demás obras a emprenderse para la nueva cárcel, que se edificaría al sur de Barquisimeto, específicamente en la carrera 15 entre calles 31 y 32, en los espacios que hoy ocupa el Ambulatorio Dr. Ramón Gualdrón. El ajuste de albañilería lo hizo con el señor Juan Bautista Ponce; la carpintería estuvo a cargo de Domingo Álvarez; para las puertas y ventanas se suscribió contrato con la compañía Prince; las ventanas de hierro de las torres, las de buzón, rejillas para las garitas y calabozos con Alfonso Caguán. Según informe de don Leopoldo Torres, secretario general de Gobierno del general Juares, en diciembre de 1896, se habían invertido más de 60 mil bolívares en la construcción del nuevo y moderno presidio, superando la asignación inicial de 40 mil.

Del teatro para la cárcel

Juares consideró que la cárcel era una obra de vital importancia para la ciudad y a su juicio prometía humanizar el correccional, por tanto, dispuso de 40 mil bolívares que estaban presupuestados y destinados a la construcción del teatro para Barquisimeto. Para las bases de Las Tres Torres y de las paredes circundantes se empleó calicanto y los muros perimetrales eran de tierra pisada de 50 centímetros de espesor, con una altura de tres metros.

La nueva cárcel fue dividida en áreas de mujeres, menores de edad, arrestos especiales con sus correspondientes patios, baños, pasillos, un área de cocina y un departamento para presos criminales por sentencia, y otras dos áreas adicionales, a petición del Gobierno central, para confinamiento de presos políticos, con otros dos cuartos que se transformaron luego en salas de castigo y torturas. Todo a un costo final de 112 mil bolívares.

Se inundó con disidentes

Años posteriores, en 1908, esta cárcel conocida con el nombre de Las Tres Torres, comenzó a llenarse de presos políticos que disentían del Gobierno de Cipriano Castro, más tarde con aquellos que se oponía a Juan Vicente Gómez y finalmente a los que adversaron a Eleazar López Contreras.

El 17 de diciembre de 1935 tras la muerte de Juan Vicente Gómez los presos políticos abandonaron casi a la medianoche Las Tres Torres

Entre los que desfilaron por sus lúgubres celdas, destacan: José Rafael Gabaldón, Pío Tamayo, Alcides Losada, Rafael Montilla (El tigre de Guaitó), Froilán Torrealba (Manolan), Virgilio Torrealba Sigala, Gilberto Gil, Miguel Piñero, Andrés y Monche Crespo, Pastor Oropeza, y cientos más que se opusieron al gobierno de Gómez, y el último en salir del sombrío recinto fue el doctor Pablo Rojas Meza. En 1946, aquel edificio de notable arquitectura de finales del siglo XIX, fue demolido por orden del gobernador Eligio Anzola Anzola, en un intento de borrar aquella era de barbarie y pesadumbre.

Fotos: Archivo del Diario EL IMPULSO
Fuente: Otto José Acosta, Barquisimeto, eran otros tiempos
Hermann Garmendia, Crónicas de Barquisimeto

Los Rastrojos fue diezmada por la gripe española y el cólera

POR LAS DOS ÚNICAS CALLES del pueblo no se veía un alma. Todas las casas, la mayoría de bahareque y tierra rojiza pisada, estaban cerradas y sus ventanas selladas con tablas de madera o tapas de latas, esto con el imperativo propósito de no permitir la entrada de la peste. A lo lejos, dos negros arrastraban un carretón. Lo conducían a la zona más lejana del pueblo. Iba cargado de cadáveres, todos fallecidos a causa de la llamada gripe española.

La epidemia comenzó a producir estragos entre la población de Los Rastrojos a partir del mes de octubre de 1918 abarcando incluso todo el año 1919. Uno de los primeros fallecidos fue el sacerdote del pueblo y su ayudante, y aunque hasta ahora no se han conseguido registros sobre la cantidad exacta, posiblemente murió una buena parte de la población. «La pandemia de gripe» se originó por las pésimas condiciones de la zona, hacinamiento en las viviendas, carencia de agua potable, problemas de nutrición, que en sí, eran condiciones que afectaban el país entero.

El cólera también azotó

A mediados del siglo XIX, la epidemia del cólera, también azotó a Los Rastrojos, en donde murieron 121 vecinos, lo cual fue pavoroso, porque para ese entonces solo existían unos 2.000 habitantes. Según las crónicas, el héroe de la Guerra de Independencia y epónimo José Gregorio Bastidas, muere a consecuencia de esta aterradora enfermedad en 1855, a los 58 años de edad. En muchas poblaciones de Venezuela, en donde no había cementerios, los entierros se realizaban en los solares de las casas, es decir, no se registraban las actas de defunción, de allí la imprecisión de los datos.

San Francisco de Asís, la antigua catedral de Barquisimeto

EN 1636, funcionaba en un solar de la cuadrícula colonial de Nueva Segovia de Barquisimeto una capilla bajo la advocación de Nuestra Señora de la Purificación de la orden Franciscana. Con el paso del tiempo, los franciscanos fueron dándole características de templo a la pequeña edificación que después se constituyó en un edificio hasta que en 1812 la denominada iglesia de San Francisco de Asís, quedó reducida a escombros debido al impactante terremoto que también dejó en el suelo las casonas neosegovianas.

Datos de finales del siglo XIX, contenidos en el Diccionario Histórico, Geográfico, estadístico y Biográfico del estado Lara, revelan que esta edificación fue levantada sobre los cimientos de la anterior construcción realizada por los religiosos de la orden de San Francisco.

Abandonada la fabricación del templo en predios que pertenecía a los bienes del Colegio Nacional por Decreto del Ejecutivo, el gobernador Dr. Juan de Dios Ponte, (nacido en Cabudare) se dirigió al Gobierno Nacional, para solicitar se levantase en aquel sitio un templo, "de que carecía la ciudad", que solo contaba por entonces con el de Altagracia.

La petición del gobernador Ponte le fue concedida procediendo entonces a proseguir la construcción del templo apoyado por la generosidad de los vecinos. Pero reemplazado el gobernante a finales de 1841, quedó paralizada la fábrica hasta 1851, retomada por Martín María Aguinagalde, nuevo mandatario de la región, quien "consagró todos sus esfuerzos a la conclusión del edificio".

Para 1883, el municipio Catedral de Barquisimeto, constaba de 2.335 casas y 14.037 habitantes

No obstante, tras la Conspiración del 12 de julio de 1854, cuando fue asesinado el gobernador Martín María Aguinagalde, fueron suspendidos los trabajos de esta iglesia por algunos años hasta que el presbítero doctor José María Raldiriz y su hermano Mariano J. Raldiriz, con apoyo de las autoridades gubernamentales y los vecinos, lograron la concreción del ambicioso proyecto.

Consagrado en Semana Santa

El nuevo templo fue consagrado por el "Ilustrísimo Señor Arzobispo de Caracas y Venezuela Silvestre Guevara y Lira", el sábado Santo 15 de abril de 1865, "con destino a Parroquia de Nuestra Señora del Carmen, servida desde su consagración por el cura Señor Doctor José María Raldiriz, hasta su fallecimiento en marzo de 1881".

Desde 1869 sirve este templo de iglesia Catedral del Obispado de Barquisimeto y según las crónicas del entonces, "era un edificio que aunque escaso de adornos, llama la atención por su belleza y sólida construcción".

Polvo y escombros

El 3 de agosto de 1950 el terremoto de El Tocuyo causó severos daños al templo franciscano, que en escasos minutos solo dejó polvo y escombros. De lo que poco sufrió fue la torre del campanario construida en 1884 y el reloj que data de 1888. Debido a los daños el Ministerio de Obras Públicas decidió demoler la antigua edificación y ante la oposición de la ciudad, al final el viejo templo fue de nuevo reconstruido, aunque ya se había decidido levantar una nueva catedral.

Mientras reparaban a San Francisco y construían la nueva iglesia, por poco tiempo sus responsabilidades litúrgicas pasaron al templo de la Inmaculada Concepción. Como resultado del Terremoto de 1950, se realizó la última refacción de consideración a la catedral barquisimetana. Del templo original queda hoy el campanario y las paredes perimetrales este y oeste. Es una iglesia de tres naves y fue necesario remozar y rehacer la fachada tal cual era antiguamente. El templo está construido con pilastras de columnas cilíndricas, de orden toscano y concreto martillado.

La escala del campanario no se ajusta al cuerpo de la iglesia, esto debido a sus múltiples intervenciones.

En 1960, el templo San Francisco de Barquisimeto, fue declarado monumento histórico nacional, según decreto 26320, junto con su colección de objetos religiosos.

Fuente: Telasco A. Mac-Pherson. Diccionario Histórico, Geográfico, estadístico y Biográfico del estado Lara. Barquisimeto 1883
Wwww.CorreodeLara.com

La maleta que olvidó Pérez Jiménez

TODO COMENZÓ cuando Pérez Jiménez, se fue en la madrugada del 23 de enero del 58. La casa de habitación del presidente derrocado, en el callejón Sanabria de El Paraíso quedó en manos de la Guardia Nacional. El teniente Vinicio Augusto Plaza, uno de los militares encargados de la vigilancia, recibió una llamada telefónica en horas del mediodía del mismo 23 de enero.

Desde Europa, fue elegido como Senador en las elecciones de 1968 por el partido Cruzada Cívica Nacionalista (CCN); sin embargo, la Corte Suprema de Justicia invalidó su elección basándose en tecnicismos legales

Era la señora Flor Núñez de Pérez Jiménez, esposa del dictador depuesto, quien llamaba desde Santo Domingo.
- ¿Qué sabe usted de una maleta que dejé olvidada en la casa, usted no la ha visto?
-No señora.
-Búsquela, por favor. Es una maleta blanca, de piel. Tiene una placa pequeña dorada con las iniciales 'M.P.J.'. Yo lo llamo después. Debe estar en el cuarto o cerca de la puerta que va al jardín...

El CCN logró postular a Pérez Jiménez para la Presidencia de la República en los comicios de 1973 pero representantes de los partidos mayoritarios propusieron y aprobaron en el Congreso Nacional, una enmienda constitucional destinada a inhabilitarlo políticamente

El teniente encontró la maleta en horas de la noche a eso de las siete, en uno de los corredores de la casa, cuando se estaban juramentando en Miraflores los nuevos ministros del Gobierno.
La señora de Pérez, días después, insistió en reclamar la maleta. El teniente Plaza se llevó el equipaje olvidado al cuartel

de la Guardia Presidencial y luego se la entregó al contralmirante Larrazábal, presidente de la Junta de Gobierno. La maleta contenía ropa, por supuesto. Un uniforme de General de División, talla cuarenta y dos. Dos pijamas de seda natural, una de color azul con vivos de color rojo. El otro pijama era de color marfil y uno crema, con monograma 'MPJ' y documentos personales.

Reclamo del dictador

En octubre de 1958, Pérez Jiménez, en carta al cónsul general de Venezuela en Miami, señor Diógenes Peña, denuncia que cuando abandonó el país dejó 'olvidada una maleta que contenía valores al portador. Y que parte de esos valores no figuran en la lista de los bienes que me han sido incautados.

Los valores a los cuales me refiero -escribe Pérez Jiménez- son los siguientes: alrededor de tres millones de bolívares en bonos del Centro Simón Bolívar, alrededor de cien mil dólares en billetes y alrededor de trescientos mil bolívares en billetes de quinientos, cien, cincuenta, veinte y diez bolívares.

La conclusión de Oscar Yanes

A juicio del cronista e historiador Oscar Yanes, si se suma todos los sueldos legales que recibió el exdictador venezolano Pérez Jiménez, desde entonces hasta el 23 de enero de 1958, resultó que devengó legalmente del Estado venezolano por servicios prestados, incluyendo las remuneraciones especiales de fin de año, la suma de un millón doscientos ochenta y tres mil doscientos treinta y tres bolívares con tres puyas, (Bs1.283.233) pero cuando le restan a esta suma, la cifra que tenía en 1948, declara la Contraloría General, que se enriqueció en más de trece millones de dólares, ($13.000.000) "en exceso de haberes netos iniciales y su remuneración legítima" o sea, en una cifra que alcanza, siempre calculando el dólar a tres treinta y cinco, ($3.35) a cuarenta y tres millones quinientos cincuenta mil bolívares (Bs43.550.000).

Fuente: www.CorreodeLara.com

Los primeros censos de Barquisimeto y Cabudare

PARA 1839, según los datos aportados por el geógrafo Agustín Codazzi, la Provincia de Barquisimeto contaba con 782 leguas cuadradas, lo que equivale a 24.308,157 kilómetros cuadrados. Además apunta que esta provincia disponía de una población de 112.755 habitantes, incluyendo 2.321 esclavos.

Su evolución demográfica, entre 1839 y 1881, año este en que la provincia adquiere el nombre de estado Lara, es la siguiente:

Años	1839	1847	1854	1857	1873	1881
Volumen	112.755	179.576	313.881 (176.079)*	152.000	144.230	234.726
Total nacional	945.348	1.367.692	1.564.433	1.788.159	1.784.194	2.075.245

Al revisar las cifras es imperante conocer la evolución territorial de la entidad. Entre 1832 y 1854, se incluye el cantón San Felipe, el cual se separa para constituirse en Provincia en 1855. En 1881, se unen nuevamente ambas entidades federales para integrar el estado Lara, hasta 1899 cuando se separan para formar los estados Lara y Yaracuy respectivamente.

Los datos del Estado Barquisimeto

En 1873, se registra en el Estado Barquisimeto un volumen poblacional de 42.266 habitantes para el Departamento Barquisimeto, lo que equivale a 29,30%; Quíbor 17.824, 12.36%; Cabudare; 15.188, 19,53%; El Tocuyo 29.014, 20,11%; Carora 28.772, 19,95%; Urdaneta 11.166, 7,75% para un total de 144.230 pobladores.

En el censo de 1881 para la Sección Barquisimeto del estado Lara, solo el Distrito Barquisimeto tenía 53.651 habitantes para un 30,47%; Quíbor 13.862, 7,88%; Cabudare 18.798, 10,67%; El Tocuyo 35.198, 10,98%; Carora 35.731, 20,29%; Urdaneta 14.006, 7,97%; Alcántara 4.833, 2,74% para un total general de 176.079 habitantes.

*Población de la sección Barquisimeto

Fuente: Ministerio de Fomento. Primer Censo de la República 1873

Segundo Censo de la República 1881

Agustín Codazzi. Resumen de la Geografía de Venezuela 1940. T III pp 92 y 93

Reinaldo Rojas. La Economía de Lara en Cinco Siglos. Asamblea Legislativa del estado Lara. 1996

Cuando el cólera azotó a Venezuela

Extra...

Extra...

¡El Cólera invade Asia y Estados Unidos!

Fue el titular que debían leer los vecinos de la Caracas de 1849. Sin embargo, el presidente José Tadeo Monagas, dio instrucciones precisas para que el asunto no se divulgara y así evitar el pánico en la población.

Ya para aquel año, la epidemia había recorrido desde Canadá hacia el sur, alojándose en el continente suramericano con mayor énfasis, pero no sin antes aterrorizar a los Estados Unidos, en donde cobró centenares de víctimas. Los primeros registros hablan de la epidemia de cólera en Venezuela en 1832. La prensa había publicado notas acerca de la enfermedad y los modos de combatirla.

La *Gaceta de Barquisimeto*, publicó en 1849, un trabajo con el nombre de **Instrucción Popular**, que había circulado en 1832, indicando medidas preventivas de higiene pública y otras recomendaciones para el caso de que la enfermedad llegara a Venezuela. El folleto había sido preparado por el Dr. José María Vargas con informaciones suministradas por el cónsul inglés Ker Porter.

El periódico en cuestión hace mención sobre los síntomas de la penosa enfermedad: alteración de la cara, incomodidad de la cabeza, sordera incipiente, laxitud, ardor en la boca del estómago, retortijones, cólicos pasajeros, escalofríos, despelazos, para lo cual se recomendaba conservar la calma, buena ventilación de las viviendas, pocas personas en una sola habitación, vasija de agua con cloruro de cal o soda en los dormitorios, mantener limpios recipientes, cañerías, pozos sépticos, lavaderos, albañales, depósitos y desagües.

El periódico también acentuaba que "para evitar el contagio y la propagación del cólera, era menester sacar rápidamente la basura de las casas; usar un ceñidor de lana alrededor del vientre, chaleco de franela pegado al cutis y el escarpín de lana..., bañarse con agua tibia y por poco tiempo; friccionar el cuerpo mañana y noche con brandy o ron mezclado con vinagre, mostaza, alcanfor, ajo molido, expuestos al sol en una botella por tres días. Los alimentos deben estar bien cocidos".

En cuanto al cuidado del enfermo la *Gaceta de Barquisimeto* advertía que debían permanecer abrigados y con ropas de lana; pasar hierros calientes sobre las frazadas en el estómago, corazón y pies; poner cataplasmas tibias de harina, pimienta y mostaza en el vientre y espinazo; botellas de agua, saquillos de ceniza o arena caliente en los pies; baños de vapor con alcanfor y vinagre derramados sobre ladrillos calientes; tomar infusiones de sauco, agua de amonía anisada, o yerbabuena cada media hora; tomar carbonato de soda, oximuriato de potasa y sal común".

Subraya el rotativo que para no padecer la enfermedad, imperaba a los vecinos: "recogerse temprano y no pasar una parte de la noche particularmente si es fría y húmeda en partidas de juego, o entregados a los excesos de comer y beber; mantenerse activo en el trabajo aunque sin abusar del tiempo dedicado al mismo", y evitar el uso de licores pues estaba comprobado que los aficionados al alcohol eran las primeras víctimas del cólera; igualmente era fatal el licor en ayunas.

El flagelo no llegó a Venezuela ese año de 1849, ni en los años subsiguientes, pero en abril de 1850 la Junta de Sanidad solicitó ayuda para prevenir que el cólera azotara la ciudad, por tal motivo el gobernador de la provincia de Barquisimeto, Nicolás Martínez presentó al Poder Legislativo local, "un expediente documentado sobre la muerte de Ceferino Mendoza que se dice fue del Cólera Morbo".

La imagen de la Divina Pastora fue llevada al Hospital Antituberculoso de Barquisimeto en 1956, (hoy sede del Hospital Dr. Luis Gómez López) asentado en el Barrio La Feria. Según el cronista Carlos Guerra Brandt, la captura fue realizada cuando se cumplía el centenario de la primera visita de la Excelsa Madre a la ciudad. Acompañaron a la sagrada imagen el personal sanitario, pacientes con sus características pijamas de rayas, y algunas religiosas entre novicias y madres superiores. La mayoría con cubrebocas

----

Visita de la Imagen Sagrada de la Divina Pastora al Hospital Antituberculoso de Barquisimeto 1956

Simón Planas alerta sobre la peste

El gobernador Martín María Aguinagalde, en su mensaje a la Diputación Provincial, en 1851, habló de una peste que afectó a mucha gente de Barquisimeto y Carora, mencionándola como la peste: "no me iré sin verte", que según dijo era "transitoria y aunque mortal, curable con remedios de casa". Para 1853 se documentan epidemias de fiebre amarilla y vómito prieto en algunas provincias del país.

Para setiembre de 1854, la población de Barquisimeto está en estado de alarma. Simón Planas, ministro de Interior y Justicia, quien había nacido en Cabudare, alertó a los gobernadores acerca de los estragos que estaba causando la epidemia en Estados Unidos y Trinidad. "Nos urge la necesidad de tomar medidas para evitarla", les comunicó sugiriéndoles además que por la cercanía de Trinidad, Venezuela se hallaba "en inminente peligro".

Sin embargo, algunas provincias ya empezaban a sufrir de otras virulencias como la viruela infligiendo estragos en varios cantones de la provincia de Barquisimeto, información que consignó el gobernador interino, el 28 de septiembre, solicitando ayuda al gobierno nacional.

Las inferencias de Planas se hicieron realidad el 13 de septiembre de 1854, cuando el cólera, finalmente invadió a Margarita, pasó a Güiria y el 20 de noviembre tocó Guayana, según noticias del Despacho de Interior y Justicia que ordenaba a los gobernadores redoblar las medidas, no para impedir la epidemia, sino para contrarrestarla.

La muerte tocó a Barquisimeto

De Guayana el cólera se extendió a Barlovento y atacó Caracas a principios de junio. En Aragua y La Guaira se presentó en agosto. El 17 de diciembre de 1855, la peste se declara en Barquisimeto con la muerte de Josefa Ramos, hermana de próceres y esposa del comandante Perfecto Giménez. De allí en adelante, las calles se llenarán de cadáveres y los entierros en fosas comunes serán lo más común y dramático para una población extenuada por la mortal epidemia.

Los primeros días de ese mes, el gobernador de Barquisimeto, general Zabulón Valverde, informó al Gobierno Nacional que el primer caso de cólera en la ciudad se había registrado en la guarnición del cuartel, no obstante, antes ya se habían presentado casos, pero fueron silenciados para no generar pánico. "Al poco tiempo la ciudad se convirtió en un hospital y la muerte se cernía en todos los hogares, desde el más rico hasta el más pobre, y atacando todas las gerarquiías (sic) desde el gobernador, que sufrió la enfermedad hasta el más humilde ciudadano".

Entre el 3 de noviembre de 1855 y el 23 de agosto de 1856, en el Cantón capital habían ocurrido 807 defunciones, de las cuales 633 correspondían a Barquisimeto, el resto: 17 en Bobare, 51 en Duaca, 63 en Santa Rosa, 26 en Las Veritas, 1 en Algaride, 46 en Cerritos Blancos, faltando las estadísticas de otros caseríos cuyos cuerpos se sepultaban sin dejar rastros por temor al contagio.

El 21 de enero de 1856, el gobernador destacó médicos dotados con medicinas en El Tocuyo, Quíbor y Carora, donde la peste arremetía sin piedad. Se les otorgó un pago mensual de 30 pesos. Cabudare y Los Rastrojos se infectaron a mediados de diciembre de 1855 y en abril del 56, el cólera llegó a Siquisique, último pueblo de la zona en contraer la epidemia.

Cuando la peste contagió a Caracas, fue sacada en procesión la imagen de Santa Rosalía, protectora de las epidemias, con una nutrida representación del clero y las cofradías. Frente a la imagen caminó -en dirección a la catedral-, el obispo Mariano de Talavera. Allí, la epidemia cobró miles de víctimas.

En Barquisimeto, ante la desesperación del pueblo que se veía diezmado por la peste, el presbítero de la iglesia de la Concepción, José Macario Yépez, hombre público y querido por su encendido discurso en el Congreso Nacional como diputado en defensa del pueblo, convocó una rogativa para aplacar el mal, y fueron traídas al sitio histórico de Tierritas Blancas, imágenes religiosas, entre ellas la Divina Pastora de Santa Rosa del Cerrito.

Fuente: Ramón Querales. 1855: el cólera en Barquisimeto. Antecedentes. Diario EL IMPULSO. Enero de 2014

María Matilde Suárez/Carmen Bethencourt. Historia de una devoción. La Divina Pastora, Patrona de Barquisimeto. Barquisimeto 2005

La Gripe Española devastó a Venezuela

Octubre de 1918
Puerto de La Guaira, Venezuela

Un grupo de marineros descargan mercancías de un vapor mercante que recién había atracado proveniente de España con una breve escala en las Antillas Neerlandesas. A los pocos días, exactamente el 16, un soldado cae desplomado a consecuencia de fiebre intensa que se confunde con "un simple catarro", pero al final del día ya eran 40 los uniformados contagiados de gripe y en tan solo veinticuatro horas, el número alcanzaba la espeluznante cifra de 500.

Para los primeros años del siglo XX, Venezuela registraba un total de dos millones 500 mil almas, de ese universo, 75% de la población era rural, en condiciones de miseria absoluta, insalubridad y analfabetismo. Había un médico por cada 500 habitantes y la expectativa de vida era inferior a los 42 años. Uno de cada cuatro venezolanos era portador de tuberculosis y eran atacados por numerosas enfermedades endémicas y brotes epidémicos recurrentes.

Gripe pasajera

A pesar de lo sucedido, las autoridades oficiales soslayaron el "simple catarro" registrado en el batallón y hasta censuraron la gravedad del evento.

El historiador Luis Heraclio Medina Canelón, en su acuciosa investigación sobre la epidemia, apunta que el 16 de octubre, Ignacio Andrade envía un telegrama a Juan Vicente Gómez, presidente de Venezuela, en donde le expresa "**...la novedad que han comunicado de epidemia es exagerada...sólo hay un catarro que dura dos días...**". Boletín del Archivo Histórico de Miraflores (Nro. 107-108).

Un segundo telegrama recibe el dictador el día 17, de parte de José A. Tagliaferro, director de la Sanidad Nacional en donde le da un parte que enciende las alarmas **"la epidemia de gripe es sumamente contagiosa pero no presenta ninguna gravedad... muchos enfermos la pasan caminando y no se registra ningún caso fatal"**.

Ya para el día 18, se reportaban numerosos casos en toda La Guaira y Caracas, y a finales de ese mes, la epidemia había llegado a Carabobo, Cojedes, Falcón, Bolívar, Zulia, Mérida, Trujillo, Táchira, Apure y Lara.

La investigadora Dora Dávila, cita que desde mediados de noviembre hasta la mitad de diciembre la gripe mató en Caracas, unas mil personas, alcanzando en los días críticos, 98 defunciones diarias.

En vista a todo lo anterior y la peligrosidad del virus, las autoridades se vieron obligadas a movilizarse para tratar de contener los efectos devastadores de la gripe mortal, nombrando así una Junta de Socorro Central en Caracas, presidida por el Dr. Luis Razetti, conformada por representantes en todos los estados y distritos. Gómez se refugia en su hacienda de Maracay y el 21 telegrafía al abogado Victorino Márquez Bustillos, presidente provisional de Venezuela: **"Para evitar que estos lugares de por acá, se contagien también con la referida epidemia, dicte las medidas respecto de pasajeros y mercancías que vengan por tren para estos pueblos del centro, que interesa salvar a toda costa de la referida infección"**.

Igualmente, el benemérito prohíbe a la prensa tratar el tema de la peste. Pero pese a eso, el periódico Notas de Barquisimeto, dirigido por el poeta Juan Guillermo Mendoza, en su edición del 3 de febrero de 1919, publicó que: *"Este catarro no afecta la garganta, se representa con poca fiebre, pero con graves signos de postración, explosión súbita y repentina desaparición, si antes no causaba la muerte. Al parecer en nariz y garganta, expansión rápida por respiraciones, toses y estornudos"*.

La pandemia llegó a Lara

El 3 de noviembre, el Cabildo de Barquisimeto, presidido por Julio Irigoyen, dispuso la organización de dos hospitales de emergencia dotados de medicinas y personal para su funcionamiento. Para tal fin, comisionaron al jefe civil para que adquiriera dos caserones en el perímetro de la ciudad.

No obstante, el 26 de noviembre un telegrama enviado desde Duaca hasta Maracay señala: **"El terrible mal de la gripe invadió toda la Línea Ferroviaria, ocasionando muchas víctimas entre sus moradores, sobre todo en el Distrito Bolívar (Aroa) y sus campos, y en este y sus vecindarios"**

"El tráfico estuvo casi interrumpido por dos meses"

El 17 de diciembre, oficialmente se declaró la presencia del virus que se comprobó entró por Duaca, a través del Ferrocarril Tucacas-Barquisimeto.

Refiere Medina Canelón, que el 3 de diciembre, el presidente del estado, David Gimón, telegrafía al dictador avisando de la suspensión de los trabajos en las carreteras: **"Invadido ya el Estado por la gripe española por Duaca y amenazado por la vía de Maracaibo he suspendido trabajos carretera, dejando únicamente los trabajadores en los puentes..."**.

El 16 Gómez insta al gobernante de Lara, publicar una "ADVERTENCIA" emitida por la Junta de Socorros del Distrito Federal, sobre el peligro de las recaídas, que pueden resultar fatales.

El cronista Ramón Querales, anota que para esa fecha, ya los efectos de la epidemia empezaban a diezmar a la población, especialmente las más alejadas de la capital: Hasta el 25 de enero de 1919, se habían comprobado 3.948 casos de infectados. En Duaca, 2.229 casos hasta el 5 de febrero; en El Tocuyo, 600 casos hasta el 30 de junio; Humocaro Alto registró 155; Mucuragua, 60; en Buena Vista, 1.000; en Cabudare 115, y entre los poblados de Los Rastrojos y Sarare pasaban los 300 casos. Todos los caseríos de El Eneal fueron afectados.

El índice de decesos no oficial reflejados en Barquisimeto por la Gripe Española entre el 1° de enero al 15 de febrero de 1919, fue el siguiente:

1 al 11	12 al 18	19 al 25	26 al 1	2 al 8	10 al 15	Total
19	34	62	49	39	14	217

El insigne fundador del Diario EL IMPULSO, don Federico Carmona, coloca al servicio del colectivo las páginas del periódico con el firme propósito de difundir las medidas sanitarias sugeridas por Dr. Luis Razetti, Vicente Lecuna, Santiago Vegas, Dr. Francisco, Dr. Rafael Requena, Aron Benchetrit, José Carcaño, José Rafael Rísquez y el arzobispo Mons. Felipe Rincón González, entre otros.

El maestro Héctor Rojas Meza asumió a plenitud de las actividades sanitarias para encarar la pandemia en la comarca Cabudareña, instalando la Junta de Socorro el 4 de noviembre de 1918 y en donde "puedan recluirse (...) todos aquellos enfermos que por su estado de pobreza no puedan ser atendidos debidamente como lo reclama la ciencia". El 5 de enero de 1919, Rojas Meza funda el Hospital Sagrada Familia en la Casa del Balcón, situada en la acera sur de la calle principal (hoy avenida Libertador, justo donde se alza el Edificio San Juan Bautista), propiedad para entonces del señor Roseliano Palacios, según correspondencia oficial enviada al edil Henrique Orozco, presidente del Concejo Municipal del Distrito Cabudare.

El rostro de la muerte

Entre los primeros decesos registrados en Los Rastrojos, se encuentra el del sacerdote de la comunidad, quien fue sepultado en un predio contiguo al templo. No hubo registros, solo testimonios orales, describe el costumbrista cabudareño, Julio Álvarez y adiciona que los cortejos fúnebres iban uno atrás de otro por el pueblo, en una macabra procesión de carretas tiradas por mulas. Algunos cuerpos eran apilados uno encima de los otros, sin ataúdes. Las tumbas se usaban para enterrar a más de una persona, especialmente cuando más de un miembro de la familia, eran víctimas al mismo tiempo. Algunos ataúdes eran sellados con clavos para evitar la propagación de la peste. Hay testimonios que afirman que por las mañanas, aparecían cuerpos tirados en los caminos agrícolas, que expelían olores indescriptibles, los cuales en muchos de los casos, fueron incinerados.

Cifras conservadoras hablan de más de 25.000 muertos por la pandémica gripe española en Venezuela, aunque otros investigadores contabilizan no menos de 80.000, entre ellos, el coronel Alí Gómez, hijo de Juan Vicente Gómez. Por aquellos días, el benemérito se confinó en su hacienda de Maracay, sin apariciones públicas durante los tres meses que duró la epidemia en el país.

Brebajes como artes médicas

En ese escenario de miseria, desnutrición y sin acceso a servicios públicos que se vivía en todo el país, y muy especialmente en las regiones más apartadas de la capital de la República, frente a la Gripe Española, la población apeló a cuantas artes estuvieran a su alcance, entre ellos, guarapo de limón con panela, purgantes como aceite de castor o de tártago, brebajes calientes, sobre todo de canela y jengibre, pero sobre todas las cosas, nunca faltaron las rogativas a la Divina Pastora. Finalmente la peste cedió a finales de febrero, no sin antes dejar como funesto saldo algunas cifras imprecisas: 217 fallecidos en Barquisimeto; 174 en Duaca; 8 entre Cabudare, Los Rastrojos y Sarare, 6 en El Tocuyo, 12 en Las Mulas; 4 en Mucuragua; y 3 en Buenavista.

La solidaridad larense

Ante tanta calamidad, la sociedad larense recurrió a los donativos para confrontar la peste mortal, con importantes aportes de instituciones, comercios, asociaciones y personas. La interesante lista inicia con la Cruz Roja que dona Bs 2.000; el Concejo Municipal de Barquisimeto, Bs 4.000; la Cámara de Comercio, Bs 4.000; Compañía del Ferrocarril, Bs 2.000; Casa Blohn

Bs 1.400; Gobernación de Lara, 5.000; Sociedad Divina Pastora; Bs 704; J. T. Santana, Bs 500; monseñor Aguedo Felipe Alvarado, Bs 200; Empleados del Ejecutivo regional, Bs 610; Sociedad Hijas de la Inmaculada, Bs 200; niño Edgar Dáger Bs 20; Santiago Álvarez, Bs 200; Calderón e Hijos, Bs 1.000; niña (ilegible) y sus hermanas, Bs 200; y el cañicultor don Daniel Yepes Gil, Bs 80, (abuelo de quien firma esta crónica). Asimismo, muchos fueron los donativos que en especies diferentes otorgaban los vecinos larenses para combatir la calamidad.

Fuente: Ramón Querales. (RE) Visión Apuntes para la Historia del municipio Iribarren. Concejo Municipal del Distrito Iribarren.1995
Dora Dávila. La Epidemia de la Gripe Española en Caracas 1918. Revista Tierra Firme, N°33, año IX, Vol. IX Caracas, enero-marzo 1941
Boletín del Archivo Histórico de Miraflores" Nro. 107-108. Abril-diciembre de 1979. Imprenta Nacional. Caracas
EL IMPULSO Cien años de Historia 1904-2004.Caracas 2003
Luis Heraclio Medina Canelón. 102 años de la Gripe Española en Venezuela. CorreodeLara.com https://correodelara. com/102-anos-de-la-gripe-espanola-en-venezuela/
Samir Kabbabe. La pandemia de Gripe Española de 1918. https://prodavinci. com/la-pandemia-de-gripe-espanola-de-1918/
Diccionario de Historia de Venezuela de la Fundación Polar
Los Rastrojos fue diezmada por la Gripe Española. Entrevista a Julio Álvarez Casamayor, costumbrista de Cabudare. Junio 12 de 2012. Publicado en Diario EL IMPULSO

Amargo de Angostura, un legendario brebaje

NOTICIAS DE LUCHAS y guerras era lo que se escuchaba de Venezuela al otro lado del globo terráqueo. Muchos excombatientes de las guerras napoleónicas que ya habían finalizado sus días como soldados, al saber de la situación criolla, sintieron interés por estar una vez más en el frente. Uno de ellos fue el joven alemán Johann Gottlieb Benjamín Siegert, médico militar que prestó servicio en contra de Bonaparte.

El galeno vino a Venezuela contratado por el gobierno republicano, a través de Luis López Méndez, quien lo contacta en Londres y le pide que se incorpore a los patriotas. Llegó al país ejerciendo en Guayana la dirección médico quirúrgica de los hospitales militares entre 1820 y 1846.

EL DATO

La fórmula del famoso Amargo de Angostura estuvo escrita en la pared del sótano de la casa del doctor Siegert hasta entrado el siglo XX

La historia cuenta que en 1822 una epidemia de cólera azotó a Angostura (hoy Ciudad Bolívar), por lo que Siegert se dedica con afán a la investigación de las propiedades de las plantas suramericanas, creando un medicamento amargo y de sabor particular. Lo probó entre sus pacientes y quedó ratificada su eficacia para aliviar el malestar estomacal.

Secreto absoluto

Esta pócima hecha con más de 25 productos botánicos de nuestra abundante reserva natural se mantiene en el absoluto secreto hasta la fecha, con respecto a sus cantidades, ingredientes y proporciones. En 1830, Siegert instaló una destilería que lo hizo famoso en el continente, ganando Medalla de Oro en la Exposición Universal de Viena (1873).

Después de morir en 1870, la familia se muda a Puerto España (Trinidad y Tobago) donde siguió, y sigue hasta hoy, la fabricación del producto preservando su nombre para mantener el origen venezolano y con la mayoría de sus insumos, hasta la fecha.

La fórmula estuvo escrita en la pared del sótano de la casa del Dr. Siegert (que luego perteneció a la familia Contasti) en Angostura hasta principios del siglo XX, pero desapareció al ser pintada dicha pared.

Así era la hermosa iglesia de Altagracia en Barquisimeto

Templo de Altagracia de Barquisimeto con su campanario concluido. Año 1942. En el año 1949 le fue confiada a los padres Capuchinos, siendo declarada parroquia en el año 1969. Foto: CorreodeLara.com

EL CRONISTA de la parroquia Catedral de Barquisimeto, Ricardo Valecillo, asegura que en el emplazamiento de la actual iglesia Nuestra Señora de Altagracia, se ubicaba el antiguo cementerio denominado con el mismo nombre del templo, para el momento del terremoto de 1812, en el barrio de Paya.

La primitiva iglesia del siglo XVIII estaba ubicada en la actual carrera 18 esquina sur-este, (con calle 21) en frente o sea en la esquina sur-oeste se encontraba la plazuela de Altagracia.

Los mulatos, para no quedar al margen de la palabra de Dios, construyeron la iglesia de Altagracia en el siglo XVIII

Al norte de esta iglesia (calle por medio) se encontraba la cárcel de la Corrección cuya edificación resistió el pavoroso sismo, conocida después como El Cuartelito, y posteriormente funcionó allí el Asilo de Ancianos.

Según las crónicas, en ese sitio, se velaron los restos del presidente Joaquín Crespo, traídos a Barquisimeto para ser trasladados en el Ferrocarril Bolívar. (Otros cronistas como Soteldo e Iribarren Celis, sostienen que fue en Cabudare. Hay otra versión que asegura que fue en Duaca, antes de llevar el féretro vía ferrocarril hasta Puerto Cabello, para llevarlo posteriormente a Caracas).

La iglesia de Altagracia fue construida por los mulatos, para el momento de la visita pastoral de Monseñor Mariano Martí, pues ya en 1779 estaba terminada y sólo faltaba colocarle las puertas. Sirvió de templo parroquial mientras se reconstruía la iglesia de la Concepción bendecida en 1853.

El 1° de mayo de 1844 nació el Cantón Cabudare

EL 1° DE MAYO de 1844, fue erigido el Cantón Cabudare, por disposición de la Ley sobre Organización y Régimen Político de Provincias de 1821. Pero antes, el 13 de marzo del mismo año el presidente Carlos Soublette, firmó el ejecútese al decreto que el Poder Legislativo Nacional había dispuesto cinco días previos. Posteriormente la Diputación Provincial de Barquisimeto, actual Consejo Legislativo estadal, verificó esta disposición oficial e instaló el cantón cabudareño en la fecha indicada.

Desde entonces la localidad adquirió la autonomía administrativa tan anhelada. En dos palabras el acto representó la autonomía administrativa de Cabudare. En términos políticos, el cantón equivalía a lo que sería con el transcurrir del tiempo, los departamentos, más tarde distritos y luego municipios autónomos. Las parroquias se convirtieron en municipio y con el devenir regresaron a denominarse parroquias con sus respectivas autoridades.

Los nuevos cabildantes

Como dato histórico, el 7 de abril de 1844, el periódico *El Imprudente*, en su segunda página, da cuenta que en el recién constituido Cantón Cabudare, se habían escogido cuatro concejales, un síndico procurador y un jefe político, este último representaba la autoridad del gobernador de la Provincia en la localidad.

El nuevo cuerpo edilicio cabudareño fue constituido por un grupo de vecinos preocupados por el quehacer social, entre ellos: José Parra, Policarpo Rivero, Rafael Palacios, Santiago Orejuela. Como síndico procurador fue nombrado: Francisco Méndez; y como jefe político, José Francisco Tovar.

Tenían bienes de fortuna

Revelan documentos del Archivo Histórico Municipal de Palavecino, que entre los gobernantes del cantón tenían propiedades el síndico procurador, Francisco Méndez, quien poseía dos casas, una hacienda de caña de azúcar en el Valle del Turbio, derecho de posesión y un esclavo. También tenía propiedades en Bobare.

El jefe político, Francisco Tovar, tenía bienes registrados desde 1846 hasta 1876. Disponía entre su fortuna declarada una hacienda de caña de azúcar en Bureche, un derecho de posesión en Santa Rosa, una casa de habitación en el mismo poblado, un derecho de posesión de tierra en La Montaña, otro en la parroquia Sarare, y una unidad de producción en la parroquia Cabudare.

Rafael Palacios concejal del cantón fue el que más ostentaba bienes de fortuna, con una unidad de tierras cultivable (zona rural de Palavecino) 9 casas, 2 esclavas, una hacienda en el sitio de Tarabana, una posesión en El Mayal y un solar en el casco urbano de Cabudare, según documentos fechados entre 1843 y 1872.

José Parra, según documentos de 1844-1851, poseía una esclava, una casa, una hacienda de caña de azúcar y tierras cultivables de otros rubros. Asimismo, Santiago Orejuela, aparece como propietario de una casa de habitación en Cabudare en 1852.

Fuente: Boletín del Centro de Historia Larense. Abril-mayo-junio 1944
Hemeroteca Nacional: Primeras Autoridades del Cantón
Perera Meléndez, Ambrosio. Historia Político Territorial de los estados Lara y Yaracuy. Caracas 1946. Pág. 77-78
Archivo Histórico Municipal de Palavecino. Sección Documentos Históricos

El alumbrado público de Barquisimeto se inauguró en 1842

ANTIGUAMENTE LAS POCAS CALLES de Barquisimeto -empedradas todas- se alumbraban desde las casas, colocando en los portones un farol con una vela de sebo o un candil de aceite vegetal. El primer alumbrado público de esta ciudad fue inaugurado en abril de 1842, por iniciativa de don Bernabé Planas, gobernador de la Provincia, quien, preocupado por mejorar el ambiente, despejó un poco la penumbra.

Se colocaron faroles con candiles de lata y una especie de combustible a base de tártago, que más tarde fue sustituido por kerosén. Al caer la tarde, un enigmático personaje recorría las calles de Barquisimeto, y con escalera en mano, hacía paradas en cada esquina para subir al farol de hojalata y encenderlo. Era conocido como el farolero.

El periódico El Occidental, del 9 de septiembre de 1879, da cuenta que el señor Simón Sánchez, administrador de las Rentas Municipales, recorre todas las noches a caballo la ciudad para observar si todos los faroles están encendidos.

En mayo de 1894, se suscribió un contrato de luz eléctrica, obra que inició dos años más tarde, el 5 de julio, en la plaza Bolívar [hoy plaza Lara] y Miranda [actual plaza Bolívar] pero solamente funcionaban durante las primeras horas de la noche cuando había retretas, quiere decir, los jueves y domingos.

Posteriormente, el 11 de septiembre, el alumbrado llegó a las principales calles de la ciudad, pues el servicio no fue posible instalarse en las casas sino muchos años después. En 1899, el señor Ezequiel Garmendia suscribió contrato con el Gobierno regional para atender la demanda del servicio eléctrico en Barquisimeto.

Fue destruida

La electricidad era producida por una planta hidroeléctrica instalada en la hacienda El Molino Arriba, en el Valle del río Turbio, y el agua que movía la turbina provenía del Bosque Macuto, conducida por canales de concreto, un primer tramo, a un punto de gran desnivel a la sala de máquinas. En 1899, durante el movimiento de armas de Manuel 'Mocho' Hernández, los liberales tomaron Barquisimeto y durante el sitio, ensañados por la osada revolución, destruyeron la planta.

Llegó la luz

En los albores del nuevo siglo, el empresario Tomás R. Villoria, a través de su Agencia Industrial, probó un alumbrado público incandescente utilizando una destilación de alcoholes, produciendo una luz más clara, realidad que produjo la inmediata reacción del cabildo barquisimetano, otorgándole un contrato para tan vital servicio público.

En 1916, el fluido eléctrico llegó a cada rincón de la pequeña ciudad luego de ser traspasado el contrato a una empresa de mayor alcance: C. A. Industrial de Barquisimeto, servicio inaugurado en medio de un gran festejo público por el general Diógenes Torrellas, presidente del estado Lara.

Nueve años más tarde, este servicio pasó a ser administrado por Venezuela Power Company, quien compró la nueva planta eléctrica instalada en 1930 por los hermanos Degwits, provenientes de Valencia. En 1941, la C.A. Energía Eléctrica de Venezuela adquirió la Power Company, para iniciar una fase de gran desarrollo en la ciudad.

Fuente: Rafael Domingo Silva Uzcátegui: Barquisimeto. Alma y fisonomía del Barquisimeto de Ayer. Caracas 1959
Otto Acosta: Eran Otros Tiempos. San Cristóbal, agosto de 2002

Fue desastroso el terremoto de El Tocuyo en 1950

Caída del frontispicio del templo de la Concepción en 1950. Parece
dar cuenta del impacto sísmico que el 3 de agosto asolara El Tocuyo

ESA TARDE EL CALOR era agobiante. No se movía ni una sola
hoja de los árboles en la pequeña comarca de El Tocuyo. En la
calle Comercio, dos o tres vecinos caminaban presurosos para
evitar el sol abrasador que aun quemaba a esa hora de la tarde.
Se escuchaban ladridos premonitorios de perros callejeros. De
pronto, ese 3 de agosto de 1950, a las 5:50 minutos de la tarde, El
Tocuyo fue fuertemente sacudido por un violento terremoto. Se
contabilizaron 15 muertos y casi un centenar de heridos.

Las cifras oficiales precisaron de más de 250 casas derrumbadas
y más de 700 afectadas. En Chabasquén se derrumbaron 80 casas.
En Anzoátegui el 90% de las viviendas. "Desapareció del mapa",
en Guarico fue desastroso, señalaba consternado un corresponsal.
En los Humocaros, veinte casas quedaron derrumbadas y otras
tantas agrietadas. En Guarico más de veinte casas destruidas. Los
templos e iglesias de todas las poblaciones cercanas resultaron
dañados. El Tocuyo vio cómo se venían al suelo, con guayas y
tractores, iglesias que pudiesen haber sido recuperadas. Borrada
su arquitectura colonial, la faz de la Ciudad Madre cambió
para siempre.

El miedo los desplazó

Réplicas del movimiento telúrico se sintieron a lo largo de la noche del día 3 y continuaron en menor magnitud los días siguientes. La población, presa del pánico y pensando que pudiese repetirse un sismo de igual o mayor magnitud, optó por desplazarse hacia Quíbor y Barquisimeto. El movimiento telúrico ocasionó el derrumbe de vías de penetración hacia Guarico, Chabasquén, Los Humocaros y Sanare. Lo mismo ocurrió con puentes, líneas telefónicas y telegráficas. Colapsaron los servicios de agua y luz, principalmente.

La onda sísmica se sintió en los estados Táchira, Mérida, Trujillo, Portuguesa, Cojedes, Carabobo, Distrito Capital, Vargas y Sucre. Tuvo una intensidad de 6.2 grados y su epicentro fue a 18 kilómetros de Carache. Los primeros fotógrafos en llegar a la devastada ciudad fueron Francisco Villazán y Elio Otaiza, quienes cubrirían el evento por varios días: el impacto inmediato y la posterior demolición de casas, manzanas y templos.

Los diarios EL IMPULSO y Última Hora realizaron ediciones extraordinarias el día 4 de agosto dedicadas al siniestro, que impactaron profundamente y conmovieron a Venezuela entera.

Fuente: Diario EL IMPULSO
Diario Última Hora
Museo Lisandro Alvarado y Lermit Figueira Anzola

Puente de Santa Rosa fue concluido en 1900

EL 27 DE JULIO de 1900, el general Amábilis Solagnie, jefe civil y militar del estado Lara, anunció *"que los trabajos de reparación de la carretera que conduce de esta ciudad* (Barquisimeto) *a Cabudare han sido terminados"*, incluyendo la construcción del puente de Santa Rosa.

La reparación de la vía pública que conducía desde la ciudad capital del estado Lara hasta Cabudare y la construcción del puente sobre el río Barquisimeto (hoy río Turbio), fueron presupuestados el año fiscal inmediatamente anterior por 650 bolívares, no obstante, en nota enviada al Departamento de Rentas de la Gobernación, solo se invirtieron 427 bolívares.

EL DATO En la carretera y el puente sobre el río Turbio, se invirtieron un total de Bs 427

Mucha historia ha transitado por el entonces abandonado camino, de unos 12 kilómetros, todavía recuperable, cuya reparación en aquellas condiciones de tanta inestabilidad política seguramente estaba muy relacionada con la necesidad gubernamental de disponer de vías de comunicación aptas para el tránsito de fuerzas militares, aprovisionamiento de recursos bélicos y abastecimiento para las poblaciones cercanas.

Fuente: Archivo del Concejo Municipal de Iribarren

Qué establecía la Resolución de la Provincia de Barquisimeto de 1838

ENTRE LAS PRIMERAS tareas que emprendieron las autoridades regionales, una de las más relevantes, era la relacionada con la organización institucional, para lo cual se orientaron en el modelo político establecido en la República, conforme a los postulados de la Constitución de 1830. A tal fin, luego de constituirse el organismo electoral, procedieron a emitirse decretos y resoluciones para el ordenamiento político administrativo de la Provincia de Barquisimeto.

Resolución de 27 de noviembre de 1838

Se fija el número de concejales de la Provincia de Barquisimeto

Reza el histórico documento que la Diputación Provincial de Barquisimeto, en cumplimiento con el deber que le impone el artículo 67 de la ley orgánica de provincial de 24 de abril del presente año.

Resuelve:

Artículo 1°

Los concejos municipales de la provincia además de los jefes políticos y procuradores, tendrán los concejales que aquí se determina.

Artículo 2°

Los de San Felipe, Barquisimeto, (El) Tocuyo, y Carora se compondrán de seis concejales, y los de Cabudare, Quíbor y Yaritagua, de cinco.

Artículo 3°

Estos funcionarios se elegirán del modo y en los períodos prevenidos por las leyes.

Artículo 4°

Se derogan los Acuerdos de 2 y 5 de noviembre de 1832, y cualesquiera otras disposiciones que hayan regido en la provincia sobre la materia.

Artículo 5°
Comuníquese al Gobernador de la provincia para su ejecución.

Dada en la sala de las sesiones de la Diputación Provincial de Barquisimeto a 21 de noviembre de 1838, 9° y 28.

El presidente, Joaquín Pérez
El secretario, José Víctor Ariza*
Gobierno Superior Político de la provincia.

Barquisimeto noviembre 27 de 1838, 9° de la ley y 28 de la Independencia – ejecútese –
Juan de Dios Ponte
José de J Palacios, secretario interino

Pero quién era José Víctor Ariza

José Víctor Ariza fue propietario de la histórica Hacienda Santa Bárbara, ubicada en la entrada a Cabudare. Según reza su testamento, exigió que las iniciales de su nombre se colocaran en el frontis del oratorio de la hacienda y que su cuerpo fuera sepultado en el sitio. Así se cumplió. Fue un político prominente en la región larense ostentando cargos de relevancia

Fuente: Francisco Cañizales Verde. Diputación Provincial de Barquisimeto. Ordenanzas, Resoluciones, Decretos y Comunicaciones 1838-1846. Vol. IV Publicaciones del Centro de Historia Larense 1994

De Farmacia Lara a Farmatodo

INICIÓ COMO UNA BOTICA concebida por Rafael Zubillaga, abriendo sus puertas en la Calle del Comercio en aquel Barquisimeto bucólico y pintoresco de principios del siglo XX. La historia de la Farmacia Lara o Botica Lara como la denominaban algunos vecinos del Barquisimeto de calles angostas y empedradas, se remonta a 1918 cuando Rafael Zubillaga abre sus puertas en un local de la calle del Comercio entre Lara y Juares, según la nomenclatura actual: avenida 20 entre calles 24 y 25.

El Dr. Rafael Zubillaga, en sociedad con el Sr. J.J. López Morandi, poco después de abrir Farmacia Lara, toman la iniciativa distribuir medicinas al mayor, primero a los estados vecinos, luego a los estados centrales del país. En 1929, tras el fallecimiento de Rafael Zubillaga, la compañía cambia su nombre a López Morandi y Cía. En 1940, se incorpora la segunda generación al negocio. Se trata de Teodoro Zubillaga, hijo de Rafael Zubillaga y Joaquín López.

Más tarde, en 1955 cambiaría su nombre a Droguería Lara. A partir del año 1984, se inicia el más significativo proceso de transformación organizacional de Droguería Lara: venden todos los mayores y retoman la actividad de comercialización directa de medicinas a través de farmacias. Comienza así, en 1985, la implantación del nuevo concepto de farmacias de autoservicio pasando a denominarse Farmatodo.

Desde su génesis como botica hasta la actualidad, la empresa ha pertenecido a la misma familia. En 1994 adquieren la red de tiendas de cosméticos Sarela. Actualmente esta red cuenta con más de 135 tiendas en Venezuela y otras tres en Colombia.

Fuente: Archivo Diario EL IMPULSO
Datos del investigador de la fotografía Carlos Eduardo López

Así fue la evolución del voto en Venezuela

EL SUFRAGIO SUFRIÓ incontables modificaciones, discriminatorias y democráticas. La elección popular de mandatarios y legisladores fue una de las innovaciones que trajo consigo la independencia política y llegó a constituir un rasgo fundamental de la vida nacional. En sus inicios, el proceso electoral no era democrático siquiera en la apariencia y tampoco faltaban episodios de fraude o violencia que desvirtuaban la expresión de la voluntad ciudadana.

El Diccionario de Historia de Venezuela de la Fundación Polar, indica que las elecciones se convirtieron en uno de los mecanismos ordinarios de selección y relevo de gobernantes y la reglamentación del sufragio, se haya o no aplicado al pie de la letra, ha sido, en sí misma, fiel reflejo de las ideas y prejuicios de los grupos dominantes. La primera constitución de la primera junta gubernativa, en abril de 1810, no tuvo su origen en un proceso electoral formal, pero poco después, convocó a elecciones para el Congreso Nacional que se reuniría en marzo de 1811.

Inhabilitada una gran población

Estas elecciones otorgaron el sufragio a una franja muy reducida de pobladores, inhabilitando no sólo a las mujeres y a menores de 25 años, según Boris Bunimov Parra en *Elecciones del Siglo XIX*. Igualmente dice este escritor, se le impidió el derecho al voto a las personas "que no tuvieran casa abierta o poblada, esto es, que vivan en la de otro... a su salario y expensas, o en actual servicio suyo; a menos que sean propietarios por lo menos de 2.000 pesos en bienes muebles o raíces libres".

Elecciones indirectas

La Venezuela colonial acogió el sistema de elecciones indirectas, o de segundo grado, de modo que el sufragante individual no votaría sino por unos electores que harían la selección final de diputados. Apunta Bunimov Parra, que tanto a este respecto, como en la imposición de estrictas limitaciones socioeconómicas, la primera reglamentación sentó unos precedentes que conservarían su vigencia hasta después de mediados del siglo. Los primeros comicios nacionales se desarrollaron en medio de un ambiente tranquilo y de buen orden que fueron los rasgos menos característicos del proceso.

Una reforma electoral

La Constitución Federal de 1811, rebajó a 21 años la edad mínima para poder ejercer el voto y el monto requerido de propiedad a una cifra que oscilaba entre 200 y 600 pesos, según se trataba de un votante casado o soltero, domiciliado en una capital de provincia o en una población menor. Pero estas disposiciones fueron efímeras, por cuanto sobrevino la reconquista española y la vida electoral del país pudo renacer solamente en el territorio en posesión de los patriotas: los Llanos y el Oriente del país, cuando llegó el momento de escoger los legisladores del Congreso de Angostura en 1819.

Los militares también votaban

Como efecto de lo anterior, dice el destacado periodista Jesús Sanoja Hernández, en su libro *Historia Electoral de Venezuela 1810-1998*, se dio entonces un contraste bien definido con la tendencia aristocratizante de la Primera República, porque esta vez, se les concedió el sufragio a propietarios y arrendatarios sin especular ningún monto determinado de propiedad o renta.

A los militares, con el rango de cabo para arriba, aunque no reunieran ningún requisito específico de carácter socioeconómico. A los individuos de tropa se les exigían cualidades adicionales, sólo porque su participación masiva en los comicios, podría conllevar atraso del servicio. Estas elecciones no tuvieron lugar en la parte más poblada del país, por cuanto estaba ocupada por los realistas, "pero en todo caso, el proceso electoral dejaba entrever la suerte de populismo militar que por aquella época auspiciaba el Libertador Simón Bolívar".

Saber leer y escribir

El nuevo Congreso electo no vaciló en dar al traste con la democratización del sufragio en la media república que gobernaban los patriotas. La nueva Constitución nacional, más liberal que la de 1811, incorporó, por vez primera, además de condiciones socioeconómicas para votar, la de saber leer y escribir. No obstante, este requisito se dejó en suspenso hasta el año de 1830, para dejarles a los analfabetos un lapso prudencial para subsanar el defecto. Esta Constitución quedó sin efecto casi de inmediato y el Congreso de Cúcuta expidió una nueva Carta Magna definitiva para Colombia la grande, en 1821.

La carta grancolombiana

En lo referente al sufragio, la nueva Constitución expedida por el Congreso de Cúcuta, determinaba que para ejercer el sufragio se exigían 100 pesos de propiedad, que era una cantidad bien moderada o el ejercicio de un oficio útil, con tal que no fuera de jornalero o sirviente, y la efectividad del alfabetismo se postergó nuevamente, hasta 1841. Según el estudioso Sanoja Hernández, con la Constitución de Cúcuta, promulgada el 30 de agosto de 1821, el país experimentaría por vez primera el significado de una vida "más o menos normal". La primera elección de presidente y vicepresidente fue hecha por el Congreso Constituyente, pero la reelección en 1825, de Simón Bolívar y Francisco de Paula Santander, se efectuó por votación popular indirecta.

Nueva Constitución para Venezuela

Disuelta la Gran Colombia, Venezuela acoge una nueva Constitución en 1830, que reglamentó el sufragio durante un cuarto de siglo, y a pesar de la ley fundamental de la llamada oligarquía conservadora, representó un avance democrático en materia electoral. Para votar se exigía una propiedad con renta anual de 50 pesos u oficio útil que produjera 100 pesos anuales.

Igual que la anterior, se estableció que el oficio no podía ser en calidad de sirviente doméstico, eliminado la discriminación explícita contra los jornaleros. El requisito de analfabetismo regiría sólo a partir de una fecha futura que fijaría el Congreso por una ley que jamás se expidió.

Siglo XX

Con el derrocamiento del gobierno de Ignacio Andrade en 1899, la apertura de los procesos electorales, evidenciada por la práctica del sufragio universal, mujeres excluidas, sufre un cambio radical. El 3 de octubre de 1900, el gobierno restaurador de Cipriano Castro, llama por medio de Decreto a un Congreso Constituyente. Los representantes de esa instancia deliberante serían elegidos por cuerpos electorales bipersonales de los concejos municipales de cada jurisdicción, lo cual produjo que el 26 de marzo de 1901, la asamblea sancionara la nueva Carta Magna. En esta, la práctica del voto universal fue excluida y todo vestigio de intervención popular.

En 1904, una reforma a la Constitución elimina la modalidad de elegir al presidente por los votos de los concejos municipales y las legislaturas. En 1909, se restituye este principio poco democrático. Durante el gobierno de Juan Vicente Gómez, los concejos municipales serían los encargados de elegir los diputados; las asambleas legislativas de los estados elegirían a los senadores y el congreso quedaría encargado de escoger al presidente de la República.

En el periodo de 1936-1945, el país presencia los primeros cambios en el sistema electoral con la creación del Consejo Supremo Electoral, órgano que reglamenta la organización y supervisión de los comicios mediante las Juntas Electorales. La reforma constitucional de 1945, ofrendó el otorgamiento del voto directo de los varones mayores de 21 años y alfabetos para la elección de diputados al congreso y le concede el voto a las mujeres que llenaran los mismos requisitos, pero limitado a los concejos municipales. El 15 de marzo de 1946, la Junta Revolucionaria de Gobierno convocó a elecciones para una Asamblea Constituyente, la cual promulgaría el derecho al sufragio de todos los venezolanos, hombres y mujeres, mayores de 18 años.

Tras el derrocamiento de Rómulo Gallegos, el régimen electoral venezolano dio un salto atrás, cuando un nuevo estatuto electoral, promulgado el 19 de abril de 1951, eleva a 21 años la edad mínima para votar. El derrocamiento del general Marcos Pérez Jiménez, el 23 de enero de 1958, abre la etapa vigente del proceso electoral venezolano: el sufragio universal, directo y secreto establecido en 1946.

Primer proceso electoral en Palavecino

Las primeras autoridades electas en Palavecino, en elecciones de tercer grado, se desarrollaron en 1846. Para ese año ya existían los denominados circuitos electorales y se eligieron los representantes en función del acto comicial, que se produjo en febrero del año anterior citado. Las elecciones de 1846, registran nombres de personajes interesantes, vinculados a la historia de la Provincia de Barquisimeto.

Destacan electos autoridades municipales como Marcos Ortiz, alcalde primero, quien sufrió heridas de gravedad para posteriormente fallecer a consecuencia de éstas, en el atentado contra el gobernador María Aguinagalde en 1852. Los munícipes electos en ese proceso electoral del 46 fueron Francisco Sánchez, Juan Bautista Romero. Asimismo, como síndico procurador salió elegido Antonio Ocanto.

De acuerdo a las leyes vigentes para ese año y en correspondencia a la Constitución de 1830 vigente para la fecha, se elegían los jueces de paz, recayendo los votos en Juan Agustín Alvarado, y como su segundo, Crisóstomo Sánchez, de la parroquia Sarare. Para 1846, el antiguo Cantón Cabudare contaba con 19 mil 768 electores para elegir cinco autoridades locales, para que a su vez fueran a la asamblea primaria o municipal de Barquisimeto.

Fueron elegidos don Vicente Posadas, Domingo Méndez, Encarnación Guédez, Policarpo Rivero y Marcos Ortiz. Aparecen electos como senadores los licenciados Andrés Oropeza, Guillermo Alvizu y el doctor Ramón Perera. En los caseríos El Taque, El Mayal y Carauya, eligieron a Isidro Gudiño y Roberto Durán como sus representantes.

Tips electoral

A partir de 1992, por medio de elección popular, se escogen las desaparecidas juntas parroquiales El 9 de diciembre de 1973, se celebró en Venezuela la elección para presidente, triunfando CAP con 2.130.743 votos para representar el 48,70% de los votos. A partir de 1958, las elecciones mantuvieron características comunes: participaron grandes masas de la población, la contienda es apasionada con el triunfo de una tolda política a excepción de 1978. El primer reglamento electoral de Venezuela se aprobó en 1810. Lo redactó el abogado y periodista Juan Germán Roscio

Fuente: Fuente: Diccionario de Historia de Venezuela de la Fundación Polar, 1998
Jesús Sanoja Hernández. Historia Electoral de Venezuela 1810-1998
Los Libros de El Nacional, 1998 / Centro Interno de Documentación del Diario EL IMPULSO

Eustoquio Gómez murió en extrañas circunstancias

EUSTOQUIO GÓMEZ llegó a la política por la participación de la familia Gómez en la intentona de Castro, en apoyar los deseos continuistas de Andueza Palacios, esto, les valió el exilio. Eustoquio nació el 2 de noviembre de 1858, en la hacienda La Mulera. Hijo de Fernando Gómez y de Tránsito Prato (era primo hermano de Juan Vicente Gómez). A raíz del alzamiento del general José Rafael Gabaldón, en abril de 1929, es nombrado presidente del estado Lara, cargo que ocupó hasta diciembre de 1935.

Al morir Juan Vicente Gómez, en diciembre de 1935 se cuenta que aspira a la presidencia de la República, pero la designación en ese cargo de Eleazar López Contreras, frustra sus deseos de poder. Falleció el 21 de diciembre de 1935, tratando de tomar la gobernación de Caracas, al morir el benemérito en 1935. Cuentan las crónicas que el gobernador del Distrito Federal, general Félix Galavís, trató de detenerlo por órdenes de López Contreras, pero Eustoquio se opuso, hubo disparos y murió. Su hijo Eustoquio Gómez Villamizar, declaró que este solo fue a saludar al Gobernador y allí fue muerto por la confusión que reinaba ante la caída del régimen gomecista.

La noticia de EL IMPULSO

El diario EL IMPULSO, en su segunda edición del 21 de diciembre de 1935, en primera página difunde el terrible suceso: "Presos Eustoquio Gómez, su hermano y sus adictos". En otro párrafo este periódico acentúa "... por culpabilidad en un movimiento subversivo". El rotativo publica el 23 de diciembre de ese año, en primera plana "la sensacional noticia" de la muerte de "... quien hasta ese momento y desde hacía casi siete años desempeñaba la presidencia del Estado, en donde ha dejado ingrato recuerdo y justificados resentimientos por sus despóticas arbitrariedades y sus punibles abusos que ensombrecen la innegable obra de progreso que realizó y arrojan sobre su memoria tremendas responsabilidades". Este periódico confrontaba las ideas dictatoriales y tiránicas de Eustoquio Gómez, pero igualmente reconoció, en medio de la noticia, la obra de infraestructura adelantada por su gobierno en Lara.

Fuente: Diario EL IMPULSO Barquisimeto, 21 de diciembre de 1935

Reinaldo Rojas. De Variquecemeto a Barquisimeto. Siete Estudios Históricos. 2002

En 1974 la UCLA graduó la primera promoción de administradores, contadores y analistas

Integrantes de la Primera Promoción de Administración, Contaduría y Analistas en Sistemas de la Universidad Centroccidental Lisandro Alvarado, UCLA, julio de 1974

A mi padre Luis Alberto Perozo,
que me regaló el motivo de escribir esta crónica

ERA UN DÍA PERFECTO en Barquisimeto aquel 26 de julio de 1974. La emoción no les cabía en el pecho a los graduandos de la Primera Promoción de Licenciados, conformado por 76 administradores, 28 contadores y 12 analistas de sistemas. Para la mayoría fue una proeza alcanzar la meta en aquel país que comenzaba a desprenderse de lo rural para dar paso a la industrialización petrolera. La prometida democracia comenzaba a dar buenos frutos y estos 112 egresados de la Universidad Centroccidental Lisandro Alvarado, UCLA, serían arte y parte del desarrollo de la pujante nación.

Para Luis Alberto Perozo, un barquisimetano de origen humilde, fue un día inolvidable, pues era la víspera de su cumpleaños y que mejor momento para festejar un doble triunfo: la vida y la fortuna de un sueño alcanzado. Ese día recibió doble felicitaciones y un diploma que lo acreditaba como Licenciado en Administración. Su euforia era tal que repetía en coro, juntos a sus compañeros de esa gran aventura: *"¡Somos parte de la historia de la UCLA; somos la primera promoción!"*.

Ese 26 de julio se efectuó un acto muy solemne y por demás emotivo, pues se alcanzaron sueños después de un largo proceso que hubo que gestionar y tramitar para la creación de la Escuela de Administración y Contaduría en Barquisimeto, destacando Felipe Pérez González, Juan Aly Suárez Carrizalez (fallecido) y Lino Palencia, hombres luchadores, persistentes y de valiosos principios egresados de esta promoción, quienes fueron pilares fundamentales junto a otro grupo de profesionales para la creación de la escuela que inició sus actividades con un propedéutico en mayo de 1968.

Invaluable aporte a la docencia y al país

De la primera promoción de profesionales, la Universidad Centroccidental Lisandro Alvarado formalizó contrato con 26 egresados para formar parte del cuerpo docente y administrativo de esta casa de estudios superiores.

Fueron dieciséis licenciados en Administración sobresaliendo: Marina Álvarez, Edgar Alvarado, Raquel Mireya Barrios, Esperanza Orellana De Couput, Leopoldina Gutiérrez De Rodríguez, Libertad Gutiérrez De Nieto, Mirian Vegas, Atilio Sánchez, Edgar Pulgar, Beatriz Ponte, Graciela Dávila, Olga Cristo, Gisela Orozco, Pedro Rodríguez La Torre, Luis Morillo y Loumila Veliz Pinzón.

Igualmente las autoridades de la UCLA contrataron a diez licenciados en Contaduría, figurando Rafael María Aguilar, David Camacho, Francesco Leone, Oswaldo Mujica, Orlando Méndez, Rafael Sisirucá Alejandro Martínez, Otto Fernández, Jesús Pacheco y Orlando Velásquez.

Necesitaríamos colosal centimetraje para mencionar y describir la actividad de todos y cada uno de los integrantes de esta Primera Promoción de profesionales que gracias a su formación y empeño, nos legaron un país en desarrollo que llegó a ser el primero de Latinoamérica y que debido a ese potencial, el país puede erguirse de las cenizas.

Resulta interesantísima la descomunal investigación recabada por la doctora Raquel Mireya Barrios, egresada de esta ilustre primera promoción, pues detalla minuciosamente el destino y el invalorable aporte al desarrollo de la nación de cada uno de los participantes de aquel curso de julio de 1974.

No hay duda que ese primer ensayo de la UCLA, aportó y seguirá contribuyendo en la reconstrucción de Venezuela. A todos y cada uno, nuestro reconocimiento de posteridad.

Foto destacada: Integrantes de la Primera Promoción de Administración, Contaduría y Analistas en Sistemas de la Universidad Centroccidental Lisandro Alvarado, UCLA, julio de 1974

En 1834 Cabudare tuvo sus primeras cifras oficiales de población

EL GENERAL José Antonio Páez, en su condición de presidente de la República, dio instrucciones para que se ejecutara el primer censo no oficial en todos los cantones del país. El historiador Antonio Arellano Moreno compiló los diversos informes similares de las jurisdicciones de determinadas parroquias de Venezuela, obra publicada por la Academia Nacional de la Historia, colección azul, historia de la República, bajo el título: Estadísticas en Tiempo de Páez, de las Provincias de Venezuela.

El interesantísimo aporte fue levantado por el juez de paz de la parroquia civil Cabudare, don Felipe Ponte al despacho del señor alcalde segundo municipal (del cabildo de Barquisimeto) … "arreglado a la lista que (Ud.) … me remitió". Los documentos están fechados en Cabudare, 16 de febrero de 1835 y contenidos en el libro de Escribanías, año 1834. Archivo General de la Nación. Tomo 87. En documentos coetáneos remitidos al despacho de don Felipe Ponte igualmente los identifican como Juez Primero de Paz de la parroquia de Cabudare. La figura legal del Juez Primero de Paz, estaba contenida en la Constitución Nacional de 1830, en el Título XXIV, De los gobernadores de provincia y jefes de cantón. Artículo 178.

Qué contenía el informe

Don Felipe Ponte ejecutó un minucioso censo en donde incluyó los aspectos geofísicos: Extensión territorial y límites, sitios o parajes, hidrografía, sendas; Geografía Humana: Demografía; Población clasificada por etnias y condición social; Existencia, tipos y valor global de las viviendas y Producción Agropecuaria, así como otros datos de interés para el Gobierno Provincial.

En lo referido al territorio de la Parroquia Cabudare, Ponte escribe: … *"Tiene quatro leguas de Longitud y dos de Latitud…"*

(...) *"por el norte rio Turbio por el sur quebrada de Guamacire, por el naciente* (este) *quebrada seca, por el poniente* (oeste) *río Claro...".* Y cuando habla de sitios, detalla lo siguiente: Tiene, *"ocho sitios a saber Barrancas, Bureche, Guamacire, Las Tapias, Loma Redonda, Quebradita, Rastrojos y Tarabana...".* Sobre los caminos, de vital importancia para la época y del vital líquido, Ponte apunta que: ... *"Tiene cuatro caminos, una que sale para esta capital* (Barquisimeto), *y otro para Santa Rosa, otro para Yaritagua y otro para San Carlos..."* (...) *Aquí no hay puentes".* Y más adelante sostiene que... *"Tiene siete quebradas son: Agua Viva, Guamacire, La Barimisa (o Marimisa), La Mata, La Mora, Tabure y La del Tomo",* nótese que para la remota época, ya estas quebradas estaban debidamente identificadas y delimitadas.

La demografía no faltó

Ponte ejecutó un trabajo encomiable en la Parroquia Cabudare, en donde no dejó escapar el aspecto demográfico quizá porque era de suma relevancia conocer en precisión cuantos "varones" aptos para las "montoneras" había disponible en cada Cantón, indicando que: *"Desde la cuna hasta los dieciocho años = 1416 y desde los dieciocho hasta los 40 años = 1948."* Las hembras también fueron contabilizadas: *"Desde la cuna hasta los dieciocho años = 1731. Desde los dieciocho años hasta los cuarenta años= 1017, para un total de Varones = 3364 y Hembras = 2748".*

Ponte clasifica además en el informe contenido en el libro de Escribanías del año 34, la población por etnias y condición social: .... *"Españoles hay dos, uno vive de mayordomo y el otro de limosna. ... no hay tribus indígenas..., ... Esclavos: Varones: 67, Hembras: 76, Manumisos Varones: 13, Hembras: 18.*

El mayordomo para la fecha de levantado el censo, podía ser el administrador de una institución religiosa como cofradías, obras pías, capellanías y con esta denominación quizás también se identificaba el amo de llaves de un organismo público, complementando que los manumisos eran los esclavos y esclavas potencialmente libres, siempre y cuando se cumplan las normas constitucionales, entre ellas la previa indemnización de los amos.

Determina también Ponte a los responsables de la instrucción pública y a los representantes del gobierno, … *"Hay una escuela pública con 80 alumnos dotada de 40 pesos, su preceptor Rito Valera…"* *(…) hay tres empleados que son tres, el Juez Primero de Paz* (el propio autor del presente informe), *el segundo* (Juez) *y el Cíndico* (sic) *Parroquial no goza* (o gozan) *de sueldo alguno…"*

La infraestructura y la agricultura

La existencia, los tipos y el valor global de las viviendas, fue otro de los aspectos relevantes del informe de Ponte para el Gobierno Provincial, destacando la cantidad de viviendas. Igualmente describe los rubros agrícolas y la riqueza pecuaria de la entonces Parroquia Cabudare.

Tipos de viviendas: Cubierta de tejas había 498 casas a 456 pesos cada una da un total de 27.088. Bahareque, 23 a 6 pesos cada una, es igual a 138. Cubiertas de paja 364 a 0.44 pesos, es igual a 160.16. Total 885 viviendas, para un total en pesos de 462,44 a un precio global de 27,386.16 pesos. Menciona en los rubros agrícolas el maíz con 1.616 fanegadas (anuales) igual a 303.808 kilogramos de producción en la zona de la Parroquia Cabudare y azúcar (quizás papelón) 24 quintales (mensuales) igual a 1.640 kilogramos. Otra información de interés: … *"No hay clases de maderas, yerbas* (sic), (si hay) *raíces en Guamacire,* (como…Boraja), ilegible…"

Las cifras en lo pecuario

La riqueza pecuaria de Cabudare fue registrada por el juez de paz de la parroquia Cabudare, don Felipe Ponte, en los siguientes términos y cifras: Burros 540 cabezas a 10 pesos como valor unitario lo que sumó 5.410 Cabras 2.367 cabezas a 6 reales cada uno 14.202 reales Caballos 46 a 40 pesos 1,840 Yeguas 31 a 20 pesos 620 Mulas 186 a 50 pesos 9.300 Ovejas 327 a 7 reales cada una 2.289 Toros 127 cabezas a 8 pesos 1.016 Vacas 538 a 10 pesos para un total de 5.380.

El informe representa el decano documento estadístico en el proceso histórico de la comarca cabudareña, luego del inicio de su tercer y definitivo poblamiento a partir del 27 de enero de 1818 y su identificación como parroquia civil en fuentes oficiales desde mayo de 1828. Igualmente expresa otro significativo aporte de un miembro de la familia Ponte de Cabudare a la educación y cultura en general en este caso si bien es cierto en principio es un documento oficial, en el devenir del tiempo logró convertirse en un trascendente estudio historiográfico en la perspectiva global, lo geográfico, económico y social.

Los vacunos cuyo destino final podía ser el uso del cuero como materia prima para talleres artesanales, y por su puesto la carne y la leche para el consumo humano, esta última para elaborar subproductos como el suero y el queso, observación válida de modo similar para el ganado caprino. Mientras que mulas y asnos, además de labores cotidianas en diversas unidades de producción agropecuaria, su significativo uso en numerosas arrias, transporte por excelencia para las compras-ventas del comercio inter-comarcano, fundamental en la economía local, dada la importancia de la ubicación geográfica de nuestra parroquia, indiscutible ante portón de la subregión llanera occidental.

En el informe determina que en la parroquia Cabudare no existían ningunas clases de metales, ni se registran cultivos de trigo, cebada, añil y algodón, los vecinos tampoco explotaban ningún tipo de pescado. Tampoco se anota la producción de madera, lo anterior conlleva a la gran conclusión que la economía local para 1835 presentaba dos pilares fundamentales, la producción de kilogramos anuales de maíz y en el subsector ganadero la cría de 665 vacunos, 186 mulas, 540 burros y 2367 cabras.

El Cabildo de Barquisimeto en 1903

TERMINADA LA GUERRA, en Barquisimeto se reconstituyó el Concejo Municipal presidido por el edil Walterio Pérez; su primer vicepresidente fue Manuel F Tovar A; y su segundo vicepresidente Sergio Herrera. Los vocales (concejales) que integraron este cuerpo edilicio fueron: Vicente Campos, Félix V. Guédez y R Carrillo, quien también actuaba como secretario. En la Sindicatura se desempeñó Pío Ibarra. Las deliberaciones de la cámara municipal de Barquisimeto, se desarrollaban una vez a la semana desde las 8pm en adelante y cuando se extendía el debate, se continuaba al siguiente día.

Sin salario alguno

Los legisladores no devengaban ningún emolumento por el ejercicio de sus funciones, y cada uno representaba una comisión permanente que la compartía con dos concejales: Renta, Peticiones, Instrucción, Fomento, Policía y Ejidos. Por esos días era presidente del estado Lara, el doctor Leopoldo Torres, aunque al ausentarse en ese año, asumió, primero el general Manuel Salvador Araujo, para luego ser sustituido por el doctor y general Rafael González Pacheco, quien gobernó hasta 1904.

Fuente: Archivo del Concejo Municipal de Iribarren
José Ramón Brito Calles. Gobernantes del estado Lara 1552-1977 Imprenta del Estado Lara 1980

El Cine Teatro de Cabudare, un lugar de historia

PARA 1920, en un antiguo caserón de Cabudare, funcionó el Cine Teatro Sucre. Era sin duda alguna el atractivo del momento y el sitio de encuentros del pueblo. El viejo inmueble estaba fabricado de paredes de adobe y ladrillos, con techumbre de tejas, ventanales de pollos y portones de madera, corredores espaciosos y un inmenso patio central.

Era la casa de don Francisco Alvarado, aunque ésta era propiedad de Manuel Viacaba (padre), ubicada en la calle Santa Bárbara con una calle sin nombre (hoy Juan de Dios Meleán) en donde se encuentra actualmente un estacionamiento municipal diagonal a la plaza Bolívar.

Fachada del Cine Teatro Juares de Cabudare.
Foto Diario EL IMPULSO 21 de enero de 1976

El Juares de Cabudare

Existió otra casa con similares características situada en la esquina norte-este, en la avenida San Juan Bautista, hoy avenida Libertador, entre las calles Bernal y Juares (antes corredores sin nombre), que perteneció a don Clemente Hernández, uno de los comerciantes consustanciado con los problemas del pueblo.

En la citada casa, funcionó con intervalos, entre los años 1926 y casi al final de 1937, el Cine Teatro Juares, propiedad de don Pompeyo Valbuena, que también sería el taquillero y quien elaboraba los cartelones para la propaganda.

Poseía un palco y una galería. En el centro tenía una casilla de madera en donde estaban situados los dos proyectores que usaban carbón, operados por su hijo Horacio Valbuena y Ernesto Agüero, a cuya mágica faena se incorporará más tarde Julio Álvarez Casamayor, testigo de excepción que narró esta crónica para la historia del municipio Palavecino.

El motor a gasolina que le daba fuerza al dinamo para generar la corriente eléctrica al cine, era atendido por Francisco Oviedo. Fungían como porteros Wenceslao Mendoza y Policarpo Rodríguez (padre). Las fantásticas imágenes en blanco y negro que salían de la lente, se proyectaban en un telón que medía cinco metros de largo por tres de ancho aproximadamente.

La magia del cine

La noche del 21 de julio de 1928, se inauguró la luz eléctrica pública en Cabudare, gracias al dinamo que producía energía para el cine. Este era mudo, más tarde cuando por fin se pudo reproducir el sonido, era en inglés, proyecciones que se hacían generalmente los fines de semana, y las series se producían los lunes, jueves y viernes.

Las entradas casi siempre tenían un valor de un bolívar con 50 céntimos en el palco; galería 75 céntimos; los niños pagaban solo la mitad del precio. El alquiler de la película tenía un valor fijo de 30 bolívares y otras oscilaban entre 40 hasta 80.

Entre las películas que más se recuerdan en Cabudare, destacaron Sombra de Gloria, Loquillas Misteriosas, Los Tres Mosqueteros, Hijos de Dios, Hijos de Nadie, El Vagabundo de Amores, Ricardito con los Diez, Los Miserables, El Conde de Montecristo, La Mona, La Cabaña del Tío Tom, El Hombre Sereno.

Al terminar la función, el Teatro Cine Juares, transmitía El Apache, un corte cómico que se hizo tradición. Algunos artistas de moda en el momento fueron Rodolfo Valentino, Dolores del Río, Juan Centella, Charles Chaplin, entre otros. En la sala principal, se instaló un botiquín y una mesa de billar, que pertenecía a don Virgilio Silva Sigala.

Chucherías de la época

En la calle hoy Miguel Bernal, justo en la pared del templo San Juan Bautista, se colocaba mesas con anafres para cocinar las apetitosas arepitas tostadas, empanadas, amasijos, café, vendidas por Francisco Mendoza, Augusto Gómez, Concepción de Hoy, Juan de Jesús Landaeta, María de los Reyes Benítez, Isabel Meléndez y otros en diferentes épocas.

En julio de 1929, se instaló diagonal al cine (hoy Edificio El Sol) la primera bomba de gasolina, que perteneció a Ismael María Rojas, así como un botiquín amenizado por Pedro Manuel Guédez alias El Palomo. A partir de las siete de la noche, un parlante colocado en la parte alta de la fachada del cine, dejaba escapar alegres y gratas composiciones musicales de una orquesta en vivo, tales como: Juliana, Corralito Español, el Taller de Bordado, Florinda, Capullito de Alelí, Mi Rinconcito, Besos y Cerezas, Yo y Mi Barrio, La Chica más Bonita y el Alma Llanera. Pero el Cine Teatro Juares, no solo difundía películas, también se realizaban otras presentaciones en escena con ilusionistas, payasos, maromeros, magos, cantantes, comedias y diálogos, corridas de toros con "enanitos".

Trágica noche

Entre 1938 y el 39, se modernizó el espacio para instalar el cine parlante en la misma casona, manteniendo el mismo nombre pero como el señor Vigott como propietario, que trajo un cinematógrafo de dos proyectores que utilizaba carbón para su funcionamiento. La sala fue dividida en dos con una pared rudimentaria con tabiques y papel periódico. Julio Álvarez Casamayor, que era el proyectista, tenía un salario mensual de 40 bolívares.

En 1939, un sábado en la noche, cuando se proyectaba la serie Los Misterios de los Aires, pasadas las nueve de la noche, los espectadores fueron sorprendidos por un voraz incendio en el cuarto de proyección que rápidamente se propagó debido a la gran cantidad de películas almacenadas, que de por sí era un material altamente inflamable, causando daño irreparable a los equipos, destruyendo el techo de la sala y otras áreas, cuyo intento de apagar el fuego fue inútil.

El público despavorido abandonó las instalaciones y varias personas sufrieron quemaduras. El trágico y funesto acontecimiento dejó como saldo el fallecimiento del operador y su hijo de pocos meses de nacido, quien dormía en la sala de proyecciones. La causa del incendio fue generada por la cola de un cigarrillo lanzado a través del postigo de una ventana con acceso a la calle, por un joven que no pudo entrar a la función.

Las caras del cinema cabudareño

El primer cine estuvo en manos de Pompeyo Valbuena Giménez, luego Manuel Aldana, más tarde Domingo Macías Fuentes y Juan Vargas, que sería el último dueño tanto de la casona como de la empresa Teatro Cine Juares, hasta que cerró sus puertas al final en la década de los 50. Pero Cabudare también tuvo un cine itinerante, fundado por Enrique Perláez, el cual recorrió todos los caseríos del entonces distrito Palavecino.

En 1942 se emitió la primera cédula de identidad en Venezuela

EL RECINTO estaba atestado con la comitiva presidencial. Militares como civiles presentes, así como los pocos empleados de la oficina, permanecían expectantes ante lo que más tarde sería un acontecimiento histórico. Cuando el fotógrafo del Sistema de Identificación Ciudadana hizo disparar el obturador de la cámara que captó la imagen que acompañaría la fotografía para la primera cédula de identidad, ya el director del ente emisor tenía el documento –tipo formulario-, lleno con los datos del primer venezolano en recibir el documento.

Con el número 0001, el 3 de noviembre de 1942 se emitió la primera cédula de identidad venezolana y se entregó al general Isaías Medina Angarita, 32avo presidente de Venezuela, quien oficializó el innovador instrumento de identificación portátil para los ciudadanos, el cual será desde entonces un requisito indispensable ante cualquier trámite legal. Medina Angarita gobernó el país desde 1941 hasta 1945. Su nombre aun aparece en la base de datos del Consejo Nacional Electoral (CNE) con el estatus de "Objeción 3" (Fallecido).

Los primeros en cedularse

Los primeros venezolanos que obtuvieron el carné de identificación nacional fueron:

Cédula Nro. 1, Presidente Isaías Medina Angarita.

(2) César González Martínez (ministro de Relaciones Interiores)

(3) Alfredo Machado Hernández (ministro de Hacienda)

(4) José Ramón Sanz Febres

(5) Carlos Alfonso Urbaneja Pineda

(6) Carlos Linares de Montemayor

(7) Félix María Martínez Espino (dirigió el Sistema de Identificación Ciudadana)

(8) Héctor Cuenca Carruyo (gobernador del Zulia para le época)

(9) Francisco Leonardi Gonzalo

(10) José Gregorio Riera Fortique

Asimismo, el primer extranjero en obtener la cédula de identidad en Venezuela, fue Friederich Wacheter Fischer, ciudadano de origen alemán, documento emitido el 31 de diciembre de 1941, en la Oficina Central de Identificación.

Una Legión Británica, protectora de nuestra Libertad, ha llegado a Venezuela

EL 20 DE FEBRERO de 1819, Simón Bolívar, en calidad de Presidente Interino de Venezuela, anunció a través de una proclama, la llegada a Venezuela de ayuda extranjera para liberar el país del dominio realista. Tras la derrota final de Napoleón Bonaparte en 1815, Inglaterra otras potencias europeas, se vieron incapaces de mantener los enormes ejércitos necesarios para derrotar al Emperador. Por lo tanto, el gobierno de Westminster ordenó una desmovilización masiva que, según el Times de Londres, obligó a la población británica a acomodar a 500 mil soldados que, en 1817, regresaban del continente. Muchos de éstos eran oficiales de carrera y soldados rasos que solo conocían la profesión marcial. Por lo tanto, enfrentaban un futuro incierto.

Es así como 250 militares de oficio parten hacia Suramérica y se unen a los ejércitos del Libertador. En marzo de 1817, Bolívar nombra al general Jaime Rooke comandante de la tropa denominada Legión Británica. Dos meses después, Bolívar ordena a Luis López Méndez, su ayudante de campo, lanzar una campaña de reclutamiento desde Londres. Probablemente con el apoyo tácito del gobierno británico y del jefe supremo de las fuerzas armadas, el Duque de Wellington, López Méndez logra crear cinco regimientos de oficiales y suboficiales, 857 en total, que en el mismo año de 1817 parten como voluntarios hacia Venezuela pese a vociferantes protestas de diplomáticos españoles.

El Batallón Rifles fue una unidad militar integrada por voluntarios de Gran Bretaña, que fueron actores principales del proceso de independencia de Venezuela, Colombia, Ecuador, Perú y Bolivia.

Dada la alta calidad de estos guerreros, muchos de ellos veteranos de las legendarias batallas napoleónicas, Bolívar envía al coronel James Tower English de regreso a Inglaterra para que enliste aún más hombres a la causa criolla. English logra formar una segunda Legión Británica compuesta por más de

1.000 hombres, a los cuales se unen 900 soldados, incluyendo 150 alemanes hannoverianos veteranos de Waterloo, reclutados por George Elsom, y 1.700 hombres reclutados en Irlanda por Juan D'Evereux, a quien Bolívar le otorga el rango de general de su Legión Irlandesa. Estos mercenarios británicos desempeñan un papel de suma importancia en las batallas del Pantano de Vargas y de Boyacá, pero especialmente en Carabobo, donde 130 de las 200 víctimas criollas fueron hombres de la Legión Británica. Esto motivó a Bolívar a aclamarlos "salvadores de (su) patria."

El irlandés Daniel O' Leary, edecán de Bolívar, con sus memorias deja a la posteridad la fuente más importante de las campañas del Libertador. El general Jaime Rooke, abatido en el Pantano de Vargas, proclama antes de morir, alzando su brazo recién amputado, que "viva la patria" que lo entierre. Tras la expulsión final de los españoles, muchos de estos hombres deciden permanecer en Nueva Granada, y durante sus vidas contribuyen a la formación de la patria independiente. Años después de su última victoria marcial, Bolívar dijo que López Méndez, al reclutar las primeras tropas británicas para los ejércitos criollos, fue "el verdadero libertador de América." La actuación de los héroes de la Legión Británica en la fundación de las repúblicas neogranadinas confirma la tesis que el Imperio Británico forjó el mundo moderno a su semejanza.

Actuación cronológica de la legión

El Batallón Rifles fue una unidad militar integrada por voluntarios de la Gran Bretaña, que fueron actores y autores principales del proceso de independencia de Venezuela, Colombia, Ecuador, Perú y Bolivia. La unidad formó parte de la Legión Británica que combatió al servicio de Bolívar, y le otorgó la victoria. El Batallón Rifles fue creado el 13 de agosto de 1818 con los rifleros británicos al mando de Robert Piggot.

El 19 de abril de 1819 se le unió otro contingente británico al mando de Arthur Sandes. Trasladado al Apure se le reúne otro contingente británico más, al mando del coronel Campbell.

Posteriormente suma otra plantilla de oficiales británicos al mando de MacDonald.

Otro nuevo contingente de tiradores británicos al mando de Johann Von Uslar se une al batallón para abrir la campaña de Nueva Granada de 1819. La unidad participa en las batallas de Gámeza, Pantano de Vargas y Boyacá, donde su primera compañía toma prisionero al brigadier José María Barreiro.

En Santa Fe de Bogotá estaba al mando de Sandes, y formado por ocho compañías cuyos comandantes eran 1º Ramírez, 2º Wrigth, 3º Duxbury, 4º Philam, 5 Fatherstonetaugh, 6ºLoedell, 7º Mogassi, 8º Romero.

Luego se trasladó a combatir a Santa Marta, Rio Hacha y Maracaibo, sufriendo muchas bajas en su lucha contra las guerrillas de indios Guajiros.

Participó en las decisivas campañas de Carabobo y Puerto Cabello. En 1822 el Batallón Rifles es seleccionado por Bolívar para actuar en las Campañas del Sur y se traslada a combatir en Popayán.

El 7 de abril tiene una participación destacada en la batalla de Bomboná. Continúa combatiendo en la insurrección de Pasto. El batallón se traslada luego vía Quito a Guayaquil donde embarca al Perú el 12 de abril de 1823 con diez compañías.

Participa en las campañas de Junín y Ayacucho y en la batalla de Corpahuaico tuvo su acción más destacada, a costa de su sacrificio, muriendo la mitad de los hombres de su batallón, entre ellos sable en mano el mayor Duxbury. Su jefe Arthur Sandes fue ascendido a brigadier general.

El 9 de diciembre, en la batalla de Ayacucho, los restos del batallón quedaron en reserva, empleándose cada compañía según se iba precisando su refuerzo en el combate. Sigue su camino al Cuzco, La Paz y finalmente Arequipa donde queda acantonado todo el año, reconstituyendo seis compañías.

Se embarca al Callao en septiembre de 1826, sublevándose allí en 1827. Finalmente se traslada a Guayaquil donde en 1828 queda al mando de William Harris, pero como un cuerpo insubordinado, y padeciendo una importante deserción que deja el batallón con 350 plazas.

El batallón es rehabilitado durante la guerra entre la Gran Colombia y Perú, y termina participando en la batalla del Portete de Tarqui, el 27 de febrero de 1829, destacando en esa batalla su capitán George Lack.

Tarqui fue el último campo de batalla del Rifles original, con voluntarios británicos, donde desapareció totalmente. Solo a partir de este momento el Batallón Rifles fue completamente integrado con personal venezolano remanente, saliendo en dirección a Popayán una nueva unidad completamente venezolana.

En 1830 el batallón es disuelto en San Carlos quemando su oficialidad las banderas laureadas de Bomboná y Ayacucho. Divisa de este cuerpo legendario: «El primero en el combate, el último en el cuartel».

La Francia, un lugar de encuentros y añoranzas

FRENTE AL TEATRO MUNICIPAL existió una mágica casona de estructura colonial que constituía una verdadera joya de arte para orgullo de la ciudad de Barquisimeto y sus habitantes. La Francia se llamó el edificio de dos plantas que existió hasta 1943 en la carrera 19 esquina de la calle 25. Cuenta Raúl Azparren en sus crónicas de la ciudad que La Francia fue asiento de un colegio y también de la agencia del Banco Nacional, cuya gerencia ejerció don Joaquín Pérez hasta que la agencia cerró en 1844 por quiebra.

En 1859, se alojó en la amplia y confortable casona el general Ezequiel Zamora. Con el transcurrir del tiempo, se establece en La Francia un hotel, una botillería y un casino. En el hotel se hospedaban los integrantes de las grandes compañías teatrales que regularmente visitaban Barquisimeto, procedentes de estados Unidos y España.

Azparren apunta que las actividades del Teatro Municipal estaban muy ligadas con el de La Francia al reunirse en este hotel, los asistentes a las presentaciones artísticas. En la botillería se encontraban los amores mancebos.

La Francia se llamó el edificio de dos plantas que existió
hasta 1943 en la carrera 19 esquina de la calle 25

EL DATO

El edificio La Francia fue escenario de encuentros culturales y sociales. Allí se alojó el general Ezequiel Zamora en 1859

La primera cerveza

En La Francia también se destapó la primera botella de cerveza que saborearon los barquisimetanos, con la presencia de invitados especiales y quienes pronunciaron sendos y elocuentes discursos. Pero La Francia igualmente fue escenario de pena, pues uno de sus tantos propietarios se quitó la vida de manera misteriosa. Un caraqueño de nombre Rafael Valdéz, murió de tuberculosis. El dueño del hotel llamado Luis Leroux, estableció en el sitio una fábrica de charcuterías.

La fachada de la casona era en las noches pantalla para las proyecciones cinematográficas con un proyector que colocaban en la azotea del Teatro Juares para entretener al público congregado en la calle antes de iniciar la función teatral, en un espectáculo denominado *pan grande*.

Años más tarde, el diario EL IMPULSO, en primera plana publicó en 1976: "Ha sido demolido el edificio de concreto La Francia, al interrumpir la ampliación de la carrera 19, en la búsqueda de mejorar nuestra vialidad". Ese fue el epílogo triste de la hermosísima casona testigo de la historia barquisimetana.

Maracaibo fue la primera ciudad de Venezuela con alumbrado eléctrico

EN 1888 y por iniciativa privada, se instaló en la ciudad de Maracaibo la compañía The Maracaibo Electric Light, poseedora de un capital social de 336.000 dólares (dividido en 3.360 acciones de 100 dólares cada una) y cuyo asiento estaba en Nueva York, con domicilio en Venezuela.

Fungió como presidente Jaime Felipe Carrillo, natural de Maracaibo y con destacada experiencia en el ramo eléctrico. El edificio donde funcionaba la empresa eléctrica, fue construido en un terreno donado por el gobierno municipal. Medía 44,60 metros de este a oeste y 51 metros de fondo. Estaba ubicado en la calle Industria de la ciudad de Maracaibo y hacía esquina con la calle El Milagro (hoy avenida El Libertador).

Este establecimiento, propiedad de la empresa, contaba con departamentos para oficinas, habitaciones para empleados, y un taller de herrería y otro de carpintería, que permitían con toda facilidad hacer casi todas las reparaciones necesarias en el local.

Suscriben contrato para la ciudad

Jaime Felipe Carrillo y el gobernador seccional Alejandro Andrade suscribieron un contrato para la instalación del alumbrado público en Maracaibo, el cual se comenzó a discutir en el mes de mayo de 1888 y la firma se concretó definitivamente el 1 de junio de ese mismo año. Mediante este documento se acordó alumbrar con luz eléctrica la parte central de la ciudad y con lámparas de kerosén los barrios Santa Lucía, Guárico, Saladillo, San Juan de Dios y el caserío de Los Haticos.

El valor de la suscripción

También establecía el contrato que dicho alumbrado se empataría entre La Marina y Los Haticos, formando una sola línea de luces en la distancia de 3.350 metros que había entre el principio de la calle La Marina por el este, que quedaría iluminada con luz eléctrica, y la estación del tranvía en Los Haticos, a donde llegaría el nuevo alumbrado por kerosén.

Tal iluminación, tan superior y completa en todas las calles delineadas de la ciudad, tendría un costo de 7.000 bolívares mensuales, y una rebaja de 10 pesos al contar el contratista con un número de suscritores en el alumbrado privado que alcanzara para la colocación de 2.000 luces eléctricas, cobrando los siguientes precios, según el caso: en un primer caso, se cobrarían 15 céntimos de bolívar a cada suscriptor por una hora de alumbrado con lámparas incandescentes de 12 bujías, si la empresa llegase a tener una cantidad de suscriptores que permitiera la colocación de 500 a 1000 luces; en un segundo caso, se cobrarían 10 céntimos de bolívar, si el número de suscriptores alcanzara para la colocación de 1.100 a 2.000 luces; y en un tercer caso, se pagarían 7 céntimos de bolívar, si la cantidad de suscriptores era suficiente como para colocar de 2.100 a 3.000 luces en adelante, según reseña de El Fonógrafo, diario de la época, el 28 de mayo de 1888.

El gran aparato

En el edificio antes descrito, se instaló entonces una planta movida por dos motores de vapor, uno de 400 caballos de doble expansión y otro sencillo de un solo cilindro, los cuales funcionaban con su escape al condensador. Contaba además con cinco calderas: dos en batería de la fábrica Abendroth & Root Mfg. Co., de 248 caballos cada una; dos en batería de la fábrica Babcock Wilcox, de 122 caballos cada una, y otra de la misma fábrica, de 125 caballos.

Novedoso acontecimiento

En la víspera del 24 de octubre de 1888, según informaciones de prensa, todos los edificios públicos de Maracaibo, presentaban sus frentes decorados; también ofrecían igual aspecto varias casas de particulares, tales como las de los señores Minlos, Brener y

Ca., la botica Vargas y otras. En la plaza Bolívar, la cantidad de personas era inmensa y la banda seccional amenizaba, con el toque de escogidas piezas, las primeras horas de la noche de la víspera, se leyó en El Fonógrafo, el 9 de noviembre de 1888.

Junto al edificio donde se había instalado el aparato destinado a producir la luz eléctrica, se veían nutridos grupos de hombres y muchachos que querían satisfacer la natural curiosidad de ver brotar la primera chispa. Mientras el incansable Jaime Carrillo se movía en todas direcciones para examinar alambres y lámparas, poniendo todo su empeño para satisfacer la ansiedad pública, la noche del 24 de octubre de 1888, finalmente se iluminó con gran solemnidad la plaza Bolívar, la cual estaba espléndidamente adornada con banderas y otros accesorios de singular belleza.

A juicio de los testigos que describieron el singular evento, narran que: "Sobre la iluminación esplendida que decoraba los balcones i cornisas de la casa del Gobierno y el frontis del palacio de la Exposición, i los edificios que rodean la plaza, i el jardín en donde las luces irradiaban a manera de ramilletes de mil colores, acababa de aparecer brillante, fascinadora i pura, la rútilamente luz eléctrica, tímida al principio como si titilase un saludo con cariñosos ojos, intensa enseguida con todo el fulgor de su deslumbrante claridad".

Asimismo, las bandas de música llenaban el aire con sus dulces y vibrantes melodías, y los fuegos artificiales lanzaban al mismo tiempo mil cohetes que nublaban el espacio adornándolo con clarísimas luces. Esto significaría para Maracaibo y un poco después para Venezuela, un avance trascendental que marcaría un hito dado el país comenzaría a salir de la era rural para adentrarse a la modernidad.

Fuente: Revista de Artes y Humanidades UNICA Volumen 11 Nº 2 / Mayo-agosto 2010, pp. 15 – 30Universidad Católica Cecilio Acosta ISSN: 1317-102X

Estas eran las Radios del pasado en Barquisimeto

RADIO BARQUISIMETO fue una de las más antiguas radioemisoras de la ciudad, después de la desaparecida estación La Voz de Lara, que fue la pionera, estando al aire entre los años 1931 y 1939. Radio Barquisimeto fue fundada el 20 de febrero de 1938 y fue calificada como la más importante y con la mayor sintonía. Esta emisora salía al aire todos los días de la semana, de 6 de la mañana a 11 de la noche, en banda internacional de 31 metros en la frecuencia de 9.510 Kcs, con una potencia de 5 Kws. Onda corta de 60 metros en la frecuencia en 4.990, con una potencia de 15 Kws, y onda larga en la frecuencia de 1.490 Kcs, con una potencia de 15 Kws, existiendo el propósito de elevarla a 5 Kws a corto tiempo, escenario que se llevó a cabo. Contaba en un principio con 6 locutores y dos operadores.

Radiodifusora Occidental

Esta estación de radio salió al aire el 19 de noviembre de 1942. Laboraba todos los días de la semana de 6 de la mañana a 10 de la noche, en onda corta de 60 metros, en la frecuencia de 4.940 Kcs y en potencia de 5 Kws. En onda larga operaba en la frecuencia de 1.280 Kcs con una potencia de 5 Kws. Tenía 6 locutores.

Radio Universo

Esta radioemisora barquisimetana fue fundada el 1° de junio de 1951. Al aire todos los días de la semana, de 6 de la mañana a 10 de la noche, en onda corta de 60 metros, en frecuencia de 4.850 Kcs, y con una potencia de 5 Kws. En onda larga al aire en la frecuencia de 840 Kcs y con potencia de 5 Kws, en donde trabajaban 4 locutores.

Radio Cronos

Estación de radio existente en Barquisimeto, fundada el 1°
de junio de 1951. Operaba todos los días de la semana, de 6 de la
mañana a 10 de la noche, solamente en onda larga, en frecuencia
de 840 Kcs, y con una potencia de 5 Kws. Trabajaban 4 locutores.

Fuente: Lameda Acosta I. E. Compendio Económico y Social de
Barquisimeto. Sociedad Amigos de Barquisimeto 1957

Tarabana fue la hacienda más importante del Valle del Turbio

TEMPRANAMENTE, en la primera década del siglo XX, los hacendados del Valle del Río Turbio, mostraron gran interés por la instalación de modernas factorías para procesar la caña de azúcar que se cultivaba en abundancia en la región. Los hermanos Yepes Gil, fueron los capitanes de la industria cañamelar en la vasta zona que comprendía desde las márgenes del río Turbio hasta el piedemonte del majestuoso Terepaima.

Pero serán José Antonio, Cruz María y Mariano, quienes compran la histórica hacienda Tarabana el 7 de septiembre de 1920 a la sucesión González, Rodríguez y Arapé, predio descrito como *"...fundo de cañas de azúcar denominado 'Las Mercedes', antes Tarabana"*. El Central Las Mercedes, se componía de un moderno trapiche de la fábrica L. Geo Squier & Ca, de Buffalo, Nueva York, que fue comprado en 1917, a un costo de 13 mil 501 bolívares, con capacidad para moler 20 toneladas de caña en 12 horas.

La maquinaria de cinco masas, movida por vapor, poseía una centrífuga con un tacho al vacío para la elaboración del azúcar y otro abierto para el papelón, dos alambiques con sus toneles y barriles. También tenía sus oficinas y edificios recientemente construidos y todos sus enseres: 10 carros con 10 bestias y sus arneses, 4 carretones tirados por bueyes, así como 10 yuntas de bueyes.

Central Tarabana en todo su esplendor. Foto Elio Otaiza 1950

De Central Las Mercedes a Tarabana

Luego de adquirir el moderno trapiche, los hermanos Yepes Gil, devuelven el ancestral nombre a la hacienda Tarabana, y al visionar que la maquinaria existente tenía la limitación de producir 500 kilogramos diarios de azúcar (50 sacos de 10 kilogramos como la empacaba la sucesión González), deciden modernizar la fábrica y adquieren una nueva maquinaria en Alemania, fabricada por la compañía Krupp Grusonwerk. Los hermanos Yepes Gil, se encargaron de ordenar la compra de la nueva maquinaria, así como de dirigir su instalación. El encargo llegó a Barquisimeto a través del Ferrocarril Bolívar y trasladado a la hacienda Tarabana a través del camino de Zamurobano para conectar con el camino real.

Testimonios orales aseguran que gigantes cajas de madera, contentivas del moderno trapiche alemán, fueron conducidas sobre troncos y haladas cuidadosamente con yuntas de bueyes.

Las cajas estaban aseguradas con gruesas cadenas y cabuyas de cuero, y eran arrastradas lentamente, jornada que duró todo un día, advierte Juan Alvarado, cabudareño que presenció el traslado de la maquinaria y trabajó un poco más de veinte años en lo que luego de 1930 se convertiría en el Central Tarabana Hermanos Yepes Gil.

Pionero por más de una década

El Central Tarabana fue por más de dos lustros, la primera y más importante factoría de la región, en donde a lomo de bestia y en carretones, se arrimaba la caña para su procesamiento, llegando a producir, durante la década del 30, cerca de 100 toneladas por día.

El investigador Juan Morales Álvarez, en su obra *Historia del Central La Pastora*, anota que en 1944, durante el gobierno de Isaías Medina Angarita, ya existían 29 centrales azucareros instalados en el país. *"En esa época convivían técnicas antiguas con conocimientos modernos".*

Entre estos ingenios figuraban en Lara solamente en 1949, Los Palmares, en El Tocuyo, con una producción de 939 mil 990 kilogramos de azúcar; Tarabana, en Cabudare, con 800 mil, seguido por Versalles en La Concepción con 360 mil y Sicarigua, en La Trinidad con 350 mil. En la rigurosa obra Tarabana, de José Antonio Yepes Azparren, el escritor enumera que el Central Tarabana, para 1940 procesaba 120 toneladas de caña diariamente elevando a 150 desde 1944 hasta la culminación de la zafra en 1954, fecha en que el trapiche cesa en sus funciones.

La historiadora Catalina Banko, en su estudio *La Industria Azucarera en la Región Centro Occidental*, destaca que de las 27 mil 241 toneladas de azúcar producidas en el país en 1945, la proporción correspondiente a los centrales establecidos en la región era muy pequeña: Las Mercedes (1.926), Tarabana (558), Los Palmares (299), San Marcos (103) y El Rodeo (62), lo que representaba 7.1%, del total nacional.

El ocaso del central

El 28 de noviembre de 1952, en el sitio de la hacienda La Unión, en el caserío Chorobobo, a 8 kilómetros de Barquisimeto, fue colocada la primera piedra para la fundación del Central Río Turbio, factoría que vendría a reemplazar los pequeños ingenios del Valle del Turbio. Las operaciones se iniciaron en 1955, con el procesamiento de 2.500 toneladas diarias de caña y la elaboración de 14 mil 447 toneladas de azúcar. La hacienda Tarabana prosiguió con el cultivo de caña luego del cese de su trapiche, e igual destino transitaron los otros centrales del valle, limitándose a cosechar el rubro para proveer a aquel nuevo central.

Más tarde, la hacienda quedó completamente inoperante y en 1965, Jesús María (Chucho) Briceño Ecker y su esposa Elia Yepes Gil Oropeza de Briceño (hija de don Mariano, dueño totalitario de Tarabana desde el 3 de diciembre de 1941), venden al Instituto Agrario Nacional, (IAN), la finca Tarabana *constante de 994 hectáreas y mil 535 metros"*, documento registrado en Cabudare, 2 de diciembre del año ya mencionado.

Secando azúcar en Hacienda Tarabana. Destaca: de traje y sombrero Don Daniel Yepes Gil. Arrime de caña dulce en trapiche de la Hacienda. Hacienda Tarabana y chimenea del trapiche. Fotos Colección de Leonardo Yepez, nieto de don Cruz María Yepes Gil

Tarabana desde siempre

En una minuciosa cronología sobre la tradición ancestral de la hacienda Tarabana, encontramos datos reveladores que atestiguan que el predio fue comprado según escritura del 9 de septiembre de 1791 por Juan Galíndez y Anzola por la cantidad de *"siete mil quinientos pesos"* al regidor Santiago Villalonga: *"...Una posesión de tierras de labor en el sitio de Tarabana. La referida hacienda se compone de veinte y una fanegadas de tierra en las que están fundadas doce mil árboles de cacao frutales y diez y siete fanegadas de caña, dos trapiches, ...".*

Desde esa remota fecha, la hacienda es mencionada como un predio de producción cacaotero y de cañamelar, siendo quizá el primer trapiche de la región. Hoy la hacienda Tarabana y su capilla Las Mercedes, declarada Patrimonio Histórico del municipio Palavecino, mediante Decreto Nº A-04-02-2000, exhibe la mueca más dantesca del abandono.

Fuente: Catalina Banko. La Industria Azucarera en la Región Centro Occidental. UCV, diciembre de 2007

José Antonio Yepes Azparren. Tarabana. Fondo Editorial Río Cenizo. Barquisimeto 2003

Rafael Domingo Silva Uzcátegui. Enciclopedia Larense. Ediciones de la Presidencia de la República. Caracas 1981

Morales Álvarez. Dulzura Caroreña. Historia del Central La Pastora. Caracas 2006

Centro Interno de Documentación Diario EL IMPULSO

Tranvía de Caballitos de Barquisimeto

BARQUISIMETO CAMBIÓ radicalmente luego de la aparición del Ferrocarril Bolívar. Esto supuso progreso para la ciudad y otras obras complementarias. Por iniciativa del general Aquilino Juares, gobernador del estado Lara, se construyó un tranvía en Barquisimeto. La calle del Comercio fue surcada con rieles sobre los cuales se desplazaba un vagón tirado por bestias. Obra puesta en funcionamiento en septiembre de 1897.

El tranvía de caballitos -como era conocido- partía desde la plaza Bolívar (Hoy Plaza Lara) con un ramal principal por la calle Catedral [calle 23] subiendo luego por la calle del Comercio (av. 20), cruzaba la avenida 5 de Julio (calle 30) hasta la estación del ferrocarril situada en la actual Comandancia General de la Policía de Lara, "epicentro de las actividades comerciales, artísticas, culturales y deportivas".

El gran esplendor del tranvía obligó al Gobierno contratar otro ramal desde la esquina de Villoria [calle 23 con av. 20] hacia la iglesia Altagracia, y otro adicional hacia el oeste con destino a las casas comerciales. La responsabilidad de la construcción de las líneas del tranvía recayó sobre Andrés Palacios Hernández y el primer gerente de este medio de transporte fue el español Celestino Fraile García.

En El Cojo Ilustrado, Nº 139, del 1º de octubre de 1897 fue publicado "*Puede vanagloriarse el Estado Lara del desarrollo progresivo que en estos últimos años ha alcanzado, debido a la fraternal asociación que la iniciativa particular y la del poder han establecido para hacer más fecundos sus esfuerzos. El Tranvía de Barquisimeto es una nueva obra de utilidad pública que acaba de inaugurarse en el Estado. La línea ha sido construida bajo la competente dirección del ingeniero doctor Andrés Palacios Hernández, y los materiales fueron escogidos por la Empresa en la acreditada casa de los señores Orenstei & Koppel, de Berlín*". [Pág. 766]

El pasaje en el tranvía costaba medio real, pero años más tarde, con el auge del automóvil y la popularidad de la bicicleta, el tranvía fue condenado a desaparecer y dejó de funcionar en 1925.

Documento de solicitud

Proyecto de construcción de varias líneas de tranvía; dirigidas al Sr. Riera Aguinagalde, gobernador del estado. Con papel con escudo impreso del estado Lara

Sello sexto. Año de 1890. Que partiendo de una estación central; póngase en fácil y rápida comunicación varios puntos distantes de la población. El contrato y pide a esa ilustre corporación su otorgamiento

Barquisimeto 10 de octubre de 1890

Firma: Rafael María Lugo con estampilla de época.

Firmada como recibida el 29 de octubre de 1890 por Lisandro González Bastidas.

El 30 de octubre de 1890, firmada y enviada a la Comisión de Fomento bajo los concejales Yánez Y Domínguez.

Existe otro manuscrito que refiere el derecho exclusivo "de establecer el tranvía que partiendo de la estación central; lleguen a estación del ferrocarril, a la iglesia de la parroquia concepción, al mercado de la ciudad y a la esquina de la casa de comercio del ciudadano Francisco Perdigón.

Estación Ferrocarril Barquisimeto. Circa 1900

La descripción de Castillo Arráez

Hacia 1924, recuerda Castillo Arráez, los tranvías de caballitos que hacían un recorrido «...entre la estación del Ferrocarril y la antigua Plaza «Bolívar" hoy 'Lara'; con un ramal para 'La Cochera, situada en lo que ahora es la esquina del moderno teatro 'Principal'". Por tal razón esa esquina se llamaba de «La Cochera". Este «moderno teatro Principal ya no existe en 2013 y en su lugar, avenida 20 con calle 36 se encuentra la sede de una institución bancaria.

A las damas de la época que en el tranvía de caballitos iban de paseo, lunes y jueves, a esperar la llegada del tren, Castillo las describe «matronas peso completo, envueltas en chales, tocadas con sombreros de velo y amplias alas, calzadas con altas botas de fina piel y llevando coloridas sombrillas, que con sus hijas, no menos emperifolladas, atestaban el vetusto carri-coche". A los varones, «galanes del pasado que igualmente recorrían la ciudad en el tranvía", los pinta con brodequines, paraguas [las sombrillas y los paraguas eran atuendo obligado], largo paltós y estrechos pantalones, signos inequívocos de la más refinada elegancia..."

En la plaza Miranda (hoy Plaza Bolívar), en los solares de viviendas como la del Dr. Eliodoro Pineda con tres maporas cerca de la antigua plaza Bolívar (hoy Lara) donde había un mamón majestuoso «a cuya sombra reposaban los caballos que tiraban de los tranvías y que allí estaba su terminal", en la casa Antonio María Pineda y el gran palmar del bosque de Macuto.

En 1930 Venezuela canceló la totalidad de la deuda pública

Luego de la separación de la Gran Colombia, compuesta por Ecuador, Colombia y Venezuela, la deuda contraída por nuestra nación durante la cruenta Guerra de Emancipación fue repartida proporcionalmente entre los tres países que la formaban. La parte que le tocó pagar a Venezuela alcanzó a la cantidad de 34 millones de pesos (28,5%), a Colombia el 50% y a Ecuador el 21,5%. Con esta deuda externa se inició la República Independiente en 1830.

Con la toma de Barquisimeto, el 23 de mayo de 1903 y luego el triunfo del combate de Matapalo, escenificado el 3 de junio, el general Juan Vicente Gómez, presidente encargado de la República liquida el último reducto de las fuerzas de la Revolución Libertadora, poniendo con esto fin a las guerras civiles en Venezuela.

Para el 1° de enero de 1909, como herencia de la Guerra de Independencia, la Guerra Federal y posteriores conflictos civiles internos, la deuda del país sumaba la escandalosa cifra de 210.307.281,68.

Una vez superada el estigma de las montoneras, se inicia una etapa de auge económico sin precedentes, dejando de un lado las acciones bélicas intestinas que mantuvieron al país en la más penosa ruina.

Para el momento que Gómez empieza a gobernar, Venezuela era una nación en precarias condiciones, pobre al extremo, con pocos centros educativos y sanitarios, y con una población que apenas superaba los dos millones de habitantes.

Obsesionado por lograr dominar los problemas económicos, para así restablecer el orden, según su criterio, esto pasaba por pagar la deuda externa.

Para 1914, con la explotación petrolera, el país aceleró la prosperidad económica, y tras esa nueva realidad, se avanzó en los campos de la educación, salud, vialidad, mejoramiento de la vida rural y las clases trabajadoras.

Es entonces cuando comienza el vertiginoso ascenso de las reservas del Tesoro Nacional, que ya para 1920, pese a la Segunda Guerra Mundial, alcanzaban los 75 millones de bolívares, y para 1935, -con ciertas fluctuaciones-, la cifra superaba los 100 millones.

Desde el florecimiento de la economía registrado durante la segunda década del siglo XX, la deuda pública se pagó con religiosa puntualidad, quedando reducida a Bs 52.791.295,83 para el 1° de enero de 1930, dividida así: por deuda interna Bs 28.445.384,56; y por deuda externa: Bs 24.345.911,27.

El 23 de mayo de 1930, el dictador informó al país que se habían cancelado las deudas externas debido a las reclamaciones extranjeras que fueron la causa de que barcos alemanes e ingleses bloquearan a varios puertos venezolanos en diciembre de 1902, durante el gobierno de Cipriano Castro. "Venezuela está libre de deudas y no le debe a nadie", afirmó tajante Gómez en mensaje a los ciudadanos de la nación. Con ello se salda la deuda de un siglo de guerras y revoluciones, pero también se libera el Benemérito, de la "horrenda pesadilla de deberle al extranjero", según su testimonio.

Fuente: Delia Picón. Historia de la diplomacia venezolana: (1811-1985). Universidad Católica Andrés Bello, 1999
Juan Vicente Gómez y su Época. Elías Pino Iturrieta Rosalba Méndez. Monte Ávila Editores, 1988 www.CorreodeLara.com

El Concejo Municipal de Cabudare nació en 1844

CABUDARE FUE ASCENDIDO a jerarquía de Cantón el 1º de mayo de 1844, por dictamen del Gobierno Provincial de Barquisimeto. En términos políticos, el cantón equivale a lo que sería con el transcurrir del tiempo, los departamentos, más tarde distritos y luego municipios autónomos. Las parroquias se convirtieron en municipio y con el devenir regresaron a denominarse parroquias. Para la citada fecha, esta población alcanzó su independencia político-administrativa, decreto que permitió fundar el primer Ayuntamiento o Concejo Municipal.

Los primeros ediles

El 7 de abril de 1844, el periódico El Imprudente, en su segunda página, da cuenta que en el recién constituido Cantón Cabudare, se habían escogido 4 concejales, un síndico procurador y un jefe político, este último representaba la autoridad del gobernador de la Provincia en la localidad.

El nuevo cuerpo edilicio fue constituido por:

> José Parra
> Policarpo Rivero
> Rafael Palacios
> Santiago Orejuela
> Síndico procurador: Francisco Méndez
> Jefe político: José Francisco Tovar

Las elecciones

El derecho a votar en Venezuela era un verdadero privilegio, por tanto, solo podían ejercer ese derecho el sector social dominante, comerciantes, terratenientes y esclavistas, todo este marco legal de acuerdo a la Carta Fundamental aprobada por el Congreso Constituyente en septiembre de 1830 vigente para 1846.

Los comicios se realizaron el 15 de febrero de 1846, para elegir las autoridades cantonales.

Electos para asamblea municipal por Cabudare:

> Francisco Sánchez, Juan Bautista Romero
> Procurador: Antonio Ocanto
> Alcaldes primero: Marcos Ortiz y Manuel Mugica
> Parroquia Sarare:
> Primer juez de paz: Juan Agustín Alvarado
> Segundo juez de paz: Crisóstomo Sánchez
> Síndico procurador: Marcos Alvarado
> Parroquia Buría
> Primer juez de paz: Rafael Antonio Montesinos
> Segundo juez de paz: Francisco Cordero
> Síndico procurador: Antonio María Gonzáles
> Parroquia El Altar:
> Primer juez de paz: Gregorio Muñoz
> Segundo juez de paz: Bruno Pérez
> Síndico procurador: Juan Muñoz
> Representantes para los sitios El Mayal, El Taque y Carauya: Ruperto Durán e Isidro Gudiño

Los electores provinciales

Para 1846, el Cantón Cabudare contaba con 19.768 habitantes, de acuerdo a ese universo la Asamblea Municipal o Primaria escogió a cinco electores provinciales: Vicente Posada, Domingo Méndez, Encarnación Guédez, Policarpo Rivero (era concejal en el 44), y Marcos Ortiz, fallecido en los sucesos que dieron muerte al gobernador Martín María Aguinagalde). Como senadores y representantes designados por el Colegio Electoral de la Provincia de Barquisimeto, quienes a su vez debían elegir al presidente de Venezuela.

Senadores: Licenciado Andrés Oropeza y Dr. Ramón Perera

Representantes: Presbítero José Ramón Agüero, Dr Pablo Alevedra, Cosme Urrutia, Marino Isava Alcalá, Tomás Veracoechea, Francisco Manuel Álvarez, Francisco Ceballos, Mariano Raldíriz y licenciado Andrés Guillermo Alvizu.

Suplentes: Licenciado José Cruz Limardo, Toribio García y Antonio Varela.

Tenían bienes de fortuna

Entre los gobernantes del cantón tenían propiedades el síndico procurador, Francisco Méndez, quien poseía dos casas, una hacienda de caña de azúcar, derecho de posesión y un esclavo. También tenía propiedades en Bobare.

El jefe político, Francisco Tovar, tenía bienes registrados desde 1846 hasta 1876. Disponía entre su fortuna declarada una hacienda de caña de azúcar en Bureche, un derecho de posesión en Santa Rosa, una casa de habitación en el mismo poblado, un derecho de posesión de tierra en La Montaña, otro en la parroquia Sarare, y una unidad de producción en la parroquia Cabudare.

Rafael Palacios concejal del cantón fue el que más ostentaba bienes de fortuna, con una unidad de tierras cultivable (zona rural de Palavecino) 9 casas, 2 esclavas, una hacienda en Tarabana, una posesión en El Mayal y un solar en el casco urbano de Cabudare, según documentos fechados entre 1843 y 1872.

El concejal José Parra, según documentos de 1844-1851, poseía una esclava, una casa, una unidad de producción y tierras cultivables. El edil Santiago Orejuela, aparece como propietario de una casa de habitación en 1852.

Fuente: Boletín del Centro de Historia Larense. Abril-mayo-junio. 1944
Hemeroteca Nacional: Primeras Autoridades del Cantón
Perera Meléndez, Ambrosio. Historia Político Territorial de los estados Lara y Yaracuy. Caracas 1946. Págs. 77-78
Datos de Oficina del Cronista Municipal de Palavecino

La Rotunda representó tortura y muerte para presos políticos

LOS LAMENTOS se podían escuchar a distancia, así como los olores nauseabundos se esparcían cuando el sol quemaba con más furor. Era entonces cuando el carcelero repartía una taza de agua y dos panes que por lo general estaban tiesos y/o roídos por las alimañas, a los condenados por cualquier delito tipificado en las escribanías de aquel remoto tiempo histórico venezolano. Durante la colonia la condena era realmente martirizante, y pese a que la máxima pena era de diez años, se prefería la muerte, la tortura y la mutilación a soportar la reclusión.

En un acta de cabildo de Caracas del 24 de marzo de 1573, se puede leer lo concerniente al estado deplorable de un rudimentario sitio de reclusión que sería lo más probable la primera cárcel que se tenga noticias en el país. Otros documentos confirman que posteriormente, se conoce del acondicionamiento de una habitación en el cabildo para cumplir la función de penitenciaría, siendo de condiciones deplorables, y aunque fue restaurada, el terremoto de 1641, la redujo a polvo y escombros.

Teatro de horrores

Para 1854, durante el mandato de José Gregorio Monagas, se concluye la construcción de La Rotunda, en Caracas, iniciada en 1844 por Carlos Soublette, y sería la cárcel más moderna del país, a pesar de pobreza e inestabilidad política. Algunos años más tarde, el presidente Juan Pablo Rojas Paul, ordenaba a su guardia personal recluir a los detenidos en La Rotunda, cárcel reinaugurada, el 14 de octubre de 1889, como casa de corrección, ya que había sido concebida para delincuentes comunes o muchachos descarriados, pero nunca, en el peor de todos los casos para opositores al Gobierno.

Su nombre figuraría como el lugar destinado para las crueles y más salvajes torturas de los enemigos de Cipriano Castro y Juan Vicente Gómez. Quienes eran enviados a La Rotunda por motivos políticos, se les colocaban grilletes y pernos, o una bola de acero de 50 libras en los pies y sufrían recurrentes torturas que hasta provocaban la muerte. Los grillos sujetaban los tobillos de los prisioneros inmovilizándolos y produciéndoles heridas. Igualmente, los guardias solían administrar veneno en los alimentos de reos sobre los que pesaran órdenes de asesinato, y vidrio molido en sus bebidas para causar mayor sufrimiento a la hora de la muerte.

A los presos políticos los visitaba mensualmente Nereo Pacheco, uno de los torturadores más crueles de La Rotunda, un delincuente común abandonado en la cárcel por sus delitos que por instrucciones expresas de Gómez, era utilizado para ejecutar las despiadadas prácticas. "Una de mis primeras acciones como gobernante de Venezuela será derrumbar La Rotunda", confesó el general Eleazar López Contreras en una alocución en 1936.

Afamados prisioneros

En su carácter de ex presidente de la República, Joaquín Crespo fue el primer preso político del país cuya celda estaba debidamente alfombrada y equipada con muebles y una buena cama. Entre otros presos célebres de La Rotunda destacaron Román Delgado Chalbaud, líder de una conspiración en contra del presidente Juan Vicente Gómez, quien habitó una celda por 14 años.

José Rafael Pocaterra, periodista y escritor nacido en Valencia. Describe sus desventuras en La Rotunda en su libro Memorias de un Venezolano de la Decadencia. Allí vivirá, en la celda número 41, tres años de terribles torturas, castigos y soledad y será testigo de varias muertes. Rufino Blanco Fombona, opositor al régimen gomecista desde el principio, cuya marcada crítica le conducirá a La Rotunda, desde 1908 hasta julio de 1910. Los clérigos Mendoza y Monteverde, engrillados por ser parte del sacerdocio opositor al régimen de Gómez. Néstor Luis Pérez Luzardo, jurista venezolano. Jóvito Villalba, líder político venezolano. Andrés Eloy Blanco, destacado político y poeta que desafió a la dictadura. Carlos López Bustamante, director del diario El Fonógrafo en Caracas. Francisco Betancourt Sosa, empresario, político, escritor y banquero, presidente por 14 años de Banfoandes (Banco de Fomento)

Lista macabra de 1919

El historiador Elías Pino Iturrieta, en su artículo Desde La Rotunda, da cuenta sobre el documento que la Unión Cívica Venezolana publica en Nueva York en 1928 sobre la situación carcelaria. Es un texto prolijo, del cual apenas se extrae ahora la lista de defunciones de 1919 en esta mazmorra de la dictadura. "Emiliano Merchán, murió de hambre el 2 de enero a las 11 a.m., calabozo 15. Enrique Mejías, murió de pústulas sifilíticas, sin asistencia, el 19 de abril, calabozo 5. Subteniente Domingo Mujica, murió de hambre el 3 de septiembre a las 9 a.m., calabozo 38. Subteniente Luis Aranguren, murió de hambre y veneno el 6 de septiembre, 6 a.m., calabozo 38. Subteniente Víctor Caricote, murió de hambre el 16 de octubre, a las 6:30 p.m., calabozo 15. Teniente Jorge Ramírez, murió de latigazos y veneno el 21 de octubre, calabozo 24, a las 10 p.m. Subteniente José Agustín Badaraco, murió de hambre y veneno el 7 de octubre a las 9 a.m., calabozo 31. Subteniente Cristóbal Parra Entrena, murió de hambre y veneno el 22 de diciembre a las 5 p.m., calabozo 36".

El tortol

Sobre los instrumentos y métodos de tortura, el periodista Carlos M. Flores, quien fue para su desdicha otro huésped de esta prisión, describió que el tortol, fue una "de las herramientas preferidas por los verdugos gomeros". En tenebroso y grotesco episodio, apunta que: (…) es un instrumento de martirio que consiste en una cuerda anudada, que se coloca en la cabeza, a la altura de la sien, y la cual se va apretando por medio de un garrote. Los nudos se incrustan poco a poco y el dolor que produce es intenso; algunos mueren en la prueba, otros más fuertes quedan con vida, ¡pero en qué estado!, con los oídos reventados y sin conocimiento.

Subraya Pino Iturrieta, que del periodo inicial de la dictadura gomecista, data la famosa prisión de Zoilo Vidal con doce años encerrado en una primera tanda, dos años más después de un breve intervalo de libertad y, por último, reclusión vitalicia en La Rotunda. Otro sería el general Fernando Márquez, quien apenas pudo pasar unos meses con los suyos en el lapso completo de la dictadura, durante una fugaz amnistía decretada en 1927.

Correccional de Barquisimeto

El general Aquilino Juares, en su condición de presidente de la Provincia de Barquisimeto, dirigió comunicación al Poder Legislativo en 1865, expresándole su preocupación por el estado deplorable de la prisión existente, la cual consideró "… no como correccional, sino como un suplicio por sus defectos técnicos". Dispuso entonces de 40 mil pesos para su edificación pero que al final, superó los 60 mil.

En 1908, la cárcel conocida con el nombre de Las Tres Torres, comenzó a llenarse de presos políticos que disentían del Gobierno de Cipriano Castro, más tarde con aquellos que se oponía a Juan Vicente Gómez y finalmente a los que adversaron a Eleazar López Contreras. En 1946, aquel edificio de notable arquitectura de finales del siglo XIX, fue demolido por orden del gobernador Eligio Anzola Anzola.

Fuente: Pocaterra, José Rafael, «Memorias de un venezolano de la decadencia», Monte Ávila Editores Latinoamericana, C.A. Caracas, Venezuela, 1997

Carlos Pacheco, Luis Barrera Linares, Beatriz González Stephan, «Nación y literatura: itinerarios de la palabra escrita en la cultura venezolana», Ed. Equinoccio, Caracas, Venezuela, 2006

Desde La Rotunda. Por Elías Pino Iturrieta. Prodavinci. 2 de abril de 2018

Otto Acosta, Barquisimeto: Eran otros tiempos Ediciones de la Universidad Fermín Toro. Barquisimeto 2003

www.CorreodeLara.com

La casona de los Giménez, tradición e historia en Los Rastrojos

SIGNADA CON EL NÚMERO 30, la casona de la familia Giménez, guarda parte de la historia de Los Rastrojos y el antigua camino vía al Llano. Según documento de propiedad, fue registrada en Cabudare en 1826, el 15 de mayo, propiamente, bajo el Nº 40 folio 49 y 50 protocolo Nº 1. Esta infraestructura del siglo XIX, ha pertenecido a los Giménez por cuatro generaciones. Eduardo Giménez Parra, su fundador, fue un reconocido agricultor del sitio La Vuelta del caserío El Placer, tierras fértiles para la labranza de caraotas, maíz, caña de azúcar y el pastoreo de ganado. La casona fue un punto de referencia para la comercialización de los rubros y sus amplias habitaciones sirvieron de depósito.

Custodios de cuentos y leyendas

Altagracia y Magali Giménez Romero, nacidas en la casona y descendientes del patriarca, cuentan que esta vivienda de 31 metros de frente, con gruesas paredes de adobe cruzado, pisos de piedra y techo de tejas de arcilla, ostenta una larga tradición, guardando cuentos y leyendas de un pasado remoto. Cirilo, padre de las hermanas Giménez, adquirió la propiedad en 1926, por 700 bolívares. Él, le contaba a Altagracia, que el salón más extenso de la casa era destinado para almacenar los granos, para la venta y el consumo propio. En el solar de la casa se conserva aún un estanque, que era el bebedero del rebaño de los Giménez. En una época añeja, allí bebían agua las recuas de los arrieros.

Un lugar para el encuentro

Desde la Colonia, pasando por las montoneras y las dictaduras, la casona de los Giménez, fue siempre un lugar de encuentros para el comercio y porque no, para el descanso de arrieros que buscaban buenos precios, agua fresca y un sitio para la tertulia.

Onofre Colmenárez Hernández, quien intenta conservar la tradición comercial de la casona, narra que entre las crónicas de la vivienda, destaca que la casona fue fiel testigo del transitar de las tropas de los generales Simón Bolívar y Rafael Urdaneta, en 1813, pues acamparon a menos de media vara de la histórica vivienda. Cuando el general Ezequiel Zamora al frente de sus tropas cabalgó por Zanjón Colorado, cuentan que pasó frente a la casona, también las fuerzas de Cipriano Castro, con este a su frente, durante su Revolución Libertadora, porque era el camino que comunicaba Barquisimeto con Araure y Barinas.

De estructura colonial

Debido al paso de los años, la casona de los Giménez ha perdido su armonía original, aunque siguen destacando su zaguán, cinco habitaciones y un corredor. La casona de los Giménez, se desmorona paulatinamente, debido a la indiferencia oficial, efecto abominable que intenta con saña borrar su historia.

Llegó a Barquisimeto el primer aeroplano

EL DIARIO EL IMPULSO publicó en su portada del 4 de noviembre de 1912, un interesante titular sobre el primer vuelo realizado en la ciudad: "Vuelo de Boland sobre Barquisimeto se realizó con éxito". Sin duda un acontecimiento histórico, sin precedentes. Inicialmente Barquisimeto no formaba parte de los planes en las presentaciones del afamado aviador norteamericano Frank Boland y compañía, más dados los éxitos en Caracas, y Valencia, estando Boland en Puerto Cabello fue invitado por el presidente del estado Lara doctor Rafael Garmendia Rodríguez y patrocinado por instituciones privadas a proseguir hasta Barquisimeto, en donde se acordó, bajo contrato firmado, efectuar tres vuelos.

Reseñó EL IMPULSO que desde muy temprano se dejaba escuchar en la ciudad las vibraciones de la campana mayor del templo de la Inmaculada Concepción y el sonoro reloj de la iglesia Catedral de San Francisco, anunciando el magno evento en una urbe desprovista de automóviles. El cronista Silva Uzcátegui atestiguó que desde Caracas, despacharon el avión a través del ferrocarril hasta Puerto Cabello en donde lo colocaron en un vapor hasta Tucacas, y de allí en el Ferrocarril Bolívar hasta Barquisimeto. Al norte de la ciudad se improvisó un pequeño campo de aterrizaje, vecino a la Estación del Ferrocarril Bolívar, en el sitio que ocupó el estadio del Centro Atlético América, área que en la actualidad está ubicado el Cuartel de la Policía.

26 minutos con 60 caballos

Desde la mañana de ese 3 de noviembre, los vecinos de Barquisimeto, ávidos de ver el histórico acontecimiento, comenzaron a trasladarse en masas al sitio dispuesto para a través del Tranvía de Caballitos y gran parte caminando. Por su parte, la primera autoridad estadal llegó al sitio en carruaje de cuatro ruedas tirado por bella caballería. Similar transporte utilizó los invitados especiales: doctor Antonio María Pineda, Jesús María

Rodríguez Garmendia, don Roseliano Iribarren Alvizu y don Elías Agüero, únicos propietarios de ese medio de movilización. De igual manera se desplazaron los que alquilaron los coches de José Saso o de Lino Piña, dueños de las cocheras existentes.

EL DATO: Frank E. Boland, y Charles Hoelflich miembros de la Boland Aeroplane Motor Co, invitados por el general Román Delgado Chalbaud a visitar Venezuela, realizaron vuelo en Barquisimeto, con duración de 26 minutos, desde un aeródromo improvisado en una porción de la sabana al norte de la estación del Ferrocarril Bolívar. De este evento se dispone de una única foto en tierra.

En la improvisada pista se situaron sillas para quienes pagaron los cómodos asientos en posición privilegiada para contemplar el despegue y aterrizaje del espectacular aparato. La ciudad entera se aglomeró en aquel lugar para curiosear las temerarias maniobras del piloto norteamericano a bordo del "Bluebird", que había sido armada en el mismo paraje de la exhibición. El biplano que carecía de cola, pesaba alrededor de 300 kilogramos. En el centro del fuselaje, fabricado de madera y lona, tenía un pequeño motor de 60 caballos de fuerza. En las crónicas de Azparren conseguimos que durante la fascinante maniobra aérea de 26 minutos, Boland se elevó tres veces a una altura de 500 metros, con excursión por el ámbito de la ciudad y los verdes cuadriláteros que confeccionaban la amplitud del Valle del Turbio.

"Visitó El Chicago"

Azparren anota que luego del espectacular vuelo sobre Barquisimeto, Boland y su copiloto, fueron invitados por notables de la época, entre los que destacaban el doctor Juan Liscano, quiboreño y padre del poeta Juan Liscano; así como también los Álamo, los Castillo, los Amengual, los Iribarren, los Guevara, los Escobar Alvizu, los Silveira y don Vicente Campos, a visitar el botiquín El Chicago, histórico centro de esparcimiento de Barquisimeto. "Allí, el equipo del aviador supo de nuestra tradicional hospitalidad, al festejársele con champaña".

Fuente: Archivo del Diario EL IMPULSO

Rafael Domingo Silva Uzcátegui. Barquisimeto. Historia privada. Alma y fisonomía del Barquisimeto de Ayer. Caracas 1959

Raúl Azparren. Barquisimetaneidad, personajes y lugares. Barquisimeto 1974

Foto de portada: Única fotografía conocida del biplano de Frank Boland que realizó el primer vuelo sobre Barquisimeto

Los cursos de agua de Cabudare en un documento del siglo XIX

EL RECURSO HÍDRICO ha sido a lo largo de la historia uno de los más importantes, por tanto, en Cabudare, el Concejo Municipal, sancionó un documento a finales del siglo XIX para normar su uso en el fértil Valle de río Turbio, el cual estaba surcado por extensas acequias. Denominado Padrón para el Reparto de las Aguas de la Hoja Hidrográfica de Macuto, el cual fue aprobado el 31 de octubre de 1895, daba cuenta, entre otros datos de interés, que el buco Mayalero, para aquella remota época, "ya tenía más de 200 años en uso".

EN DATO Las corrientes del río Turbio y Claro alimentaron los surcos de agua en Palavecino durante varias centurias

El documento rubricado por el edil Martín Carreño, presidente del cabildo de Cabudare y Juan de Dios Meleán, como secretario de ese cuerpo legislativo local, detalla este sistema de riego, su extensión, nombre de los fundos, situación espacial y el nombre completo de sus beneficiarios. Los canales eran alimentados por el río Turbio y la quebrada Macuto (río Claro), y según el documento el buco Mayalero o El Mayal, asistía a las haciendas Santa Elena, La Capilla, Papelón, San José y Barrancas, situadas en los sectores Carabalí, Bureche, Papelón, Mayal y Barrancas.

El buco Torrellero, alimentaba los sitios de Bureche y Barrancas; buco Peñero a Tarabana, Barrancas y Bureche; buco Duranero a Barrancas; buco Hondo a las haciendas Santa Rita, San Antonio, San Rafael, Barrancas, La Capilla, La Vega; Buco Alto a Bureche; y los bucos La Aduana y La Ceiba al sector Carabalí.

Dado en el local de las sesiones del Concejo Municipal del Distrito Cabudare a 31 de octubre de 1895.- Año 85° de la Independencia y 38° de la Federación.

Cúmplase y cuídese de su ejecución. - El jefe del distrito M López Juáres.- M C Ojeda.-

Es copia fiel

El documento fue consignado ante la Oficina Principal de Registro del estado y en la "sesión ordinaria del lunes once de los corrientes (noviembre) los títulos a los agricultores" del Valle del río Turbio.

Los bucos son aborígenes

Existen otros documentos de funcionarios hispanos que testimonian, desde mediados del siglo XVI, el uso de los canales de agua por parte de familias aborígenes en el valle citando "el magnífico sistema de riego para la labranza". En torno a los bucos como sistema de riego, en Cabudare existió significativa legislación creándose el cargo de Juez de Agua, encargado del reparto equitativo del recurso hídrico en los predios del distrito.

Fuente: Archivo personal del investigador José Arnoldo Dávila
Archivo Histórico Municipal de Palavecino

Barquisimeto luego del Terremoto de 1812

40 El templo de la Inmaculada Concepción de Barquisimeto se reconstruyó y recibió la bendición canónica por parte del padre José Macario Yépez, el 26 de marzo de 1853, 41 años después de haber sido destruida por el terremoto de 1812. Foto realizada en 1925

LA CUADRÍCULA de la ciudad de Barquisimeto fue la primera propuesta de los colonos españoles, quienes se asentaron en estas tierras hace cuatro siglos y medio. Nueva Segovia de Variquisimeto, como todas las ciudades de la colonia, mantenía una fisonomía urbana conformada por sus antiguas casas de adobe y tierra pisada, tejas de barro, listones de madera y caña brava, tales características aún se mantienen, principalmente en Carora, El Tocuyo, Duaca y Cabudare.

Esta estampa urbana se mantuvo prácticamente inalterable hasta el año 1812, cuando trágicamente acontece el terremoto que desbastó la ciudad, reduciéndola a escombros, "con excepción de unos siete inmuebles ubicados en las proximidades de la Plaza Mayor, entre ellos la casa de Las Silveira y otra de dos pisos ubicada frente a la iglesia de la Concepción, la cual funcionó como palacio episcopal", anota el cronista Ramón Querales. Una vez reconstruida la ciudad en años posteriores al sismo, la fisonomía urbana y sistemas constructivos, se mantuvieron durante el siglo siguiente.

Posterior a la destrucción

Después del catastrófico terremoto de 1812, Barquisimeto resurgió desde el barrio Paya, con centro en el cruce de la actual carrera 18 con calle 21. En el colosal Archivo del Registro Subalterno de Barquisimeto, en la sección de 1830, se encuentran algunos documentos interesantes que como regalo por el primer Aniversario de CORREO DE LARA, reproducimos. Las siguientes serían algunos de los inmuebles construidos en la nueva Barquisimeto, posterior al sismo:

- El 6 de febrero de 1828, Jacinta Pérez vendió "un cuarto con piernas de horcones, cubierta de tejas situada en la Plaza dedicada a la Iglesia Nuestra Señora de Altagracia".

Este inmueble disponía de un solar de 10 varas de frente por 60 de fondo y sus límites eran: Este: otro solar; Oeste: solar de la familia pacheco; Norte: calle pública y casa de Pedro Pérez; Sur: Plaza de Altagracia. La referida plaza quedaba ubicada en la esquina suroeste de la actual carrera 18 y calle 21. La calle pública citada sería la actual carrera 18.

- El 14 de mayo José Antonio Escorcha vendió una casa a Rafael Beyse con los siguientes linderos: Este: casa y solar de Josefa Romero; Oeste: solar propiedad del Estado, en poder de Josefa Álamo que fue del emigrado Lorenzo Pino; Norte: calle pública que pasa por la plaza de la iglesia arruinada de N. S. de Altagracia y va a dar a la laguna sabanera y casa de José Antonio Castejón; Sur: solar desierto que está detrás de la casa de Belén.

La calle pública de la relación de venta, es la actual calle 21 que va hacia la Plaza Juan de Villegas o mejor conocida como Plaza La Mora.

- El 6 de abril de 1828, María del Carmen Alejo, vendió a Simón Escoba, una casa de horcones y bahareque, tejas y solar, puertas y ventanas situadas en los límites siguientes: Este: solar y casa de la Alejos, donde vive Alberto Carmona, calle pública en medio; Oeste: solar y casa de Josefa Romero; Norte: casa que fue del emigrado José María Vásquez (español) ahora del estado, entregada a Josefa Álamo; Sur: casa y solar de Soledad Álvarez.
- El 20 de enero de 1820, Francisco Alvarado vendió un solar en el barrio San José al capitán del Milicias Pascual Cadevilla, con las siguientes características: Predio de 62 varas de frente por 52 de fondo, en los límites que se describen: Este: solares ocupados por los herederos de Pedro Luis Torrealba y María Aguilar; Oeste: calle del camposanto, cuartos y corredores del corral de carnicería; Norte: calle Nueva; Sur: casa y solar de Cadevilla.
- El 18 de octubre de 1830, Cipriano Ledezma vendió a Vicente campos una casa de rafas y tapias, cubierta de tejas, apostada en el barrio Nuestra Señora de Altagracia, con límites: Este: solar y escombros de casa de Juan de Dios Durán; Oeste: calle de por medio, casa de Teresa Anzola; Norte: casa de José de Jesús Palacios y Sur: calle de por medio, escombros de la antigua iglesia de N. S. de Altagracia.

- El 7 de diciembre de 1833, Francisco Rivero Bacmier y Carmen Morales vendieron al cabudareño licenciado Andrés Guillermo Alvizu, un solar con algunas tapias enrafadas y 4 cuartos deteriorados con 40 varas de frente con enlozado a la manera del país por 43 de fondo en la calle Occidente y esquina del valenciano, según límites: Sur: que es su frente, calle de por medio, calle de Vicente campos; Norte: casa de Manuela Roo; Este; calle de por medio, casa de justo Hernández; Oeste: solar escombrado de J. B. (Juan Bautista) Piñero y por haberlo comprado a un oficial del gobierno, a quien le fue adjudicado y Carmen Morales heredó de Calixto Morales.

Fuente: Archivo personal de Arnoldo Dávila Uzcátegui

Botica Coromoto, la antigua farmacia de Cabudare

MUCHAS VECES lo veían caminando a altas horas de la noche con una maleta de médico en donde guardaba brebajes, medicinas e instrumentos. Se dirigía a atender a algún paciente, aunque no era médico, tenía amplio conocimiento de medicina y botánica, lo que le facultaba para auxiliar a enfermos de aquel Cabudare rural. Lo conocían como el doctor Gómez y era el propietario de la farmacia más antigua del pueblo.

Con la muerte temprana de su padre, Agustín José Gómez Rojas, comenzó a trabajar aún muy pequeño, aprendiendo el negocio de la botiquería en Carora, en donde había nacido el 28 de mayo de 1922. Con Riera Zubillaga, quien tenía boticas, comenzó como "muchacho de mandado", pero su inquietud le llevó a leerse varios manuales de medicina que le permitió comprender ese oficio. Obtuvo el título de maestro boticario mediante un examen para poder ejercer la profesión.

Con nombre de Virgen

Llegó a Cabudare a los 17 años, trabajando en varias farmacias de Barquisimeto, observando en hospitales, asistiendo a clases y consultando manuales y textos médicos. Esther María Gómez Álvarez, su hija, quien siguió sus pasos y se graduó de médico, relata orgullosa que varios de estos libros consultados por el doctor Gómez, datan de la época colonial y otro montón estaban actualizados.

Compró una amplia casona frente a la plaza Bolívar de Cabudare, cuando ésta aún exhibía un busto del Libertador. Allí montó su tienda y la bautizó con el nombre de Botica Coromoto, en honor a la patrona de Venezuela. En su establecimiento realizaba los remedios que prescribían los médicos, pero la mayoría de veces, era él quien los aplicaba. Construyó una entrañable amistad con don Felipe Ponte, el enfermero de Cabudare, y juntos ejercieron la medicina y la botiquería. Con Blanca Isabel Álvarez, también natural de Carora, se desposó en 1949, unión de la cual nacieron diez hijos.

Los mágicos brebajes

El doctor Gómez fue sin duda un químico farmacéutico con habilidades integrales en salud, fabricación de medicamentos, quien además desarrolló brebajes con utilización de medicamentos con fines terapéuticos Fito terapéuticos, alopáticos, homeopáticos, cosméticos, suplementos dietarios, vacunas entre otros. Fabricaba el famoso jarabe Yagrumo para la Tos ferina con medicamentos patentados. Unas cápsulas blandas para las patologías abdominales, pasta al agua, a la calamina, lamedor, jarabe de Achicoria, azul de metileno, cápsulas de azufre, violeta de Genciana, mercurio cromo, yodo para las tinciones, jarabes que preparaba con proporciones exactas que guardaba anotada celosamente.

Hasta el último suspiro

El dormitorio del doctor Gómez estaba contiguo a la calle, decisión que tomó desde un primer momento para poder auxiliar los clamores de los enfermos. La botica tenía turno permanente, y a la hora que le tocaran la ventana, él atendía el llamado. "Mi madre lo ayudaba a hacer los brebajes, que eran muy famosos y hasta de Sarare, Quíbor, Sanare, Yaracuy y Portuguesa, venían a buscarlos", reseñan Esther, Iliana y Marina Gómez Álvarez.

Los únicos días que no abría la botica eran Jueves y Viernes Santos, toda vez el boticario salía en procesión a acompañar al Nazareno de Cabudare. Asistía todos los domingos a la misa del templo San Juan Bautista, iglesia vecina a su vivienda. La botica abría al público hasta las 11 de la noche y los cabudareños vieron al doctor Gómez, atendiéndola hasta el último día de su fase terrenal, ocurrida el 19 de marzo de 1996.

La primera farmacia

A juicio de Carlos Guédez, vecino de Cabudare, la primera farmacia o expendio de medicinas de Cabudare, estuvo ubicado en la calle del Comercio, hoy Juan de Dios Ponte, propiedad de Félix Martínez.

Luego surgió el Expendio de Medicinas El Nazareno, regentado por Sixto Graterol Ordoñez entre los años 30 y 40, ubicado frente a la plaza Bolívar, en el mismo local donde con el transcurrir de los años, se instalará la Botica Coromoto. El inmueble era propiedad de Augusto Casamayor, solvente comerciante del Cabudare rural. El boticario Graterol había arrendado la casona y el local, "pero más tarde se fue de Cabudare y esto se quedó sin venta de medicinas", afirma Carlos Guédez rememorando sus años mozos.

Al tiempo, el doctor Agustín Gómez compró la propiedad y abrió la Botica Coromoto. Sostiene Guédez, que la casona era propiedad de José de los Santos Guédez, su padre, quien la compró a crédito a Casamayor por 800 bolívares, después, cuando Guédez fijó residencia en Sarare, traspasó a Casamayor por el mismo precio.

Pánico y angustia se vivió en Barquisimeto
aquel 18 de octubre de 1945

ESA NOCHE EL GENERAL José Rafael Gabaldón no durmió y amaneció en su despacho acompañado por su secretario privado, algunos políticos de su entorno y varios militares de alta y media graduación. Desde el día anterior, o sea, el 17 de octubre, había sido informado sobre la preparación de una insurrección para derrocar al Gobierno del general Isaías Medina Angarita.

Un uniformado irrumpió en el despacho del gobernador Gabaldón para informarle que dos pelotones estaban tomando el perímetro del palacio. Se escucharon dos aviones, quizá los AT-6 o P-47 sobrevolando el área y los presentes advirtieron al primer mandatario que era necesario intentar escapar o entregarse por temor a un posible bombardeo. Se generalizaba el tiroteo en el área.

Gabaldón gritó iracundo: "Eso jamás. Somos un gobierno popular", y se dispuso a hacer frente a los alzados, y desde varios frentes, los uniformados de la Policía abrieron fuego contra el contingente que sitiaba el palacio. Los aledaños a la plaza Bolívar y las calles del centro de la ciudad estaban desérticos y al poco rato del sitio, solo se veían soldados atrincherados en posiciones estratégicas.

Pocas horas antes del sitio, los vecinos de Barquisimeto corrían de un lado a otro invadidos de angustia. Ni un automotor transitaba por las silentes calles y los cerrojos de las puertas y ventanales se dejaban escuchar con estruendo.

Lloriqueos de niños y perros aullando hacían más pavorosas aquellas horas menguadas protagonizadas por la Revolución de Octubre que anunciaba el epílogo de una era política en Venezuela. Al poco, las primeras bajas, contabilizándose cuatro agentes de la policía fallecidos y el reconocido y querido médico Otto Alvizu.

El 19, las noticias en radio anunciaban que la aviación y la plaza de Maracay se encontraban en manos del "Movimiento

Revolucionario" (encabezado por Rómulo Betancourt y el coronel Marcos Pérez Jiménez), y que el Cuartel San Carlos había sido tomado por grupos de civiles insurrectos. Negado a atacar la Escuela Militar de La Planicie en Caracas, donde había estallado la revuelta, por temor a asesinar a cadetes, Medina Angarita sopesa su renuncia y termina rindiéndose.

Pasado el mediodía del día 20, las fuerzas golpistas ya triunfantes, nombraron al doctor Pedro Adrián Santeliz, gobernador provisional y posteriormente, la Junta de Gobierno, designó al doctor Eligio Anzola como jefe del Ejecutivo regional. La misma noche del 19, se constituyó en Miraflores una Junta Revolucionaria de Gobierno presidida por Rómulo Betancourt, la cual inició una nueva etapa en la vida política del país y que para muchos historiadores, representó la entrada de Venezuela al siglo XX.

El tenebroso terremoto del 26 de marzo de 1812

ERA JUEVES SANTO. 4 y 15 de la tarde de aquel remoto 26 de marzo de 1812. Los fieles católicos estaban congregados en las iglesias para celebrar la eucaristía, cuando de pronto se sintió un fuerte movimiento y seguido un pavoroso rugido, sordo, ahuecado, que salía de las entrañas de la tierra, aterrorizando a todos. Las aves enmudecieron su trinar y se espantaron con los gritos desesperados. Ráfagas de viento sacudieron el polvo de la destrucción. Era un terremoto. En solo segundos, asoló a Caracas, La Guaira, Barquisimeto, Mérida, El Tocuyo, San Felipe, causando estragos en otras poblaciones. Se calcula que en Caracas perecieron unas 10.000 personas, cuando la población era de unas 44.000 almas y en La Guaira 3.000. En virtud de que el 19 de abril había caído también un jueves Santo, los realistas, -especialmente los sacerdotes-, aprovecharon esa circunstancia para hacer creer que se trataba de un castigo del reino celestial y sumar adeptos a la causa del rey español Fernando VII.

Días antes, el 23 de marzo a las 10 de la mañana entraría el general realista Domingo de Monteverde a la villa de Carora, en donde enfrentó, a un pequeño grupo de patriotas que lo mantuvo a tiro de cañón por casi dos horas. Del triunfo, Monteverde pudo tomar 7 cañones y 89 prisioneros, abasteciéndose de víveres y municiones. Por miedo, algunos pobladores se sumaron a sus filas presentándose voluntariamente con fusiles y otras armas de su propiedad. Luego de la pequeña victoria, este general realista ordenó el asalto general.

Ese Jueves Santo, los párrocos de Barquisimeto se prepararon como todos los años para su liturgia. Comenzaron los oficios del día en el templo de mayor jerarquía. En donde se encontraban, entre otros, los curas Carlos Felipe Abasolo, Antonio Basilio de la Sierra, Juan Francisco Mujica, y los presbíteros Pedro Anzola y Bernabé Espinoza, rectores de la Parroquial, según lo señaló el cronista Eliseo Soteldo.

Estando oficiando la misa el padre Laudes, como lo atestiguaran más tarde Abasolo y de la Sierra, todo se vería trágicamente interrumpido. "...la horrible catástrofe de aquel día Confundido con el momento de las Tinieblas, se sintió el estremecimiento: la ruina ocasionada en la Ciudad de Barquisimeto... por medio de un terremoto que destruyó todos sus edificios y habitaciones de los que componían su vecindario".

Unos segundos más tarde del pavoroso estruendo, las pesadas paredes de las casas antañonas de la calle real de Barquisimeto, cedieron al telúrico movimiento. Entre gritos y llantos, los vecinos corrieron despavoridos dejando sus casas. Los templos que se desplomaron fueron la Parroquial de la Ciudad; las filiales de Altagracia; Nuestra Señora de la Paz no cayó, pero quedó arruinada; San José se desplomó hasta los fundamentos. La iglesia Nuestra Señora de San Juan; y el Convento de San Francisco, también quedaron reducidos a escombros.

A pesar del demoledor movimiento telúrico, en Cabudare, identificado así por varias piezas documentales inéditas, la única edificación devastada fue el oratorio de Santa Bárbara, situado en la hacienda de igual nombre, propiedad de don Juan José Alvarado de la Parra, alférez real del Cabildo de Barquisimeto. La tradición oral de Cabudare hace énfasis en torno a los inmuebles del casco central del pequeño poblado, afirmando que se convirtieron en polvo y cenizas, pero para la fecha no existían más que unas cuantas viviendas muy rurales.

Origen del oratorio

Con fecha 9 de abril de 1793, el alférez Juan José Alvarado de la Parra, dirigió correspondencia al vicario capitular y gobernador de la diócesis para solicitar permiso con el propósito de disponer de una capilla pública en el sitio de Cabudare, donde él era poseedor de haciendas de trapiche, cacao y añil. Según investigaciones del historiador Taylor Rodríguez, desaparecido cronista de Palavecino, en donde apunta que la citada autoridad eclesiástica, concedió por auto de junio siguiente el instado permiso, pero Alvarado de la Parra no procedió con esa empresa.

Reanimado en su propósito, el alférez escribe nuevamente a Caracas, el 1º de marzo de 1797, carta que recibe el obispo fray Juan Antonio de la Virgen María Viana, a quien le expresa que aún no ha construido la capilla y le ruega conceda nuevo permiso por extravío del anterior. La licencia fue concedida y Alvarado de la Parra, inició la fabricación del oratorio ese mes y año, "y una vez construida, sirvió de mucho consuelo a los católicos habitantes de la región cabudareña, núcleo de atracción del elemento humano".

Se vino al suelo

El sismo ocurrido el 12 de marzo de 1812, que impactó significativamente las edificaciones de varios centros poblados venezolanos, demolió el oratorio de Santa Bárbara. Cuyo dramático testimonio lo aporta el legítimo propietario Alvarado de la Parra, quien en su pieza testamentaria, subraya a sus albaceas, que destinen la cantidad de dinero de su patrimonio que se requiera para construir nuevamente la casa de oración. Sugiere además que se remuevan las ruinas y se rescaten los objetos sagrados que se lograron salvar. Finalmente, demanda que en esta edificación "se mantenga, en lo posible, la arquitectura anterior". Además manifestó su voluntad de ser sepultado en este oratorio, lo que ocurrió en 1819, aunque la casa de oración no estaba concluida.

Los reportes del sacudón

Se inclinó la torre: La torre de la Catedral de Caracas se inclinó algunos grados como consecuencia de la terrible conmoción del 26 de marzo.

En La Guaira, el 26 de marzo ya a media noche suponían que cerca de cuatro mil personas habían desaparecido como consecuencia del terremoto de esa tarde. Sólo quedan algunas casas en pie, pero muy agrietadas. La destrucción de la ciudad fue total.

Valencia, el 26 de marzo, el Gobierno Federal instalado en invitó a través de una proclama a la ciudadanía a guardar calma y acatar las disposiciones de la autoridad. Ordenó quemar todos los cadáveres que se encontraban en las calles, con el fin de evitar epidemias. Se aplicó la ley marcial contra algunos negros sorprendidos mientras saqueaban y robaban las ruinas.

En San Fernando de Apure, durante la madrugada del 27 de marzo, los cronistas reportaron que "Toda la ciudad se halla movilizada. Fuertes detonaciones subterráneas hicieron pensar que el ejército realista avanzaba con todo el peso de la artillería para ocupar la plaza".

En Barquisimeto 27 de marzo, la ciudad se redujo a escombros, "con excepción de unos siete inmuebles ubicados en las proximidades de la Plaza Mayor, entre ellos la casa de Las Silveira y otra de dos pisos ubicada frente a la iglesia de la Concepción, la cual funcionó como palacio episcopal".

En San Felipe El Fuerte, el temblor fue sombrío, pues luego que la ciudad desapareciera en segundos, la Iglesia de Nuestra Señora de la Presentación, que había quedado parcialmente destruida, sucumbió estrepitosamente el pesado techo de cañas y tejas por el resquebrajamiento de sus columnas octogonales, opacando el llanto, oraciones y lamentos, sepultando entre otras víctimas, al Vicario Bernardo Mateo Brizón, Cura Párroco de la localidad".

Fuente: Lino Iribarren-Celis. "La destrucción de Barquisimeto por el terremoto de 1812 como una de las causas que determinaron la caída de la Primera República". En: Boletín de la Academia Nacional de la Historia, Caracas, Tomo XLV, Nº 37, enero-marzo 1962, pp. 37-41
Rogelio Altez Entre la guerra y los temblores: Impactos y efectos del terremoto del 26 de marzo de 1812 en Barquisimeto", Boletín del Archivo Arquidiocesano de Mérida, Tomo XIII, Nº 37, 2012, enero-junio, pp. 61-88

El Cabildo de Cabudare tuvo varios asientos

EL PRIMER CUERPO deliberante de Cabudare, hunde sus raíces hacia el año 1844, cuando por Decreto el Senado y la Cámara de Representantes de la República de Venezuela, erigen el Cantón Cabudare en la Provincia de Barquisimeto. El importante documento lo suscriben en Caracas, el 8 de marzo, el presidente del Senado Mariano Uzcátegui, el presidente de la Cámara, Jacinto Gutiérrez, los secretarios de ambos entes deliberantes: José Ángel Freitez y Juan Antonio Pérez, respectivamente. El ejecútese lo firman el presidente de la República general Carlos Soublette y el secretario de gobierno, Juan Manuel Manrique, el 13 de marzo de ese año 44. No sería hasta el 1º de mayo del referido año, por dictamen del Gobierno Provincial de Barquisimeto, cuando Cabudare es ascendido a jerarquía de Cantón.

Los primeros munícipes

Casona en donde funcionó el primer Cabildo
de Cabudare. Hoy av Libertador

Con este Decreto del Ejecutivo nacional, Cabudare alcanza su independencia político-administrativa para constituir entonces su primer ayuntamiento o Concejo Municipal. El 7 de abril de 1844, el periódico El Imprudente, en su segunda página reseña que en el recién constituido Cantón Cabudare, se habían escogido cuatro concejales, un síndico procurador y un jefe político, este último representaba la autoridad del gobernador de la Provincia en la localidad.

Este nuevo cuerpo edilicio fue constituido por José Parra, Policarpo Rivero, Rafael Palacios, Santiago Orejuela y Francisco Méndez como Síndico Procurador, figurando también José Francisco Tovar, como Jefe Político de Cantón.

En qué sitios deliberaban

Según datos del cronista Julio Álvarez Casamayor, el Concejo Municipal tuvo varios asientos en la segunda mitad del siglo XIX, reconociéndose uno frente a la actual plaza Bolívar, en una casona de techo alto y tejas, en la cual "en 1881, se reunió la Asamblea Constituyente para aprobar la Constitución del estado por orden del presidente Antonio Guzmán Blanco".

Refiere que en la citada casona se reunió la plenaria hasta 1929, cuando se muda para un inmueble con similares características ubicado frente al edificio del Cine Juares, que actualmente estaría en la avenida Libertador esquina de la calle Miguel Bernal. Funcionaría allí hasta 1959, cuando se crea la Escuela Artesanal de Cabudare (hoy Escuela de Especialidades Luisa Cáceres de Arismendi). Se muda la sede del ayuntamiento hasta la calle Juan de Dios Ponte con calle Simón Planas. Más tarde, se traslada hasta la Libertador con calle Juares. En 1966, finalmente el cabildo de Cabudare se asienta en el actual edificio de los Poderes Públicos, frente a la plaza conocida como La Cruz.

Fuente: Boletín del Centro de Historia Larense. Abril-mayo-junio. 1944
Hemeroteca Nacional: Primeras Autoridades del Cantón
Perera Meléndez, Ambrosio. Historia Político Territorial de los estados Lara y Yaracuy. Caracas 1946. Págs. 77-78
Datos de Julio Álvarez Casamayor

Qué se expendía en las boticas de Barquisimeto

PARA LA PRIMERA DÉCADA de 1900, ya se expendían en Barquisimeto, Cabudare, Duaca, Carora, Quíbor, El Tocuyo y Yaritagua, las Píldoras Rosadas de Williams, excelente antianémico que hacía subir el bermellón de la sangre a los cachetes de las niñas pálidas. Igualmente se comenzaron a vender en las boticas de estas localidades, las píldoras purgativas del Dr. Guillié. Otro remedio milagroso era la Ovolecithine Billón para aquellos malcriados que sufrían de Neurastenia y descalificados. Para los vomitones y diarreas, se les recomendaba el "Elixir Estomacal de Sainz de Carlo".

Los niños carcomidos por las lombrices y solitarias, tomaban a regañadientes y con fuete en mano, el horripilante vermífugo de Carlo Mier que se conseguía solamente en la Botica de Bolaños. Para los pechos apretados los boticarios recomendaban: Agua Natural Purgante, Emulsión Scott y Licor Pectoral. El Vino Rabot para despertar el apetito voraz y Fosfatina Falieres para los que andaban terrosos y flacos.

Gotas de la Pastora

En aquellos primeros años del nuevo siglo, también era una novedad en las boticas de Barquisimeto Las Gotas de la Divina Pastora para combatir la anemia y la palidez, y los boticarios recomendaban a los pacientes el medicamento por su efecto salutífero, pues hasta desde la ardiente Maracaibo solicitaban aquellas gotas miraculosas. Igualmente se podían encontrar en los escaparates de las farmacias de antaño "una serie de purgantes explosivos para los estíticos que muchas veces curaban la enfermedad, pero mataban al paciente".

Fuente: Crónicas de Barquisimeto. Hermann Garmendia. Publicación del Concejo Municipal del Distrito Iribarren. 1967

El 5 de julio no se firmó el Acta de Independencia de Venezuela

LA HISTORIOGRAFÍA romántica y más aún la historia acomodaticia, han modificado el suceso de la Firma del Acta de declaratoria de Independencia de Venezuela y por supuesto las sesiones anteriores, durante y después de aquel 5 de julio de 1811.

En las actas de aquel congreso reunido en Caracas, se lee claramente que el 2 de marzo de 1811, en la casona del Conde de San Javier, una vistosa e imponente edificación levantada en 1736, "cubierta de azotea con paredes de cal y ladrillo y balconería de hierro", se reunió por vez primera el Congreso de Venezuela, en donde un reducido grupo de criollos, decidió desprenderse de la monarquía española y adelantar la construcción de una nueva nación con sus propias prácticas políticas, culturales y sociales.

Los debates del Congreso se mantuvieron durante tres días y después de encendidos discursos e increpaciones, el día 7 se presentó el texto a la cámara, redactado por Juan Germán Roscio y Francisco Isnardi, el cual fue aprobado por la mayoría de los diputados.

El voto contrario

Pero no todos los diputados se mostraron afectos a la decisión contraria de 300 años de dominación, por tanto, paulatinamente se fueron sumando a la idea tras el acalorado debate y al final, solo un voto en contra se asentó en el acta: la de Manuel Vicente de Maya, sacerdote y representante de La Grita, quien consideró tal decisión como prematura. El sacerdote confrontó abiertamente la posición del resto de los legisladores al declarar la independencia de Venezuela, posición que defendió mediante razonamiento al salvar su voto por considerar que no era el momento para ello además de la compleja situación social que imperaba en el país.

Maya era natural de San Felipe, estado Yaracuy, en donde había nacido el 10 de marzo de 1767. Hijo de Gabriel de Maya y Tellechea y Jerónima Vidal y Tinoco, una de las familias más prominentes de la región yaracuyana. Graduado en la Universidad de Caracas a los 20 años, de donde egresó como bachiller en Filosofía y en 1797, recibió el título de doctor en Teología y Derecho Civil y Canónico. Fue un destacado catedrático de Latinidad y Sagrados Cánones, en su misma casa de estudios. En 1811, lo encontramos como rector de la Real y Pontificia Universidad de Caracas. Pese a su oposición a la declaración de Independencia, firmó el acta del Congreso y fue uno de los patriotas con ideas preclaras.

Los periódicos reseñaron el evento

Durante los días 5, 6 y 7 de julio, las noticias de las discusiones al final de las sesiones, se anunciaban a viva voz. Hombres, mujeres y niños, salieron a la calle a festejar, y en todas partes se escuchó música y canciones, fiestas que se prolongaron hasta casi la medianoche. Poco a poco, los diputados fueron grabando su rúbrica en el pergamino hasta que el 18 de agosto se consumó el proceso de firma de declaratoria de la Independencia. El 8 de julio, el Poder Ejecutivo recibió y refrendó la Declaración de la Independencia y el 11 se publica en el Publicista de Venezuela, en su segundo número. Posteriormente, el 14, se realiza en Caracas el acto de proclamación pública de la Declaración de la Independencia, cuyo texto es leído completo por el secretario de decretos, José Santana, precedido de repique de tambores. El 16 de julio en la Gazeta de Caracas, aparece íntegra la publicación de la Declaración de la Independencia. Tiempo después, en medio de los rigores de la guerra, esta Acta desapareció.

Extraviada por años

En 1907, el historiador Francisco González Guinán, por mediación de Ricardo Smith, recibe información acerca de la existencia en la ciudad de Valencia de un libro de actas del Congreso Constituyente de Venezuela, manuscrito en posesión de

María Josefa Gutiérrez de Navas Espínola, en el cual se encontraba transcrita y con las firmas autógrafas de los diputados el Acta de la Declaración de la Independencia.

Tres años después, el 1° de enero, luego de revisar y verificar la autenticidad del manuscrito por parte de la Academia Nacional de la Historia, el Poder Ejecutivo sanciona un decreto por medio del cual se dispone la colocación del Libro de Actas con la Declaración en el Salón Elíptico del Congreso Nacional. El 5 de julio de 1911, en acto solemne, el libro de actas del Congreso Constituyente, incluyendo el manuscrito de la declaración es colocado en el referido salón en un arca elaborada para preservarlo.

Barquisimeto en el Congreso

La figura principal de nuestro procerato civil es José Ángel Álamo, personaje olvidado y apartado por esa historiografía militar en confabulación con antiguas y nuevas autoridades políticas. Álamo nació en Barquisimeto en 1774. Se marchó a la capital para cursar estudios en la Universidad de Caracas y en 1802, obtuvo el doctorado en medicina, y en 1807, sobresale como profesor de la cátedra de medicina y cirugía de esta casa de estudios. Fue elegido diputado al Congreso por la Provincia de Barquisimeto en 1811, y firmó el Acta de declaratoria de Independencia y formando también parte de la comisión redactora de los Derechos del Pueblo, de la Ley sobre matrimonios y del Proyecto de Constitución que refrendó con su firma el 21 de diciembre de 1811. Murió en Caracas en 1831. Es el primer tratadista nacional en materia de libre expresión de pensamiento, sobre censura de prensa y opositor a un régimen oprobioso que subyugaba la dignidad humana.

Fuente: Diputación Regional Larense al Congreso de 1811. Francisco Cañizales Verde. Barquisimeto 1994
Qué Celebramos Hoy. Vinicio Romero Martínez. Caracas 1999
No es Cuento, es Historia. Inés Quintero. Caracas 2013
El Desafío de la Historia. Revista 27. Año 4
El voto salvado del padre Manuel Vicente de Maya. Willians Ojeda García

Eran tiempos del Cacao en Lara

LOS INICIOS comerciales del cacao se remontan al tiempo de la Colonia en Venezuela, cuando el país se convirtió en el primer exportador. Desde finales del siglo XVI hasta inicios del siglo XIX, el cacao en Venezuela representó el primer rubro de producción y exportación de la economía, gozando de una notable apreciación en el mercado internacional. En 1631 fueron exportadas más de 2.000 fanegas de cacao (una fanega equivale a 50 kilogramos), con destino a Nueva España (hoy México). Pero en 1775, la Compañía Guipuzcoana reportó la exportación a España, Canarias e islas de Barlovento, 58 mil 932 fanegas, otras 28 mil 007 de cueros de novillo, y cinco quintales de café.

El 25 de marzo de 1715, los licenciados Antonio José Álvarez Abreu y Pedro Tomás Pintado, agentes fiscales del gobierno español, informaron al rey "que los cabildantes de los valles de Barquisimeto y Puerto Cabello permiten libremente el contrabando, con la condición de recibir un peso por cada una de las doce mil fanegas de cacao que por allí se exportan anualmente".

La segunda economía

En lo que respecta a Barquisimeto y sus aledaños, el cultivo del cacao representó el de mayor importancia, puesto que para 1720, "la abundancia del cultivo de cacao es tal, que ninguna (Provincia) la excede sino la de Caracas".

El Dato: Para 1720, en Barquisimeto, existían 807 mil 704 árboles de cacao

Para ese año, en jurisdicción de Barquisimeto, que incluía al hoy estado Yaracuy, en donde se daba la mayor parte de la producción, se registraron 348 propietarios de cacaotales con una producción de 12 mil 116 fanegas por cada mil árboles. Ramón

Querales, cronista emérito de Barquisimeto, afirma que existían en esta jurisdicción: 807 mil 704 árboles de cacao. El investigador Reinaldo Rojas, señala que para 1775, en la jurisdicción de Barquisimeto se producían 5.000 fanegas de cacao; El Tocuyo 1.680; Carora 2.000 y San Felipe, Araure y Guanare 840.

Los datos de Martí

El obispo Mariano Martí, en su visita pastoral de 1779, a la ciudad y su Valle del Turbio, deja escrito otro testimonio revelador: "En todo el territorio de esta jurisdicción o Vicaría de Barquisimeto se podrán recoger unas quince mil fanegas de cacao, que es lo principal de la riqueza de esta jurisdicción".

Igualmente el prelado asentó sobre la existencia de cacaotales en Guama Urachiche, San Felipe y Yaritagua. Así como en la región de Moroturo y zonas limítrofes con Duaca, inventariando más de 30 mil árboles de cacao de los cuales 18 mil pertenecían a don Agustín de la Torre, hacendado caroreño y primer rector de la Universidad de Caracas; 15 mil 600 árboles más pertenecientes, en tres haciendas diferentes, al cura Antonio Aldana Venegas, y otra arboleda más que no indica propietarios ni cantidad.

Cabudare como escenario

En los Expedientes Civiles y Escribanías del Registro de Barquisimeto, el acaudalado hacendado don Antonio Planas (fundador de la familia de Bernabé y Simón Planas, próceres de Venezuela), declara en su testamento de fecha 1796-1797, "una hazienda de cacao en el sitio de Chorobobo desta jurisdicción compuesta de diez fanegadas de tierra y como diez y ocho mil arboledas de dicho fruto..." y luego de describir otra propiedad en el sitio de Parapara con cultivos de caña de azúcar y cacao "cuya cantidad de árboles ignoro", atestigua que en ambas hay "... sinquenta esclavos de todas edades...".

A través del Ferrocarril Bolívar, salieron desde Barquisimeto al puerto de Tucacas, 3.027 kilos de cacao

Testimonios orales dan fe que en las haciendas del Valle del Turbio y propiamente en los Altos de Tarabana (Terepaima) había cacaotales. El propio don Daniel Yepes Gil, propietario de El Molino, fundo apostado en el valle, asegura que esos predios, desde la Colonia hasta entrado el siglo XX, fueron tierras para el cultivo del cacao. Cuando a don Daniel Yepes Gil, le tocó solicitar un crédito a la banca pública, para el cultivo de caña de azúcar, apuntó en el documento que "tenía un extenso cacaotal". Dato parecido que también encontramos en las posesiones de Tarabana, Bella Vista y Santo Domingo, todas propiedades de los hermanos Yepes Gil.

Cacao en rieles

El historiador Carlos Giménez Lizarzado, demarca que otro de los factores que benefició la economía larense y sus exportaciones fue el auge ferrocarrilero, citando que en 1916, a través del Ferrocarril Bolívar, salieron desde Barquisimeto al puerto de Tucacas, 3.027 kilos de cacao, 201.265 de azúcar, 93.758 de aguardiente, 933.239 de maíz, 4.312.159 de café y 2.776.554 de papelón entre los rubros más importantes.

Carlos Giménez Lizarzado El cacao es la esencia de nuestra venezolanidad... sin él no se explica en parte, la formación de nuestro país

Sostiene este investigador que "El cacao es la esencia de nuestra venezolanidad... sin él no se explica en parte, la formación de nuestro país". Y asegura que la buena aventura del cacao, el café, el algodón, el añil, el azúcar y el ganado comerciado legal e ilegalmente vigorizó el crecimiento y las actividades de poblados que se convirtieron en pujantes ciudades. "A principios del siglo XIX había 10 centros urbanos con más de 10.000 habitantes

(Caracas, Maracaibo, Barquisimeto, Cumaná, Mérida, El Tocuyo, Barcelona, Valencia, Coro y Maracay)".

En 2015, los datos aportados por la Cámara Venezolana del Cacao, nos aleja de aquel auge económico, porque si en el siglo XVIII el volumen de cacao exportado llegó en algún punto a alcanzar las 2.230 toneladas al año, "actualmente la producción no alcanza las 17 mil toneladas con solamente 60 mil hectáreas sembradas en diferentes zonas del país, con rendimiento muy bajo, que no ha variado en los últimos 100 años".

Fuente: Historia Social de la Región de Barquisimeto en el Tiempo Histórico Colonial 1530-1810. Reinaldo Rojas. Biblioteca de la Academia Nacional de la Historia. Caracas 1995

De Variquecemeto a Barquisimeto. Siete Estudios Históricos. Reinaldo Rojas. Fundación Buría. Barquisimeto 2002

La Economía de Lara en Cinco Siglos. Reinaldo Rojas. Universidad Politécnica Andrés Eloy Blanco 2014

Duaca en la Época del Café 1870-1935 Carlos Giménez Lizarzado. Oficina del Cronista Oficial del Municipio Crespo. Duaca 2001

(RE)Visión Apuntes para la Historia del Municipio Iribarren. Volumen II. Ramón Querales. Concejo Municipal de Iribarren. Barquisimeto 1996

Tarabana. José Antonio Yepes Azparren. Fondo Editorial Río Cenizo. Barquisimeto 2003

De la época cafetalera en Lara

EL AUGE CAFETALERO en la región Centroccidental, tiene su génesis a partir de las dos últimas décadas del siglo XIX, no obstante, su cultivo, en estos fértiles predios, datan de tiempos precoloniales. Según testimonios de viajeros del siglo XIX, como Agustín Codazzi y Dauxión Lavaysse, mencionan que gran parte de este territorio estaba cultivado por el grano aromático, precisando que se exportaban unos 80 mil quintales a un precio bajo de 10 pesos, agregando que sigue siendo el cacao el rubro de mejor cosecha.

Pero para la segunda mitad del siglo XIX, el historiador Reinaldo Rojas, apunta que en la región será el café el rubro predominante, seguido de la caña de azúcar y la ganadería vacuna. Entre 1881 y 1891, el café cultivado en el municipio Lara, (Carora) aportó, en sus pequeñas haciendas, unos 200 mil kilogramos por año.

En un informe para el Congreso de Municipalidades de Venezuela, celebrado en Caracas en abril de 1911, se detalla que el distrito Cabudare, produjo 7.000 quintales de café. Como dato curioso, entre esos años, se contabilizaron una flota de unos 5.000 burros destinados para la carga y trasporte de café y otros rubros, desde esa jurisdicción hasta los puertos de Maracaibo y Coro. Para 1888, la firma comercial García Hermanos y Compañía, fundada en 1863 en el distrito Tocuyo, reportó que había 20 haciendas de café produciendo 20 mil quintales anuales.

Vía férrea cafetalera

Hacia 1894, cuando desde hacía tres años, Barquisimeto se había conectado al puerto de Tucacas a través del Ferrocarril Bolívar, el estado Lara como entidad político-administrativo, ocupaba el cuarto lugar como productora de café a nivel nacional, año en donde aportó 282.340 quintales. Para 1924, la entidad larense produjo 8.000 toneladas y para 1937, originó 9.276. Sin duda, el tendido ferroviario en el marco de la denominada economía de puertos, fue beneficioso para el país.

El Ferrocarril Bolívar transportó en 1919, siete millones 636 mil 911 kilogramos de café desde Lara hasta el puerto de Tucacas.

Cifras de la producción

Fueron notorias las cifras de Lara para 1904, en lo que respecta a la cosecha de café, favorecida por el aumento progresivo de los precios en los mercados internacionales a finales del siglo XIX y en las dos primeras décadas del XX.

EL DATO Un quintal de café (46kg) entre 1900 y 1901 tenía un precio de Bs 36,64 y entre 1929 y 1930, se ubicó en Bs 82

El Tocuyo figuró en el primer lugar con una producción media de 50 mil sacos (de 60kg), Duaca con 25 mil, Siquisique 20 mil, Quíbor, Cabudare y Río Claro con 5.000 cada uno. En el caso de Yaracuy, se inscribe Nirgua con 58.400, seguido de Guama con 12.500, San Felipe 10.000, Urachiche 8.360, Chivacoa 6.700, Yaritagua 3.200 y Aroa 2.500.

Hasta 1895 Venezuela ocupaba el 3er lugar entre los mayores productores mundiales de café

Destaca en un cuadro del Censo cafetalero de 1940, que el estado Lara contaba con 32.733 hectáreas cultivadas del rubro, con un total de 47 millones 93 mil 636 árboles. Cabudare, tenía 164 hectáreas cultivadas de cafeto, con un total de 280.200 matas, Los Rastrojos 98 con 55.200 matas y Sarare 61 con 98.400.

Venezuela: productor histórico

Hasta 1895 Venezuela ocupaba el tercer lugar entre los mayores productores mundiales de café, seguido por Brasil y las Indias Holandesas. Para ese momento, el país producía entre el 6,5%

y el 6,7% de la producción mundial, y entre el 15% y el 16% del total mundial de los cafés suaves. Al año siguiente, Venezuela se convirtió en el segundo productor mundial y en el primero entre los grandes productores mundiales de café suave.

Fuente: Reinaldo Rojas. Entre Rieles. Historia del Ferrocarril en Venezuela. Ediciones Moon. Valencia, Venezuela 2014

Reinaldo Rojas. La Economía de Lara en Cinco Siglos. Asociación Pro-Venezuela Seccional Lara. Barquisimeto 1996

Lucila Mujica de Asuaje. El Ferrocarril Bolívar. De Tucacas a Barquisimeto. Barquisimeto 2003

Carlos Giménez Lizarzado. Duaca en la época del café. Oficina del Cronista Oficial del Municipio Crespo. Duaca 2001

Del antiguo trapiche a la gran factoría azucarera

DURANTE la Segunda Guerra Mundial, e incluso en los años de la posguerra, se agravó el déficit de azúcar debido a la contracción de la oferta a nivel mundial. En estas circunstancias se constituyó, el 20 de diciembre de 1945, la C.A. Central Río Turbio. El grupo fundador estaba constituido por agricultores que tenían como objetivo principal transformar los viejos trapiches papeloneros de la zona en una gran factoría azucarera.

La primera Junta Directiva de la compañía, estuvo conformada por Pablo Gil García, presidente; los vocales Cruz Mario Sigala, Pablo Cortez y J. A Tamayo Pérez; los suplentes: Marcial Garmendia, Mariano y Daniel Yepes Gil, Carlos Gil García, Diego Rodríguez y Horacio Anzola; el secretario Luis Eduardo Castillo y el tesorero Cruz María Yepes Gil, pero la planta se instalaría años más tarde hasta obtener los capitales necesarios.

Precisamente, en 1946 fue creado el Departamento de Industria Azucarera con el fin de adoptar las medidas necesarias para el crecimiento de la producción nacional. Con tal fin, se planteó el establecimiento de tres nuevos centrales en El Turbio, El Tocuyo y Cumanacoa. En lo que respecta al Central Río Turbio, para el 13 de febrero de 1947, ya estaban suscritas 1.770 acciones de la empresa por un valor de 1.700.000 bolívares.

Surge el Central Azucarero

La historiadora Catalina Banko, asienta en su investigación que en 1950, se elaboró el Plan Azucarero Nacional, con el objetivo de desarrollar la producción azucarera y garantizar el abastecimiento interno. "En el marco de la nueva política azucarera, se retomó el proyecto del Central Río Turbio, compañía que estaba bajo la presidencia de Pablo Gil García.

Al respecto se decidió que la obra quedaría directamente a cargo de la Corporación Venezolana de Fomento, CVF, acuerdo que fue aceptado por la sociedad que había propuesto la instalación del central. La factoría, una vez construida, sería entregada a la compañía contra el pago del 25% de su costo de contado, obligándose a pagar el resto en no más de 15 anualidades. El Valle del Turbio tenía a comienzos de los años cincuenta alrededor de 4.750 hectáreas cultivadas con caña de azúcar, que estaban distribuidas en 47 haciendas (CVF, 1951:49)."

Asistió Pérez Jiménez

La primera piedra de este central fue colocada el 28 de noviembre de 1952, en el sitio de la hacienda La Unión, caserío Chorobobo, a 8 kilómetros de Barquisimeto. Asistieron al magno acontecimiento, aparte de la directiva en pleno de la factoría, el ministro de Fomento, doctor Silvio Gutiérrez. Su establecimiento se concretó en el 9 de diciembre de 1952 cuando el Ejecutivo nacional otorgó un crédito por 28 millones 100 mil 733 bolívares. Las operaciones se iniciaron en 1955, con el procesamiento de 2.500 toneladas diarias de caña y la elaboración de 14.447 toneladas de azúcar, que representaban el 6.47% de la producción nacional, que había alcanzado en ese año las 223.127 toneladas.

La inauguración formal se efectuó el 26 de enero de 1956, con la presencia del presidente de la República, general Marcos Pérez Jiménez. En 1959 la capacidad instalada de molienda del Central Río Turbio era de 2.500 toneladas de cañas diarias con miras a procesar unas 5.000, escenario que se logró con la adición de nuevas maquinarias dos años más tarde.

El Central Río Turbio inició con una molienda de 2.500 toneladas de caña por día

La estructura del central

Al instalarse el Central Río Turbio se construyó una moderna planta física para su óptimo funcionamiento:

Un edificio principal de tres cuerpos en el cual están instalados los molinos, calderas, centrífugas, tachos, evaporadoras y secadoras de azúcar.

Otro edificio para la dirección de la empresa, la gerencia y administración en general.

Un edificio de dos plantas para la planta eléctrica con capacidad de energía de 5.000 kilovatios.

Un edificio para el funcionamiento del laboratorio.

Un edificio para el taller mecánico.

Un edificio para depósito de azúcar

Un edificio para vestuario y lavabos de empleados y obreros.

Un edificio para la planta de tratamiento de agua.

Un edificio para comedor, pagos y consultorio médico.

Un edificio para funcionamiento de estacionamiento.

Un edificio para club y residencia de empleados.

Un edificio para hotel de solteros con capacidad para 60 personas.

Tres casas tipo A, siete tipo B, y cuatro tipo C para vivienda del personal técnico del central.

Cinco grandes pozos para la producción y abastecimiento de agua para los servicios del central y para el consumo humano.

Cuenta además la factoría con amplias y modernas arterias viales, bien pavimentadas e iluminadas con instalaciones de gas de mercurio, lo cual demostró el grado de adelanto y de comodidades.

Los obreros fundadores

El recurso humano del Central Río Turbio fue clave para levantar el gran ingenio, desde los corteros de cañamelar hasta los operadores, fueron parte esencial de la naciente empresa que pasaría a la historia como una de las más sólidas y con rendimientos excepcionales.

Figuraron entonces:

Pánfilo Segundo Gudiño

Braulio Latiegue

Hilario Puerta

Daniel Montalbán

Antonio Ramírez

Leobaldo Pinto
Esteban Moreno
Rómulo Duque
David Silva
Esteban Pastrán
Mario Segura
Eduardo Álvarez
Pedro Guillamón
Luis Vázquez
Pastor Martínez
José Martínez
Benaldo Gómez
Silfredo Giménez
Constantino Soto
Francisco Gómez
Evaristo Colmenárez
Bernardo Leal
Roberto Zambrano
Alberto Zambrano
Emilio Mendoza
Carlos Quintana
Antonio Tovar
Edner Amaro
Julián Tranvelsaire (de origen cubano)
Dionisio Guédez
José Medina
Sabino Galvis
Andrés Carucí
Flavio Molleja
Reimundo Carucí, son un compendio de la primera nómina de obreros de la industria.

Los ingenios existentes

En 1944, durante el gobierno de Medina Angarita, ya existían en Venezuela 29 centrales azucareros instalados en el país. En esa época convivían técnicas antiguas con conocimientos modernos. Entre estos ingenios figuraban en Lara solamente: Los Palmares, en El Tocuyo, con una producción de 939-990 kilogramos de azúcar; Tarabana, en Cabudare, con 800.000, seguido por Versalles en La Concepción con 360.000 y Sicarigua, en La Trinidad con 350.000.

Fuente:

José Ángel Rodríguez. Los paisajes geo históricos cañeros en Venezuela. Academia Nacional de la Historia 1986

Catalina Banko, «El Central Venezuela y la industria azucarera zuliana» en Akademus Vol. 5. Caracas, 2003

Morales Álvarez, Juan. Dulzura Caroreña. Historia del Central La Pastora. Caracas 2006

I. E. Lameda Acosta. Compendio Económico y Social de Barquisimeto. Sociedad Amigos de Barquisimeto 1957

Diputación Provincial de Barquisimeto decreta parroquias civiles

EL 26 DE NOVIEMBRE de 1850, a veintiún años de la Federación y cuarenta de la Independencia, el Gobierno de la Provincia de Barquisimeto decretó la erección de parroquias civiles en varios sitios de los actuales estados Lara y Yaracuy, en ese entonces anexos. Los legisladores consideraron que por ser "conveniente para la administración pública que los ciudadanos estén reunidos en poblaciones donde fácilmente puedan disfrutar de todos los beneficios de la asociación".

Decreta:

Artículo 1.
En el Cantón Quíbor se erige en parroquia civil la población antes llamada San Miguel, cuyo nombre llevará.

Artículo 2.
En el cantón San Felipe se erigen parroquias civiles los caseríos que hoy se denominan Aserradero y La Sabana, en lo sucesivo se nombrarán San Pablo e Independencia.

Artículo 3.
En el cantón Cabudare se erige en parroquia civil el sitio denominado Los Rastrojos, llevando el nombre de Monagas.

Artículo 4.
En el cantón Carora se erige en parroquia civil el sitio de Las Plallitas (sic), llevando el nombre de Atarigua.

Artículo 5.
En el cantón Yaritagua se erigen en parroquias civiles los sitios denominados Tacarigua y Río Abajo, cuyos nombres llevarán.

Artículo 6.

Los linderos de estas parroquias serán designados y trazados por los Concejos municipales de aquellos cantones; y el resultado de las operaciones se publicará, en la Gaceta oficial de esta provincia.

Artículo7.

Del primero al ocho de Enero del próximo año de 1851, los Concejos municipales, instalarán las parroquias creadas en la presente ordenanza; al efecto las asambleas y concejos municipales respectivos, nombrarán en oportunidad los funcionarios designados por la ley.

Artículo 8.

En las nuevas parroquias creadas por esta ordenanza, se establecerán escuelas de primeras letras; y los preceptores disfrutarán del sueldo que se les señale respectivamente.

Artículo 9.

Las parroquias creadas por la presente ordenanza, no alteran los territorios de las existentes hoy para los efectos de los remates mandados practicar hasta fin de junio de 1852.

Artículo 10.

El Gobernador de la provincia dará cuenta á la Diputación del cumplimiento de esta ordenanza.

Dada en la sala de las sesiones de la Diputación Provincial de Barquisimeto á 21 de Noviembre de 1850, 21° de la ley y 40 de la Independencia. - El Presidente *Ramón C. Yépez*– El Secretario.-*J. A. Torrealba.*

Gobierno de la Provincia. - Barquisimeto Noviembre 26 de 1850, 21° y 40°- Ejecútese. -*Nicolás Martínez. - Perfecto Giménez.*

Fuente: Libro de Actas. Asamblea Legislativa de Lara. 1850-1851

Extra, extra, decomisan imprenta en Barquisimeto

EL PANFLETO yacía regado en el piso de la plaza Miranda de Barquisimeto (hoy plaza Bolívar). A pesar que la hoja suelta llamaba la atención, no era mucho el que lo tomaba para leerlo, pues la mayoría de la población común no sabía leer y escribir.

El llamativo papel lanzado tenía el propósito de informar acerca de las últimas acciones militares emprendidas en contra de los revoltosos: era el *Diario de Campaña*, un pasquín escrito por un oficial de artillería del Ejército Expedicionario, el cual describía la confiscación de un valiosísimo *"instrumento de propaganda"*.

Tras el triunfo de las fuerzas restauradoras afectas a Cipriano Castro contra los alzados nacionalistas de Manuel *'el Mocho'* Hernández, que luego de un pacto circunstancial con *El Cabito*, llegaron a controlar el sitio de Barquisimeto, le fue decomisada una imprenta al general Carlos Liscano, partidario de *'el Mocho'* Hernández.

A tal efecto, el general Jacinto Fabricio Lara, Jefe Civil y Militar de la reconquistada Barquisimeto, en campaña en los distritos del norte, desde el 8 de febrero, ordenó por medio de Decreto del 30 de diciembre de 1900, «*la devolución de la imprenta a su propietario legítimo* «. La referida imprenta había sido puesta bajo custodia del Dr Ramón Escovar Alvizu, y a él se dirige el general Lara a los fines de ejecutar la devolución.

Fuente: Ramón Querales. Aconteceres de la Aldea. Edición del Concejo Municipal de Iribarren 1998

Cómo fue el origen del poblamiento de Cabudare

EL ORIGEN del poblamiento de Cabudare, la trascendencia histórica y lo singular de su proceso evolutivo, es tema apasionante para los estudiosos del devenir de los pueblos de Venezuela y de Lara en particular. El 27 de enero de 1818, un grupo de notables ciudadanos cabudareños se reunieron con autoridades en las inmediaciones de lo que es hoy la plaza Bolívar, para asentar los límites del poblado y definir en dónde se edificarían el templo parroquial, el mercado público y la plaza mayor, pero muchos años antes, ya este sitio poseía viviendas y un comercio pujante.

Por ese motivo, intereses de los comerciantes mayoristas de Barquisimeto, en componenda con algunos cabildantes, se opusieron tenazmente a que Cabudare naciera previamente como Parroquia Religiosa, porque la legislación española, especificaba que para que un centro poblado adquiriera la condición de Parroquia Civil, antes debía alcanzar esta jerarquía. El objetivo de los comerciantes era mantener el sitio como un mercado cautivo, dependiente de Barquisimeto y hasta de Santa Rosa, sin advertir que como la localidad era cruce obligado de camino de los llanos, arrieros y viajeros, preferían venir hasta la localidad a tener que subir a la planicie barquisimetana.

Según el sacerdote e investigador Renzo Begni, el 3 de noviembre de 1785 se decretó el nuevo curato con sede en el sitio de Cabudare. Esto no se pudo realizar en seguida, pues las tramitaciones de la Ley del Patronato Eclesiástico de España eran largas; sin embargo, la nueva parroquia eclesiástica y civil eran creadas y esta es la verdadera fecha del nacimiento de Cabudare. Poblamiento, traslado, entre otras, son cosas secundarias y accidentales; lo esencial era el Decreto Episcopal realizado en seguida porque Cabudare empezó a funcionar como parroquia, y esto resulta de los libros parroquiales, teniendo como iglesia parroquial provisional la capilla Santa Bárbara, y como párroco al capellán de la misma, aún más, el mismo, viendo que Santa Bárbara quedaba lejos para muchos, hizo construir un caney donde se levanta el gran templo San Juan Bautista.

Era solo un caserío

Otros pueblos nacieron por formación espontánea, o sea, de un pequeño núcleo, por circunstancias varias se añadieron otras familias hasta formar el pueblo, tal es el caso de Cabudare. Varias familias antes dispersas en la zona fértil, venidas de Santa Rosa o de Barquisimeto y otros lugares, se reunieron en un solo núcleo y el principal fue donde ahora surge el actual centro de Cabudare.

Nace la parroquia civil

El 1º de mayo de 1844, Cabudare adquiere la jerarquía de cantón, alcanzando de ese modo su independencia político-administrativa con el decreto para fundar su primer Ayuntamiento o Concejo Municipal. Es entonces cuando el 7 de abril de 1844, el periódico El Imprudente, en su segunda página, da cuenta que en el recién constituido Cantón Cabudare, se habían escogido 4 concejales, un síndico procurador y un jefe político, este último representaba la autoridad del gobernador de la Provincia en la localidad.

Los registros de Cabudare

Según el primer censo oficial de población que se realizó en Venezuela durante los días 7, 8 y 9 de noviembre de 1873, Cabudare tenía 2.424 casas; y habían 15.188 habitantes (varones 6.941 y hembras 8.241) En las parroquias del Departamento Cabudare se registró que Cabudare con 14 sitios (sectores), poseía 1.018 casas y 2.437 habitantes; Rastrojos con 18 sitios, 489 casas y 3.133 habitantes; Sarare con 16 sitios, 574 viviendas y 3.584 residentes; Buría con 11 sitios, 245 viviendas 1.316 habitantes; Altar con 4 sitios, 98 casas y 604 residentes.

Fuente: Boletín del Centro de Historia Larense. Abril-mayo-junio. 1944
Hemeroteca Nacional: Primeras Autoridades del Cantón
Perera Meléndez, Ambrosio. Historia Político Territorial de los estados Lara
y Yaracuy. Caracas 1946. Págs. 77-78 Censos Nacionales.
Instituto Nacional de Estadísticas, INE
www.CorreodeLara.com

Qué contenía el maletín que olvidó al escapar Pérez Jiménez

DURANTE SU MANDATO el expresidente venezolano Marcos Pérez Jiménez recibió más de 1 millón de dólares en comisiones y contratos con empresas aliadas, el 23 de enero de 1958 dejó olvidada una maleta con cuantiosos valores y miles de dólares. En el juicio al exdictador general Marcos Pérez Jiménez se demostró como cobró 148 mil 960 dólares de comisión a una empresa británica en 1951; otra sueca le pagó 58.mil 951 dólares por comisión de dos contratos firmados por Ministerio de la Defensa en 1952.

Dos años más tarde, el dictador recibió 258 mil 774 dólares norteamericanas de una empresa italiana por la compra de tanques; y, en total, se probó que por contratos de adquisición de equipos de guerra recibió 1 millón 421 mil 800 dólares. De otra empresa italiana por otro contrato recibió 785 mil dólares, Napoleón Dupuy 482 mil y el general Mazzei Carta 300 mil, todos en moneda estadounidense.

Aparecen otros militares beneficiados: el general Rómulo Fernández, el teniente coronel Tamayo Suárez y el coronel Pulido Barreto. Cuando huía el 23 de enero de 1958, dejó olvidada una maleta con cuantiosos valores y miles de dólares. En una frase: una fortuna.

Fuente www.CorreodeLara.com

Fue intensa la actividad periodística en Lara

EL PRIMER PERIÓDICO que apareció en Barquisimeto se llamó El Barquisimetano, editado por el licenciado Andrés Guillermo Alvizu. En 1891 circuló el primer periódico de edición diaria en Barquisimeto, denominado El Monitor, dirigido por Antonio Álamo, vocero que se mantuvo informando a los lugareños durante seis años. "Este diario implementó avisos, pregón, entre otros novedosos detalles", apunta Rafael Domingo Silva Uzcátegui, adicionando que funcionaba en una pequeña casa de pajaraque con gran corral, que había en la esquina del terreno donde construyeron el Teatro Municipal (Teatro Juares). Más tarde, en 1896, surgió otro diario: el Eco Industrial, el cual reseñó el acontecer de la ciudad sin interrupción, hasta finales de 1931. Este medio informativo fue fundado y dirigido por don Lorenzo Álvarez.

Nace el vocero más antiguo

El 1º de enero de 1904, don Federico Carmona junto a su esposa y hermano, inaugura la sede del diario EL IMPULSO en Carora. En 1919, este vocero, el más antiguo aún en circulación, se mudó a su moderna sede en Barquisimeto, un edificio de dos plantas, ubicado en la calle 25 entre 19 y 20, único en la zona.

La imprenta en Lara

La primera imprenta conocida en Barquisimeto, la introdujo Pablo María Unda en 1832. Fue situada en la casa de la señora Juana Salas de Peraza, casa anexa en donde pernoctó Simón Bolívar, en la calle del Libertador Nº 10, cuya primera impresión en este taller fue un aviso para ofrecer la nueva empresa, con fecha 7 de marzo de 1833. Según las crónicas de Silva Uzcátegui: "Era una imprenta pequeña, con una prensa de construcción antigua de madera y hierro, y todavía en 1904, estaba en esta ciudad. Para esta época pertenecía a un español de nombre Ángel Peche. Fue llevada después a Guama y, posteriormente pasó a formar parte de la imprenta del estado Yaracuy".

Cabudare tuvo su imprenta

La primera imprenta que se conoció en Cabudare, la introdujo el general Nicolás Patiño Sosa, al asumir la presidencia del estado, pues esta localidad era capital. Era una imprenta usada que perteneció al general Gumersindo Giménez, quien la vendió al Gobierno regional. Se imprimió en esta prensa El Cóndor de Terepaima, primer medio de Cabudare, dirigido por el doctor Domingo Ortiz y el general Tomás Pérez.

Imprenta caroreña

Llegó a Carora la primera imprenta una tarde de septiembre de 1875, recibida con cohetes y vivas. "Procedía de Maracaibo... Contaba de una prensa de mano, cuya rama era de 35×24 ctms. No era muy grande el surtido de tipos... Fue establecida en la Calle del Sol.

Gil Fortoul, primer periodista

En 1878 se introdujo la primera imprenta en El Tocuyo, comprada por Carlos Liscano en sociedad con José Gil Fortoul, destinada para el Club de Amigos, quienes imprimieron el primer periódico aparecido en dicha ciudad con el nombre de Aura Juvenil, "dirigido por los directores y redactores José Gil Fortoul y Lisandro Alvarado. El presbítero Aguedo Felipe Alvarado, párroco de Quíbor, junto a otros ciudadanos, compraron una pequeña imprenta usada al general Ramón Escobar para imprimir el Eco de Quíbor en 1879. A Siquisique la primera imprenta llegó en 1886 para editar El Eco de Urdaneta. La Imprenta Piar llegó a Duaca en julio de 1898, desde Curazao, adquirida por Enrique Lingstuyl y Fermín Manzanares, para editar en diciembre El Clarín.

Cabudare: Una historia en cada calle

RECORRER LAS ESCUETAS calles y callejones del casco histórico de Cabudare, es quizá para muchos, remontarse a épocas añejas, cuando los arreos de mulas descansaban en estos caminos para emprender viaje a los llanos centrales.

Don Julio Álvarez Casamayor, el último costumbrista cabudareño, atestigua en sus apasionantes crónicas, que cada cuadra, callejón y esquina "habla de hazañas, de hechos, de personajes, de eventos sobresalientes que bien valen la pena evocar". Conversar con don Julio, es abrir un antiguo manuscrito inédito sobre Cabudare, sus sendas y personajes.

La remota delimitación

Apelando nada más al baúl de los recuerdos. Lúcido y claro, don Julio refiere que la primera nomenclatura de las calles transversales de este a oeste, se basó en los próceres de la Independencia nacional, por Decreto del Concejo Municipal, del 29 de julio de 1935. No obstante, el 16 de septiembre de 1941, el cabildo local, por medio de un decreto rubricado por el concejal José Rafael Palacios, quien fungía como su presidente. La última nomenclatura asignada según Acuerdo del Concejo Municipal de fecha 5 de junio de 1958, refiere a personas nacidas en Cabudare, la mayoría con participación en la contienda Federal.

Nomenclatura cabudareña

"Por exigencias de instancias oficiales estadales y nacionales, las autoridades municipales del Distrito Palavicini, representados por el presidente del Concejo José Rafael Palacios y el jefe civil, Luis Piñero Pereira, remiten un singular 'Censo Urbano' correspondiente a identificación de las calles (de este a oeste) y (de norte a sur)". Este instrumento además registra nombres oficiales, distancias en kilómetros a Cabudare de cada caserío, únicamente el municipio capital (actual parroquia Cabudare) y sus respectivos sitios, manzanas y número de casas de familia, no así los inmuebles para uso comercial. Sobre la nomenclatura urbana de Cabudare, para el 17 de marzo de 1941, sobresalen los nombres de los héroes nacionales, mientras que asociados a la Guerra Federal, la identificación de las calles: Federación, Falcón y Patiño. Como relictus colonial la denominación de Calle Real.

Una calle para la capilla

La denominación de Santa Bárbara identificó originalmente una especie de senda con destino a la Hacienda Las Mercedes, en donde existió a partir de 1797, un oratorio privado (capilla) denominado Santa Bárbara, edificado por el alférez real de Barquisimeto, Juan José Alvarado de la Parra.

Atención: La capilla Santa Bárbara fungió hasta 1835 como iglesia matriz de Cabudare. Este camino, senda y después calle, es la más antigua del sitio de Cabudare, y en donde figuraron entre los vecinos una señora de apellido Latiegue. La Calle Real o de San Juan Bautista, en el transcurso del siglo XIX y en décadas iniciales del XX, estuvo cubierta de piedra (total o parcial) no por ser la más importante, sino por ser utilizada para el paso de ganado vivo o a pie, por ser Cabudare, paso de camino hacia los llanos en la red vial del occidente. Las calles con esta característica física, tenían por objetivo preservar las condiciones materiales de la piel del ganado mayor, dado su valor favorable al propietario o comerciante. "Así se evitaba que al sudarse el casco se cayera el animal".

Honor epónimo

Como uno de los proyectos de la Oficina del Cronista Oficial del municipio Palavecino, se encuentra la asignación de nomenclatura dual para cuatro avenidas de la Urbanización La Mata, sin respuestas por parte del ayuntamiento. Estos personajes, preclaros, se vincularon a ese sector (La Mata) y a la vida pública de Palavecino, aportando notables contribuciones.

1- Para la avenida 2 propone el nombre de monseñor Eloy Guijarro Abajo, presbítero de la iglesia Sagrado Corazón de Jesús de La Mata y su labor social desempeñada con un legado concreto.

2- Para la avenida 3 insta se coloque el nombre del doctor Julio Alvarado Silva, quien desempeñaría un papel preponderante como presidente del Concejo Municipal actuando siempre en favor del desarrollo de La Mata.

3- Para la avenida 4 plantea el nombre de Francisco 'Coché' José Rojas, cuya estructura urbana de La Mata fue liderada por parte de este personaje ante instancias nacionales.

4- Para la avenida 5 sugiere el nombre de Don Eurípides Ponte Hernández, eximio personaje que interpretó dentro y fuera de su curul parlamentario y en la Junta Promejoras de Cabudare, los designios del pueblo palavecinense, la cual no es una apología ciega sino el reconocimiento a estos hijos de Cabudare, protagonistas de la historia local.

Cabudare ya tenía farmacia en el siglo XIX

SE LE CONOCIÓ como la pulpería de Pedro Seekatz, comerciante de origen alemán, nacido en Hanan, quien también expendía medicinas en un local de Cabudare para 1855. Había constituido la Sociedad Mercantil Seekatz & Razetti el 2 de julio de 1855, con el doctor Luis Razetti, comercio que funcionaría en casa de habitación del alemán, en plena calle del Comercio de Barquisimeto, y el objeto de la firma era "extender los negocios de compra y venta de quincalla y otras mercancías". La próspera Casa de Seekatz pronto floreció y abrió tienda en Cabudare, con venta de quincalla y botica, constituyéndose esta en la primera farmacia reseñada en el poblado. El asentista alemán mantenía vínculos con casas de comercios mayoristas instaladas en Puerto Cabello.

El historiador y ensayista Rafael Domingo Silva Uzcátegui, reporta que en Cabudare ejercieron la labor de farmacéuticos don Antonio Heredia, Lisandro Rojas Meza y Clemente Hernández. Asimismo apunta que Teodoro Bertrián era "un práctico" oriundo de Curazao, que habitaba "en un campo vecino a dicha población (a Cabudare) La Aguaviva", en donde "residió varios años hasta su muerte. Tenía fama como conocedor de botánica médica y no recetaba sino plantas. Todos ellos fueron magníficas personas. Ejercieron a finales del siglo XIX y principios del XX".

Casas boticarias

En 1920, encontramos al doctor Jorge Ferrer cancelando impuestos de tres bolívares mensuales por su botica. Más tarde, en 1949, la misma botica de Ferrer pagará 20 bolívares mensuales por concepto de patente. A juicio de Carlos Guédez, vecino de Cabudare, existió una farmacia o expendio de medicinas en Cabudare, antes de la conocida Botica Coromoto. Estuvo asentada en la calle del Comercio, hoy Juan de Dios Ponte, y era propiedad de Félix Martínez, quien convivía con dos hermanas.

Luego surgió el Expendio de Medicinas El Nazareno, regentado por Sixto Graterol Ordoñez entre 1930 y 1940, ubicado en la esquina de la calle Libertador con Juan de Dios Meléan, frente a la plaza Bolívar, en el mismo local donde con el transcurrir de los años, se instalará la Botica Coromoto. El inmueble era propiedad de Augusto Casamayor, solvente comerciante del Cabudare rural.

El boticario

Graterol había arrendado la casona y el local, pero más tarde se fue de Cabudare quedándose el pueblo sin venta de medicinas. Al tiempo, el doctor Agustín Gómez compró la propiedad y abrió el Expendio de Medicinas Coromoto, luego botica y más tarde farmacia. La casona era propiedad de José de los Santos Guédez, su padre, quien la compró a crédito a Casamayor por 800 bolívares, después, cuando Guédez fijó residencia en Sarare, traspasó el inmueble a Casamayor por el mismo precio.

Laboratorio propio

Atestiguan los cabudareños Carlos Guédez, Naudy Salguero, Julio Álvarez Casamayor, Aline Araña, Argenis Latiegue, Américo Cortez y hasta el propio enfermero más ilustre del pueblo: don Felipe Ponte, que el doctor Agustín Gómez Rojas, tenía su propio laboratorio en donde fabricaba medicina tradicional para todo tipo de dolencias, lo que constituía su principal oferta. Los clientes buscaban sobre todo Lamedor (expectorante), Timol para los hongos de pies y manos, así como cloruro de magnesio para dolores en los huesos.

Pero además preparaba champús para combatir la caída del cabello y otros tónicos capilares anti seborreicos, pomadas antimicóticas de varios tipos, sobres de alumbre (antinflamatorio), de ácido bórico, de sal de higuera o de azufre, alcohol yodo salicidado (para hongos en la cabeza) y crema azufrada para la escabiosis. La Achicoria (jarabe para la tos), también era una de las medicinas más buscadas en la Botica de Gómez, el alcohol quinado o sulfato de quinina (para tratar las escaras que surgen en los enfermos que están mucho tiempo en cama) era uno de los medicamentos milagrosos fabricados por el doctor Gómez.

Botiquería tradicional

Yatrén 105: para la disentería
Aceite de Ricino o aceite de castor: eficaz purgante
Cuerno de ciervo: "para los yeyos"
Sulfadiazina de plata: Ungüento para las quemaduras
Guayacol: para la tos
Leche de magnesia: para el estreñimiento
Aceite de almendras: bueno para la piel
Extracto de valeriana: para el insomnio
Gotas del Carmen: infusión relajante
Bay-Rum: para los dolores de cabeza
Gotas de Cundeamor: bálsamo para el mal de amores y contra la nostalgia
Píldoras Olarte: con estas pastillas se "quitaban" la pereza
Eufenil: para la hinchazón
Vermífugo de B. A. Fahnestock: para las lombrices
Aceite de hígado de bacalao: para la preñez
Triquitraque: para los menstruos
Jengibre: excitante del apetito y curativo para los resfriados
Cacao: para el hígado, los humores y la tisis
Aceite de oliva: contra la fiebre, náuseas y males de costado
Oreja de tigre: para las enfermedades venéreas
Aguardiente de caña: para la debilidad e impotencia
Fosfato de hierro soluble de Leras: para la curación de los colores pálidos, dolores de estómago y para dar al cuerpo vigor
Jarabe de Pino Marítimo: para los catarros, bronquitis y el asma
Polvos y pastillas Americanos: para las digestiones laboriosas y gastritis
Gránulos de Bismuto: para las diarreas, dispepsias
Fierro amuriatado: para la fiebre amarilla

Píldoras tocológicas: contra los abortos y enfermedades de la matriz

Cápsulas de matico: contra la gonorrea

Depurativo Olivares: para purificar la sangre, curar el reumatismo

Bálsamo semipalúdico: para contener la sangre de las heridas y para cicatrizar úlceras

Píldoras depurantes: para las obstrucciones del hígado y de los intestinos

Cariformina: infalible remedio para los dolores de muelas cariadas y neuralgias

Gotas reparadoras: para todas las enfermedades propias de la mujer

Jarabe de totuma: cura todo tipo de afecciones del pecho

Cápsulas de copaiba y alquitrán: para las enfermedades secretas

Agua de Belier: para callos, pecas y verrugas

Elixir amargo: para alegrar el espíritu

Fuente: María Victoria López Pérez. La Memoria de la Ciudad, Barquisimeto y sus alrededores 1848-1880. Ediciones del Ateneo Ciudad de Barquisimeto. Barquisimeto diciembre de 1992

Elías Pino e Inés Quintero. El arte de curar. la farmacia antes de la farmacia. Editorial Exlibris. Caracas 2011

Inés Quintero. Imágenes de Barquisimeto. Fundación Polar-Ediciones Ekaré. Caracas 2014

Rafael Domingo Silva Uzcátegui. Enciclopedia Larense. Ediciones de la Presidencia de la República Caracas 1981. T II Tercera Edición

Notas de Oficina del Cronista del municipio Palavecino

Bajo engaño el presidente indultó al narcotraficante más buscado del continente

CUANDO EL PRESIDENTE encargado de Venezuela, el reconocido historiador y periodista doctor Ramón J Velásquez, llegó al despacho, ya su secretaria privada le tenía una ruma de documentos por firmar. Era una Venezuela convulsa los primeros años de la década de los 90, con sucesos que desencadenaron revueltas sociales y dos golpes de estado al Presidente electo Carlos Andrés Pérez.

Al sentarse en su escritorio cayó en cuenta que era martes 26 de octubre de 1993. Después de varios documentos y decretos presidenciales firmados, María Auxiliadora Jara de Tarazona, su secretaria privada, salió presurosa a entregar los papeles ya rubricados para su distribución. A las 5:50 de la tarde, de ese mismo día (26 octubre de 1993), Larry Salvador Tovar Acuña, jefe de una poderosa organización de narcotraficantes llamada la Conexión Euroamericana, salió en libertad, en una veloz jugada maestra planificada minuciosamente.

El narcoindulto 3215

Larry Tovar Acuña representante del cartel de Medellín en Venezuela, quien se encontraba detenido en la Penitenciaría de El Rodeo, con una sentencia preliminar de 13 años por diversos delitos en Venezuela y Estados Unidos relacionados con el comercio de narcóticos, se le concedió una irregular boleta de excarcelación que fue remitida por fax a la instalación penitenciaria, la cual contenía un número de cédula de identidad que ni siquiera correspondía al procesado. El Decreto 3215, apareció en la Gaceta Oficial, publicación que fue decidida por el ministro de la Secretaría, sin la firma del ministro de Justicia que debía refrendar el acto presidencial. El prisionero fue sacado de prisión sin que la juez que le seguía juicio hubiera rubricado la necesaria boleta de excarcelación. Tovar huyó a Colombia y fue recapturado en septiembre de 1994.

Tras la pista del narcoescándalo

La noche de ese 26 de octubre, ya el círculo más cerrado del presidente provisional sabía del caso y apresuraron a derogar el "narcodecreto", pero al amanecer del 27, ya la prensa capitalina, daba la noticia del narcoindulto.

Velásquez dio instrucciones al procurador general de la República y al ministro para la Descentralización, la tarea de redactar el decreto derogatorio. También se reunió de inmediato con el consultor jurídico, Manuel Peña López, para precisar si el indulto había salido de ese despacho. Cuarenta y cinco minutos más tarde, se entrevistó con el ministro de la Secretaría y con el jefe de la Oficina del Consejo de Ministros, Ezequiel Alfaro López, para conocer los originales del indulto y el proceso que se siguió para su inclusión en la Gaceta Oficial.

Uno de sus ayudantes se le acercó y con suma discreción le comunicó que había certera evidencia de que la secretaria privada, María Auxiliadora Jara de Tarazona, suspendida de su cargo unas horas antes, estaba en su oficina destruyendo documentos. En el acto Velásquez ordenó la actuación policial.

Recorrió el mundo

Velásquez ofreció declaraciones a la prensa que se agolpó frente al Palacio de Miraflores, a quienes les informó que ordenó a la Policía Técnica Judicial (PTJ) investigar lo sucedido, y sugirió que fue engañado para firmar. "Uno confía en que todos los documentos que firma tienen origen del ministerio correspondiente. Pero ya está derogado todo", precisó el presidente encargado.

El caso involucraba a Larry Salvador Tovar Acuña, capturado el 30 de marzo de 1989 con 26 kilogramos de cocaína, una avioneta y tres automóviles, que le fueron decomisados. A raíz de la detención de Tovar, la PTJ retuvo a 13 personas, incautó otros

40 kilos de droga, siete vehículos, medio millón de dólares en efectivo, joyas, embarcaciones y otros bienes por 100 millones de bolívares. Extraoficialmente se conoció que el texto firmado por Velásquez estaba refrendado por su ministro de Justicia, Fermín Mármol León, por lo cual el mandatario provisional estampó su nombre sin ningún inconveniente.

Un escueto comunicado de la Presidencia de la República, señaló ese miércoles en la noche que el decreto de indulto fue declarado nulo de toda nulidad y que la secretaria privada de Velásquez fue despedida.

El calor noticioso del narcoindulto inundó las páginas de la prensa internacional. Los cables internacionales se dieron banquete. La agencia EFE distribuyó a todo el mundo un despacho fechado el día 28: "Largo brazo del narcotráfico llega a palacio de gobierno". AFP anotaba que "El Narcotráfico penetró el palacio presidencial venezolano". La UPI titulaba con "Narcotráfico penetra altas esferas del poder en Venezuela".

Al descubierto

Durante las primeras horas de la tarde del 27, Ramón J. Velásquez se reunió con María Auxiliadora Jara de Tarazona. La secretaria había puesto sobre el despacho del Presidente el proyecto de indulto acompañado de un estudio elaborado por la Consultoría Jurídica: pero en aquella oportunidad al parecer, Tarazona olvidó mencionarle al mandatario nacional que el informe que servía de base al indulto había sido elaborado por Gustavo Velásquez, hijo de Velásquez y consultor jurídico de Miraflores durante el gobierno de Carlos Andrés Pérez, y que en ningún caso aquel informe recomendaba la decisión de indultar al procesado.

En medio del interrogatorio que sostenía Velásquez y la secretaria privada del Despacho, el Jefe de Casa Militar entregó al Presidente un telegrama mediante el cual la Tarazona había notificado a los padres de Tovar Acuña, sobre las gestiones hechas por la Secretaría para reactivar la solicitud del indulto provisto desde el gobierno de CAP. Velásquez preguntó insistentemente por qué ella había tomado la iniciativa sin pasar la solicitud por los canales regulares del Ministerio de Justicia o de la Consultoría Jurídica de Miraflores. Igualmente el presidente persistió en el por qué había enviado ese telegrama a los familiares de Tovar, con lo cual solo probaba la participación de ella en el caso del narcoindulto.

Al salir del intenso interrogatorio, Jara de Tarazona recogió sus pertenencias y con ayuda de varios asistentes, atestó el vehículo oficial asignado de numerosas cajas, pero efectivos de la PTJ, la abordaron y luego de revisar el vehículo fue retenida. Por otro lado, Casa Militar interceptó un telegrama donde un familiar de la secretaria privada, la esperaba en el Aeropuerto Internacional de Maiquetía.

Una juez decidió dictar autos detención a diez personas, tres de ellas funcionarios de la Presidencia. Igualmente dejó abiertas las averiguaciones en el caso de ocho personas más: cuatro de ellas funcionarios civiles de la Presidencia, un edecán del presidente y el propio hijo de Ramón J. Velásquez, que fungió como consultor jurídico de la Presidencia durante el mandato de CAP. El caso fue cerrado para prácticamente todos los inicialmente señalados. María Auxiliadora Jara de Tarazona permaneció detenida bajo proceso judicial, así como otras dos personas.

Por su parte, Ramón J. Velásquez evidenció su total franqueza ante la opinión pública. Desde el primer momento al explicar en detalle lo sucedido sin ocultar su error. Abrió Miraflores para que los cuerpos de seguridad, una comisión parlamentaria y los tribunales investigaran todo lo necesario. Jamás intentó escudarse en su investidura presidencial para obviar explicaciones al tribunal, y esencialmente, decidió que en primer lugar estaba la credibilidad de la Presidencia antes que posibles amistades o solidaridades.

Pero quién era la secretaria privada

A juzgar por su impecable y larga trayectoria en asuntos ministeriales, María Auxiliadora Jara de Tarazona, era una persona eficiente y confiable en el cargo. Hacía más de 30 años había sido secretaria privada de Carlos Andrés Pérez cuando se desempeñaba como Ministro de Relaciones Exteriores. Más tarde fue asistente de Betancourt, Leoni y nuevamente de CAP. Estuvo en Miraflores con Jaime Lusinchi, de donde fue despedida por Blanca Ibáñez, para después retornar al palacio a donde la encontró el presidente provisional Ramón J. Velásquez, quien la designó su secretaria privada. «Era toda una institución en Miraflores».

Sentenciado los culpables

Un tribunal de primera instancia encontró culpables de coludirse para delinquir y traficar influencias a fin de hacer posible el indebido indulto a la secretaria privada de Velásquez, María Auxiliadora Jara de Tarazona, al padre del narcotraficante, Salvador Tovar, y a un abogado que colaboró en el fraude, Juan Merchán. Este tribunal sentenció que el delito no fue tráfico de influencias sino corrupción propia, por lo cual condenó a tres años de cárcel a Jara de Tarazona y a Tovar, padre del indultado; y a un año y seis meses al abogado Merchán.

Contra Velásquez, el tribunal de primera instancia encontró elementos para enjuiciarlo por su participación en el tráfico de influencias, pues el ex mandatario admitió que cometió un error y firmó sin leer el indulto a Tovar Acuña. Sin embargo, por su jerarquía y su avanzada edad, el caso quedó en manos del Tribunal Superior de Salvaguarda del Patrimonio Público, que lo exculpó.

Independiente cercano al partido Acción Democrática, el doctor Ramón J. Velásquez fue escogido para completar -desde junio de 1993 hasta febrero de 1994-, el quinquenio del ex presidente Carlos Andrés Pérez, quien fue destituido del cargo, comenzando el proceso de enjuiciamiento en mayo de 1993.

Cuánto costaba viajar en 1880

HASTA EL SIGLO XIX y antes del desarrollo de la máquina de vapor, viajar era algo que estaba lejos del placer. Nadie viajaba si no era por obligación o por una necesidad extrema, escenario muy parecido al actual en Venezuela

En Lara, en 1880, costaba un viaje en coche halado por tres caballos desde Barquisimeto a:

Cabudare 5 pesos
Santa Rosa 3 pesos
El Tocuyo 30 pesos
Duaca 20 pesos
Aroa 40 pesos
San Felipe 40 pesos
Guanare 150 pesos

Estos viajes eran pagados en dinero en efectivo o rara vez eran canjeados por mercancías, en convenio con el propietario del carruaje.

Según revelador cuadro comparativo publicado en el diccionario de Telasco A. Mac Pherson, describe la distancia en leguas a Barquisimeto.

Asimismo, este investigador del siglo XIX, detalla la cantidad de viviendas y el número de habitantes por centros poblados en el gran estado centroccidental de Venezuela.

	CENSO DE 1875		CENSO DE 1881		DISTANCIA LEGUAS
SITIO	CASAS	POBLACION	CASAS	POBLACION	BARQUISIMETO
Cabudare	2.447	15.182	3.314	18.898	1
San Felipe	2.867	16.094	3.587	16.597	14
El Tocuyo	4.360	29.181	5.168	35.168	12
Quíbor	2.779	17.775	3.262	18.695	7
Carora	4.028	28.337	5.534	35.731	15

Yaritagua	2.631	16.188	2.947	15.867	4
Siquisique	1.658	11.140	2.368	14.006	14
Guama	1.695	9.618	2.292	10.397	12
Chivacoa	750	3.840	1.509	7.217	–
Urachiche	1.458	8.562	1.490	7.595	–

Fuente: Enciclopedia Larense. R. D. Silva Uzcátegui. Biblioteca de Autores Larenses. Ediciones de la Presidencia de la República. 2 Tomos. Caracas 1981
Diccionario Histórico, Geográfico, Estadístico y Biográfico del estado Lara. Telesco A. Mac Pherson. Imprenta y Librería de J. A. Segrestáa. Puerto Cabello 1883

Cabudare es una voz indígena

EN LA RELACIÓN de la visita pastoral del obispo Mariano Martí, prelado de la Diócesis de Venezuela, que llegó a Barquisimeto en marzo de 1779, hace mención a *"el sitio que llaman Cabudare, el cual debería de tener ya un regular número de habitantes"*. Las anteriores líneas nos dan una idea clara y precisa que ya para el siglo XVIII, el sitio de Cabudare existía, testimonio que apunta el historiador Rafael Domingo Silva Uzcátegui, en su obra magna Enciclopedia Larense.

Este topónimo: Cabudare, ha sido objeto de rigurosos estudios del doctor Gustavo Rojas Lugo y del maestro Renato Agagliate, quiénes exponen que el topónimo es Kabudari escrito en lengua Arawaka, cuyo significado es Árbol Grande, lo cual nos vincula a las antiguas especies vegetales de gran tamaño como la ceiba y el jabillo blanco, incluso con la vida de los aborígenes Axaguas, ancestrales pobladores del Cabudare precolonial. No obstante, al vocablo Cabudare, se le ha dado diferentes significados tales como: "Donde hay Agua", "Tierras Coloradas", "Boca, Ventana o Puerta de los Llanos".

Hidrónimo llamado Cabudare

Para historiadores e investigadores, no hay duda que Cabudare es una voz indígena, en donde se conjugan diversas hipótesis, pero no menos cierto es, que en base a otros documentos, se puede argumentar como teoría, que Cabudare es un hidrónimo y proviene de la Quebrada Cabudare. A juicio de don Julio Álvarez Casamayor, antiguo cronista y costumbrista de esta ciudad, la quebrada Cabudare "es la misma que conocemos indistintamente por los nombres quebrada de La Mata o Morenera, en la parte que corresponde a Los Rastrojos, referida en muchos documentos antiquísimos que poseemos en nuestro archivo personal".

Afirma el historiador Reinaldo Rojas, que los nombres de los cursos hídricos son palabras muy resistentes al cambio lingüístico. En ese sentido, la mayoría se conserva en el tiempo.

La Bujandera, la casa natal de Ezequiel Bujanda

"ERA UNA DE LAS CASONAS más amplias y bonitas de Cabudare, con un gran jardín interno repleto de helechos colgantes y de sus árboles se aferraban parásitos de orquídeas de todos colores. La conocíamos como La Bujandera.", Así recordaba don Felipe Ponte, conocido como el enfermero de Cabudare, la casa donde nació, el 25 de julio de 1865, el poeta Ezequiel Bujanda.

En la obra literaria del cronista de Barquisimeto, Hermann Garmendia, publicado en 1965 con motivo del centenario del nacimiento de Bujanda, describe que el inmueble estuvo asentado en la avenida Libertador de Cabudare, y era una casona de amplio portón y techo de tejas, cuyos corredores estaban enladrillados. Además poseía fragantes jardines en su patio interior. Allí discurrió la infancia y la adolescencia del poeta hasta que sus padres fijaron residencia en El Tocuyo "donde habría de arraigarse hondamente".

Y fue a partir de 1965, cuando los apuntes de Garmendia, confundieron a los lectores con el sitio exacto donde estuvo la casa donde nació el poeta cabudareño Ezequiel Bujanda. Inmerso en el libro, destaca una fotografía mostrando la supuesta casa de nacimiento del poeta, pero no fue así, pues el preclaro cabudareño había llegado al mundo en un caserón conocido –desde siempre-, como "La Bujandera", apostado en la esquina de la Avenida Libertador con esquina de la calle Simón Planas, y que se extendía hasta la calle Santa Bárbara.

El Dato: Ezequiel Bujanda, nació en Cabudare el 25 de julio de 1865. Fueron sus padres el Dr. Pablo Bujanda Yépez y Carolina Hernández. Estudió en Cabudare y luego en el Colegio La Concordia de El Tocuyo. Se graduó de médico en el Colegio Federal de Primera Categoría de Barquisimeto en 1894. Murió en el Tocuyo el 17 de agosto de 1919

La Gota de Leche

El cronista de Cabudare, Américo Cortez, registra que esta construcción, estuvo en ruinas hasta la década de los años cincuenta-, por tal razón fue demolida para dar paso a otra infraestructura donde funcionó la Estación de Puericultura, conocida como *"La Gota de Leche"* y en otra parte del terreno se edificó un mercado municipal. Pasado los años, el Concejo Municipal entregó el inmueble ya en estado de orfandad, a la directiva del Sindicato de Trabajadores del ayuntamiento, para que funcionara como su sede, hasta que finalmente, tras una ardua lucha cultural, es cedido al Ateneo de Cabudare. En el predio de la otrora Bujandera, descansan los modernos edificios del Ateneo de Cabudare, la Biblioteca Pública Héctor Rojas Meza y el Archivo Histórico Municipal, así como un solar vacío cuyo proyecto para un complejo cultural de mayor envergadura, se desvanece en un letargo sin fin.

El asiento del caserón

Según anotaciones del desaparecido costumbrista Julio Álvarez, la casona de Bujanda fue construida por don Miguel Bernal. La cerca perimetral fue sufragada por su esposa, doña Asunción Ponte de Bernal, tal como manifiesta el testamento de Juan de Ponte, registrado en Cabudare el 30 de enero de 1834. Posteriormente Bernal vende la casona y su solar, a doña Carolina Hernández Quintero, según documento del 5 de marzo de 1865. El documento describe los linderos, precisando que la propiedad estaba situada "Por el este con casa y solar del ciudadano Policarpio Rivero (hoy familia Pérez Escalona) calle transversal de por medio (hoy calle Simón Planas). Poniente: Casa y solar pertenecientes a herederos del ciudadano Carlos Parra (hoy solar al lado del Ateneo); Norte: Calle Santa Bárbara; Sur: La referida calle principal que es su frente (hoy Avenida Libertador)."

En 1890, doña Carolina Hernández viuda del Doctor Pablo Bujanda, vendió la casona y su solar a don Clemente Hernández, por cuatro mil 800 bolívares, según escritura registrada en

Cabudare el 5 de septiembre de 1895. En enjundiosa cronología, el cronista Cortez refiere que después de la primera década del nuevo siglo, la propiedad pasó a otras manos, iniciando por Ramona Ponte de Bastidas en 1913; el Presbítero Arquímedes Torres en 1916; Benjamín Orejuela en 1917, el General Emilio Rivas en 1919; Alfredo Rivas y E. Chirinos Lares, en 1931; más tarde, en 1.940, Ramón Perdigón y en ese mismo año las hermanas Terán.

Adquirida por los Yepes Gil

En 1945, don Mariano Yepes Gil, uno de los propietarios del Central Tarabana, adquiere *La Bujandera*, con el propósito de donarla a la municipalidad del Distrito Palavecino con una nota marginal en el registro que especificaba: *"a perpetuidad"*.

El inmueble que estuvo contiguo al Ateneo de Cabudare, pertenecía en 1841 al señor Carlos Parra. En 1890 era de los herederos de Francisco Cárdenas y la señorita Dolores Parra; en 1916 fue propiedad de Blas Antonio Gadea, tras negociación con Rafael Parra Díaz, registrada el 11 de noviembre de 1916, cuyos linderos para la época eran: "Por el naciente con casa y solar que fue de la señora del Doctor Pablo Bujanda, después de la señora Ramona Ponte Bastidas y que hoy es de Benjamín Orejuela; poniente casa y solar del señor Pompeyo Valbuena; norte calle Santa Bárbara; y sur, que es el frente de la calle real o de San Juan Bautista" (hoy Avenida Libertador).

Para 1920, la vivienda en cuestión aparece registrada como propiedad de Antonio Piñero y en 1970, de sus herederos. Hoy, de aquella infraestructura levemente queda parte del frontis y su solar vacío el cual perteneció al doctor Amado Gudiño, cedido años posteriores en calidad de comodato entre el poder legislativo local y el Ateneo de Cabudare para consolidación del ya citado megaproyecto cultural.

Fuente: Hermann Garmendia. Centenario Natal del Doctor Ezequiel Bujanda 1865-1965. Tipografía Nieves Barquisimeto, estado Lara. Julio de 1965

Quinta Mayda, la casona olvidada de los Yepes Gil

CONOCIDA EN BARQUISIMETO como una casa de espantos y aparecidos, la Quinta Mayda o casona de la familia Yepes Gil, sobrevive al abandono oficial a un lado del parque Ayacucho. En las crónicas de Fulgencio Orellana, la afamada casona fue ordenada a construir en 1921, por don Carmelo Giménez, natural de Yaritagua, estado Yaracuy, acaudalado comerciante propietario de «Mercantiles El Globo». Giménez abrigaba la esperanza de construir una casa similar a las existentes en las afueras de París, motivado a una obsesión con una bailarina francesa que vino a Barquisimeto con la compañía de Filo Vagontier.

El historiador Romel Escalona, cronista de la parroquia Concepción de Barquisimeto, asegura que el rico comerciante contrató a un arquitecto francés para dirigir la obra y cuyo proyectista fue el Hermano Juan. Al concluirse la obra a mediados de 1922, Giménez se la ofreció a la deseada bailarina, y con ella convivió unos meses en el inmueble, hasta que la dama consiguió de su acompañante un préstamo caudaloso para cancelar unas deudas en París, pero nunca más regresó.

Despechado y arruinado, el comerciante se dispuso alquilarla para aquellas familias acomodadas de Barquisimeto.

Quinta Mayda. Foto Luis Emirio Chacón
Barquisimeto, diciembre de 2018

Un regalo para doña Yuya

El cañicultor don Cruz María Yepes Gil y su esposa Julia 'Yuya' Elena Joubert León, de origen curazoleño, "era una hermosa mujer rubia de ojos azules, muy caritativa, bondadosa y amable", sostiene Haydee Padua, hija de Daniel Yepes Gil y sobrina de Cruz María. Este matrimonio accedió rentar el inmueble por su belleza vegetal, los finos acabados, los amplios espacios y por el esplendor que tenía en su interior.

Pero don Cruz María, decide comprar la casona en 1928, para obsequiársela a su esposa, y así mudarse a la meseta de Barquisimeto, toda vez vivía hasta ese entonces en Bella Vista, su hacienda del Valle del Turbio. Sus dos hijos Edgar y Beyla se mudaron con ellos, y en 1935 nace Mayda, su tercera hija.

El cronista Orellana narra que en la casona se festejaron dos grandes bodas: "La primera fue la de la hija mayor Beyla con el abogado Raúl Castillo Fernández, la cual se efectuó durante la noche con toda la huerta iluminada, más la presencia de 2.500 invitados, y los festejos que se trajeron desde Caracas".

La segunda boda fue la de Mayda con el abogado Rómulo Moncada Colmenares, nativo del Táchira, sarao que se efectuó a plena luz del día, pero igual de fastuosa, ya que la casa poseía en sus alrededores la más hermosa arboleda de la región.

La tragedia enluta la casa

Un gris episodio envuelve la casa en luto por el asesinato de un empleado a manos de otro durante los años 60. El diario EL IMPULSO publicó el siniestro reseñando que el mayordomo de los Yepes Gil, apuñaló con un cuchillo a un albañil. Don Cruz María empacó sus pertenencias y se mudó junto a su familia a la casa de sus posesiones en el Valle del Turbio. Más tarde, a mediados de los años 70, doña Yuya regresa para habitar la casona, donde permaneció hasta 1981. Orellana atestigua que sería doña Yuya quién relató que la casa se había llenado de espíritus malignos, motivo por el cual se mudó a un sitio más acogedor de la ciudad, traspasando la propiedad a su hijo Edgar Yepes Gil.

Espantos atormentados

Edgar Yepes Gil se mudó nuevamente a la residencia por un período más corto que su madre. Manifestó que en ella si vivía "un alma atormentada", y que "el sonido de carretas y caballos durante la noche no lo dejaban conciliar el sueño".

A mediados de los años 90, decide colocar la Quinta Mayda en venta, porque ningún integrante de su numerosa familia deseaba volver habitar el inmueble. Edgar logró acuerdo con la corporación del proyecto Denu Park, otorgando permisos donde autorizaba la demolición de la casona para que construyeran sobre ella dos enormes torres habitacionales. Al tiempo de concretarse la compra, la vivienda fue invadida por seguidores del presidente Hugo Chávez, quienes pidieron su expropiación para la construcción viviendas.

Reseñada por el IPC

Según el catálogo del Patrimonio Cultural Venezolano, "(...) En la ciudad de Barquisimeto específicamente en las carreras 16 y 17 y calles 42 y 43, se encuentra ubicada la Quinta Mayda, conocida anteriormente como la casa de los Yepes Gil o la quinta Carmen Luisa, tratándose de un edificación construida en los años 20 del siglo pasado.

Emplazada en el centro de un terreno que abarca una manzana completa, con abundantes áreas verdes a su alrededor, la casona presenta una tipología de villa, tanto por su forma de emplazamiento como por su majestuosidad en la organización y aspecto formal, su volumen con un techo inclinados, muestra un juego simétrico de dos niveles, que determinan un acceso principal, conformado por el atrio.

Presenta elementos de estilo neoclásicos que le dan un aspecto señorial a la edificación, así como grandes puertas y ventanas enmarcadas por molduras planas, pilastras y cornisas molduradas y frontones triangulares, conservando materiales tradicionales en su estructura y sus techos fueron construidos en madera con acabados de tejas de arcilla, y sus muros de adobe, siendo registrada en el Primer Censo de Patrimonio Cultural 2004-2005 y declarada Bien de Interés Cultural por el Instituto Patrimonial Cultural, según Gaceta Oficial Nº 38.234 de la República Bolivariana de Venezuela el 22 de Julio de 2005. Hoy la Quinta Mayda está sometida al más triste de los desprecios: la indiferencia oficial.

La casona de Josefa Antonia Gil Fortoul es histórica

EN LA ESQUINA suroeste de la carrera 17 con calle 23, frente a la antigua Plaza Bolívar de Barquisimeto (hoy Plaza Lara) existe una antigua casona construida para sede del Gobierno Provincial. Actualmente es el repositorio del Consejo Legislativo del estado Lara. Las crónicas atestiguan que el inmueble existía para 1848, o por lo menos iniciaba su construcción, en un solar de la calle del Puente, en la esquina suroeste que forma con la calle Catedral.

Así lo hace saber las anotaciones del cronista Eliseo Soteldo sobre la obra del gobernador cabudareño Juan de Dios Ponte, en su periodo de mandato 1838-1842, en donde apunta: *"El principio de fábrica de un edificio de mampostería para todas las oficinas públicas, el cual no se llevó a término por haberse comprado otro ya concluido y espacioso en que permaneció el tren administrativo hasta el año 1854 que fue convertido en cuartel".*

Por esos años, el comercio de Barquisimeto era lento, sin el ajetreo de décadas posteriores, pues la competencia estaba radicada en Cabudare, en donde se habían instalado las más grandes casas mercantiles por ser una encrucijada de caminos.

La plaza en cuestión, por lo general era un lugar apacible, de encuentros y desencuentros, que fue testigo de hechos excepcionales como la toma de la ciudad, el 24 de septiembre de 1835, por parte de las tropas del general quiboreño y héroe de la Independencia José Florencio Jiménez, acaudillado con sus tropas reformistas en los cantones Carora, Quíbor y El Tocuyo.

El histórico caserón

Un documento testamentario rubricado por Juan Piñero ante "el señor Registrador Subalterno de este cantón..." de Barquisimeto en enero de 1856, alude la existencia del inmueble situado al "oeste de la plaza". El cronista de Concepción, Romel Escalona, en su investigación sobre la casona que nos ocupa, refiere que Pedro María Piñero vendió "un solar en fábrica todo de mampostería" a Santos Valenzuela Silva por 700 pesos.

El historiador señala que Pedro María Piñero adquirió la propiedad por liquidación y participación de bienes de su padre Juan Piñero y un hermano Carlos Piñero, pero que también compró los derechos a sus otros hermanos Antonio José y Marco Antonio Piñero, operación efectuada el 21 de junio de 1867. Dos años antes, en 1865, Pedro María Piñero había pagado 123 pesos a su hermano Antonio José por los derechos sobre la propiedad.

Entre linderos y dimensiones

En la obra: De sede para la Gobernación a Archivo Legislativo: Historia de una casa histórica, del mencionado cronista Romel Escalona, encontramos que el doctor Agustín Agüero, testigo de los hechos que terminaron en el asesinato del gobernador de la Provincia de Barquisimeto, Martín María Aguinagalde, representando a Santos Valenzuela Silva, vendió la casona de la plaza en 1878, a Rafael Félix Guevara por 480 venezolanos.

El documento de compra-venta especifica que el inmueble estaba situado al Norte: casa del presbítero y doctor José María Raldíriz; por el Sur: casa y solar del sr. Antonio Fuentes; por el Este: Plaza Bolívar, calle Catedral por medio; y Oeste: con solar en fábrica del Sr Mariano Raldíriz.

José Félix Guevara no se quedaría por mucho tiempo con la propiedad, vendiéndola en 1893, "con pacto de retracto" al señor Elías Agüero por mil 744 venezolanos, no obstante, la casa es hipotecada un año después por el mismo Guevara a Eligio Macías, de quien recibió dos mil venezolanos.

El documento de hipoteca suscrito por ambas partes describe que la casona tenía por dimensiones: 18 metros de frente y 54 metros de fondo. En 1896, Guevara firma documento de venta de la casa a Macías por cuatro mil venezolanos. Disponía la propiedad de una "entrada principal a través de un zaguán", dos plantas, seis amplias habitaciones, un gran salón, un largo corredor que concluía en otro dormitorio, con un solar interno que albergaba una hermosa fuente de agua que dejaba admirar el patio tupido de helechos colgantes, una espaciosa cocina. Sus techos eran altos de cañabrava y tejas, gruesas paredes y de fachada con altos ventanales de vista a la plaza de la ciudad. Su segunda planta era de piso de tablas, había otro dormitorio de donde se divisaba el imponente reloj de la Catedral incrustado en el campanario. Este caserón contaba con una gran caballeriza de piso de piedras cuyo portón de madera permitía el acceso desde la calle del Puente, hoy carrera 17. Asentado este caserón privilegiadamente muy cerca del templo de San Francisco de Asís, y edificada con materiales traídos desde Caracas a través del ferrocarril Bolívar en posteriores remodelaciones ya entrado el siglo XX.

Doña adquiere la propiedad

Entre 1918 y 1924, la población de Barquisimeto la constituye un aproximado de tres mil casas, "bien delineadas con regularidad en ocho calles principales que la recorren de oriente a poniente en una extensión de dos kilómetros". La casona que describimos, está situada en una distinguida zona de Barquisimeto, en cuya manzana habitan familias de cómoda posición social, todos herederos de la aristocracia del papelón y el café, propietarios de grandes extensiones de tierras en el Valle del Turbio, río Claro y las crestas del Terepaima con proximidades a Portuguesa. Otros ostentan locales comerciales tanto en Barquisimeto como en Cabudare. En ese contexto social se desenvuelve la vida de doña Josefa Antonia y sus hijos: los hermanos Yepes Gil.

Sería en 1919, cuando Dominga Gil Fortoul, viuda de Eligio Macías, vende la casona de la plaza, por 10 mil 900 bolívares, a su hermana doña Josefa Antonia Gil Fortoul de Yepes. Dominga y Josefa Antonia eran hermanas del historiador José Gil Fortoul, varias veces presidente encargado de Venezuela durante el periodo de Juan Vicente Gómez.

El cronista Escalona destaca, que una parte del solar de la casona adquirida por Doña, concretamente "la faja de este a oeste, de 2,25 metros de anchura, pasó a ser parte de la casa del lado sur". En otros documentos fechados en la primera década del siglo XX, encontramos que doña Josefa Antonia era propietaria de las haciendas El Molino y Bella Vista, así como del ingenio de Tarabana, entre otras posesiones, todas afincadas en el valle que alguna vez dominó el Tirano Aguirre.

> **La casona de la plaza, cuando aún era propiedad de doña Abigail Yepes Gil, sirvió de sede de la Escuela de Música. Allí fue velado el maestro Antonio Carrillo en 1962. Luego fue el Consulado de Italia**

Doña Josefa Antonia era hija del legendario héroe de la Guerra Federal, José Espiritusanto Gil García, conocido en la literatura histórica como "el Pelón Gil", quien alcanzará la presidencia de la Provincia de Barquisimeto en 1858 y un año después lo encontraremos como diputado al Congreso Nacional.

En 1944, doña Josefa Antonia Gil Fortoul de Yepes, vendió a su hija Abigaíl Yepes Gil de Bartolomé, por 60 mil bolívares, aquella casona citadina, de origen andaluz implantada por la cultura española durante el periodo colonial. Por su parte, doña Abigaíl Yepes Gil, conservará la casona hasta 1965, cuando decide venderla a los abogados Omar Díaz Quiñonez y Eloy Febres Cordero por un total de 160 mil bolívares.

Para 1971 Díaz Quiñonez y Febres Cordero se encuentran firmando la venta del inmueble por 90 mil 980 bolívares a Carlos Sequera Yepes, quien cuatro años después, en 1975, vende por 140 mil bolívares, a Guillermo Velutini. Este último, en 1993, vendió la histórica propiedad a la entonces Asamblea Legislativa del estado Lara, por un monto no revelado, para ser asiento del archivo de esta corporación.

Hoy en esta legendaria casona, patrimonio larense y referencia de lo que fuimos y lo que somos, funcionan algunas oficinas administrativas del ente legislativo, pero también es la residencia a hurtadillas de varios funcionarios, así como servir de cocina, comedor y estacionamiento de los diputados, por tanto, permanece proscrita su entrada al público general, en estricto silencio para contar su historia.

Este ensayo no hubiese sido posible sin el desvelado apoyo del cronista e investigador Carlos Guerra Brandt, así como la colaboración de los historiadores Romel Escalona, Carlos Giménez Lizarzado, y el periodista Juan José Peralta. A todos ellos mi gratitud.

Fuente: Romel Escalona. De sede para la Gobernación a Archivo Legislativo: Historia de una casa Histórica. Asamblea Legislativa de Lara 1993

Romel Escalona. Crónica de una demolición anunciada. Concejo Municipal de Iribarren. Centro de Historia Larense. Asamblea legislativa de Lara. 1993

Telesco MacPherson. Diccionario Histórico, Geográfico, Estadístico y Biográfico del estado Lara. Barquisimeto 1883

Apuntes del cronista e investigador Carlos Guerra Brandt

La iglesia de Quíbor en una reseña de 1894

EN NOVIEMBRE de 1894, la revista cultural El Cojo Ilustrado, dio a conocer la singular belleza del templo principal de Quíbor, un pueblito cercano a la ciudad de Barquisimeto, destacando en su fotografía y texto que acompañó la nota, una calidad artística y literaria, poco conocida en la Venezuela de finales del siglo XIX.

"Gran parte de nuestros lectores conocerá muy poco o nada que se relacione con algunas ciudades o pueblos de la República. Creemos pues, que les será interesante tener de vez en cuando vistas y datos que den alguna idea del Interior".

En la reseña El Cojo Ilustrado da cuenta de las características técnicas de la iglesia parroquial de Quíbor, la cual mide sesenta varas de largo por treinta de ancho y fue construida bajo la iniciativa del señor Pro. (Presbítero) Dr. Aguedo Felipe Alvarado, con limosnas de los fieles de aquella ciudad y de muchas personas de los distritos vecinos. El Pro. Dr. Alvarado es sacerdote ilustrado, progresista y muy querido en aquellas comarcas.

La bendición del templo

Revela la publicación que la iglesia fue bendita en 1882, por *"el Illmo. (Ilustrísimo) Señor Diez".* En su interior hay muy bellas y costosas imágenes; solo el trono de Nuestra Señora de Altagracia costó poco más de seis mil bolívares.

"Acaba de ser dotado el templo con una hermosa custodia y un precioso cáliz que importaron veinte mil bolívares. La campana es de gran sonoridad; los repiques se oyen en un radio de seis leguas: su valor fue de cinco mil bolívares. El cura actual es el Pro. Dr. Colmenáres, sacerdote también muy estimado en la localidad".

Estado Lara

QUÍBOR.—IGLESIA PARROQUIAL

Gran parte de nuestros lectores conocerá muy poco ó nada que se relacione con algunas ciudadas y pueblos de la República. Creemos, pues, que les será interesante tener de vez en cuando vistas y datos que den alguna idea del Interior.

Figura en este número una vista de la iglesia parroquial de Quíbor: mide sesenta varas de largo por treinta de ancho y fue construida bajo la iniciativa del señor Pro. Dr. A. Felipe Alvarado, con limosnas de los fieles de aquella ciudad y de muchas personas de los distritos vecinos.

El Pro. Dr. Alvarado es sacerdote ilustrado, progresista y muy querido en aquellas comarcas.

El Illmo. señor Diez bendijo el templo en 1882. Posée éste muy bellas y costosas imágenes; sólo el trono de Nuestra Señora de Altagracia costó poco más de seis mil bolívares. Acaba de ser dotado el templo con una hermosa custodia y un precioso cáliz que importaron veinte mil bolívares. La campana es de una gran sonoridad; los repiques se oyen en un radio de seis leguas: su valor fue de cinco mil bolívares.

El cura actual es el Pro. Dr. Colmenares, sacerdote también muy estimado en la localidad.

Hacienda Santa Bárbara desde su fundación

LA BELLA CAPILLA levantada a finales del siglo XVIII fue un inmueble privado desde su construcción hasta nuestros días. Sus dos primeros propietarios, según petición testamentaria, se encuentran sepultados en el recinto religioso. La Oficina del Cronista Municipal de Palavecino inició en 1989, una exhaustiva pero paciente investigación en torno a la histórica Hacienda Santa Bárbara en el periodo que parte desde 1797 hasta 1987. Los documentos consultados, tanto en el Archivo Arquidiocesano e Barquisimeto como en el Registro Municipal, pliegos incluso inéditos, registran siempre el nombre de Santa Bárbara a esa unidad de producción.

El historiador Taylor Rodríguez, ex cronista oficial de Palavecino, coordinador del proceso indagatorio, apunta que en un documento correspondiente a un embargo que afectó a su propietario en el marco de la Guerra de Independencia, se advierte el nombre de Santa Bárbara a ese espacio.

Otro documento hasta hace poco desconocido, en donde se menciona a la hacienda como Santa Bárbara, sería el propio testamento de don Juan José Alvarado de la Parra, alférez real del cabildo de Barquisimeto y rico propietario de extensas tierras, entre ellas la citada unidad de producción.

La Capilla y Las Mercedes

El 16 de abril de 1916, cuando legalmente adquiere esta propiedad Moisés Bendayán Solana, por transacción con sus legítimas propietarias herederas del señor Víctor Ariza, es cuando por primera vez se utiliza el nombre de La Capilla para identificar un área parcial de la Hacienda Santa Bárbara, nombre frecuente en las subsiguientes compra-ventas.

El 29 de mayo de 1946, treinta años después, al ocurrir la venta que llevó a efecto el señor Juan Pablo Yépez a su tío don Eustaquio Yépez, sobre otro predio de la hacienda que se infiere era vecina a La Capilla, se le denominó Las Mercedes, para referirse o identificar ese otro espacio.

La parte identificada como Las Mercedes la heredó Fausta Sánchez de Yépez, madre del desaparecido propietario Juan Pablo Yépez, quien más tarde la vendió a Antonio Yépez Silva, el 3 de junio de 1968, por 850.000 bolívares.

En su conjunto la hacienda siguió conociéndose como Santa Bárbara al margen de las mencionadas subdivisiones, nombres éstos, que no trascendieron en el devenir histórico local.

Inventario sagrado

Durante la visita oficial del doctor Mariano Martí, autoridad eclesiástica de la Provincia de Caracas, a poblados de Barquisimeto en 1779, recorrió comunidades ubicadas en el Valle del río Turbio, describe en sus anotaciones, otro recinto sagrado que pertenecía a la familia Alvarado de La Parra: ... "este oratorio o capilla (está) bajo el título de la Inmaculada Concepción en el sitio de Bureche...".

Transcurrido más de cuatro décadas, de nuevo se menciona a la Virgen de la Inmaculada Concepción y por supuesto a Santa Bárbara, no así la Virgen de Las Mercedes. En el inventario del patrimonio sagrado existente en el oratorio-capilla de Santa Bárbara de Cabudare, según documento fechado el 15 de julio de 1835 redactado por el doctor José Ignacio Méndez, arzobispo de la Diócesis de Caracas, quien vino expresamente a Cabudare a efectuar un registro de bienes, destaca: ... "En El Altar Mayor (Retablo Mayor) que es (el) único que hai... (Se observan) ... dos imágenes de escultura, una de la Ynmaculada Concepción de Nra (nuestra) Sra (señora)... y otra de Santa Bárbara...".

Pero también se describen otras piezas como la de Nuestra Señora del Mayor Dolor, que según el padre Juan Bautista Briceño Pérez, actual cura párroco de la iglesia matriz de Cabudare, es la misma Nuestra Señora de las Angustias, patrona de La Piedad, lo que deduce que jornaleros de estos predios trabajaban en la Hacienda Santa Bárbara y trasladaron la devoción hasta esa localidad.

En el documento se puede leer que igualmente en la Capilla Santa Bárbara destacaba una imagen de San José y una tercera del apóstol San Pedro. Pero también había unos grabados enmarcados como el de Nuestra Señora de Las Angustias, otro sobre San Francisco y Santo Tomás de Aquino. El cronista apunta que de haber sido fervorosos devotos los miembros de la familia Alvarado de la Parra de la Virgen Las Mercedes, con un total de cuatro haciendas en el sitio de Cabudare, al menos en sus oratorios particulares deberían haber contado con una de sus imágenes.

En todo caso no se descarta la posibilidad de la existencia de otra u otras haciendas en el amplio Valle del Turbio inidentificadas con el nombre de Las Mercedes, patrimonio económico de otros propietarios, registradas en fuentes primarias éditas o inéditas en el tiempo colonial, pero no así la de Santa Bárbara.

Se construye el oratorio

El 8 de junio de 1794, las autoridades religiosas de Caracas otorgan permiso a don Juan José Alvarado de la Parra, para que comience la edificación de una... "Capilla pública" en el sitio de Cabudare. No obstante, Alvarado de la Parra no inició los trabajos de construcción, transcurriendo casi tres años cuando nuevamente el abonado propietario de la hacienda Santa Bárbara, realiza gestiones ante la máxima jerarquía eclesiástica de Santiago de León, con el propósito de levantar el recinto sagrado, licencia que le fue otorgada el 15 de marzo de 1797.

El oratorio se construyó manteniéndose "en pie" hasta que el terremoto del 26 de marzo de 1812 "sepultó" la casa de oración. En el testamento de Alvarado de la Parra, éste requiere de sus albaceas fueran aligerando los trabajos de construcción de la nueva sede, en similar sitio de la anterior, manteniendo en lo posible el perfil arquitectónico original.

Según afirmación del historiador Ambrosio Perera, para el 1º de enero de 1821, esta hermosa casa de oración de Cabudare, abrió sus puertas a los fieles locales, haciendo las veces de templo matriz hasta la inauguración de la iglesia mayor San Juan Bautista inaugurada en su sede parcialmente construida, el 24 de junio de 1834.

Sepultados en la capilla

Asienta el historiador, que exprofesamente destacado en cada una de sus piezas testamentarias e incluso ratificado en uno de los codicilos, don Juan José Alvarado de la Parra y don José Víctor Ariza, dos de los propietarios de la hacienda y por ende del oratorio Santa Bárbara en el siglo XIX, exigieron a sus albaceas ser sepultados en esta casa de oración. Ariza era hijo de una familia de antiguas raíces en las comarcas del actual estado Portuguesa, extendido hacia las entidades zuliana, yaracuyana y larense. Entre sus antepasados descollaron colaboradores con la causa independentista. José Vicente Ariza tuvo decidida participación en la Guerra Federal, defendiendo las ideas federales, alcanzando la jerarquía de general de división. Reside más tarde en jurisdicción de Yaracuy, en donde ejerció cargos de importancia dentro de la administración pública. Es designado máxima autoridad de dos carteras ministeriales: Crédito Público y Hacienda. Ocupa también el cargo de gobernador de la entidad barquisimetana en 1868. Ariza compró el oratorio-capilla de Santa Bárbara por la cantidad de 6.000 pesos, y veinte años después falleció entre Cabudare o Barquisimeto. En su testamento solicitó, además de ser sepultado en el sagrado recinto, se grabara a la vez un monograma en el frontis de la capilla con las letras J.V.A, es decir José Vicente Ariza.

El investigador de este ensayo, Taylor Rodríguez, ha declarado en varias oportunidades que desde su condición de cronista oficial de Palavecino, se niega a que tanto la capilla como las casas que la circundan sean estatizadas dado los monumentos históricos, declarados patrimonios culturales de la nación en el municipio, están en franco deterioro desamparados de cualquier programa de recuperación.

La más bella

En el libro Haciendas Venezolanas, de los reconocidos autores Graziano Gasparini y Ermila Troconis de Veracoechea, ambos historiadores, al estudiar los detalles arquitectónicos de esta capilla, escriben: "Se trata de la hacienda que tiene la capilla más bella y arquitectónicamente más importante entre todas las existentes en Venezuela...". Pág. 180 año 1999.

Evolución de la propiedad

Síntesis de la evolución de la propiedad del oratorio-capilla de Santa Bárbara y otros bienes correspondientes a la Hacienda Santa Bárbara desde 1819 a 1987

Una donación

Dos herencias

Dieciséis comparas-ventas

Resumen del justiprecio

En resumen se anota el justiprecio de la capilla y otros bienes de la Hacienda Santa Bárbara de Cabudare.

Siglo XIX

-3.500 pesos

-6.000 pesos

Siglo XX

-14.000 Bs

-14.000 Bs

-16.000 Bs

-45.000 Bs

-40.000 Bs

-33.000 Bs

-150.000 Bs

-850.000 Bs

-300.000 Bs

-2.500.000 Bs

Fuente: El Oratorio-Capilla de Santa Bárbara en el proceso histórico de la comarca cabudareña 1793-2009 Taylor Rodríguez García, cronista oficial de Palavecino

En 1785 se decretó el Curato de Cabudare

EN DÍAS PASADOS y precisamente el 28 de enero, Cabudare festejó con varios actos religiosos y civiles y folklóricos, los 185 años de su poblamiento definitivo. Se preguntan unos ¿qué es ese poblamiento definitivo?

Normalmente de las ciudades y los pueblos se festejan las fechas de fundación si la hay. Es sabido que nuestras ciudades y pueblos han nacido de dos maneras: unos con un acto de fundación según el "Ritual" español. Piénsese en los numerosos pueblos nacidos en 1620 – 22, por orden del gobernador Francisco de la Hoz Berrío, de acuerdo con el Obispo Don Fray Gonzalo de Angulo.

De estos pueblos, y son muchos, tenemos el acta de fundación y de las personas que participaron en esos actos. Véase por ejemplo: Aregue, Siquisique, San Miguel de los Ayamanes, los Humocaros, para citar unos de nuestro estado. Otros pueblos nacieron por formación espontánea, o sea, de un pequeño núcleo, por circunstancias varias se añadieron otras familias hasta formar el pueblo, tal es el caso de Cabudare. Varias familias antes dispersas en la zona fértil, venidas de Santa Rosa o de Barquisimeto y otros lugares, se reunieron en un solo núcleo y el principal fue donde ahora surge el actual centro de Cabudare.

Había también en ese hermoso valle un señor, el alférez real Don Juan José Alvarado, que aquí tenía su vivienda y una gran hacienda con muchos esclavos. Como era costumbre ese tiempo hizo construir una capilla dedicada a Santa Bárbara y pagaba un sacerdote para que hiciera los servicios religiosos para él, su familia y los numerosos esclavos, además de los vecinos. Fue la única en la zona, mientras para los actos fundamentales tenían que acudir a su parroquia que lo era Santa Rosa del Cerrito.

Los habitantes, a pesar del terremoto de 1812, iban creciendo así, de suscitar problemas con los vecinos de Barquisimeto, que no veían bien el comercio y las actividades de este gran caserío; sin embargo, le dio gran importancia a Cabudare fue la Visita Pastoral del gran obispo monseñor Mariano Martí, quien considerando el continuo crecimiento de la población, la actividad agrícola de su gente, el comercio y la importancia del lugar como "puerta de los llanos", vio la necesidad de crear allí una nueva parroquia.

Nacimiento de Cabudare

Así el 3 de noviembre de 1785 decretó el nuevo curato con sede en el sitio de Cabudare. Esto no se pudo realizar en seguida, pues las tramitaciones de la Ley del Patronato Eclesiástico de España eran largas; sin embargo, la nueva parroquia eclesiástica y civil eran creadas y esta es la verdadera fecha del nacimiento de Cabudare. Poblamiento, traslado, etc, son cosas secundarias y accidentales; lo esencial era el Decreto Episcopal realizado en seguida porque Cabudare empezó a funcionar como parroquia, y esto resulta de los libros parroquiales, teniendo como iglesia parroquial provisional la de capilla Santa Bárbara, y como párroco al capellán de la misma, aún más, el mismo, viendo que Santa Bárbara quedaba lejos para muchos, hizo construir un caney donde se levanta el gran templo.

Este caney fue la cuna del gran templo edificado en los años siguientes hasta terminar. La construcción duró hasta 1828, ya los primeros años de 1820 pudo ser oficiado siendo ya terminado sin el campanario y el Bautisterio.

A pesar de la dura oposición que hicieron los de Barquisimeto que no querían el nacimiento de un nuevo curato, el 1 de abril de 1818 fue dictado en Caracas por el gobernador eclesiástico de la Diócesis, el Auto de erección de la nueva parroquia.

El nuevo pueblo fue puesto bajo el patronato de Nuestra Señora de la Candelaria y la iglesia bajo la advocación y el título de San Juan Bautista. Estos datos provienen de los libros parroquiales que son la principal fuente, aunque no única, y por eso resulta que la fecha del nacimiento de Cabudare es el Decreto de monseñor Martí del 3 de noviembre de 1875, y creo en mi humilde opinión que esto debería festejarse y no el asentamiento, que no tiene nada que ver con el nacimiento de un pueblo.

Notable historiador

Renzo Begni nació en Brescia, Italia, el 29 de septiembre de 1931. Fue ordenado sacerdote el 19 de junio de 1954 en su país natal. Ejerce distintos cargos en la Diócesis de Brescia y se traslada a Venezuela en 1966 como párroco de San Carlos para pasar luego a El Tinaco (entonces Diócesis de Valencia) En abril del 69 se encuentra en la Diócesis de Barquisimeto, y funge como párroco de Aguada Grande, Santa Inés y Moroturo. Regresa a Italia en el 73 hasta el 1975. A su retorno a Venezuela, es nombrado párroco de Bobare y luego párroco de San Miguel de Buena Vista. Regresa de nuevo a Italia en 1986 hasta 1988. Vuelve a Venezuela como cura de Burere. Más tarde lo encontramos al frente del Archivo de la Curia y en funciones en la directiva del Seminario Divina Pastora, tiempo en donde realiza notables aportes a la historiografía local. Quebrantado de salud, regresa a su natal Brescia, en donde fallece el 16 de marzo de 2004

Fuente: Diario El Informador de Barquisimeto 4 de marzo de 2003. Día de Cabudare, La Odalisca acostada al pie del Terepaima por Renzo Begni

216

La Mavare, alma y espíritu barquisimetano

Orquesta Mavare en 1905. Destaca sentado en el centro su director
Miguel Antonio Guerra Ravelo. Al fondo se observa un cuadro del
músico Ramón Mavare, quien nunca perteneció a la agrupación
musical pero que en su honor fue colocado el nombre a la
orquesta barquisimetana. Foto Colección Carlos Guerra Brandt

ESA NOCHE, el joven director Miguel Antonio Guerra Ravelo
se vistió de gala. Para él y su orquesta era la gran noche, por
tanto, enderezó su corbatín y echó la última ojeada, -a través del
espejo de óvalo-, a su atuendo, y en especial, miró en detalle el
saco de levita negro que luciría en la presentación inaugural de
la agrupación. Caminó animoso por las oscuras calles del añejo

Barquisimeto, acompañado de sus amigos, todos renombrados compositores que lo seguirán en tan sublime empresa.

Llegaron a tiempo a la casona del señor Aureliano Manzano y doña Domitila Fernández, apostada en la carrera 21 esquina de la calle 24. Aquella noche fría y brumosa del 31 de diciembre de 1897, la agrupación debutaría para el lujoso agasajo ofrecido por la citada y reputada pareja a su hija María, baile que duró hasta altas horas de esa madrugada, con luz generada por una bomba de combustible.

Miguel Antonio Guerra Ravelo, abuelo del incisivo cronista Carlos Guerra Brandt, dejó para la historia la fundación de la Mavare, pero también el relato de aquella noche inaugural de finales del siglo XIX. "La casona en donde debutó La Mavare era enorme y bellísima –recuerda Guerra Brandt de los relatos de su padre-, y añade: La fiesta de don Aurelio no fue improvisada, porque hasta se conformó un comité organizador". El cronista Silva Uzcátegui refiere que entre las damas que bailaron aquella noche con la Mavare, estaban las hermanas Antonia y Felipina Hammersmit, Carolina, Dolores y Flor de María Falcón, Josefina, María, Ana Luisa y Domitila Fernández, Plácida y María Manzano.

Despertaron admiración

Miguel Antonio Guerra Ravelo, estudió música en Barquisimeto, donde tuvo como maestros a Ramón Pérez y a los destacados hermanos Torrealba, así como a Francisco de Paula Medina, quien le enseñó el arte de tocar flauta, durante las clases nocturnas en un reducido local. Guerra Brandt señala que su abuelo, "incluso pudo ir al exterior a completar su formación académica como intérprete y compositor". Asimismo, fue director de la banda del Estado y ganó el concurso del Himno del Estado Lara, pero esa es otra historia y bien polémica, toda vez que los Individuos de Números del Centro de Historia Larense, dieron un veredicto sobre ese suceso que soslaya la autoría de ese hecho histórico.

No solo sobresalió como artista, sino como comerciante, fundando la primera casa ferretera de la ciudad: *Guerra Ferretería*, anclada en la calle del Comercio entre calles 27 y 28, surtida con mercancía que traía personalmente de Alemania. Había nacido el 22 de enero de 1878, en Guama, una población del hoy estado Yaracuy, pero para aquel tiempo, era un anexo al gran estado de Barquisimeto.

Durante aquella velada, los integrantes de La Mavare despertaron el interés y la admiración de la alta sociedad barquisimetana asistente al sarao decembrino, y son invitados por el segundo vicepresidente del estado, Eliseo Soteldo, para un almuerzo en su residencia. El banquete en honor a la naciente orquesta finalizó pasadas las cuatro de la tarde del 1° de enero, cuando don Celestino Fraile García, gerente de la Empresa del Tranvía de caballos, conminó a los ilustres artistas a dar un paseo en el tranvía a través de la ciudad. "Toda la tarde anduvo la Orquesta en el vagón tocando con entusiasmo, hasta muy entrada la noche", describe la Enciclopedia Larense.

Compositores de renombre

La Orquesta Mavare, que pasará rápidamente a ser el alma y espíritu de la ciudad, estaba integrada, como suscribimos anteriormente, por destacados compositores del momento, todos dirigidos por Miguel Antonio Guerra Ravelo, que se desempeñaba como el primer clarinete, le secundaba Idelfonso Torres Heredia con la flauta; el primer violín lo tocaba Pablo González; segundo violín, Antolín Gómez; barítono, Joaquín Gallardo; violoncelo, Evaristo López; los cuatros a cargo de Virgilio Heredia y Teodosio Adames.

El fundador de La Mavare fue un músico de excepción, y para los entendidos en la materia "era un exquisito compositor, pues, entre sus valses despuntan por su excepcional belleza, Ofrenda de Amistad, Lesbia, Claro de Luna, Dolores, El Chingo, Es ella, Pensando en ti, Ilusión, entre otros. Ramón Querales enfatiza que la agrupación musical, mantuvo por décadas una intensa actividad participando en continuos agasajos oficiales, divertimentos hogareños, fiestas religiosas y culturales, inauguraciones de obras, cumpleaños, antesala de obras de teatro y proyecciones de largometrajes, matrimonios, paseos y homenajes diversos. Lo que quiere decir, que no existía una sola celebración en la ciudad, pública o privada, en donde no participara La Mavare.

Tras el deceso de su progenitor, Guerra Ravelo no pudo sobreponerse y decidió renunciar a la orquesta en 1915, entregando la batuta al reconocido compositor Napoleón Lucena. El maestro Guerra murió el 20 de marzo de 1951. Sus restos permanecen inhumados en un olvidado y saqueado panteón en el Cementerio Bella Vista de Barquisimeto. Un dato revelador es que la orquesta se funda sin el nombre de Mavare y con el propósito de amenizar las fiestas típicas del remoto Barquisimeto. Y no es hasta 1898, cuando tras una golpiza es asesinado por el gobierno de turno el músico Ramón Mavare, quien nunca perteneció a la agrupación y fue muy apreciado por los músicos del momento, que deciden rendirle tributo y darle su nombre. Cuando el presidente Cipriano Castro vino a Barquisimeto en 1908, lo recibe la Orquesta Mavare con un gran concierto. Guerra Ravelo y sus músicos se lucen con aquel agasajo de gala pese a que *El Cabito* casi siempre llevaba consigo su orquesta personal. Cuentan que el mandatario quedó perplejo con la ejecución y el talento del grupo.

La orquesta de la Virgen

La periodista e investigadora Violeta Villar Liste, describió a la perfección la esencia de la Orquesta Mavare, tras convertirse en la agrupación musical que comenzó a acompañar las procesiones de la Divina Pastora. "Pero si de algo puede presumir la Virgen es de música... Pero es la Mavare la Orquesta de la Virgen. No hay punto de discusión. Decir Mavare es hablar de procesión del 14 de enero." Al morir Lucena se suceden en la dirección los maestros Elías Rivero, Armando Cordero, Arturo Marrero, Luis Jiménez, Gilberto Giménez, Valmore Freitez, Ángel Eduardo Montesinos, Liubelena González, primera mujer en dirigir la agrupación, hasta llegar al joven profesor Jesús Rodríguez. En 2001 la Universidad Centroccidental Lisandro Alvarado, asume la tutela de la Orquesta Mavare, garantizando la permanencia en el tiempo, de una huella, de un símbolo de la procesión que cada 14 de enero, da la bienvenida a la Pastora de Almas, frente al rectorado de la UCLA, en la plaza Macario Yépez.

Pero, definitivamente, hablar de la Mavare es un tema intrincado por lo anecdótico de su tránsito y permanencia en la historia musical y cultural de Barquisimeto y Venezuela, por tanto, solo esperamos que esta agrupación, patrimonio de los larenses, logre proseguir su honroso itinerario pese a los infortunios del tiempo y al olvido gubernamental. Tenemos una deuda irresuelta con el maestro Miguel Antonio Guerra Ravelo, pero dicho gravamen es aún mayúsculo con nuestra orquesta centenaria.

Fuente: Enciclopedia Larense. Rafael Domingo Silva Uzcátegui. Biblioteca de Autores Larenses Ediciones de la Presidencia de la República. Caracas 1981

(Re) Visión apuntes para la historia del municipio Iribarren. Volumen II. Colección Cronos. Barquisimeto 1996

El arte y el oficio de una devoción. Violeta Villar Liste. Barquisimeto 2014

www.CorreodeLara.com

Gobernaron Palavecino a la caída de Pérez Jiménez

EL 23 DE ENERO de 1958 es derrocado el gobierno del general Marcos Pérez Jiménez, mediante un movimiento cívico-militar que iniciaría con el alzamiento de los oficiales de la Fuerza Aérea en la Base de Boca de Río, cercana a la ciudad de Maracay, y del Cuerpo de Blindados del Cuartel Urdaneta de Caracas al mando del teniente coronel Hugo Trejo.

El dictador tachirense se había entronizado desde 1952. A la caída de su régimen, Pérez Jiménez, abandonaría el país con rumbo a República Dominicana, a bordo del avión presidencial la «Vaca Sagrada». Se encargó del gobierno nacional una Junta presidida por el Contralmirante Wolfgang Larrazábal.

La transición en Lara

En el estado Lara se designará al comandante Asael Rojas y más tarde: el doctor Froilán Álvarez Yépez, durante el mismo año 58, para sucederlo en el cargo el doctor Anselmo Riera Zubillaga, que permanecerá hasta 1959. En Palavecino, el gobierno provisional se denominó Junta Administradora Municipal, instalándose en enero de 1958, integrada por distinguidos cabudareños, quienes tuvieron luego la responsabilidad de organizar y elegir una directiva compuesta por:

Felipe Ponte Hernández
Justo Rivero
Antonio Pérez
Juan Irene Vásquez
Agustín Gómez Rojas
Roseliano Palacios
Julio Álvarez Casamayor

Pero a lo largo de ese convulso año 58, se constituyó la primera directiva de la Junta Administradora local integrada por personalidades de la comarca, a saber:

Agustín Gómez Rojas presidente de la junta
Roseliano Palacios 1er vicepresidente
Antonio Pérez 2do vicepresidente
Juan Irene Vásquez, vocal
Julio Álvarez Casamayor, vocal
Justo Rivero, Vocal
Felipe Ponte Hernández, síndico procurador
Miguel Pacheco, secretario

En tal sentido, la denominada Junta Administradora, sería la encargada de debatir sobre los nuevos ediles (Vocales) del Concejo Municipal durante 1958, que fueron:

Justo Rivero, presidente de cabildo cabudareño
Juan de Dios Troconis, 1er vicepresidente
Roseliano Palacios, 2do vicepresidente
Julio Álvarez Casamayor, Vocal
Francisco Camero, Vocal
Martín Socorro Torrealba, Vocal
Felipe Ponte Hernández, Síndico Procurador
Miguel Pacheco, secretario

Fuente: José Ramón Brito. Gobernantes del estado Lara 1552-1977
Archivo Municipal del Concejo de Palavecino
Diario EL IMPULSO años 1958-1959

Cabudare no tuvo fundación hispana

ESTA IMPORTANTE POBLACIÓN del estado Lara, encrucijada de caminos, no tuvo fundación hispana, ni tampoco un poblamiento por decreto. Al cumplirse 200 años de su poblamiento definitivo, rigurosas investigaciones demuestran que creció progresivamente

Cabudare no tiene 200 o 300 años de fundado o establecido, tal como muchas personas creen o han asentado en libros y manuales. Investigaciones y documentos ya han demostrado que este hermoso y pujante territorio no dispuso de fundación hispana como El Tocuyo o Caracas, aunque el debate latente ya es suficientemente esbozado, pero no agotado, porque las páginas de la historia se escriben a diario.

Las fundaciones hispanas fueron un acto oficial, se registraron en unas actas, que eran documentos formales, y en aquella remota época, un escribano dejaba testimonio escrito del poblamiento, con definición de los límites, identificándolos, en donde también se nombraba a un juez poblador quien coordinaba todas y cada una de las acciones a seguir para que el acto se inmortalizara.

El poblamiento es un acto espontáneo, en donde los vecinos ocupan un espacio para satisfacer fines, en primer lugar materiales, pero también propósitos espirituales, caso específico, el de Cabudare, que desde 1811, un grupo de notables vecinos, habían estado solicitando con pertinacia, ante las autoridades oficiales de Barquisimeto y Caracas, "para que se dotara al sitio (de Cabudare) de una casa de oración".

Pero qué ocurrió: en 1793, don Juan José Alvarado de la Parra, rico propietario del Valle de Turbio y alférez real del cabildo de Barquisimeto, (Realista), por sugerencia del obispo de Caracas Mariano Martí, solicitó permiso ante el despacho diocesano de Caracas, con el propósito de construir un espacio adecuado "para el cultivo de la fe" y así fue otorgado.

Pero no se construirá este hermosísimo oratorio bajo la advocación de Santa Bárbara, sino cuatro años después, en

1797. Fue entonces cuando los habitantes del sitio de Cabudare, comenzaron a congregarse los domingos y días de fiesta, en el oratorio, primer templo de la comarca.

No obstante, el horrendo suceso del 26 de marzo de 1812, hizo sucumbir el oratorio reduciéndolo a simples ruinas, y de seguida tanto los vecinos como la familia Alvarado de la Parra, levantaron un tinglado de techo de tamo y paredes de bahareque, para proseguir con el culto al Señor, pero no lograron la misma receptividad, lo que implicaba que la gente debía trasladarse hasta la iglesia de Santa Rosa, cuando los ríos Turbio y Claro no estaban crecidos.

El 27 de enero

En la segunda quincena de noviembre de 1817, los vecinos del sitio de Cabudare, recibieron la buena nueva, que estaba pronto a erigirse la creación de la Parroquia Eclesiástica y la construcción de su templo mayor.

El 27 de enero de 1818, que es la antesala inmediata a la creación de la Parroquia Religiosa, tiene el significado de ser el día en donde los fieles, los vecinos, suscribieron un documento con el propósito de dejar por sentado que se congregaron en un solar de Cabudare, para definir la construcción del templo matriz, la plaza mayor, y en torno a estas, proseguir con el crecimiento de la futura ciudad, más allá de las consecuencias legales que ello pudo generar y que generaron, porque el mando del general realista Pablo Morillo, se apersonó a esta tierra y ordenó cerrar las pulperías, pero ya Cabudare había nacido. "La autonomía civil de Cabudare se alcanzó el 1º de mayo de 1844, con la elevación a la categoría de Cantón, designación que llevaban entonces los distritos"

Según rigurosa investigación del recordado historiador Taylor Rodríguez García, ex cronista oficial del municipio Palavecino, ese día, 27 de enero, igualmente, se delimitó lo que sería el casco urbano, separándolo de los solares productivos como El Carabalí, Bureche, El Mayal. Se habló también de la edificación de las sedes de los servicios públicos, y es que éramos tan pequeños, que el primer columbario o cementerio, estuvo ubicado en las márgenes de la hoy Escuela Valmore Rodríguez.

Pese a los anhelos de los cabudareños de ser reconocidos como pueblo, en 1826, los comerciantes de Barquisimeto actuaron, tras bastidores, para que Cabudare no alcanzara la jerarquía de pueblo. Es así entonces como Cabudare surgió, entre la Capilla Santa Bárbara y el templo matriz San Juan Bautista, bajo la advocación de la Virgen de La Candelaria.

Los límites de ciudad

El Boletín del Centro de Historia Larense de abril, mayo y junio de 1944, cita que los vecinos de Cabudare se reunieron el 27 de enero de 1818, con "la junta plenaria" integrada por el doctor Juan de Mujica, cura de Santa Rosa, los dos curas de Barquisimeto, presbíteros bachiller Sebastián Bueno y José Antonio Meleán, el Alférez Real Juan José Alvarado de la Parra y el padre Andrés Torrellas, que rubricó el acta de demarcación "ordenada por el señor gobernador de este obispado, procedimos a reconocer el terreno que debía desmembrarse –de Santa Rosa- para la creación de la nueva parroquia".

Al final del documento se acentúa que esta "será la extensión parroquial del nuevo curato de Cabudare y sus límites, los mismos que quedan mencionados, en cuya operación no manifestaron oposición alguna los señores curas y se conformaron en todo con la expresada demarcación".

Seguidamente -dice este valiosísimo pergamino-, procedemos a la demostración y reconocimiento del terreno en que debe fundarse la Iglesia Parroquial del enunciado curato, casa pública para la instrucción de la juventud, y casa para la habitación del cura, y determinamos que el terreno situado al frente de don Miguel Bernal, hacia la parte del norte, en posesión de Los Ordoñez, es el más propósito y capaz para fundación... En el sitio se clavó una cruz como señal de que allí se instalaría el poder religioso y así quedó escrito y firmado, el 27 de enero de 1818.

Decir lo contrario a lo expuesto ameritaría nueva investigación, y porque no, que se abra el debate entonces, dado los métodos históricos son flexibles, por tanto, bienvenidos a este formidable debate que hemos asumido con pasión desde el diario EL IMPULSO.

Los datos del Puente Bolívar de Barquisimeto

CONOCIDO ORIGINALMENTE como el Puente de la Santísima Trinidad, ubicado en la carrera 17 entre 21 y 22 de Barquisimeto, donde al parecer ya existía una pasarela de madera por donde se transitaba. Fue una de las primeras obras de ornato y estructurales que se edificaron el Barquisimeto

La construcción de esta importante estructura se concluyó el año 1806. El alarife que ejecutó los trabajos se llamaba Bartolomé Rodríguez. Fue director de la Obra Don José Álamo y recibió 1.540 pesos de las Reales Rentas, para ejecutar la obra, mandados a entregar por la audiencia de Caracas el 17 de enero de 1805.

La edificación del puente Bolívar tuvo un valor de 1.540 pesos de las Reales Rentas

En 1821, el pueblo confeccionó un arco alegórico sobre el cual pasó El Libertador Simón Bolívar durante su visita a esta ciudad. De allí en adelante los parroquianos bautizaron la esquina con el nombre de «Arco de Bolívar». A la repatriación de los restos del Libertador se bautizó con el nombre de éste. A mediados del siglo XIX el puente fue arrastrado por una creciente y durante años volvió a la estructura de madera.

Según el desaparecido cronista de Barquisimeto, Ramón Querales, citando al gobernador Martín María Aguinagalde, para 1850 el puente fue restaurado por el contratista Julio Couput con el trabajo de los presos, como se acostumbraba y para darle solidez fueron colocados estribos a ambos lados *"para la seguridad de sus paredes, pues de lo contrario puede muy bien destruirse en la estación de invierno"*, como señala la Gaceta de Barquisimeto del 30 de octubre de aquel año.

En 1907 por disposición del entonces presidente del Estado Lara, general Santiago Briceño Ayesterán se refacciona el puente y así a su vez se construyen hacia los lados dos largos bancos para que los visitantes lograran sentarse y desde allí además de escuchar el típico sonido del manantial, servía igual para conversar y contemplar el paisaje que brindaba un Barquisimeto a principio del siglo pasado.

Barquisimeto: La ciudad del Turbio

A JUICIO DE NUMEROSOS escritores y cronistas, Barquisimeto es la ciudad encrucijada natural de Venezuela, en donde convergen, a decir del Hermano Nectario María, huéspedes de todas las latitudes, "que llegaron para quedarse". Barquisimeto sin duda es tierra de consecuente progreso, debido a su intensa actividad comercial, por ello, pulperos, barberos, arrieros, periodistas, políticos, militares, maestros, deportistas, actores y músicos, contribuyeron a otorgarle el calificativo de Capital del Desarrollo, produciendo a corto plazo la ampliación nostálgica de la Avenida 20 para auge de la economía, no sin antes consolidar las vías férreas para el incesante intercambio comercial de la región Centroccidental.

Ilustra Raúl Azparren en su libro barquisimetaneidad, personajes y lugares, que la llegada del ferrocarril marcó un nuevo corte histórico en la ciudad. El cronista Otto Acosta, imprime que en febrero de 1877, el presidente de la República, general Antonio Guzmán Blanco, puso en marcha el Ferrocarril Bolívar tramo Tucacas-Aroa, y posteriormente el doctor Raimundo Andueza Palacio -enero de 1891- inauguró la etapa El Hacha-Duaca-Barquisimeto, obra fundamental que unió comercialmente occidente con el centro del país. Acosta, asegura que la estación ferroviaria se ubicó en los espacios que hoy domina la Catedral de Barquisimeto, siendo este lugar epicentro de las actividades comerciales, artísticas, culturales y deportivas.

En barco con una ilusión y la silla de afeitar

Dice Azparren, que el barbero más antiguo de Barquisimeto "de quien tengo noticias, se llamaba Agustín Tournaire", que en 1844, publicó un aviso en El Independiente, donde se leía que era peluquero y barbero francés y ofrecía canelones y moños para damas. Sin embargo, en la actualidad, los vecinos del casco histórico de la ciudad cuentan con los oficios de don Carlos La

Magra, llegado a Barquisimeto en 1953, proveniente de Italia, con una ilusión y su silla de barbero.

Se instaló en la carrera 19 con calle 23, "frente a la Seguridad Nacional y a la Plaza La Moneda, cerca del Concejo Municipal, los tribunales y el famoso Restaurante El Gato Negro".

En la Barbería Larense se cobraba un bolívar con 50 céntimos, más tarde dos bolívares, y no había 50 carros en la ciudad, ni tampoco existían los edificios, sólo casonas. En la Calle del Comercio estaban ubicados El Correo y El Telégrafo, uno que otro comercio de textil, la Botiquería Lara, la Casa Blohm & Ca., luego Centro Beco. En la ciudad existía un respeto por el prójimo muy acendrado, donde al paso de las damas, los caballeros se levantaban el sombrero. Nadie atravesaba la Plaza Bolívar (hoy Lara) sin traje formal o sombrero, precisa el barbero más antiguo de Barquisimeto, quien a los 79 años, aún abriga valiosos recuerdos de ese Barquisimeto que denomina de la añoranza.

"Tener una cámara era como ser dueño de un avión"

Quería Rafael Clemente Mendoza Sotillo, mejor conocido en los avatares periodísticos como Tito Mendoza, llegar alguna vez a captar una imagen por medio de una lente, tal cual había dejado registro para la posteridad, según las crónicas del ayer barquisimetano, el más antiguo de nuestros fotógrafos, quien fuera político, militar y periodista: el general Gumersindo Giménez, oriundo de Falcón, pero de dilatado accionar en la ciudad.

Apunta Azparren, que Giménez fue el primero que fotografió a Barquisimeto: "montado sobre un entablado, el que hizo levantar alrededor de La Cruz Blanca, obtuvo una, empleando el sistema de daguerrotipo, de la primera procesión de la Divina Pastora, procedente del pueblo de Santa Rosa, el 14 de enero de 1856. El mismo Giménez, publicó en 1877, el primer Plano Histórico de Barquisimeto". Desde muy joven Tito se vio inclinado hacia este mágico oficio, que lo llevó a realizar un recorrido enjundioso alrededor de esta labor profesional. El sobrenombre o diminutivo de su verdadero nombre, "me lo pusieron cuando llegué al Diario Última Hora, en 1949".

Mi primera fotografía la realicé a los 22 años, en una época donde tener una cámara era como hoy ser dueño de un avión, afirma con jocosidad, adicionando que ya a los 25 años había "retratado" a muchas celebridades, incluyendo a Pedro Infante, cuando visitó Barquisimeto. -Tuve el privilegio de retratar también a Tongolele, Tintán, al autor de: Por vivir en quinto patio, enumera con dificultad pero con la satisfacción enorme de ser partícipe del registro de los hombres en el tiempo. Aprendí la fotografía con Oscar Pray y Enrique de Lima, para luego trabajar por muchos años con Francisco Villazán, evoca con gratitud, remontándose a una etapa añeja de su vida. Tito no dejaba de asistir a los espectáculos de los cines Arenas, Ayacucho, El Principal, El Imperio y El Rosal, propiedad del dueño de la Orquesta Mavare, y posteriormente el Cine Barquisimeto (carrera 19 con calle 41), único con techo corredizo, que cuando caía una gota de agua, éste se cerraba automáticamente.

Una biblioteca ambulante

Desde hace unos diez años, Arnoldo Dávila, quizá el más versado profesional del catastro barquisimetano, hablaba en una concurrida tertulia sobre un particular cronista barquisimetano de corazón, aunque nacido en Duaca en el año 33. Lo describió como un versátil escritor, coleccionista de música "de los viejos tiempos", historiador, poseedor de libros en cantidad, dueño de una importante hemeroteca que estaba gratuitamente al servicio de grandes y chicos, un colaborador por afición, pero por sobre todo "una biblioteca ambulante".

Así definen a Florencio Sequera Jiménez, mejor conocido como Fuller, a quien lo identificaron con ese nombre por su parecido a un mago titiritero e ilusionista que visitó Barquisimeto cuando las calles eran de piedra. El admirado escritor Miguel Azpúrua, asentó que Fuller es poseedor de recuerdos de otros tiempos, de victrolas, de música de grandes y olvidados intérpretes, y una biblioteca sin igual. A los casi 80 años, que cumplirá el venidero 3 de diciembre, hace gala de una sorprendente lucidez sin escatimar esfuerzos por recordar una fecha, episodio o algún personaje con magistral precisión. Amable y respetuoso, estrecha su mano con humildad y firmeza de brindar una amistad. Bondadoso con quienes se interesan en sus cuentos e historias. Amante de la fotografía y tenedor de una gran fototeca hasta ahora inédita "porque ni a las autoridades, ni a la gente de ahora les interesa conocer el pasado", asevera testigo de la cruda indiferencia.

Azpúrua insiste que Fuller "es una referencia de la Venezuela que se fue, y que tal vez no se volverá a ver". Con nostálgica expresión, Fuller describe una gran fotografía sobre su mesa de escribir, pero se detiene para quejarse apenado que su hemeroteca, su biblioteca, su colección de discos de 45 y 78RPM, LP y voluminosa fototeca de más de 40 mil, las cuales están hacinadas en un galpón de la zona industrial motivado al derrumbe de su antiquísima casa de habitación. Espera la ayuda oficial, pues un hombre de letras, consagrado a colaborar en investigaciones e iniciativas culturales, difícilmente pueda amasar fortuna. En medio de la ruina y la destrucción inminente de la casona que ha ocupado por 25 años, Fuller, autor de numerosas obras, se confiesa enamorado de los cuentos de épocas doradas de Barquisimeto.

Desaparece la memoria histórica

Para Fuller, la ciudad sin duda no es la misma, ni pretende que así sea, pero con el avance avasallante, se sepultan en el olvidos aquellas voces que narran con pasión los hechos y episodios menudos de nuestros pueblos, que a su juicio, "quedaremos viudos de historia y sin un horizonte de no preservar lo poco que nos han dejado: casas derruidas con grandes ventanales y celosías, portones colosales, calles angostas, donde aún se escuchan las voces de antepasados y se siente el trajinar de arrieros y los primeros automotores".

Templo de La Paz después del temblor de 1899

EN UNA INTERESANTÍSIMA publicación del versátil medio de comunicación El Cojo Ilustrado, aparecida en octubre de 1899, se muestra una extraordinaria fotografía de H. H. González donde captura al imponente templo de La Paz de Barquisimeto.

La nota refiere sobre el destructivo temblor registrado en julio del citado año, en donde se detalla: «La ciudad de Barquisimeto, una de las más antiguas de Venezuela, pues fue fundada por juan de Villegas en 1552, está edificada en un llano a 552 metros sobre el nivel del mar, en la reunión de las vías que conducen a las secciones de occidente y en punto céntrico de los caminos que van de Carabobo y de Zamora, circunstancia que la constituye en importante centro comercial.

Como otras poblaciones de la República, ha experimentado violentas conmociones sísmicas, una de ellas la del 14 de julio del presente año (1899), que deterioró algunos edificios, entre ellos el templo de la Paz».

Los Carnavales del Cabudare de antier

CONOCÍ EL ESPÍRITU festivo de Nedda Álvarez en los avatares de la víspera de una celebración carnestolenda en Cabudare, confiesa Jesús María Agüero, el barbero más antiguo de Palavecino, quien refiere que en esos días se respiraba en el pueblo, un ambiente festivo que contagiaba a propios y extraños, "¡tiempos que no volverán!". Son numerosas las personas que reconocen a Nedda como una de las primeras y más connotadas realizadoras de los Carnavales en esta población. Su voluntad alegre, a pesar de la adversidad política del momento, y su dedicación para organizar las fiestas del rey Momo y otros eventos, están grabados en la memoria oral cabudareña, más no en ningún ensayo escrito.

-Eran otros tiempos, dice con añoranza el Agüero sin agua, luego de entrecerrar sus ojos perfectamente azules. Afirma que era el tiempo dorado del Cabudare de antier, cuando las dos carrozas que participaban iban repletas de niños con sus disfraces y muchas señoritas lanzando caramelos a montones. Pero detrás del telón y de la algarabía estaba Nedda Álvarez, artífice de las fiestas carnestolendas del "Cabudare de antier", quien, según otros relatos, no descansaba hasta no ver clausurar la relumbrante celebración, quien cuidaba hasta el detalle de los caramelos "coquitos" pasando por el traje de la bellísima representante del carnaval.

En la elocuente gráfica de 1954, que destaca este artículo,
realizada por Alejandro Rojas, se observan de frente
la princesa Ucrania Alvarado, seguido y también
de princesa Teresa Bigott, Williams Álvarez

El rey Momo pasó por Cabudare

Nedda Álvarez fue la promotora y realizadora de los primeros carnavales de la otrora capital palavecinense. Todo comenzó cuando un grupo de muchachas se reunieron en su casa y decidieron organizar las fiestas en honor al rey Momo, para tal fin compraron algunas revistas mejicanas contentivas de figurines, "para copiar los patrones y realizar los respectivos disfraces". No obstante, Nedda agrega que los primeros carnavales los vivió en la escuela Ezequiel Bujanda, que para ese entonces dirigía el profesor Reinaldo Leandro Mora, quien posteriormente llegaría a ocupar relevantes escaños en la política nacional, desde ministerios hasta representante diplomático acreditado en diferentes países.

-Recuerdo ver a este maestro excepcional caminar todas las mañanas acompañado de sus dos hijos, en dirección de la escuela. Años más tarde, cuando cae la dictadura, la Junta Pro mejoras de Cabudare invitó al doctor Reinaldo Leandro Mora a un almuerzo, donde nos sorprendió al saludarnos por nuestros nombres y comenzó a preguntarnos por sus ex alumnas: Hilda Padua, Jóvita Bravo, Gervasia Crespo, Ana Rosa Sequera, Ana Isabel Bravo, Claudina Oviedo, entre otras.

Rememora que los carnavales se costeaban con la venta de un ticket con un valor que comenzó costando un medio, luego un real hasta llegar a un bolívar, con la propósito de recoger fondos para la compra de cotillones y caramelos. Transcurrían los años 50, y las fiestas carnestolendas se hacían con mucha moderación dentro del recinto de enseñanza, pues, comenta Nedda, que la dictadura perezjimenista no consentía este tipo de actividades por considerarlas pecaminosas. Menciona que la última reina de Carnaval fue Lilia Sánchez, agraciada niña cabudareña de cuarto grado.

Al tambalearse el régimen

Explica Nedda Álvarez, que el aborrecimiento del militarismo y de la dictadura les llevó, a un grupo de cabudareños, a organizar las celebraciones del carnaval, "ya que al notar que el régimen tambaleaba, decidimos realizar nuestras festividades, lo cual ocurrió en 1957", dice sonriente. -Ese año volvió nuevamente el carnaval a Cabudare, y de forma más alegre, celebrándose con comparsas, carrozas, disfraces, bailes populares, arroz y confites, y al final de cada día, terminaban con agua y sustancias químicas como colorantes.

Apunta Nedda que las fiestas eran patrocinadas por el partido Acción Democrática y apoyadas por todo el pueblo, y a finales de los años cincuenta y hasta los sesenta, apareció en Cabudare y Barquisimeto un nuevo elemento en los carnavales: las famosas "negritas", quienes escondían la identidad en el disfraz para disfrutar sin complejos de la festividad.

-Muchas veces eran hombres, los mismos muchachos del pueblo, quienes con una varita en mano pedían dinero y si no accedías a su petición, te chaparreaban, comenta remontándose a esos años. Dice que el primer percance en la celebración del carnaval lo tuvieron con la señora Aura de Sequera, virulenta afecta al perezjimenismo, quien al pasar con la carrosa frente a su casa, nos lanzaron agua caliente y ocurrió que emparamaron a Aurora Villegas, la reina de ese entonces, quien con tan sólo quince años, se confeccionó su propio vestido.

Acota que Blanca Nieves Rojas Valbuena, fue la diseñadora de casi todos los disfraces y vestidos alusivos al carnaval. "A mí, expone Nedda, me hizo un traje que consistió en la representación del sol y la luna, azul y blanco con muchas escarchas amarillas".

Indica que ya en el año 58, las fiestas estuvieron mejor organizadas y la gente participó con más entusiasmo. El partido blanco sufragó los gastos y el pueblo eligió como reina a Coromoto Torrealba. Las calles principales se adornaron con globos y serpentinas multicolores. "Los bailes comenzaban al caer la tarde y culminaban con los primeros cantos de los gallos".

Al año siguiente el partido URD también efectuó una fiesta paralela y eligió su reina, a quien "pasearon por el pueblo en una carroza acompañada de dos carros más traídos de Barquisimeto, pero el grueso de los habitantes, con seis u ocho carros que eran los que existían en Cabudare, más igual número de carrozas, y muchas comparsas, participaban en nuestras celebraciones".

Recalca con especial fantasía, que las fiestas de carnaval realizadas en Cabudare no tenían comparación, "pues fueron más alegres, coloridas y participativas, incluso que las de Barquisimeto, ya que más bien de allá venían a visitarnos en estos tiempos". -Pienso que ellos estaban más propensos a la mirada directa del dictador, cosa que en nuestro caso, no era que no nos preocupaba, pero no nos atormentaba, ya que los adecos estábamos formados con una coraza que nos protegía he impulsaba, expresó resaltando que el apoyo del pueblo fue trascendental para festejar las festividades.

El albor provinciano

Nedda María Álvarez de Rodil, cuenta con 72 años, se dice rápido "pero son muchos años", revela dueña de una lucidez codiciada. Nació en Cabudare el 2 de noviembre de 1937, en una casona de tejas y jardín interno, ubicada en la calle Domingo Méndez entre Juan de Dios Ponte y Vicente Amengual. -Recuerdo que en esa época existía un solo carro en Cabudare, cuyo propietario era el señor Abelardo Castellano, quien iba tempranito a mi casa a buscar la leche producto del ordeño, advirtió antes de proseguir con la descripción biográfica.

Nedda creció entre vacas y ordeño madrugador, pues, su padre vendía leche al detal en recipientes de aluminio. Quinceava hija de la unión en matrimonio de José Dolores Álvarez Romero y Benicia Casamayor Linarez. Fue bautizada por el padre Julián Arnedo en la Iglesia San Juan Bautista y estudio primaria en la escuela Ezequiel Bujanda con la maestra Reina Calderón de Ferrer.

Era una verdadera reina, por su belleza. Una mujer joven, esbelta, pulcra, de rasgos muy bellos, de excelente familia de sólidos y acentuados principios éticos y morales. Nos enseñó a leer y escribir a todos los muchachos del pueblo, y a mí en particular, a tocar piano, adicionó con acentuada admiración, acotando que las clases las ofrecía gratuitas los sábados en la tarde, luego de salir de la escuela. La secundaria la realizó en el Liceo Lisandro Alvarado de Barquisimeto, donde luego de egresar, casó en 1959, con Jesús Antonio Rodil del Castillo, con quien tuvo tres hijos: Nelson, Rosa Marbella y Martín.

Pero Nedda no rompió del todo con su ayer. En su casa solariega rememora aquellas fiestas alegres atestadas de disfraces del "Cabudare de antier", jocosa descripción para hacer alusión a muchos años pasados. Venera y guarda con recelo, una única fotografía, hecha en 1958, por Alejandro Rojas, fotógrafo de El

Nacional. Permanece su ejemplo como creadora, su voluntad impostergable como servidora y su orgullo de pertenecer a tiempos difíciles, que no le impidió su contribución personal, "un don del cual cualquiera no puede ufanarse".

Los disfraces más habituales Nedda Álvarez sostiene que durante el carnaval se premiaba los disfraces más emblemáticos, resultando ganador en primer lugar las Negritas; en segundo, los loquitos y por último las viudas o los militares alusivos al general Marcos Pérez Jiménez.

Cabudare entre la tradición y la modernidad

Las fiestas de carnaval celebradas en Cabudare no están reseñadas en ningún ensayo, ni se tiene conocimiento bibliográfico que nos pueda describir cómo eran dichas festividades. Más, existe un interesante trabajo de grado para optar al título de magister en Cultura Popular Venezolana, Universidad de Carabobo, julio 1997, cuya autora, la profesora Mery Quiñones, en entrevista a Diana Hernández de Villarroel, nacida y criada en Cabudare, relata un singular acontecimiento.

Las augustas soberanas

Destacan en la lista memorable de los Carnavales del Cabudare de antier, las soberanas: Marilú Sandoval, Lilia Sánchez, Aurora Villegas, Annette Casamayor, Maritza Romero, Teresa Bigott y Coromoto Torrealba

Anota Quiñones en narración de la señora Diana, que «en las fiestas de Carnaval con anterioridad elegían la reina, la cual era coronada en El Pino. Una época muy linda vivió Maritza Romero cuando fue reina. Aunque eran tiempos de dictadura. Las coronaban un día domingo y después de las tres de la tarde salían las caravanas por Cabudare".

La carroza de la reina era muy bonita, prosigue la crónica, iba a la cabeza, después la seguían camiones llenos de gente, lanzando caramelos, y 'polvos y pinturas de uñas', que eran regalos. En el transcurso del día, salían los muchachos disfrazados de indios y mamarrachos, quienes perseguían a las personas con un rejo, lo que contribuía a pasar la tarde de lo más divertido».

FOTOLEYENDA En la elocuente gráfica de 1954, que destaca este artículo, realizada por Alejandro Rojas, se observan de frente la princesa Ucrania Alvarado, seguido y también de princesa Teresa Bigott, Williams Álvarez, inmediatamente la reina del carnaval: Coromoto Torrealba, de pie al fondo, Francisco 'Coché' Rojas Rodríguez, Miguel Bernal, Nancy Bigott. Sentados: Nidia y Dinora Álvarez, hijas de don julio; Milagros Agüero, hija de Jesús María; y Rocío Crespo

Sanare tiene una iglesia muy antigua

EL TEMPLO PARROQUIAL de Sanare, poblado enclavado en la serranía andina del estado Lara, fue captado a finales del siglo XIX, en una interesante crónica de El Cojo Ilustrado en su edición impresa del 15 de noviembre de 1894. Señala el texto: «Por su antigüedad se supone que seas obra de los españoles; en los muros se observan incrustaciones de platillos y pedazos de lozas antiquísimos.

De igual época se supone sea la casa del párroco, que se ve á la derecha del grabado. Sanare pertenece al Municipio de Quíbor y reina en el lugar una agradable temperatura de 16° centígrados; gracias á ella, produce su suelo todos los frutos de las zonas templadas: membrillos, duraznos, manzanas, peras, etc. Su rica vegetación, la variedad de hermosas flores de sus praderas, hizo recordar á un inteligente viajero las bellezas del mediodía de Italia. De esos lugares tenemos una colección de visitas que debemos á la generosidad de los señores Daniel Graterón, Pablo E. Ceballos, Juan P. Jiménez y Dr Fernando Yépez, á los que damos las más expresivas gracias por su valioso obsequio.

Iglesia de Sanare

Por su antigüedad se supone que sea obra de los españoles: en los muros se observan incrustaciones de platillos y pedazos de loza antiquísimos.

De igual época se supone que sea la casa del párroco, que se ve á la derecha del grabado.

Sanare pertenece al Municipio de Quíbor y reina en el lugar una agradable temperatura de 16° centígrados; gracias á ella, produce su suelo todos los frutos de las zonas templadas: membrillos, duraznos, manzanas, peras, etc.

Su rica vegetación, la variedad de hermosas flores de sus praderas, hizo recordar á un inteligente viajero las bellezas del mediodía de Italia.

De esos lugares tenemos una colección de vistas que debemos á la generosidad de los señores Daniel Graterón, Pablo E. Ceballos, Juan P. Jiménez y Dr. Fernando Yépez, á los que damos las más expresivas gracias por su valioso obsequio.

Carnavales de Cabudare iniciaron en los años 50

A JUICIO de los cronistas Julio Álvarez y Américo Cortez, las fiestas carnestolendas en Cabudare, comenzaron a realizarse en los años cincuenta, mucho antes que en El Tocuyo, Quíbor y Barquisimeto. Estas celebraciones tuvieron como génesis la decana Escuela Ezequiel Bujanda, institución que se destacó desde el comienzo por realizar actividades de orden cultural. Los maestros les imprimían entusiasmo a los actos culturales. Le revestían importancia suprema con la participación de los alumnos", anota el cronista de Cabudare, adicionando que la mayoría de las reinas de carnaval del citado plantel educativo, terminaban siendo madrinas de los equipos de béisbol Terepaima y Juares; y las Fiestas Patronales de Cabudare.

Mencionó que los directores de la Escuela Ezequiel Bujanda, Reinaldo Leandro Mora, Laudelino Herrera Otto Segura, entre otros, era quienes tenían la virtud de organizar minuciosamente las fiestas del Rey Momo e iniciativas culturales y religiosas. Maritza Morales fue una de las primeras representantes de los carnavales en Cabudare. Su reinado ocurrió en el año 1953. Cortez refiere que cuando el gobierno de Marcos Pérez Jiménez, la elección de la reina de Carnaval se reducía al método de la imposición, cuya soberana fue Gladys Giménez Orozco.

Antesala a la democracia

Entretanto, En 1957, dirigentes de Acción Democrática y partidos aliados, organizaron unos carnavales paralelos para escoger a la reina del pueblo de Cabudare en contraposición de la elección del régimen, figurando Aurora Villegas. Las fiestas se celebraban en la avenida Libertador entre las calles Guillermo Alvizu y Juares, para no alterar las actividades de la iglesia San Juan Bautista, pues se contrataban templetes, orquestas y se realizaban desfiles con comparsas y carrozas, muy coloridas.

En 1967, Milexa Mendoza, resultó la soberana de las Fiestas de Carnaval de Cabudare, y en 1971, la señorita Marilú Sandoval obtuvo el primer lugar del reinado. Beysi Álvarez fue electa princesa del Carnaval Infantil de Cabudare en 1976, acompañándola en esa oportunidad Igor Almario.

Preso en los carnavales

Américo Cortez cuenta que Julio Casamayor, en dos oportunidades, no pudo disfrutar de los carnavales por alterar el orden público y por faltas de respeto a la autoridad. Se disfrazó Casamayor de joropera, sin ropa interior, y en medio del desfile que bordeaba la plaza Bolívar, justo frente al padre que observaba las comparsas, empezó a dar vueltas para que se le levantara el vestido, gritándole al sacerdote: "coja picón padre". En otro año el mismo personaje en cuestión se disfrazó de embarazada, y mientras la comparsa desfilaba frente a la iglesia, Casamayor le gritó al sacerdote: "Padre, esta barriga es suya". Acciones que le llevaron a terminar, en ambos momentos, tras los barrotes de la cárcel pública durante tres días. Cortez afirma que no había participación del gobierno municipal con recursos financieros, pero sí una organización muy poderosa que sumaban esfuerzos para llenar de alegría al pueblo de Cabudare.

Empezó en Los Rastrojos

Carlos Guédez, organizador de las fiestas de Carnaval en Cabudare, revela que estas celebraciones iniciaron en Los Rastrojos, con unas fiestas patronales presididas por Alí Palacios. Reseña que el secretario general de Gobierno, Pepi Montesdeoca, prohibió los toros coleados y con el dinero que debió invertirse para esa actividad, el comité resolvió festejar los carnavales, cerrando la avenida Bolívar, frente a la plaza y repartieron premios a los mejores disfraces y comparsas de 50 y 20 bolívares.

Al año siguiente, Guédez junto a Pedro Escalona, Guillermo Salcedo, Maritza Romero, Pastora Morillo, Elí Marín, Nedda Álvarez, Julio Álvarez, Eurípides Ponte, organizaron el primer carnaval que se efectuó en las inmediaciones de la ceiba histórica de Cabudare. Se ejecutó con música grabada, tres comparsas y dos carrozas. La reina fue Coromoto Rivero. La siguiente edición del carnaval se desarrolló entre la calle Simón Planas y la iglesia matriz, en donde se cerró la avenida Libertador. Se premiaron las mejores comparsas y los mejores disfraces. Las participantes al reinado se elegían con votos comprados: "la que más ticket vendiera, esa ganaba", llevándose el primer lugar Coromoto Galíndez.

En Barquisimeto fueron fusilados el Día de los Inocentes

28 de diciembre de 1835.
Día de los Santos Inocentes.

A LOS CONDENADOS los condujeron atados de manos y pies uno con otros. Eran nueve insurgentes y habían sido condenados a fusilamiento. Las pocas gentes que se agolparon en la Plaza Altagracia de Barquisimeto, presenciaron con estupor el estado de aquellas almas en cuyos rostros se dibujaba la muerte.

Los maltrechos prisioneros eran guiados por un soldado a caballo quien gritaba improperios, quizás con la intención de sentirse importante ante los vecinos que miraban, bien desde sus ventanas o bien desde la acera, el cumplimiento de aquella orden macabra. Todos habían participado en a la Revolución de las Reformas, promovida por militares descontentos ante la disolución de la Gran Colombia.

Las Reformas fue liderada por Santiago Mariño y uno de sus más notables reformistas en Barquisimeto, lo encarnaba el general Florencio Jiménez, héroe de la Guerra de Independencia, quien se alzó en Quíbor el 24 de septiembre de 1835, para tomar el gran bastión de Barquisimeto el 25, pero fue derrotado por las fuerzas leales, destacando el doctor Juan de Dios Ponte, nacido en Cabudare.

Entre los maltrechos prisioneros estaban los poetas: José Mármol y Lorenzo Álvarez Mosquera, "El Rano", ambos caroreños.

Lorenzo Álvarez Mosquera, fue el único barquisimetano de los 100 venezolanos que vencieron en la batalla de las Queseras del Medio en 1819; pero también fue uno de los jinetes predilectos de Simón Bolívar, cuando había necesidad de llevar correo entre tropas distantes.

Al paredón

Los acontecimientos tomaron un giro dramático cuando los reos fueron conducidos en fila al paredón contiguo a la plaza acompañados por el sacerdote de la iglesia de Altagracia con el fin de darles los últimos auxilios espirituales, mientras declamaban un poema compuesto por uno de ellos.

Mientras el escenario se tornaba más dramático, la gente se arremolinó en medio del terroso ámbito de la plaza, al tiempo que retumbaban con estruendo los redoblantes. Uno de los condenados intentó dirigirse al público gritando: "soy un hijo del amor", pero su clamor fue ahogado por el sonido de los tambores. Otro de los prisioneros, enardecido, dio la orden de fuego y los soldados confundidos dispararon. Una de las balas destrozó el crucifijo que llevaba el prelado. En medio del desconcierto se dio la instrucción inequívoca de disparar nuevamente. Entre los infortunados, hubo uno que desmayó antes de recibir la bala mortal, pero inmediatamente uno de los soldados ejecutores, se acercó y le acertó un tiro de gracia en la frente.

Cadáveres insepultos

El presidente de la República doctor José María Vargas había firmado por intermedio de la Corte de Justicia, la suspensión de la ejecución, la cual fue aprobada en Caracas el día 26 de diciembre, pero en el término de la distancia, el bando del perdón llegó el 31 de diciembre, cuando ya el castigo había sido perpetrado.

Las aves de rapiña que merodeaban el cielo, delataban el dantesco escenario donde yacían los cadáveres de los facinerosos que quedaron expuestos durante varios días en la Plaza de Altagracia, a un lado del paredón sureste. Nadie se atrevió a darles sepultura, por el temor de ser acusados de afectos a la causa de los conjurados, pues se había corrido el rumor de que las autoridades habían dado la orden de apresar al primero que se acercara a los muertos porque eso significaría que pudieran ser seguidores de la causa insurreccional.

Los cadáveres pronto se pudrieron y el cura, desesperado por la pestilencia, recorrió el barrio, tocando casa por casa en busca de voluntarios para realizar las exequias. Pero no consiguió a ningún benevolente. Por fin tuvo una idea y fue cuando pensó que los que habrían de realizar los funerales de los difuntos ejecutados debían ser neutrales políticamente hablando, es decir alguien que pudiera estar en uno u otro bando indistintamente. Fue así como el sacerdote reunió a varias mujeres que ejercían la prostitución en la ciudad, y entre ellas algunas plañideras o lloronas Por la caridad pública fueron llevados los féretros a la iglesia de Altagracia y así pudieron hacer los funerales de los ajusticiados y trasladados luego al cementerio de San Juan.

Fuente: Fulgencio Orellana. Tres Crónicas: La Guerra de Los Vargas. La muerte de un general de la Federación. La Leyenda de Sandalio Linárez. Casa de la Cultura del estado Lara. 1971

Testigos del tiempo

¿Cómo era realmente Simón Bolívar?

EN ESTA APROXIMACIÓN de la figura y el semblante del Padre de la Patria, Simón Bolívar, mostramos a nuestros distinguidos lectores, cómo lo vieron quienes convivieron con él, pese a los maquillajes de sus apologistas y detractores. El Libertador no representó esa figura enaltecida y ensalzada de los pintores y escultores de la época.

Fue un hombre normal, con rasgos muy criollos, aunque don Alfredo Boulton, en Los Retratos de Bolívar, asegura que "queremos dejar constancia de que en su rostro (el del Libertador) no se percibían características del negro o del indio".

El general José Antonio Páez, en su Autobiografía, indica que Bolívar era un hombre "común y corriente". El general Daniel Florencio O' Leary, edecán del Libertador, apunta que "no fue precisamente simpático ni agradable al trato". Se ha dicho, entre ellos el historiador Luis López de Mesa, que Bolívar "No fue un Apolo en apariencia".

Las descripciones que nos legaron quienes lo conocieron, entre seguidores y contrarios, coinciden con rasgos y personalidad, más insistimos, su grandeza reside en la obra legada. José Rafael Sañudo, en 1949, describió características interesantes del Padre de la Patria: …. "En realidad Simón Bolívar tenía un color de piel frecuentemente hallado entre los meridionales. Blanco, ligeramente dorado y quemado por la intemperie tropical.

Todas sus facciones eran latinas y ya hoy en día es nulo el valor científico de querer señalar rasgos faciales característicos de una u otra raza. Era innegablemente un producto americano" …

El Bolívar de Páez

… "Bajo de cuerpo; un metro con sesenta y siete centímetros. Hombros angostos, piernas y brazos delgados. Rostro feo, largo y moreno. Cejas espesas y ojos negros, románticos en la meditación y vivaces en la acción. Pelo negro también, cortado casi al rape, con crespos menudos. Las patillas y los bigotes se los cortó en 1825. El labio inferior protuberante y desdeñoso. Larga la nariz que cuelga de una frente alta y angosta, casi sin formar ángulo. El General es todo menudo y nervioso. Tiene la voz delgada pero vibrante. Y se mueve de un lado a otro, con la cabeza siempre alzada y alertas las grandes orejas". … "El General es decididamente feo y detesta los españoles" …

Descripción atribuida a Páez. Interpretación de Santiago Martínez Delgado. Revista Vida, N.º 19. Bogotá

Bolívar según Ducoudray-Holstein 1829. Detractor del Libertador

"El General Bolívar en su aspecto exterior, en su fisonomía, en todo su comportamiento nada tiene de característico o imponente. Sus maneras, su conversación, su conducta en sociedad, nada tienen de extraordinario, nada que llamara la atención de quien no lo conociese. Al contrario, su aspecto exterior predispone en su contra.

Su estatura es de cinco pies, cuatro pulgadas; largo el rostro, chupadas las mejillas; la tez, de un moreno lívido. Los ojos son de tamaño mediano, muy hundidos. Muy poco cabello le cubre el cráneo. Todo él es flaco y desmedrado. Pero a él le presentan un aspecto feroz y amenazante, en especial cuando monta en cólera. Entonces se le animan los ojos, gesticula y habla como demente".

El Libertador según O´Leary, Angostura, 1818

… "Bolívar tenía la frente alta pero no muy ancha y surcada de arrugas desde temprana edad -indicio del pensador- Pobladas y bien formadas las cejas; los ojos negros, vivos y penetrantes; la nariz larga y perfecta. Los pómulos salientes; las mejillas hundidas desde que le conocí en 1818. La boca fea y los labios algo gruesos.

La distancia entre la nariz a la boca era notable. Los dientes blancos, uniformes y bellísimos; cuidados con esmero; las orejas grandes, pero bien puestas; el pelo negro, fino y crespo; lo llevaba largo en los años de 1818 a 1821 en que empezó a encanecer y desde entonces lo usó corto. Las patillas y bigotes rubios; se los afeitó por primera vez en Potosí en 1825.

Su estatura es de cinco pies, seis pulgadas inglesas. Tenía el pecho angosto y el cuerpo delgado, las piernas sobre todo. La piel morena y algo áspera. Las manos y los pies pequeños y bien formados, que una mujer habría envidiado. Su aspecto, cuando estaba de buen humor, era apacible, pero terrible cuando irritado; el cambio era increíble. Bolívar tenía siempre buen apetito, pero sabía sufrir hambre como nadie. Hacía mucho ejercicio. Nunca he conocido a nadie que soportase como él las fatigas".

Bolívar según el Coronel inglés Hippisley, San Fernando de Apure, mayo de 1818

…"Pude observar con atención al general americano mientras él hablaba con mi intérprete. Si consideraba yo todo cuanto había oído hablar de él, se me hacía difícil identificarlo con la persona que ahora tenía ante mis ojos.

Bolívar es hombre de mezquina apariencia, a quien le darían cincuenta años de edad y no cuenta más que treinta y ocho.

Tiene cinco pies, seis pulgadas de estatura; es flaco y pálido; el rostro alargado ofrece todos los síntomas de la inquietud, de la ansiedad y hasta podría agregarse del desaliento y la desesperación.

Daba la impresión de haber experimentado grandes fatigas. Sus grandes ojos oscuros que otrora eran brillantes, aparecían en aquel momento apagados y abatidos. Llevaba los cabellos negros atados con una cinta en la parte posterior de la cabeza. Lucía grandes bigotes negros y ostentaba un pañuelo negro alrededor del cuello; vestía casaca militar, pantalones azules y botas con espuelas… En medio de la pieza estaba suspendida una hamaca sobre la cual Bolívar tan pronto se sentaba como se acostaba o inclinaba mientras yo estaba hablando, porque raramente se mantenía dos minutos en la misma posición".

José de San Martín Guayaquil, julio de 1822

... "El General Bolívar demostraba tener mucho orgullo, lo que me parecía en contradicción de no mirar nunca de frente a la persona que lo hablaba, a menos que fuese muy inferior a él.

Pude convencerme de su falta de franqueza en las conferencias que tuve con él en Guayaquil, porque no respondió de modo positivo a mis proposiciones sino siempre en términos evasivos.

El tono que usaba con sus generales era en extremo altanero y poco apropiado para conciliar su afecto. Por lo demás, sus maneras eran distinguidas y revelaban la buena educación que había recibido.

En cuanto a los hechos militares de ese general, puede decirse que le han merecido, y con razón ser considerado como el hombre más asombroso que haya producido la América del Sur. Lo que le caracteriza por sobre todo y forma, por así decirlo, su sello especial, es una constancia a toda prueba, que se endurecía contra las dificultades, sin dejarse jamás abatir por ellas, por grandes que fueran los peligros a que se hubiese arrojado su espíritu ardiente".

Retrato de Bolívar según el cura realista José A. de Torres y Peña 1816

"...el otro mozo con aspecto feroz, amulatado, de pelo negro y muy castaño el bozo; inquieto siempre y muy afeminado, delgado el cuerpo, y de aire fastidioso, torpe de lengua, el tono muy grosero, y de mirar turbado y altanero.

Este Bolívar era, según dicen, los que el infame monstruo conoció".

Cómo vio Morillo al Libertador, Extraído de Bolívar Hoy, de Arturo Uslar Pietri

El general español Pablo Morillo, llegó a Venezuela al frente de la mejor y más numerosa expedición de tropas peninsulares jamás vista en América.

"Alma indomable, a quien le basta un triunfo, el más pequeño, para adueñarse de quinientas leguas de territorio… Bolívar es el jefe de más recursos y no hallo cómo ponderar su actividad. Mucha fuerza se necesita para vencer a estos rebeldes que no desmayan con ninguna derrota y que están resueltos a morir antes que someterse… Nada es comparable a la incansable actividad de este caudillo… Su arrojo y su talento son sus títulos para mantenerse a la cabeza de la revolución y de la guerra".

El general en jefe Simón José Antonio Bolívar cumplirá cuarenta y cinco años el 24 de junio de este año. Representa, sin embargo, cincuenta. Su estatura es mediana, el cuerpo delgado y flaco; los brazos, los muslos, y las piernas descarnados. La cabeza larga, ancha en la parte superior y muy afilada en la parte inferior. La frente grande, despejada, cilíndrica y surcada de arrugas hondas cuanto el rostro no está animado y en momentos de mal humor y de cólera.

El pelo crespo, erizado, abundante y canoso. Los ojos, que han perdido el brillo de la juventud, conservan la viveza de su genio: son profundos, ni pequeños ni grandes; las cejas espesas, separadas, poco arqueadas y más canosas que el pelo.

La nariz proporcionada. Los huesos de los carrillos agudos y las mejillas chupadas en la parte inferior. La boca algo grande y saliente el labio inferior; los dientes blancos y la risa agradable.

La barba larga y afilada. El rostro moreno y tostado, y se oscurece más con el mar humor; entonces el semblante cambia, las arrugas de la frente y de las sienes se tornan más profundas, los ojos se achican, el labio inferior se pronuncia más y la boca es fea; en fin aparece una fisonomía diferente, un rostro ceñudo que manifiesta pesadumbre, pensamientos tristes e ideas sombrías.

Cuando está contento, todo esto desaparece; la cara es risueña y el espíritu del Libertador brilla sobre su fisonomía. Su excelencia no usa ahora bigotes ni patillas. Tal es el retrato físico del Libertador.

Tenía la cabeza de regular volumen pero admirablemente conformada, deprimida en las sienes, prominente en las partes anteriores y superiores, y más abultada aún en la posterior.

El desarrollo de la frente era enorme, pues ella sola comprendía bastante más de un tercio del rostro... tenía los cabellos crespos y los llevaba siempre divididos entre una mecha enroscada sobre la parte superior de la frente... como tenía profundas las cuencas de los ojos, estos, que eran negros, grandes y muy vivos, brillaban con un fulgor eléctrico, concentrando su fuego cual si sus miradas surgiesen de profundos focos.

Después de 1830, Por José Manuel Restrepo

"Bolívar era de estatura mediana, de cuerpo seco y descarnado cuando joven, de un color blanco y de hermosa tez; pero después de sus campañas estaba moreno y pálido. Era oval su cara, sus ojos vivos y penetrantes, y su imaginación ardiente".

Nuestra reflexión

Cabe destacar la intención del Gobierno nacional de ordenar la sustitución de la pintura republicana por el nuevo rostro 3D, con lo cual se acabaría el conocimiento de esta estética del Libertador. En este sentido, la lectura de estos textos, los cuales respetan la esencia de los autores, contemporáneos de Bolívar, permiten al lector armar su propio perfil del Padre de la Patria, quien, más allá de un rostro, fue un hombre, un héroe, pero ante todo, capítulo fundamental de la historia venezolana.

Bolívar no posó para retratos

El Libertador, según numerosos libros, le escribió al célebre pintor José María Espinosa: "¿Usted pretende que yo sea una estatua?" El artista colombiano se vio obligado a realizar visitas periódicas al recinto donde se encontraba Bolívar, para poder obtener buena parte de la iconografía que conocemos hoy.

Afirma el escritor e investigador Oscar Padua, que una de las razones más aceptadas por el cual Bolívar nunca posó para un pintor, es que siempre estaba ocupado, planificando batallas o imbuido en los avatares de la política.

Comenta con estupor ¿por qué debemos aceptar la imposición de esta nueva imagen de Bolívar que ostenta el maquillaje de un personaje de película, frente al Bolívar que desde niños guardamos en nuestro imaginario?

A juicio de Padua, el Gobierno pretende enviar a la basura la regia imagen del Libertador obsequiada por el pintor limeño José Gil Castro, que el mismo Bolívar acreditó como "retrato mío hecho con la más grande exactitud y semejanza" y que más tarde obsequió a su hermana María Antonia.

Muerte de Simón Bolívar: rodeada de enigmas

AQUELLA TARDE enrarecida, hasta los susurros de los presentes, se escuchaba con estruendo ante el silencio sepulcral que reinaba en la alcoba del general. No hubo lágrimas hasta que el doctor Alejandro Próspero Reverend, reveló que la hora mortal del Libertador de América, había llegado, fue entonces cuando su sobrino Fernando Simón Bolívar Tinoco, rompió en pavoroso llanto, provocando sonidos desgarradores que hasta José Laurencio Silva, el más aguerrido de los militares, se quebró.

Pasada la una de la tarde, aquel 17 de diciembre de 1830, en Santa Marta, Colombia, falleció Simón Bolívar. Al poco las campanas de la catedral anunciaron el deceso, pero no fue un evento extraordinario para sus pobladores, tampoco para el común, pues la gente vivía aun en medio de los horrores y errores de una contienda que había desbastado social y económicamente a gran parte del continente suramericano.

No fue hasta febrero de 1831, -dos meses y medio después-, que la noticia de la muerte del Libertador se conoció en Caracas. Sus familiares no creyeron sobre la tragedia, pues pensaron que se trataba de un rumor de sus enemigos que celebraron con mucho ánimo. Uno de los más grandes enigmas que envuelven la vida de Simón Bolívar, es quizá su muerte pese a que notables historiadores e investigadores han abordado el tema con bastante interés y seriedad.

No falleció por tuberculosis sino por un choque "hidroelectrolítico", según los últimos resultados practicados a los restos del Libertador.

La hipótesis más repetida -y que hasta hace poco era la más fundamentada-, se ciñe a que la salud de Bolívar, había sucumbido a causa de tuberculosis, certidumbre que otros científicos, ya han despejado. Más tarde, se planteó que Bolívar fue envenenado, pero al poco esta teoría fue desmentida por los estudios practicados a los restos del héroe militar luego de la exhumación de sus restos mortales, el 15 de julio de 2010, tras 187 años de su deceso.

"Tras meses de estudio, el equipo de científicos descubrió que las llamadas dietas de lavativas aplicadas al Libertador por su médico de cabecera, Alejandro Próspero Reverend, le produjeron un desequilibrio hidroelectrolítico y de allí la muerte", señala el valioso informe y añade que esta terapia se realizaba para combatir una infección en el colon. "Como parte del mismo problema intestinal, Bolívar seguramente recibió muy pocos alimentos lo que deterioró aún más su salud y lo llevó a perder agua, sodio, bicarbonato y potasio", se lee en el informe de la necropsia, que tuvo como objetivo develar si el Libertador falleció de tuberculosis, versión consolidada históricamente, o fue asesinado por Francisco de Paula Santander, hipótesis defendida por el desaparecido presidente de Venezuela, Hugo Chávez.

Testigo de excepción

Uno de los testigos de excepción de los días postreros de Simón Bolívar, será su médico de cabecera, el francés Alejandro Próspero Révérend. Había llegado a Santa Marta en 1824 y revalidado su título en Cartagena. En 1830 era el Cirujano Mayor del ejército por designación del general Mariano Montilla y por solicitud de éste, acudió al auxilio del Libertador durante los últimos 17 días de su existencia vital. Igualmente realizó la autopsia y en 1842, estuvo presente en la exhumación de sus restos para el traslado a Caracas.

En los 33 boletines que emitió Révérend, dio cuenta sobre el curso fatal de la enfermedad que, a su criterio, era una tisis galopante, es decir, una tuberculosis pulmonar avanzada. Pero el general Montilla, exigió una segunda opinión, y Bolívar fue examinado entonces por el médico norteamericano Mac Night, galeno de la goleta Grampus, anclada en la bahía de Santa Marta.

Su diagnóstico no fue el mismo de Révérend. A juicio del norteamericano, los padecimientos de Bolívar no eran más que un paludismo crónico. Se identificaron, sí, en que la situación era muy grave y, para no contrariar sus diagnósticos, uno formuló quinina y los otros bálsamos pectorales. Révérend, al ver el deterioro progresivo de su paciente, apeló a los parches de cantárida, insecto cáustico que ocasionaba ampollas en la piel. Se creía que de esa forma se extraía la enfermedad. Los médicos historiadores que han juzgado el proceder de Révérend, le critican que hubiera utilizado las cantáridas, pues, al parecer, ocasionaron un proceso nefrítico que contribuyó al deceso del Libertador. Por aquel entonces, se desconocía este efecto malsano de las cantáridas.

Otras hipótesis

Existen otras hipótesis que han sido propuestas tratando de explicar las posibles causas de la muerte de Simón Bolívar, todas antes de la necropsia realizada a petición del desaparecido presidente venezolano: una de estas es la del historiador Jorge Mier Hoffman, quien discurre que el Libertador fue fusilado por medio de una conspiración entre Estados Unidos y la oligarquía colombiana, dicho argumento ha sido basado en la supuesta bitácora del bergantín Grampus, de la Armada estadounidense, enviado a Colombia por el presidente Andrew Jackson, el cual se encontraba navegando entre Cartagena y Santa Marta, desde donde pudo divisar al bergantín Manuel, donde iba Bolívar, procediendo a su captura y eventual fusilamiento el 6 de diciembre de 1830.

Hasta el momento ninguna academia de historia ha confirmado la veracidad del episodio, en todo caso Révérend, describe en su diario parte de la autopsia de Bolívar: "Su cadáver sorprendentemente no presenta señal alguna de maltratos ni heridas...es un cuerpo virgen".

Otra de las hipótesis es la que señala el académico Paul Auwaerter, director clínico de la división de enfermedades infecciosas de la Escuela de Medicina de la Universidad John Hopkins de Estados Unidos, que sostiene que Bolívar, falleció por un lento y progresivo envenenamiento con arsénico (arsenicosis), sustancia que se cree le fue administrada durante su mandato como presidente de Perú (1824-1827). Esta teoría está basada en el hecho de que los síntomas presentados por el Libertador al final de sus días son congruentes con la intoxicación crónica por arsénico tras ingerir agua contaminada con la sustancia.

No obstante, en la autopsia practicada por Révérend, no se encontraron lesiones ulcerativas en el tracto digestivo que son características de las intoxicaciones por arsénico. Lo más aceptado hasta el momento y basado en el estudio de Révérend, es que Simón Bolívar falleció de tuberculosis pulmonar. Aproximadamente 20 días antes de su fallecimiento el Libertador desarrolló pérdida de peso, anorexia, dolor torácico, tos y expectoración purulenta, síntomas característicos de tuberculosis, la autopsia realizada confirma el diagnóstico.

Simón Bolívar estuvo en Cabudare

LA MAÑANA DEL 10 de noviembre de 1813, Simón Bolívar entró a Cabudare seguido del Ejército Libertador luego de haber establecido el Cuartel General en la localidad de Gamelotal el día 8. Al despuntar el alba del día 9, las tropas libertadoras se encaminan hasta Los Rastrojos, en donde pernoctan y trazan las estrategias para salir al encuentro de Tierritas Blancas o Batalla de Barquisimeto, con los nuevos agregados al ejército Cristóbal Palavecino y José Gregorio Bastidas.

El cronista Eliseo Soteldo, anota que desde Cabudare se divisaba *El Campamento,* edificio en donde estaban fortificadas las fuerzas enemigas. El Libertador reunió sus tropas bajo la fronda del histórico jabillo real, a orillas de la quebrada Tabure, estratégico lugar que le permitió trazar el encuentro armado con los realistas.

A juicio del historiador cabudareño Juan de Dios Meleán, apunta en su ensayo publicado en 1883, que: "Al amanecer del día 10 de noviembre de 1813, el Libertador Simón Bolívar, que marchaba sobre Barquisimeto, con un grande y aguerrido ejército, y que había pernoctado en Los Rastrojos, hizo su entrada a Cabudare en medio del general contento de sus hijos, que desde la víspera habían salido a su encuentro, adornando sus sombreros con divisas tricolores: que habían ya obsequiado al caudillo de los libres con todos sus recursos de que podían disponer; …Dícese que el Libertador al leer en Los Rastrojos la representación de los cabudareños, exclamó: 'No, no es posible que la tiranía pueda llegar a tanto'.

Al llegar a Cabudare, cuando un pobre anciano le mostró con lágrimas, su casa recientemente destruida por los esbirros del absolutismo, ordenó la marcha apresurada del ejército; y desmontándose de su corcel debajo de la ceiba que todavía existe cercana al puente San Nicolás, en la calle de San Juan, dictó y firmó, inspirado por el dios de la justicia y la libertad, un corto pero elocuente decreto, erigiendo a Cabudare en Parroquia Civil".

Meleán asegura que el regocijo de los vecinos de Cabudare fue tal que "con lágrimas de gozo y gratitud, y con vivas entusiastas al Libertador y a la América libre, muchos siguieron al ejército que, a las pocas horas, libró la batalla de Barquisimeto".

Se salvó de una muerte segura

El historiador Rafael María Baralt cita: "Desde allí (desde la ceiba de Cabudare) se descubría el sitio llamado El Campamento, que es una gran casa situada en el extremo oriental de la ciudad". Soteldo añade que las fuerzas republicanas disponían de 1.200 hombres de infantería, algo más de 100 integraban la caballería y dos piezas de artillería.

"El enemigo era muy superior y en todas las armas tenía 2.000 hombres de infantería, 500 de caballería y 9 cañones". Un revés inesperado cuando se estaba ganando la batalla generó desorden en las tropas: el toque de corneta uno, diez y seis, (retirada) se dejó escuchar, cesando el encarnizado fuego para emprender el repliegue, que fue aprovechado por Oberto, uno de los comandantes realista, y ningún esfuerzo del Libertador y de Urdaneta, evitó la derrota. Señala Soteldo que los derrotados tomaron el camino de Cabudare, y fueron salvados de la persecución por la oportuna llegada al sitio de Tarabana, del Escuadrón Dragones de Rivas Dávila y Cristóbal Palavecino.

No hubo tal decreto

El doctor Ambrosio Perera, refiere que "durante la Colonia no existieron jamás tales parroquias civiles. Sólo se reconocía carácter civil a las parroquias eclesiásticas que existían previamente entonces". El investigador Francisco Cañizales Verde, refiriendo a Perera, añade que Cabudare, "De simple caserío que era a fines del siglo XVIII, alcanzó en 1818, categoría de parroquia Eclesiástica, que viene a ser la cédula territorial de la nación".

Retomarán la fecha

Después de 17 años, el cabildo cabudareño acordó retomar el 10 de noviembre de 1813, como fecha emblemática para la entidad municipal, que del decir del cronista Américo Cortez, es la efeméride más importante de la historia local, toda vez nos visitó el hombre más grande de América.

Acordó el ayuntamiento celebrar la fecha con una sesión especial bajo la sombra de la histórica ceiba con el cronista de Agua Viva, José Luis Sotillo, como orador de orden, evento presidido de actividades culturales con escolares de los planteles educativos próximos a la bucólica capilla del Nazareno y el Parque Ezequiel Bujanda.

Fuente: Eliseo Soteldo. Anotaciones Históricas de la Ciudad de Barquisimeto1801-1854. Tipografía Aguilera Barquisimeto
Rafael María Baralt. Resumen de Historia de Venezuela, T. II, pp 201-202
Día de Cabudare, Reseña Histórica. Francisco Cañizales Verde y Julio Álvarez. Cabudare 1991

En 1824 Bolívar decretó la Pena Capital para los corruptos

El 12 de enero de 1824, el Libertador Simón Bolívar, Dictador plenipotenciario del Perú y presidente de Colombia decretó la pena de muerte para todos los funcionarios públicos que hayan "malversado o tomado para sí" parte de los fondos de la nación, medida que tomó con el fin de reducir el mal de la corrupción en la entonces Gran Colombia

Decreto emitido por su Excelencia El Libertador desde el Palacio Dictatorial de Lima en 1824

Teniendo Presente:

1°– Que una de las principales causas de los desastres en que se han visto envuelta la República, ha sido la escandalosa dilapidación de sus fondos, por algunos funcionarios que han invertido en ellos;

2°– Que el único medio de extirpar radicalmente este desorden, es dictar medidas fuertes y extraordinarias, he venido en decretar, y

DECRETO:

Artículo 1°–Todo funcionario público, a quien se le convenciere en juicio sumario de haber malversado o tomado para sí de los fondos públicos de diez pesos arriba, queda sujeto a la pena capital.

Artículo 2°–Los jueces a quienes, según la ley, compete este juicio, que en su caso no procedieren conforme a este decreto, serán condenados a la misma pena.

Artículo 3°–Todo individuo puede acusar a los funcionarios públicos del delito que indica el Artículo 1°.

Artículo 4°–Se fijará este decreto en todas las oficinas de la República, y se tomará razón de él en todos los despachos que se libraren a los funcionarios que de cualquier modo intervengan en el manejo de los fondos públicos.

Imprímase, publíquese y circúlese.

Palacio Dictatorial de Lima, a 12 de enero de 1824– 4° de la República

Por orden de S. E.,

Simón Bolívar

Abolición de la Pena de Muerte

La pena de muerte para los actos de corrupción se mantuvo durante 39 años. Su abolición legal sucedió en 1863, bajo la presidencia de Juan Crisóstomo Falcón, con el decreto de Garantías, que será recogido en la nueva Constitución de 1864. Desde esta fecha, la prohibición de la pena de muerte ha estado inscrita en todas las constituciones de la República, siendo Venezuela el primer Estado abolicionista de la pena capital en el mundo.

Fuente: Decretos del Libertador. Publicaciones de la Sociedad Bolivariana de Venezuela, Tomo I (1813-1825) página 283. Imprenta Nacional, Caracas, 1961

Dónde están los restos mortales de Simón Bolívar

"**ES MI VOLUNTAD** —dijo Simón Bolívar en su testamento— que después de mi fallecimiento mis restos sean depositados en la ciudad de Caracas, mi país natal". Pues en cumplimiento de ese deseo, el Congreso Nacional aprobó el 29 de abril de 1842 un decreto, que firmó también el presidente José Antonio Páez, en donde ordenaban traer de Santa Marta, Colombia, los restos del Libertador. Se conformó una comisión de la cual hizo parte el geógrafo Agustín Codazzi, quien finalmente no viajó.

Sin embargo, hay que anotar que Bolívar falleció en 1830 y doce años después las pasiones políticas en favor y en contra del Padre de la Patria, comenzaron a mermar, permitiendo el retorno de los restos a su país de origen, pero muerto. En las crónicas encontramos que para el arribo de los venezolanos comisionados para repatriar los restos de Bolívar, las gentes de Santa Marta embellecieron la localidad, la asearon, las paredes de las casas fueron blanqueadas; sus puertas, balcones y ventanas, pintados; la catedral aderezada con esmero en sus altares, efigies, frontales, colgaduras, velos. Imponente estuvo la ciudad, tanto que hasta el mar se puso de leva.

Los restos estaban en la Catedral Basílica, originalmente en la bóveda de la familia Díaz Granados. En 1834 hubo un terremoto en la ciudad. Para evitar desgracias futuras los restos del Libertador se depositaron en un sitio más seguro, debajo de una lápida o losa de mármol que se trajo de Estados Unidos. El 20 de noviembre de 1842 se hizo una ceremonia especial para la apertura de la bóveda, en donde estuvieron, además de la delegación venezolana, autoridades nacionales y regionales del país. Al descubrirse la caja de madera que encerraba una de plomo, la primera estaba hecha pedazos, pero la otra se encontró entera. Quienes se hallaban allí, todos, quisieron ver los restos descubiertos y además pedían que se les diera parte de los mismos, para tener un recuerdo.

Concluida la ceremonia, la comisión granadina pidió a la venezolana que la pequeña urna que contenía el corazón y demás entrañas del Libertador se dejara en la bóveda en donde estaba, para que la Nueva Granada conservara algo de sus restos.

La correspondencia cruzada

"Santa Marta, noviembre 20 de 1842: El infrascrito tiene el honor de dirigirse a los excelentísimos señores comisionados de Venezuela para decir a sus excelencias que la Comisión granadina que preside (sic) ha acordado pedir que se deje la pequeña urna que contenía el corazón del Libertador, pues desean que la Nueva Granada conserve algo de tan preciosos restos, y si su petición es asequible harán que dicha urna quede colocada en el mismo sepulcro que la contenía. El infrascrito reitera a los excelentísimos señores comisionados de Venezuela los sentimientos de respeto y consideración con que se suscribe de sus excelencias, muy obediente servidor, Joaquín Posada Gutiérrez.

Posada Gutiérrez, quien era el gobernador, recibió una contestación favorable, que decía: "Los infrascritos comisionados por el Gobierno de Venezuela para recibir y trasladar los restos del Libertador, se han impuesto del contenido de la nota de V. E. con fecha de hoy, pidiendo a nombre de la Comisión granadina que preside, la urna pequeña que contiene el corazón y demás entrañas del Libertador; y han acordado con la mayor satisfacción concederla desde luego, con la entera confianza de que su Gobierno no sólo aprobará sino aplaudirá esta medida. Ellos repiten a V. E. la expresión de sus sentimientos de consideración y aprecio con que son de V. E., muy atentos servidores. José Vargas, José María Carreño, Mariano Uztariz".

Sólo polvo

"Abierta la urna —dice el general Posada Gutiérrez en sus Memorias— sólo contenía tierra, esa tierra o polvo en que todos nos hemos de convertir. En la Catedral de Santa Marta quedó y allí debe quedar: Santa Marta merece conservarlas". El Congreso granadino de 1843 dispuso que se erigiera un monumento en Bogotá donde fuera depositada la urna, que nunca se llevó, y en Santa Marta nadie sabe dónde está. Pero el triste destino del corazón del Libertador en Santa Marta, continuó tanto que fue víctima de otra tragedia. Durante la guerra que dirigió el general Tomás Cipriano de Mosquera contra el presidente Mariano Ospina Rodríguez, en diciembre de 1860, la catedral de la ciudad fue prácticamente destruida y el corazón también se esparció por el altar mayor.

Bolívar anunció el apoyo extranjero para liberar a Venezuela

SIMÓN BOLÍVAR, en calidad de Presidente Interino de Venezuela, anunció a través de una proclama, el 20 de febrero de 1819, la llegada de apoyo extranjero para ayudar a la liberación del país. En la proclama dirigida a los venezolanos, rubricada en el Cuartel General de Angostura, el Libertador manifiesta: *"La Soberanía Nacional me ha honrado nuevamente encargándome el Poder Ejecutivo bajo el título de Presidente interino de Venezuela."*

Y añade en un último párrafo: *"Ciudadanos! Una Legión Británica, protectora de nuestra Libertad, ha llegado a Venezuela a ayudarnos a quebrantar nuestras cadenas: recibidla con la veneración que inspira el heroísmo benéfico. Abrid vuestros brazos a esos extranjeros generosos que vienen a disputarnos los títulos de Libertadores de Venezuela."*

El importante documento se encuentra inserto en el tomo 25 del Archivo del Libertador, de la sección O'Leary, en el folio 146. La proclama se expide a los venezolanos con motivo de instalarse el Supremo Congreso Nacional; el segundo cuerpo legislativo que se forma en la República de Venezuela y el primero luego de la reconquista del país por las armas españolas tras la desintegración del que declaró la Independencia el 5 de julio de 1811. El documento oficial sería luego impreso en hoja suelta para que circulara por todo el país, en la imprenta Washington del capitán francés Andrés Roderick, impresor los textos más transcendentales que informaban al pueblo de Venezuela durante el primer tercio del siglo XIX.

Simón Bolívar decretó los ascensos de Lara, Jiménez y Morán

EN LOS DOCUMENTOS para la Historia de la Vida Pública del Libertador de Colombia, Perú y Bolivia, publicados por disposición del presidente de la República general Antonio Guzmán Blanco, en una obra colosal de 15 volúmenes en 1876, cuyos papeles fueron compilados por José Félix Blanco y Ramón Azpúrua, nos topamos con un interesante decreto de Simón Bolívar, jefe del gobierno de Colombia, en donde decreta los ascensos militares de Juan Jacinto Lara Meléndez, José Florencio Jiménez y José Trinidad Morán, patriotas nacidos en la región larense y que hoy son epónimos del estado y sus municipios, debido a sus proezas militares y accionar político en la posterior vida civil.

El pliego expedido en el Palacio del Supremo Gobierno en Lima, Perú en 1825, cita en detalle los ascensos militares concedidos por el Gobierno de Colombia a sobresalientes militares del ejército colombiano auxiliar al Perú.

"El Poder Ejecutivo, llenando las fórmulas constitucionales, ha concedido los siguientes ascensos en el Ejército de Colombia auxiliar al Perú: á General en Jefe al de División Antonio José de Sucre. Á Generales de División á los de Brigada Jacinto Lara y José María Córdova. Á Generales de Brigada al Coronel de Infantería Comandante del Batallón Rifles de Bomboná Arturo Sandes y á los Coroneles de caballería Lucas Carbajal y Laurencio Silva. Á Coroneles vivo y efectivo al graduado José Leal, Comandante del Batallón Pichincha. Á Coronel graduado al Teniente Coronel de caballería Trinidad Morán. Á Tenientes Coroneles efectivos á los graduados Pedro Guash, Rafael Cuervo, Antonio Guerra, Florencio Jiménez y Jorge Brown. Á Teniente Coronel graduado al Sarjento mayor Pedro Torres. Á Sarjento Mayor efectivo al Capitán Antonio Zornoza; á todos los cuales se les ha declarado la antigüedad de 9 de Diciembre de 1824 en cuyo día vencieron en (la batalla de) Ayacucho y obtuvieron provisionariamente dichos nombramientos.

Es Decreto del Libertador".

José Ángel Álamo, el olvidado prócer barquisimetano

Al Dr Luis Antonio Lozada Castillo,
un catedrático larense estudioso de las leyes y las instituciones. Dedico

LA DECISIÓN ESTABA TOMADA. Era determinante e irrevocable, José Ángel sería enviado a Caracas a cursar estudios en la universidad de aquella ciudad. Su padre, el coronel español José de Álamo, había enviado correspondencia a la familia Bolívar-Palacios recomendándole la formación del joven. Su madre, Encarnación del Barrio, venezolana de nacimiento, lo acompañó hasta la universidad para inscribirlo en marzo de 1796. No lo vería de nuevo hasta julio de 1802, cuando presencia el acto de entrega de título como doctor en medicina.

José Ángel Álamo nació en Barquisimeto, el 13 de julio de 1774, y fue el primer médico larense, egresado de la Universidad de Caracas y un abnegado servidor de la República y de sus instituciones. Durante los años siguientes ejerció como médico del Hospital Militar de Caracas y vocal de la Junta de la Vacuna. En las actas de la Junta Sanitaria, se inscribe su nombre al actuar "sin descanso" en la lucha contra la fiebre palúdica que azotó a Maracay en 1804. Tres años más tarde, -en 1807-, nos topamos con un Álamo catedrático, cuya voz resonará en las amplias salas de medicina y cirugía de la Universidad de Caracas.

Considerado un conspirador

Álamo era un arriesgado conspirador a la Corona. Era un secreto a voces, pues su compromiso con la causa de la Independencia, venía desde la conjura de los mantuanos de 1808. Y fue en su residencia de Caracas donde se reunieron los revolucionarios en vísperas del movimiento del 19 de abril de 1810. Igualmente, contribuyó con dinero en efectivo para financiar la Expedición de Los Cayos en 1816.

Fue electo diputado por la Provincia de Barquisimeto al Congreso de 1811, y estuvo presente en el mismo desde la sesión inaugural del 2 de marzo de 1811. En el Acta de la Independencia del 5 de julio de ese año, está su rúbrica, siendo uno de los redactores de los Derechos del Pueblo, de la ley sobre matrimonios, del reglamento de la comisión extraordinaria de justicia, así como del Proyecto de la Constitución que se suscribió en diciembre de ese año.

En el Congreso, Álamo legisló un proyecto contra tortura y vejámenes, siendo la primera Ley Suramericana, que se adelantó a la materia. También presentó a la plenaria un proyecto de ley contra Censura de Prensa. En esto radica lo avanzado de su pensamiento en Ciencias Políticas.

También propuso la primera división de la Provincia de Caracas, con lo cual se abrió paso la formación de los Estados de la Unión. Iniciativa de Álamo, a favor de Barquisimeto fue la construcción del Puente Bolívar, que él llamó de la Santísima Trinidad, en advocación religiosa como homenaje a la Familia Bolívar-Palacios. Jacinto Fabricio Lara, siendo Gobernador de Barquisimeto lo sustituyó por el nuevo nombre de Puente Bolívar, como hoy se denomina, apostado en la carrera 17 entre calles 22 y 23, nomenclatura actual. Al caer la Primera República se refugió en las Antillas, y a partir de 1813 hasta 1821, vive en la isla de Saint Thomas, a donde había escapado de la persecución realista.

De la diplomacia al periodismo

Álamo llegó a ocupar la primera representación cuando se abre el Consulado del Departamento de Venezuela en 1821. Fue un letrado dedicado al periodismo, pasión que lo llevó a ser cofundador del periódico El Constitucional Caraqueño.

Asistió a Simón Bolívar como apoderado en el juicio de las Minas de Aroa. Álamo, quien fungía como síndico de la Municipalidad de Caracas, en unión de Juan Antonio Rodríguez Domínguez, presidente y Cristóbal Mendoza, Gobernador Civil, entregaron a Simón Bolívar, el título de Libertador, superior al cetro de todos los imperios de la tierra. Este notable hombre, el más notable del procerato barquisimetano, olvidado por las autoridades larenses, murió en Caracas el 5 de julio de 1831. Sus restos fueron inhumados en el Panteón Nacional el 9 de mayo de 1876.

Fuente: Cañizales Verde, Francisco. Epistolario de Bolívar y Álamo. Caracas: Congreso de la República, 1987; Lovera, Ildemaro. Vida de José Ángel de Álamo: historia de un oligarca. Caracas: Tipografía Vargas, 1965. Héctor Pérez Marchelli. José Ángel de Álamo. Diccionario de Historia de Venezuela. Fundación Polar.

El gobernador Jacinto Lara: su obra civil

SOBRE EL PRÓCER de la Independencia Juan Jacinto Lara Meléndez se han escrito notables páginas que condensan minuciosa investigación en las que se describe con rigor su valiosa y brillante vida militar, su arrojo en el campo de batalla, los relevantes puestos dentro de la guerra de emancipación Latinoamericana, los rangos y medallas ganados en el fragor de las luchas y su lealtad a Simón Bolívar.

En esta entrega de CorreodeLara.com, quisimos mostrar al respetado lector, a Jacinto Lara como magistrado civil en momentos cuando le tocó ejercer funciones como gobernador del Gran Estado de Occidente recurriendo a fuentes calificadas pese a que sobre ese tema poco se ha tratado.

EL DATO

El general Juan Jacinto Lara Meléndez, fue gobernador de Barquisimeto en el periodo 1843-1848

Gana la elección

En 1843, con motivo de la muerte del gobernador Planas en Barquisimeto, se practicaron elecciones para la designación del gobernador de la provincia, según el historiador Rafael Domingo Silva Uzcátegui. Por su parte, el cronista Eliseo Soteldo apunta que durante la gestión de Lara, "fue cuando por primera vez se vieron en Barquisimeto, esos hermosos torneos cívicos, hubo gran movimiento en la prensa, pues circularon muchos periódicos, muchísimas hojas sueltas y varios folletos". Añade que el general Lara "se encargó de la Gobernación el 8 de diciembre, cargo que desempeñó por cuatro años", hasta enero de 1848.

El senador larense Pedro París Montesinos, describe que en el periodo del gobierno civil de Lara, "fue de cierta calma, pues disminuyeron las revueltas caudillistas, pese a que se caracterizó por una aguda crisis económica y fiscal en la nación". En la década de los 40 del siglo XIX, la república solo disponía de magros recursos y los escasos fondos debían ser administrados con suma rigurosidad en exigencia de las empobrecidas provincias.

En ese sentido, Lara, en su mensaje a la Diputación Provincial, en 1844, da cuenta de manera detallada sobre los sucesos administrativos y exhorta a los legisladores introducir "reformas apropiadas en la experiencia de su diario contacto con la gente y los pueblos".

Su obra civil

En sus funciones como gobernador, "el general Lara hizo un gobierno progresista y protector de los derechos de los ciudadanos", anota Silva Uzcátegui, adicionando que "con las escuetas rentas, dotó a Barquisimeto de una Casa de Gobierno, amplia y cómoda para que en ella funcionaran varias oficinas públicas". La casona estuvo ubicada en la después llamada Calle Real o Calle Libertador, hoy carrera 19, media cuadra más debajo del actual Palacio de Gobierno, en donde muchos años después de demolida, se construyó un inmueble para el Hotel Universal y luego el Hotel Martini, acera sur de las calles Juares y Lara. Otras obras realizaron Lara como el embellecimiento de la laguna de La Mora, con la siembra de unos cien árboles, que estuvo situada en los espacios de la actual Plaza Juan de Villegas.

Reparó el gobierno de Lara algunas calles de Barquisimeto, Cabudare, Yaritagua, Siquisique y Carora según describe su informe a la Diputación provincial de los años 44 y 45. Refiere el manuscrito que se ejecutaron rellenos en las calles de los cruces de la Laguna de Los Álamos (centro de la ciudad). En materia sanitaria, enfrentó Lara la epidemia 'mal de Lázaro', encareciendo a los legisladores "prever la dotación presupuestaria para la construcción de un Lazareto (hospital). Libró dura batalla sanitaria contra la viruela sistematizando "una campaña de vacunación como único preservativo de la horrorosa epidemia". Autorizó entonces a la Junta Superior Sanitaria disponer de 400 pesos para pagar vacunadores en las cabeceras de los cantones y parroquias: Puerto Cabello, San Felipe, Yaritagua y Cabudare, sitios que sufrieron la enfermedad en todo su rigor.

El gobernador también se preocupó por confrontar el problema de dónde enterrar a los muertos exponiendo a los legisladores: "la provincia no tiene un solo cementerio en buen estado y los pocos existentes exigen reparos más o menos considerables". Se queja igualmente de la carencia de mercados públicos y de la insuficiencia de las patrullas rurales. Reguló los juegos de azar y dotó a las poblaciones de alumbrado público, y en cuanto a las cárceles en su mensaje de 1845 establece: "se hace ya muy notable su falta en algunas parroquias".

En cuanto a la educación pública, el gobernador Lara, hizo consideraciones como la división en dos las escuelas de las cabeceras de cantón, dotando de 40 pesos mensuales a cada preceptor con la obligación de enseñar a 40 niños". El general Lara no tuvo un largo desempeño como magistrado civil, no obstante, en los pocos años que sirvió a su pueblo cumplió con acierto sus deberes.

El 28 de mayo recordamos su trayectoria civil, gracias a las diligencias del legislador larense Juan Carmona en su calidad de diputado, quien con honra solicitó la magna celebración de esta fecha ante el parlamento larense en homenaje al héroe de la Independencia Juan Jacinto Lara.

Fuente: Pedro Paris Montesinos. El Gobernador general en jefe Jacinto Lara. Asamblea Legislativa del estado Lara. Barquisimeto 1993
Rafael Domingo Silva Uzcátegui. Enciclopedia Larense T II. Caracas 1969
Jorge Ramos Guerra. Sobre la Vida y Obra del general Juan Jacinto Lara, héroe epónimo del estado Lara. Discurso de Orden 1993

Fermín Toro «el último venezolano»

JUAN VICENTE GONZÁLEZ le atribuyó a Fermín Toro el título para la posteridad de *"el último venezolano"*. Quizá para honrar la ardua labor por el país. Toro Vino al mundo el 14 de julio de 1806, en El Valle, una bucólica localidad de Caracas. Sus padres Antonio Rodríguez del Toro y Barba y Mercedes Blanco, eran hacendados de origen canario. Las primeras letras las recibió del presbítero Benito Chacín. A los 10 años de edad, se traslada con su familia a Caracas a causa de la lucha independentista e inicia su formación autodidacta en la residencia de su pariente, el marqués del Toro.

Con apenas 22 años, Toro ya ocupaba cargos aduanales en La Guaira, estado Vargas. Posteriormente se mudó a Margarita para trabajar como administrador de rentas en Pampatar. Para 1831, fue electo diputado al Congreso Constituyente, donde se consagró como orador recordando la egregia figura de Simón Bolívar, justo cuando el nombre del Libertador estaba a punto de olvidarse por todos.

Se destacó también como escritor en el Diario El Liberal, a partir de 1837, con los seudónimos de Emiro Kastos o de Jocosías. Posteriormente, escribió en *El Correo de Caracas*. En términos generales, los temas de sus escritos fueron literarios, políticos y didácticos, tales como *Europa y América, Cuestión de imprenta y Los estudios filosóficos en Venezuela*. Más tarde viajó a Londres como secretario de la misión diplomática, la cual era presidida por Alejo Fortique. Luego ocupó el Ministerio Plenipotenciario en Nueva Granada, con el objetivo de conseguir un acuerdo con respecto a los problemas de límite entre ambas naciones.

En 1842 publicó por entregas la novela *Los Mártires*, considerada como la primera novela producida en el país; además de la misma escribió *La viuda de Corintio y La Sibila de los Andes*. Este mismo año presidió la comisión encargada de preparar en Caracas las honras fúnebres al Libertador, con motivo del traslado de sus restos desde Colombia, convirtiéndose además en el cronista que narró el acontecimiento al escribir la *Descripción de los honores fúnebres consagrados a los restos del Libertador Simón Bolívar.*

Toro no se prostituyó

Cuando se produce el asalto al Congreso ordenado, auspiciado o tolerado por José Tadeo Monagas el 24 de enero de 1848, Fermín Toro era diputado por Caracas. Unos días después, el Congreso se volvió a instalar y se convirtió en un instrumento dócil de la dictadura. Para lograr que el Parlamento volviera a "funcionar", el general Monagas envió emisarios a buscar a los diputados y solicitarles que regresaran a sus curules. Muchos lo hicieron, otros pocos se negaron. Entre estos últimos destaca Fermín Toro, quien ante el requerimiento de los emisarios del dictador contestó lo siguiente: "Díganle ustedes al general Monagas que mi cadáver lo llevarán, pero que Fermín Toro no se prostituye…".

Tras regresar a Venezuela en 1858, decidió retirarse de la política para dedicarse a investigaciones botánicas y además al estudia de las lenguas étnicas venezolanas y también a la educación, puesto a que también ejerció como docente. Gracias a todo su esfuerzo por el país, diversas instituciones a nivel nacional llevan su nombre. Fermín Toro falleció el 23 de diciembre de 1865, a la edad de 58 años producto de una enfermedad. Sus restos fueron trasladados al Panteón Nacional el 23 de abril de 1876.

Elías Toro, el célebre científico extraviado en la historia

Para Alonso Toro,
con profunda admiración, quien encarna el espíritu
de Fermín Toro y su descendencia

"A mis amados hijos Felicia y Fermín, de su padre amantísimo El Autor. Caracas 4 de noviembre de 1905.", fue el epígrafe –de puño y letra-, que dejó asentado el doctor Elías Toro Ponce de León en la primera página de su libro *Delimitación de Venezuela con Guayana Británica, por las selvas de Guayana;* una edición dedicada "al señor general Cipriano Castro", obra auspiciada por la Presidencia de la República que narra en detalle la ardua labor de la Comisión Delimitadora con la Guayana Británica, sus peripecias, anécdotas y las maravillas de la épica misión que terminó con 85 años de enojosa discusión de límites territoriales entre Venezuela y aquella región.

Nació en 1871, en la Caracas de los techos rojos. Hijo de Elías Toro Tovar (ca 1830) y de Bárbara Felipa Ponce de León y Pereira (ca 1835). Elías Toro contrajo nupcias el 12 de diciembre de 1894, en Caracas, con Cleotilde Caspers Mejías, formando un hogar del cual nacieron Fermín, Corina, Felicia, Elías, Julio, y Luis Toro Caspers en 1915.

Desde muy niño, Elías fue siempre inquieto, observador y disciplinado por la lectura. Sentía una desmesurada atracción por el conocimiento. Venía de un linaje de renombre en la política y en las letras nacionales: de la Casa de los marqueses del Toro. Era nieto del eminente diplomático y político Fermín Toro; primo del académico y científico Carlos Toro Manrique, y del pintor Antonio Herrera Toro. Pero la carrera de los Toro no concluye allí, pues su hijo Elías Toro, fue miembro activísimo de la Generación del 28, quien además fundó el partido Unión Republicana Democrática, URD y fue médico tisiólogo.

Formado para la academia

Sus primeros estudios los realizó en su natal Caracas, cursando filosofía en el Colegio Villegas, para luego adentrarse en el inusitado mundo de las ciencias médicas en la Universidad Central de Venezuela, obteniendo el título de doctor en medicina y cirugía; inmediatamente se inscribe en el curso de Farmacia para pasar a efectuar estudios de postgrado en Europa, ubicándose en el hospital Necker de París. Durante sus primeros años de estudiante, incursionó con éxito en temas de crítica literaria con ensayos sobre Miranda, Gil Fortoul, así como anotaciones científicas y hasta un cuento para niños que obtuvo fama.

En 1892, Elías Toro recibe una invitación para formar parte de lo más granado del periodismo en El Cojo Ilustrado, destacándose con una serie de artículos sobre «Revistas Médicas» y a partir de 1896 y hasta 1899, publica una «Crónica Científica», en la cual aborda una variedad de contenidos que van desde tópicos generales, hasta temas de psiquiatría y de antropología.

Junto al doctor José Gregorio Hernández, fundó la Academia Nacional de Medicina. Pero su fogosa actividad lo lleva a asumir nuevos retos, entonces siendo director de la Escuela de Farmacia en la UCV, abre y preside la cátedra de Antropología en la misma casa de estudios superiores. Diversos autores coinciden que eran tan densas las clases de Elías Toro, que en 1906, se publicará el compendio de sus enseñanzas con el título de **Antropología General y de Venezuela Precolombina.**

Sin duda, Elías Toro había revolucionado el universo cultural con sus concurridas cátedras, razón por la cual fue designado, -por unanimidad del Consejo Universitario en diciembre 1908-, rector de la UCV, hasta junio de 1910.

Por las selvas de Guayana

Su espíritu de científico y observador, lo condujo a la proeza de recorrer parajes insospechados de la exuberante selva amazónica, desde el Atlántico hasta la Sierra de Parima, por los ríos de Barima, Amacuro, Demerara, Esequibo, Massaruní, Cuyuní, Acarabisi y

Venamo, según sus propios apuntes, en expedición exploratoria para demarcar los límites de Venezuela con Brasil y la Guayana Británica.

Por su investigación publicada bajo el título **"Contribución al estudio de la geografía médica, flora y etnología de la Guayana venezolana"**, es elegido por la Academia de Medicina como Individuo de Número para ocupar el Sillón XXV, incorporándose a tan prestigiosa institución el 9 de mayo de 1906. Formará parte entonces de la honorable junta directiva como subsecretario entre 1906 a 1908 y segundo vicepresidente de 1910 al 12. Igualmente será Miembro de Número de la Academia de la Lengua.

El doctor Elías Toro, murió víctima de la Gripe Española el 3 de noviembre de 1918, cuando había cumplido 43 años, pero el implacable paso del tiempo terminó de borrar su nombre y la historiografía oficial completó el penoso tránsito del olvido, sin que las generaciones siguientes conocieran su legado.

Fuente:
Delimitación de Venezuela con Guayana Británica, por las selvas de Guayana. Desde el Atlántico hasta la Sierra de Parima, por los ríos de Barima, Amacuro, Demerara, Esequibo, Massaruní, Cuyuní, Acarabisi y Venamo. Caracas: Tipografía Herrera Irigoyen, 1905
Reyes Baena, Juan Francisco. Elías Toro, prócer de la ciencia, de la cultura y del civismo: ensayo biográfico. Caracas: Universidad Central de Venezuela, Rectorado, 1975

José Gregorio Bastidas el prócer cabudareño

A JUICIO del investigador cabudareño José Ramón Brito, el prócer de la Independencia José Gregorio Bastidas nació en Cabudare, en 1793 y era hijo legítimo de don José Gregorio Bastidas y de doña Teresa Salcedo. No obstante, la información no ha sido corroborada, pues cuando no ha sido posible hallar un documento que así lo testifique. Mac Pherson en su diccionario histórico del Estado Lara, lo hace aparecer como hijo de don Juan José de Alvarado de la Parra, alférez real del Ayuntamiento barquisimetano, quien vivía en el antiguo sitio de Cabudare.

Brito asegura que el padre de José Gregorio, era hacendado y poseía una hacienda de cañas en el sitio de «Bureche» (carretea vieja Barquisimeto-Yaritagua) en inmediaciones de Cabudare. Se sabe que Bastidas se incorporó a las filas patrióticas, cuando pasó el Libertador por Cabudare, los días 9 y 10 de noviembre de 1813, habiendo tomado parte en la acción conocida de Tierrita Blanca, en la meseta de Barquisimeto, (donde hoy se encuentra Ascardio y la plaza José Macario Yépez).

Todo ese sector formaba hasta hace poco tiempo, aledaños de Barquisimeto, nombre debido a que una buena parte del sector lo formaba una capa de tierra blanca que parecía cal, en cuya acción salieron derrotados los patriotas, y se dice que debido a un contrario toque de corneta, puesto que se tocó 'retirada', desconociéndose hasta ahora de donde salió el referido toque fatal que hizo desbandar a los patriotas, después de tener tomada la plaza de Barquisimeto, saliendo bajo el fuego de las fuerzas realistas al mando de Francisco Oberto, apunta el historiador cabudareño, que Mac Pherson en su diccionario trae una pequeña narración referente a Bastidas, «que la considero una inventiva, y de tinte infantil, cuando dice que «el año de 1819 era Bastidas, teniente de caballería y con un pequeño piquete, recorría los alrededores de Barquisimeto, ocupado por los realistas al mando de Oberto, cuando fue sorprendido y hecho prisionero en los

Cerritos Blancos. En el momento que entraba prisionero a la ciudad y conducido a la plaza de Altagracia para ser fusilado, ponían en la misma plaza, un muñeco de paja que habían traído de Cabudare, en un burro, y que representaba al Libertador, pues era día de resurrección.

A Oberto se le ocurrió, completar la fiesta, y propuso a Bastidas concederle la vida y darle la libertad sí le ponía fuego al muñeco. Bastidas aceptó. Prendió el muñeco y cumplida la oferta por el jefe español, fue puesto en libertad»... continua Mac Pherson diciendo que Bastidas «partió en pos de Bolívar, al que fue a encontrar en Apure», que para contarle lo que le había sucedido al jefe español, y con el muñeco, dando a entender como si Apure quedaba a inmediaciones de Cabudare, para hacer el viaje a pie para ir a contarle a Bolívar semejante despropósito: todo ello es inaceptable».

Bastidas estuvo en Carabobo

Es bien sabido que Bastidas estuvo siempre a «las órdenes del general José Antonio Páez, con quien tomó parte en varias acciones, pero especialmente, en la de Carabobo en 1821. Era capitán de Caballería. Terminada la lucha por la Independencia, Bastidas se mantuvo en Cabudare, hasta su fallecimiento en 1855. Casó el prócer con Manuela Parra, de cuyo matrimonio hubo un hijo de nombre también José Gregorio, que contrajo matrimonio en Quíbor, el 18 de agosto de 1862, con Eulogia Agüero.

Es de advertir que muchos hombres notables de Cabudare se tienen como no nacidos en Cabudare, apoyándose determinados escritores en documentos «incompletos»; y se debe tener en cuenta que el sitio de Cabudare es bastante poblado, no poseía la categoría ni de caserío sino de sitio; y muchos de los que nacían no solamente en Cabudare, y otros sitios de su jurisdicción, eran bautizados en Barquisimeto, o en Santa Rosa por ser pueblo de indios mucho más antiguo que Cabudare, el que tenía templo y párroco: la capilla de Santa Bárbara que de antiguo existía en Cabudare, era una propiedad particular del Alférez Real don Juan

José Alvarado, la destruyó el terremoto de 1812, y construida en el mismo sitio: una explicación de ello lo hace el Alférez Alvarado en su testamento otorgado en 1819, para lo cual se trasladó a él un escribano público de Barquisimeto al sitio de Cabudare.

Próceres cabudareños

Brito atestigua que el doctor Mario Briceño Perozo director del Archivo General de la Nación, le envió fotocopias del expediente que contenía una «lista de la compañía de Cabudare del Batallón de Milicias del 3er. Distrito Barquisimeto» en la que aparecen ciento cinco (105) ciudadanos de Cabudare que tomaron parte activa en la Guerra de Independencia: ciento cinco próceres con sus nombres y apellidos completos, su estado civil, lugar de nacimiento, siendo casi todos del sitio de Cabudare, y los demás, de los sitios Rastrojos, El Jobal y Tarabana.

Juan Guillermo Iribarren, no nació en Barquisimeto

MUCHAS VERSIONES se han escrito sobre la descendencia y el sitio de nacimiento del prócer de la guerra de Independencia Juan Guillermo Iribarren, epónimo del municipio capital del estado Lara. A juicio del acucioso historiador Ambrosio Perera, los Iribarren eran naturales del Reino de Navarra, España. Lino Iribarren Celis, riguroso investigador, afirma que el padre de nuestro biografiado era oriundo de Navarra y que sus hijos, José María y su hermano Juan Guillermo, habían nacido en Barquisimeto.

En el mismo error incurre Morales Marcano, biógrafo del héroe nacional, al apuntar que don Juan Bautista de Iribarren, padre de Juan Guillermo, casado con doña Margarita Chaquea, en Araure el 12 de junio de 1794, *"desempeñaba el honorífico cargo de Administrador de las rentas del Rei..."*. Anota Ramón Querales, cronista de Barquisimeto, que ciertamente don Juan Bautista de Iribarren fue Administrador de la Real Hacienda de la prolífica Villa de Araure, y más tarde, en 1819, de Barquisimeto.

Limpieza de sangre

En 1808, no existiendo las condiciones mínimas para que José María y Juan Guillermo, pudieran culturizarse, don Juan Bautista tomó la decisión de que sus hijos iniciaran sus estudios en Caracas, inscribiéndolos en el Real Seminario Tridentino, pero para poder concretar este procedimiento, tuvo que acreditar limpieza de sangre. Las anteriores investigaciones demuestran que el prócer Juan Guillermo Iribarren, no nació, ni pudo haber nacido en Barquisimeto, por tanto, errores de historiadores que repitieron la versión que don Juan Bautista era el administrador de las rentas de la corona en Barquisimeto, dedujeron por aproximación, que el héroe de la Independencia había nacido el 25 de marzo de 1797.

La justificación aportada por don Juan Bautista para acreditar la limpieza de sangre de sus hijos, da cuenta de la procedencia del apellido, del tiempo que estuvo en el cargo que desempeñaba en Araure -24 años-, de su matrimonio con doña Margarita y del nacimiento de los mancebos con precisión, que para el momento de redactar el revelador documento, Juan Guillermo tenía diez años. Sería extenso transcribir el manuscrito de 1808, ante la autoridad legítima del Teniente de Justicia Mayor de la Villa de Araure, compilado de la obra del cronista Querales, pero repetimos, deja en claro que nuestro epónimo no nació en Barquisimeto.

La partida de bautismo

Otro documento revelador reproducido en (RE) Visión apuntes para la historia del municipio Iribarren 1998, es la certificación de bautismo de Juan Guillermo Iribarren, en la cual se lee: "Certifico yo el infrascrito Cura de esta Parroquia de Ntra Sera, del Pilar de la Villa de Araure como en uno de los libros Parroquiales de mi cargo donde se sientan las partidas de bautismo de la gente blanca al folio quarenta y seis se halla una como sigue: En diez y ocho del mes de abril de mil setecientos noventa y siete, yo el B. D. Juan José de Goyxueta cura rector de esta parroquia de Araure, bauticé solemnemente, puse sto. Óleo y Crisma y di bendiciones según el Ritual Romano a Jn. Guillermo Iribarren hijo lexitimo de Don Juan Bautista de Iribarren y de Da. Margarita Catalina Chaquea, de esta feligresía nació el día veinte y cinco de marzo…"

Epónimo del municipio capital

El diario EL IMPULSO, cita en una nota periodística 25 de marzo de 1987, que "por resoluciones de la Asamblea Legislativa de Barquisimeto, en sus deliberaciones de 1936, quedó constituido el distrito capital con el nombre de Iribarren". Juan Guillermo Iribarren escapó del Seminario Tridentino para unirse a las fuerzas patriotas que lucharon junto a José Antonio Páez, pese a que su padre se mantuvo afecto al rey y mudó a Barquisimeto en 1819.

Iribarren contrajo nupcias en 1819, con doña Candelaria de Arana, en Cunaviche, con quien procreó tres hijos: Eduardo,

Guillermo y Teolinda; "Eduardo, fue general de la Federación". Sin embargo, la esposa del prócer murió en la pobreza después de muchas diligencias y reclamos de pensión ante el Gobierno. En 1824, Marcano escribe, que Iribarren figura ya como comandante general del Cuarto Distrito Militar de Venezuela. Participó en las batallas de Ospino, Los Cocos, Banco Largo, Galeras de Ortiz y Carabobo llenándose de honores, acciones heroicas que merecieron el reconocimiento del General José Antonio Páez al otorgarle el Escudo de Oro, con el lema "Arrojo Asombroso" en 1817, y El Libertador Simón Bolívar "Orden de los Libertadores", en 1818. Su nombre está inscrito en el monumento erigido en la Conmemoración de la Batalla de Carabobo. Murió Iribarren en Calabozo el 28 de abril de 1827, a los 31 años de edad.

Fuente: Ramón Querales. (RE)Visión Apuntes para la Historia del municipio Iribarren. Volumen III. Ediciones del Concejo Municipal de Iribarren 1998 Francisco Cañizales Verde. Vida y Hazaña de Juan Guillermo Iribarren. Centro de Historia Larense. 1988

Los interesantes datos sobre Jacinto Fabricio Lara

DOS PUBLICACIONES de finales del siglo XIX, El Cojo Ilustrado y el Diccionario histórico, geográfico, estadístico y biográfico del estado Lara, redactado por Telasco A. Mac Pherson y editado en Puerto Cabello en 1883, dan testimonio sobre la figura de Jacinto Fabricio Lara, un personaje olvidado con notorios aportes a Venezuela y al estado Lara. Fue hijo del prócer de la Independencia y epónimo de la capital larense, el general Juan Jacinto Lara Meléndez. Jacinto Fabricio Lara Urrutia, nació el 4 de septiembre de 1834 en Carora. Graduado de bachiller en el Colegio Nacional de Barquisimeto, iniciando la carrera de derecho en la Universidad Central de Venezuela.

El Cojo Ilustrado, revista quincenal venezolana con publicación entre 1892 y 1915, dedicó una interesantísima semblanza de nuestro biografiado: Para los servidores meritorios, de quienes todavía espera la República esfuerzos beneficiosos y honrados, bastará reseñar los actos de su vida pública, como sanción y justicia tributadas á las virtudes cívicas. El General Jacinto Lara es miembro del actual Gabinete, en el que desempeña la cartera de Fomento. Es hijo del prócer de la Independencia que mereciera de Bolívar el dictado de *Ulises de Colombia* y nació en Barquisimeto.

En aquella ciudad hizo sus primeros estudios y vino a Caracas á completar la carrera de Jurisprudencia, deseos que no pudo realizar, á causa de los acontecimientos políticos del año de 1858, que lo lanzaron, en unión de otros jóvenes de la época, á los campamentos. Su valor, su decisión por la causa en que se enfiló, su conducta en el ejército, le dieron puesto de nota entre sus conmilitones, le atrajeron valiosas consideraciones y le colocaron en el movimiento agitado de los partidos, impidiendo volver á las tareas del claustro.

En el año 1877, las conmociones políticas, las necesidades públicas de la localidad, su carácter y sus condiciones como hombre público, le llevaron a la primera magistratura del antiguo

Estado de Barquisimeto, en donde dejó gratos recuerdos. En 1881, ocupó nuevamente la Presidencia de aquella Sección federal, nombrada ya para entonces Estado Lara, como homenaje a la memoria de su progenitor ilustre. En esa época, el Congreso de la República le confirió el más alto grado de la milicia nacional, el de General en Jefe de los Ejércitos. Para 1888, fue presentado Candidato á la Presidencias de la República, pero habiendo rechazado la fórmula electoral propuesta á los candidatos de aquel año, hubo de renunciar su candidatura.

El General Lara, á asistido a la Representación nacional como Senador y Diputado y otras veces ha ocupado puestos en el Poder Ejecutivo como Ministro de Guerra. Por su parte, el Diccionario histórico, geográfico, estadístico y biográfico del estado Lara, Escrito por Telasco A. Mac.Pherson, publicó esta enriquecedora estampa del que fue presidente del Estado Barquisimeto y luego presidente del estado Lara:

LA   — 290 —

el simoun en el desierto, pasó por nuestro suelo devastando tanta flor de esperanza, tanto árbol que prometia á la patria cosecha esplendida de glorias, y dejando tras sí huellas de ruina, recuerdo de sangre y vapor de lágrimas.—Jacinto y Eladio que viven aún, correspondiendo á los compromisos que con la historia patria tiene contraido el nombre que con honra llevan, serán diseñados en nuestra obra separadamente y á grandes pinceladas. — Jacinto Fabricio Lara nació en Carora el dia 4 de Setiembre de 1834, fué batizado en la parroquial de la misma ciudad el dia 20 del mismo mes y año, por el presbítero José Maria Luua, y fueron sus padrinos los señores Francisco M. Alvarez y Rufa Urrieta.—Estudió primeras letras, y despues entró á estudiar Filosofia en el Colejio Nacional de Barquisimeto, de que era entónces Rector el señor Mariano C. Raldíris; concluidos sus estudios recibió el grado de Bachiller en ciencias filosóficas, y pasó á Carácas, en cuya Universidad entró á cursar las clases de jurisprudencia.—En aquella ciudad sorprendió á los hermanos Lara la noticia de lo ocurrido en esta el 12 Julio de 1854; jóven de 20 años no cumplidos, y heredero del ardor guerrero del vencedor de *Junin* y de *Ayacucho*, pudo ápénas contener el deseo de volar al teatro de los acontecimientos, y con su hermano Eladio, vinieron con el Jeneral Laurencio Silva, nombrado por el Gobierno, Jefe de las tropas que se enviaron á debelar la revolucion; no venian los jóvenes Lara en

Datos sobre Jacinto Fabricio Lara en el diccionario del estado Lara de Telasco Mac Pherson

Fuente: El Cojo Ilustrado
Diccionario histórico, geográfico, estadístico y biográfico del estado Lara. Escrito por Telasco A. Mac.Pherson

Agua Viva en el discurso de Silva Uzcátegui

EN LA REVISTA EXCELSIOR, órgano divulgativo del Colegio La Salle, de publicación mensual, impresa en convenio con el Diario EL IMPULSO, se publicó un elocuente discurso del célebre ensayista curarigueño Rafael Domingo Silva Uzcátegui, pronunciado el 5 de febrero de 1953, con motivo de la visita a "la Agua Viva" del nuncio apostólico cardenal Crisanto Luque Sánchez, arzobispo de Bogotá, primer cardenal de la historia colombiana, elevado a ese rango por el Papa pio XII, quien visitó a Agua Viva y Cabudare, acompañado por monseñor José Rafael Fiol, deán de la Catedral de Barquisimeto.

A la Hacienda Agua Viva, situada en el entonces Distrito Palavecino concurrieron las autoridades civiles para el magno recibimiento, en donde el laureado escritor y Miembro Correspondiente de la Academia Nacional de la Historia, R. D. Silva Uzcátegui, tributó palabras de bienvenida al prelado con un interesante discurso.

Las palabras de Silva Uzcátegui

Excelentísimo señor Nuncio Apostólico
Ilustrísimo señor Obispo
Señor representante del Ejecutivo de Estado
Señoras, señoritas y señores

En representación de los dueños de esta casa, y en nombre de todos los vecinos de este lugar, os doy la más cordial bienvenida, y os manifiesto nuestra sincera complacencia por vuestra honrosa visita.

Excelentísimo señor: Esta mansión se llena de íntimo regocijo por vuestra presencia aquí. Llegáis, señor, a un lugar humilde, pero donde se ha conservado siempre el ambiente de la más pura tradición cristiana. De modo que, si esta casa, aunque reconociendo su indignidad, abre sus puertas para recibir al Excelentísimo Representante del Sumo Pontífice, no lo llevéis a presunción de nuestra parte, es tan solo porque hemos querido ofrendaros el afecto y el respetuoso cariño con que los hijos reciben a sus padres.

Aquí solo hallareis pobreza y humildad. Pero también encontrareis en las almas, lo que vuestro selecto espíritu sabrá apreciar muy bien: la fe inconmovible del carbonero, que para sí mismo anhelaba el inmortal Pasteur. Y, al considerar que habéis venido gustoso a confundiros con nosotros, oscuros labradores de la tierra, mi espíritu me transporta a los primeros días del Cristianismo, porque se repite aquí, en estos momentos, aquel espectáculo grandioso, imponente, en su misma sencillez, cenando San Pedro, que iluminado por el Espíritu Santo era más sabio que todos los filósofos de todos los siglos, y a pesar también de la suprema autoridad con que estaba investido, iba, sin embargo, por los arrabales y los campos, con esa dulzura y esa bondad que resplandecen en nuestro semblante, a confundirse con los humildes hijos del pueblo, para impartirles la bendición de Dios.

Dignaos vos también, bendecir esta casa, este lugar, a todos nosotros que os amamos con afecto de hijos. Excelentísimo señor: En cumplimiento del mandato de mis representados, y obedeciendo también a mis más íntimos sentimientos, formulo mis votos muy cordiales por vuestra dicha personal, por la del ilustre Pontífice a quien dignamente representáis y por el más cabal éxito de vuestra misión.

Y que cuando regreséis a ciudad externa, podáis decirle a vuestro augusto soberano, que aquí en nuestra querida Venezuela, se le ama y se le venera, que habéis encontrado en las más altas clases sociales, como en los más humildes hijos del pueblo, -en la gran mayoría de los venezolanos- la fe cristiana, que lucha, vence y brilla siempre inextinguible sobre el error de los que dudan o niegan y se detienen, permitidme la magnífica expresión del Dante en el trayecto que conduce a la muerte.

Y también os sobrará razón para decirle que nuestros ilustres gobernantes, la sociedad y el pueblo entero, os han recibido unidos, de presente, formando un solo cuerpo: el Gobierno para felicitar vuestra misión; nosotros para rendiros el homenaje de vuestro filial afecto.

¡Excelentísimo señor!

Cipriano Castro renunció a la presidencia de Venezuela

VARIAS LÁMPARAS de kerosén iluminaban la oscura habitación a pesar que ya el palacio disponía de luz eléctrica desde su inauguración en 1897. Los ventanales estaban cubiertos por sendas cortinas de seda traídas de Oriente Medio por una legación que visitó al general Cipriano Castro, en Miraflores. Todo estaba en reposo, salvo los gritos de algún pregonero que anunciaba en el titular del matutino la renuncia del Cabito. El país permanecía en calma, pues recientemente el caudillo de Capacho había derrotado a la Revolución Libertadora jefaturada por el aristocrático general Manuel Antonio Matos.

En medio de la sala contigua, Castro observó una pintura suya, de buen tamaño, que colgaba de la pared que daba frente a la puerta de entrada a su despacho. En ella se vio con su elegante traje de saco, chaleco y corbata; y un hermoso sobrero. El retrato lo representaba seguido por sus cercanos colaboradores y una multitud, todos eran gente de pueblo, lo que le hizo recordar la invasión de Los Andinos aquel 23 de octubre de 1899, cuando entraron triunfantes a Caracas y se aprestaban a asumir el mando de la República. En aquella época la guerra era la forma común de ejercer la política.

Durante cinco meses antes de aquel suceso, Castro se encontró en el exilio en Cúcuta, y el 23 de mayo de ese último año del siglo XIX, junto con un grupo de coterráneos, deciden invadir Venezuela por la frontera con Táchira. La empresa fue bautizada como la Revolución Liberal Restauradora. Allí, en medio de la espaciosa sala, sumergido en sus estrategias, tomó una pluma y una hoja en blanco y redactó la separación de su cargo como Jefe de Estado ante el Congreso Nacional, el 21 de marzo de 1903, una sorpresiva actitud que generó suspicacia en todos los ámbitos de la hasta hace nada convulsa Venezuela.

Caracas: 21 de marzo de 1903
Ciudadano presidente del Congreso Nacional.
Fundado en los motivos que expongo á la honorable corporación que presidís, en el Mensaje que consigno hoy en vuestras manos, motivos inspirados por lo que considero un alto deber patriótico, hago entre vosotros, Representantes de la Nación, renuncia de la Presidencia de la República con que me honró el voto de los pueblos. Servíos considerarla como es de esperarse, consultando el bien de vuestros comitentes y mis ardientes votos por su unión.

Recién la República había emergido de un conflicto internacional tras el Bloqueo Naval a todos los puertos del país, donde una flota de barcos pertenecientes a la armada de varias naciones europeas, sitiaron las costas con motivo de las ingentes e impagables deudas contraídas por el Gobierno nacional.

No aceptada

Por su puesto, el parlamento nacional fue enfático en negar la dimisión de la máxima autoridad y contestó que *"la República necesita a hombres de su alta talla moral"*, acontecimiento que generó una nutrida correspondencia desde todos los rincones del país y desde más allá de sus fronteras. Pero tal renuncia fue una argucia de Castro con el objeto de indagar el peso de su influencia o de su poderío como caudillo. "Nadie utilizó tanto este estratégico recurso como Cipriano Castro", y lo hacía deliberadamente con recurrencia para deslindarse de un ministro que había perdido su confianza o para que renunciara su gabinete en pleno. Igualmente lo hacía con la finalidad de perseguir la aclamación pública.

Fuente: Francisco Salazar Martínez. Tiempo de Compadres. Librería Piñango. Caracas 1972

Cinco son los presidentes fallecidos
en ejercicio de sus funciones

LA HISTORIA DE VENEZUELA tiene por cierto que Francisco Linares Alcántara fue el primer presidente fallecido en funciones de Estado, lo que no es cierto, pues fue José Tadeo Monagas, aunque el titular para el momento de su deceso, era el doctor Guillermo Tell Villegas.

Correcciones tempranas del acucioso historiador Rafael Arráiz Lucca, advierten que Monagas, en su carácter de general en jefe de los Ejércitos de la Revolución, dictó un decreto reorganizando la administración ejecutiva general y el 30, un nuevo ordenamiento declarando vigente la Constitución Federal de 1864, designado así a Villegas como presidente interino. No obstante, el viejo caudillo contrajo una afección pulmonar que terminó con su vida el 18 de noviembre de 1868, cuando contaba con 84 años de edad.

José Tadeo había sido presidente de la República en dos oportunidades, desde 1847 hasta 1851 y en el segundo periodo constitucional señalado desde 1855 a 1858. Al momento de su deceso, aspiraba a un tercer mandato, candidatura –por cierto-, muy favorecida.

Linares Alcántara sería el segundo jefe de Estado en morir en el mandato presidencial. Como consecuencia de una afección bronquial, que lo obligó a guardar reposo absoluto cuando se dirigía de Caracas a La Guaira, después de nueve días, murió en la casa de la Compañía Guipuzcoana el 30 de noviembre de 1878, a las 11:30 de la noche, sin completar su bienio presidencial. Algunos historiadores han comentado la versión dejada correr en aquel tiempo, según la cual, Linares Alcántara murió envenenado. Otros apuntan que el deceso provino de una pulmonía. "El presidente había bajado al Litoral Central a reponerse de una afección bronquial que lo aquejaba, pero esto no cancela la posibilidad del asesinato".

La crónica

Los restos mortales del presidente Linares Alcántara fueron trasladados en procesión al Panteón Nacional entre rumores y la zozobra general. "En el trayecto se escuchó un disparo que desató el pánico entre la multitud que lo acompañaba, la cual comenzó a correr en desbandada abandonando la urna en plena calle". Apunta González Esteves, que el incidente da cuenta de la tensa situación que se respiraba en esos días en la capital del país.

Enfermedad y muerte del «General-Presidente»

El tercer dignatario en morir en pleno ejercicio presidencial, sería el general Juan Vicente Gómez, cuando tenía 27 años gobernando a Venezuela. Investigadores señalan que, probablemente, su deceso se produjo uno o dos días antes, pero sus partidarios retrasaron el anuncio para hacerla coincidir con la fecha de la muerte de El Libertador.

Se presume que las enfermedades que lo llevaron al sepulcro fueron Adenoma -tumor- prostático (patología propia de su edad) y Diabetes mellitus. Aunque estos datos históricos nunca han sido verificados. Los primeros quebrantos de salud de su última enfermedad le comenzaron en Caracas, durante la primera semana del mes de noviembre de 1935.

Se vio obligado el «General-Presidente» a trasladarse a la ciudad de Maracay el 14 de noviembre, residenciándose en su casa de habitación llamada «El Veintitrés de Mayo», ubicada en Las Delicias, de donde no salió con vida. Realmente el dictador murió de dos enfermedades: Adenoma tumor prostático (patología propia de su edad) y Diabetes mellitus, esta última aparecida en abril de 1935.

En cuanto al adenoma, «empezó a sufrir sus consecuencias antes de 1921, con trastornos de la micción; poliuria, disuria y disminución del chorro urinario". Después en forma lenta presentó distensión de la vejiga, los uréteres y los riñones, con insuficiencia e infección…» (Revista de la Sociedad Venezolana de Historia de la Medicina. Vol. XXXI. Caracas, 1982, Número extraordinario, II Parte, p. 103).

Con respecto a la diabetes, «le apareció ocho meses antes de su muerte, en abril, la cual era grave desde su comienzo porque era irreductible y sólo se lograba disminuir la glicemia con grandes cantidades de dosis de insulina y que evolucionando en un terreno infectado y de insuficiencia renal, agravó más el proceso que contribuyó en alto grado para acelerar la muerte.» (Ibídem., pp. 103-104). «El 15 de diciembre de 1935 sufrió a las doce m. un colapso cardíaco respiratorio, del cual se recuperó mediante inyecciones de aceite alcanforado, coralina y hasta adrenalina. [.]. Desde el día del colapso no pudo levantarse más de su lecho. Estaba somnoliento, pero conservaba el conocimiento ya que conversó con su hijo Florencio a las 3 de la mañana del día 17 de diciembre. Más tarde, a las once y cuarenta y cinco minutos de la noche, exhaló su último aliento... (Ibíd., p.101).

Magnicidio de Delgado Chalbaud

El cuarto presidente en morir en el ejercicio de funciones, fue Carlos Delgado Chalbaud, no de forma natural, sino en un magnicidio. Siendo el único que se ha registrado en la historia venezolana. Hasta 1965 cuando se erigió la mansión presidencial La Casona, los presidentes de Venezuela despachaban en el palacio de Miraflores y dormían en sus casas, y la del comandante Carlos Delgado Chalbaud, la Quinta Lois, estaba ubicada entre Puente Chapellín y Country Club.

En la mañana del lunes 13 de noviembre de 1950, un poco después de las 8, Delgado Chalbaud se dispuso salir hacia el despacho presidencial junto al teniente de navío Bacalao Lara, su edecán. Unos 24 conjurados, esperaban agazapados en las proximidades, distribuidos en 5 vehículos, quienes lo interceptaron atravesando otro vehículo en la vía por donde debía pasar el Cadillac presidencial, flanqueado ya por otros tres automotores.

Rápidamente los hombres del presidente fueron reducidos, desarmando al teniente Bacalao, mientras otro grupo liderado por

Rafael Simón Urbina se encargaba de Delgado Chalbaud. A las 9:20 de la mañana el presidente y sus hombres fueron conducidos a la quinta Maritza y al momento cuando el conductor estacionaba el auto, a uno de los conjurados se le accionó el arma, hiriendo a Urbina en la pierna derecha, que en medio de la confusión Chalbaud intentó auxiliar.

Domingo y Mijares accionaron sus armas contra el presidente y al momento que se desplomaba, Pedro Antonio Díaz le asestó otro disparo. Los demás asesinos dispararon contra el edecán Bacalao Lara e intentaron ultimar al chofer y al motorizado, Urbina lo impidió. A las once de la mañana, aún vivo pese a tener 4 impactos de bala, Delgado Chalbaud es trasladado al hospital militar, y dos horas más tarde, el doctor Paredes, jefe del equipo que atendía al presidente comunicó la infausta noticia.

Rafael Simón Urbina, líder de la conspiración, herido de bala, se escondió en la sede diplomática de Nicaragua, de donde la tarde del 13 de noviembre, una comisión de la Seguridad Nacional lo sacó para trasladarlo a la Cárcel Modelo, pero en el camino es ultimado a balazos. En los días siguientes, un tribunal fue constituido para procesar a los comprometidos en el magnicidio.

La prensa publicó en sus portadas grandes fotografías de Pedro Díaz, Domingo Urbina y Carlos Mijares, quienes fueron capturados poco a poco y son llevados a la Cárcel Modelo de Caracas. Domingo Urbina se fugó durante el gobierno de Betancourt, para incorporarse a las guerrillas de Douglas Bravo, por 4 años. En 1985 es asesinado en un ajuste de cuentas.

El quinto en fallecer

"Oficialmente", el 5 de marzo de 2013, a consecuencia de un cáncer, murió el presidente Hugo Rafael Chávez Frías. Sería el quinto mandatario en fallecer durante su periodo de Gobierno luego de ser sometido a una cuarta intervención quirúrgica, en el Hospital Militar de Caracas, de la que no se pudo recuperar. Tanto su estado de salud como el deceso, fue manejado con extrema prudencia, hasta el punto de no conocerse, a ciencia cierta, si los días finales del dignatario ocurrieron en Cuba, en donde se realizó el tratamiento oncológico, o en Venezuela. Aún existe incertidumbre si el hecho se registró en diciembre de 2012 o en marzo de 2013.

La situación sigue siendo un completo enigma pese a revelaciones de sus cercanos. Hubo protestas callejeras, y los estudiantes exigieron fe de vida del dignatario, pues el silencio fue una permanente estrategia de la vicepresidencia para usurpar el poder, razón por la cual mantuvieron hermético la verdadera fecha del deceso. El funeral de Estado fue multitudinario, y se realizó en la capital con la presencia de jefes de Estado y de Gobierno de diferentes países. Sus restos mortales reposan en permanente capilla ardiente dentro del Museo Histórico Militar o Cuartel de la Montaña, edificio cuya construcción se realizó entre 1904 y 1906.

Multitudinarias exequias

Serían tres los expresidentes llevados en hombros a lo largo boulevard El Cafetal. Raúl Leoni y Rómulo Betancourt fueron los primeros. Particularmente emotiva fue la conducción del doctor Leoni, quien falleció un 5 de julio en Nueva York mientras era tratado de una hemorragia. Eso fue en 1972. En las aceras de la avenida principal de El Cafetal, la gente se agolpó para ver pasar la lenta marcha de sus compañeros de partido que llevaban el ataúd en los hombros.

También los restos de Rómulo Betancourt debieron ser traídos a Caracas por estos días hace 30 años pues murió al anochecer del 28 de septiembre de 1981 en un hospital de Nueva York debido al derrame que sufrió al caer al piso en el apartamento donde escribía sus memorias. Como a Leoni, le fueron rendidos los honores según el protocolo de Estado el cual incluye el velatorio en capilla ardiente en el Salón Elíptico del Capitolio, en Caracas.

Estas honras fúnebres estuvieron especialmente concurridas y el pueblo adeco como en general la gente, las acompañó tanto en los actos protocolares al frente de los cuales estuvieron como les correspondía, los presidentes Rafael Caldera, en el caso de Leoni, y Luis Herrera Campins, en las exequias de Betancourt. La urna de Betancourt, envuelta por el pabellón tricolor, colocada sobre un armón, fue halada por cadetes.

En la historia de Venezuela del siglo XX, en septiembre de 1953, el féretro general Medina Angarita fue llevado en hombros por el pueblo desde Country Club hasta el Cementerio del Sur. Jornada jamás vista. Ramón J. Velásquez apunta que el gobierno decretó duelo oficial por ocho días, pero la viuda Irma Felizola de Medina Angarita, se negó a que el cadáver de su esposo fuera velado en el Salón Elíptico del Capitolio Nacional.

De su casa en la urbanización Country Club salió el cortejo fúnebre en horas de la mañana, seguida por miles de personas quienes turnándose condujeron la urna en hombros hasta el Cementerio general del Sur a donde llegaron a últimas horas de la tarde. El historiador Guillermo Morón cita al periodista Guillermo José Schael: "El general Medina fue sepultado después de la tarde. Hora en la cual llegó el féretro al Cementerio del Sur, conducido en hombros del pueblo, aquel luctuoso 16 de septiembre. Desde la hora en la cual salió el cortejo, 10 a.m. hasta casi el anochecer, caía una garúa sobre la ciudad. En el trayecto vimos a mucha gente derramar algunas lágrimas". Cientos de personas entonaron el Himno Nacional a la hora de la sepultura –añadió Velásquez en su registro.

El sepelio del asesinado presidente en funciones coronel Carlos Delgado Chalbaud, en noviembre de 1950, movilizó gente a pie –precisa Román Rojas Cabot. Pero menos que Medina en 1953, Leoni en 1972 y Betancourt en 1981.

El General Eleazar López Contreras murió en sana paz en Caracas al despuntar el año 1973. Sus restos los condujeron al Cementerio del Este, inaugurado cinco años antes en el sector La Guairita, en el Sur-Este de la capital.

Allí también reposan Leoni, Betancourt; Herrera Campins quien a los 82 años falleció en Caracas en noviembre de 2007, que en el momento de su funeral, cadetes y músicos del Ejército entonaron el Himno Nacional y le rindieron otros honores.

En cuanto a Rafael Caldera, fallecido en Caracas, el 24 de diciembre de 2009, de 93 años; y a Carlos Andrés Pérez, quien pereció en Miami, un año después, el 25 de diciembre de 2010, de 88 años de edad, el Gobierno de Hugo Chávez les negó honores fúnebres correspondientes a los exmandatarios nacionales.

Fuente: Edgar González Esteves. La Guerra de Los Caudillos, pág. 105 Colección Los Libros de El Nacional

Pedro Vicente Gómez Contreras. La muerte de un Presidente. El Asesinato de Delgado Chalbaud

Rafael Arráiz Lucca, Venezuela: 1830 a nuestros días. Editorial ALFA. Caracas 2011

Agustín Blanco Muñoz. Habla el General. Coedición UCV- Editorial José Martí. Caracas 1983. Segunda edición. pp. 99-116.

Jesús Sanoja Hernández. La historia del único magnicidio en Venezuela. El Nacional, 3 de agosto de 1997. pp. 10-11.

Antonio Márquez Mata. Un asesinato que cambió la historia de Venezuela. Últimas Noticias, 12 de noviembre de 1970. pp. 28-29.

José Suárez Núñez. Condenados por asesinato de Delgado Chalbaud abandonarán la cárcel sin alentar rencores. Últimas Noticias, 13 de noviembre de 1970. p.6

Pascual Villegas. Enfermedad y muerte del «General-Presidente»

Diccionario de Historia de Venezuela. 2da edición (cuatro tomos) 1997. Caracas, Venezuela

Expulsada de Venezuela

EL 6 DE JULIO de 1814, Simón Bolívar dio instrucciones precisas para que se evacuara la ciudad de Caracas, apuntando: "Todas las familias y las personas, sin exceptuar uno solo". Eso quería decir que todo el mundo debía salir de la capital. La situación era desesperada. Las tropas realistas avanzaban sin pausa y amenazaban con degollar a todos los blancos que se encontraran en la ciudad. Los que no alcanzaran a salir por la vía marítima del puerto de La Guaira, debían tomar el camino de Capaya en dirección a oriente.

Para sorpresa del Libertador, su hermana María Antonia se negó rotundamente a obedecer sus órdenes, y le hizo saber que bajo ningún concepto se iría de su casa y mucho menos abandonaría sus propiedades. No tenía el menor motivo para salir en carrera hacia La Guaira, mucho menos correría despavorida por el camino de Capaya.

No había habitante de Caracas que no supiera que María Antonia era partidaria de la causa de la Corona española. Estaba convencida que no le sucedería absolutamente nada y más bien, esperaría en caracas a los ejércitos del Rey. Bolívar pensaba lo contrario y estaba totalmente convencido que toda su familia, realista o no, sería aniquilada sin contemplaciones, por tanto, ese mismo día ordenó a su lugarteniente hacerse cargo del delicado asunto.

Inmediatamente, un teniente con cuatro soldados sacó a María Antonia de su casa, con sus cuatro muchachos y su marido, pese a la renuencia de la criolla principal, y los condujeron a La Guaira, forzándolos a abordar un barco con destino a Curazao, en donde ya el Libertador tenía puerta franca. La historiadora Inés Quintero apunta que la mayoría de los caraqueños no corrió con la misma suerte y muchos perdieron la vida en el camino a oriente del país.

Fuente: No es cuento, es Historia. Inés Quintero. Caracas, mayo de 2013

Las virtudes ciudadanas en Fermín Toro

A **FERMÍN TORO** se le ha estudiado como político, literato, educador, poeta, humanista, periodista y como estudioso de las ciencias naturales. Habría que profundizar su trabajo como diplomático, encomienda que le hemos sugerido al doctor Carlos Jiménez Lizarzado, historiador de densa pluma. Sus virtudes ciudadanas le motivaron a imponerse contra el poder establecido. En 1932 como diputado, conociendo el parecer de Páez, opuesto a que Bolívar entrara a Venezuela, vivo o muerto, en el Congreso Nacional, alzó su voz con estridencia para pedir el regreso de los restos del Libertador a Caracas.

EN DATO: Fermín Toro realizó la primera conferencia de prensa registrada y documentada en el mundo

Frente al asalto al parlamento nacional el 24 de enero de 1848 instigado por José Tadeo Monagas, al inquirirle regresar a su curul dijo "Díganle al General Monagas, que mi cadáver lo llevarán, pero que Fermín Toro no se prostituye". En Fermín Toro encontramos al hombre macerado para el cargo de Canciller de Venezuela. En 1839 fue secretario de la Legación ante el Reino Unido de la Gran Bretaña. En la capital inglesa perfecciona conocimientos políticos y sociológicos y estudia inglés. Con Alejo Fortique atiende la defensa -por primera vez-, ante el Gobierno británico sobre los derechos de Venezuela en la Guayana Esequiba, hoy reclamación abandonada y engavetada.

Notable escritor

En su obra "Europa y América" refleja el saber universal. Analiza lo que pasaba en Rusia, Turquía, Polonia e Irlanda, las repúblicas italianas, el yugo inglés en Asia y el despotismo austriaco, la significación del Congreso de Panamá y el auxilio de la América a México a propósito de la invasión de Francia. Examina el aporte del cristianismo a la humanidad con el misterio de un Dios hecho hombre. Estudia la guerra y las ventajas de la paz y el principio de la reciprocidad. Aboga por el aporte de los extranjeros y porque sean recibidos con generosidad.

Sus crónicas

En 1842, Toro se encargó de presidir la comisión que preparó en Caracas las honras fúnebres a Simón Bolívar, con motivo del traslado de sus restos, convirtiéndose en el cronista que narró el acontecimiento al escribir la Descripción de los honores fúnebres consagrados a los restos del Libertador Simón Bolívar.

La primera rueda de prensa

En su carrera diplomática el momento más sublime fue en 1846 siendo Ministro Plenipotenciario ante el Gobierno de España, habiendo fallecido el General Rafael Urdaneta y Alejo Fortique a quienes se les había encomendado un Tratado de Paz, Reconocimiento y Amistad entre Venezuela y España logra la aceptación definitiva de la independencia de Venezuela por España. Es entonces cuando realiza la primera conferencia de prensa conocida y documentada en el mundo.

A propósito del asalto de Monagas al Congreso en 1848, cuando la Junta Gubernativa de Maracaibo pidió por intermedio de Juan Manuel Manrique al Encargado de Negocios de los Estados Unidos de Norteamérica B. G. Shields, una intervención para acabar con la guerra civil que Monagas provocaba, Toro echa mano del Derecho Internacional Público y solicita mejor una mediación ante los partidos beligerantes. Reincorporado a la vida política en 1858 con la llamada "Revolución de Marzo" es nombrado por Julián Castro, Ministro de Relaciones Exteriores.

Como Canciller de Venezuela le tocó, desenredar toda la situación producida por el llamado "Protocolo Urrutia". Concluirá sus días de diplomático luego de 1860 con Misiones en España, Francia e Inglaterra, donde se ocupó de un caso delicado: explicar la muerte y confiscación de bienes de ciudadanos de estos países por los revolucionarios a causa de la Guerra Federal, conflicto que se estaba viviendo en el territorio venezolano. Nos dejó como imperecedero legado el de no vender su pluma ante los caudillos que nos gobiernan. Murió en 1865. Sus restos reposan en el Panteón Nacional desde el 23 de abril de 1876.

Aquilino Juares fue destituido por fraude electoral en 1872

EL PRESTIGIO del general Aquilino Juares quedó en entredicho tras las investigaciones por forjamiento de actas. Se le acusaba de manipular las elecciones a favor del Partido Liberal. Pese a su poder, el desenlace fue inevitable, aunque al final terminó favorecido, pues era uno de los hombres más notables y progresistas de la región.

Juares nació en Cabudare el 5 de enero de 1846, de la unión de Nieves Juares e Inés Rumbo. Sus primeros años de vida transcurrieron en la población de Sarare entre 1849 hasta 1859, donde recibió educación de parte de su padre, quien regentaba allí una escuela municipal. A los 13 años se incorporó al batallón del general centralista Francisco García a su paso por Sarare vía Gamelotal, que como bautismo de guerra, participó dos días después en la Batalla de Tierritas Blancas, el 3 de septiembre de 1859. Luego de un encuentro sangriento, desertó y se alistó en las filas federalistas al mando del general Juan Crisóstomo Falcón, luchando en las batallas de Santa Inés registrada el 10 de diciembre de 1859 y Coplé el 17 de febrero 1860.

Cuando Antonio Guzmán Blanco asciende a la primera magistratura nacional en 1870, por medio de la Revolución de Abril, tuvo que lidiar por casi dos años con una recia oposición, que terminó liquidando con las elecciones de 1872, en donde se eligió al presidente y demás representantes de las entidades regionales.

En el proceso comicial -como era de esperarse- Guzmán fue ratificado como presidente y sus acólitos obtienen la mayoría de los cargos de representación. No obstante, el doctor en Historia Jaime Ybarra, en su investigación: Fraude electoral de Barquisimeto, 1872, apunta que en la jurisdicción se formula una denuncia relacionada con fraude electoral que implican directamente al general Aquilino Juares y Eusebio Díaz, ambos pertenecientes al Partido Liberal.

Escudriñan los resultados

A través del oficio N° 362, expedido por el Ministerio de Interior y Justicia, el 21 de octubre de 1872, el presidente Guzmán Blanco ordena a Joaquín Berríos, efectúe la correspondiente investigación sobre *"forjamiento de actas"*. El historiador señala que la investigación se centró en la existencia de 96 mil 714 votos en el distrito San Miguel del departamento Urdaneta. "Las estadísticas de esta circunscripción confirman que la localidad de San Miguel tenía una población de 11 mil 166 habitantes, y el departamento Barquisimeto, capital del estado, 42 mil 266, por ende, resulta imposible que de los 17 distritos que conformaban el estado Barquisimeto, sólo en San Miguel se hubiera registrado 96.714 votos, considerando que todo el estado tenía una población de 144.230 habitantes".

Confirmada las irregularidades en los comicios de Barquisimeto, el Ejecutivo nacional, mediante Decreto del 8 de noviembre de 1873, declaró la nulidad del evento electoral y ordenó se realizaran nuevamente. El fraude le costó la separación del cargo al general Aquilino Juares, quien fue sustituido por su homólogo Eleazar Urdaneta. Algunos cómplices de la sonada transgresión fueron encarcelados, pero los autores intelectuales como Juares, Juan Tomás Pérez y Ramón y Simón Escobar, alcanzaron poco después, importantes cargos de representación, *"además de formar parte de la élite editorial barquisimetana"*.

Un hombre público

Aquilino Juares fue presidente del estado Barquisimeto entre 1871 y 1873. Más tarde, en 1874, representó al mismo estado en el senado. Presidió el estado Yaracuy en 1880 y un año después fue gobernador de la sección Yaracuy del Gran estado Norte de Occidente. Nuevamente alcanza la primera magistratura del estado Lara entre 1894 a 1898. Senador por el estado Falcón en febrero de 1898 y ocupó la cartera de Guerra y Marina en octubre de ese año. Parlamentario por Lara en enero de 1901 y febrero de 1902, y finalmente senador de la misma entidad regional en junio y julio de 1904, muriendo repentinamente de «insuficiencia aórtica» y en estado de pobreza el 30 de agosto de ese año.

Fuente: Diccionario de Venezuela Fundación Polar N°2

Brito, José Ramón. Hombres ilustres de Cabudare. Barquisimeto, 1946.

Felice Cardot, Carlos. Antología Cabudareña. Publicación de la municipalidad de Barquisimeto. Barquisimeto, 1 de mayo de 1994

Mac. Pherson, Telasco A. Diccionario del Estado Lara. Histórico, geográfico, estadístico y biográfico. 3era edición. Biblioteca de autores larenses. No. 3. Ediciones de la Presidencia de la República. Caracas, 1981.

Silva Uzcátegui, Rafael Domingo. Enciclopedia Larense. Geografía física, política y económica, geología, paleontología, mineralogía, fauna, historia civil y militar, historia de la Diócesis de Barquisimeto. T I. Caracas, 1969.

El Desafío de Historia. Revista 38

El expresidente Joaquín Crespo fue velado en Cabudare

DOS SILLAS DE MADERA y cuero de color negro, propiedad del general José María Ponte, sirvieron para colocar el ataúd. En el piso, de ladrillos irregulares, contiguo al cajón donde yacía el corpulento general Joaquín Crespo, se situaron varias velas en fila para alumbrar el cadáver del expresidente de la República. En el lugar solo se escuchaban algunos murmullos y llantos reprimidos que fueron interrumpidos por las palabras que pronunció, para el descanso eterno del célebre militar, el presbítero Diocesano López, quien se paró frente a la urna de tablas, ataviado con un sobrepelliz y estola negra, sosteniendo sobre sus manos un crucifijo de plata maciza y en la otra una pequeña Biblia con cubierta de terciopelo rojo intenso.

Los despojos de Crespo, los situaron en el corredor de la Casa de Alto, única en Cabudare con balcón, de allí su nombre. Era una casona de techo de tejas, pisos de ladrillos, en la primera planta, en la superior de tablas de buena madera. Exhibía gruesas paredes de adobe, amplios ventanales y puertas de dos hojas. Estuvo afincada en la Calle o camino Real, que luego pasó a denominarse Calle San Juan Bautista, más tarde Juancho Gómez y hoy avenida Libertador. El propietario para el luctuoso momento del velorio, era el general Amábilis Solaigne. Las ruinas del inmueble estuvieron en pie hasta 1996.

La mayoría de los habitantes del pueblo de Cabudare, se acercaron a rendir el último tributo al general. Las crónicas registraron que "a muchos se les vio llorar, incluso a distinguidas damas, quienes elevaron plegarias al Cielo".

A las pocas horas del velorio, ya entrada la tarde, llegaron al lugar del velorio, el doctor Luis Muñoz Tébar y Eduardo Brandt, provenientes de Barquisimeto, con el mandato de intervenir nuevamente el cadáver, procediendo a cubrir la urna con una considerable capa de yeso. Ya en la noche de ese mismo día, el féretro de Crespo fue llevado a Barquisimeto para continuar camino a Caracas por vía del Ferrocarril Bolívar. Hasta hacía unas horas antes, había sido el caudillo más poderoso de Venezuela y el miembro más destacado del liberalismo amarillo. Crespo nació en San Francisco de Cara, estado Aragua, el 22 de agosto de 1841. Su carrera militar la inició -muy joven-, en 1858, al alistarse en las filas del ejército federal, que ya al final de la Guerra de los Cinco Años, figuró bajo las órdenes de Ezequiel Zamora, Juan Crisóstomo Falcón y Antonio Guzmán Blanco.

De un disparo

En abril de 1897, llegó al estado Lara, el general José Manuel Hernández, con la expresa misión de promocionarse para la presidencia del país. Siguió la marcha a los pueblos foráneos de El Tocuyo, Carora, Curarigua, entre otros, en donde fundó los "Comité de Propaganda Electoraria hernandistas".

Había por parte del Gobierno nacional, al mando del general Joaquín Crespo, amplias garantías para que la propaganda y las nuevas elecciones se hicieran con toda libertad, resultando ganador Ignacio Andrade para presidir el país y al general Torres Aular para dirigir al estado Lara. Sin embrago *El Mocho* Hernández desconoció el nuevo mandato, alegando fraude electoral, y en Queipa, el 2 de marzo de 1898, proclamó Revolución Nacionalista. El presidente de la República nombró a Joaquín Crespo comandante en jefe del Ejército Nacional en Campaña y al general cabudareño Aquilino Juares, jefe de la Segunda Circunscripción Militar de la República. Juares enlistó su ejército en Barquisimeto y Crespo salió a perseguir al "mocho" en La Mata Carmelera, estado Cojedes, en donde a poco de iniciarse la batalla, cayó muerto por una bala, a las ocho de la mañana, el 16 de abril de 1898.

El cadáver fue salado

El doctor José Rafael Núñez, Comisario General de Guerra y Secretario del Ejército del Gobierno, describió en el parte, que el cadáver del general Crespo lo sacaron del campo de batalla hasta Acarigua en hamaca. Allí, "con sal y otros elementos de que podían disponer, lo prepararon para traerlo a Caracas, como lo hicieron vía Barquisimeto". De Acarigua lo llevaron a Cabudare, a donde entró el cadáver el 19 de abril, en una carreta tirada por una "hermosa mula" y seguido de un pelotón de tropa al mando del general Guillermo Barráez.

El cuerpo embalsamado con sal, estaba sumergido en un cajón de madera cubierto con gran cantidad de hojas de cambur. En medio de una íntima y silenciosa recepción, los generales Francisco de Paula Vásquez, jefe del batallón que ocupaba la plaza de Cabudare, José María Ponte y el doctor Antonio Heredia, recibieron el féretro.

Ni en el cementerio
tampoco en el Panteón Nacional

El cadáver de Joaquín Crespo fue inhumado en un mausoleo en el Cementerio General del Sur en Caracas, y en marzo de 2013, sus familiares denunciaron que los sarcófagos del general y su esposa, Jacinta Parejo de Crespo "Misia Jacinta", fueron profanados y sus restos desaparecieron. La dramática noticia fue publicada por numerosos medios de comunicación social de Venezuela e incluso de otros países, aunque las autoridades negaron el hecho argumentando que no fueron los restos de Crespo los que sustrajeron los profanadores, sino el de otro familiar pese a las contundentes fotografías que ruedan en Internet. Por su parte, la Academia Nacional de la Historia reveló que el expresidente Joaquín Crespo, tampoco se encuentra en el Panteón Nacional, pues no figura entre los ocho dignatarios de Venezuela que se encuentran en la iglesia convertida en monumento.

Fuente: Rafael Domingo Silva Uzcátegui. Enciclopedia Larense. Tomo I. Biblioteca de Autores Larenses. Ediciones de la Presidencia de la República. Caracas 1981

Memorias sobre las revoluciones de Venezuela José Francisco Heredia – Sección 1895. Venezuela 1980

Julio Álvarez Casamayor. El Kabudari. Cabudare. Junio de 1998

Telasco Mac-Pherson. Diccionario Histórico, Geográfico, Estadístico y Biográfico del estado Lara. Barquisimeto 1883

Cabudare tuvo su primera imprenta en 1865

EN MEDIO de las ideas de progreso del general Nicolás Patiño Sosa, primer presidente de la Provincia de Barquisimeto, electo en comicios populares, 1865-1868, su gobierno adquiere una imprenta y se instala en una antigua casona de la calle Real de Cabudare, que era la capital del Estado Federal. Según el historiador Silva Uzcátegui, «era una imprenta usada que había pertenecido al general Gumercindo Giménez», quien la había vendido al gobierno provincial. La novedosa imprenta tenía como objetivo sacar a la luz un periódico semi oficial conocido como *El Cóndor de Terepaima*.

Sería este medio de comunicación el primero que apareció y se imprimió en esa localidad, cuyos redactores fueron el doctor Eduardo Ortíz y el general Tomás Pérez. El impreso publicaba las obras del Gobierno Federal en Barquisimeto y fuera de sus fronteras. En 1868, al triunfar la Revolución Azul, fue mudada la capital a Barquisimeto y por ende la sede del gobierno, quedando Cabudare sin imprenta, desapareciendo así *El Cóndor de Terepaima*.

Fuente: Rafael Domingo Silva Uzcátegui. Enciclopedia Larense. Tomo II. España 1968
José Ramón Brito. Gobernantes del estado Lara 1552 a 1977. Caracas 1978

Ya no suenan las campanas de la antigua Catedral de Barquisimeto

YA LAS VIEJAS CAMPANAS del templo de San Francisco de Asís, no suenan. Tampoco sirve su reloj. Quedó estacionado a las once y cincuenta y cinco, como delatando su protesta. Vecinos de la Plaza Lara, señalan que el reloj se deterioró luego que el párroco de la iglesia ordenara detenerlo por las insistentes quejas generadas por el excesivo ruido de las campanas. Otros aseguran que se dañó primero la máquina del reloj lo que produjo que las campanas dejaran de "cantar".

Las hipótesis no pudieron ser confirmadas por ausencia de la fuente primaria, aun cuando EL IMPULSO hizo esfuerzos para conseguir la información. El mecanismo atestado de óxido y estiércol de aves, da cuenta de su paralización. Las agujas de madera, a punto de desprenderse por el olvido, configuran una escena macabra de la desidia. Las robustas campanas detenidas como testigos de la historia de la ciudad y los grandes acontecimientos, parecieran esperar mejores tiempos. El campanario espera por la acción gubernamental y la advertencia temprana de la feligresía. Barquisimeto añora el sonido metálico de los dobles de las campanas, que son patrimonio de la ciudad. Su muerte temprana dolería más que el propio recuerdo.

De larga data

Según Iván Brito López, cronista, apunta que el reloj fue instalado en el campanario de la iglesia en 1884, aproximadamente. "Esto formó parte de las obras que se ejecutaron en Barquisimeto en el periodo de Guzmán Blanco, cuando Jacinto Fabricio Lara gobernaba la ciudad y seguido por Aquilino Juares". Por otra parte, Ricardo Valecillo, cronista de la parroquia Catedral, reseña que el reloj se instaló en 1888, cuando se construyó la torre campanario.

Catedral de Barquisimeto

La antigua Catedral se inauguró en 1865, permaneciendo con esa categoría hasta 1869. Por muchos años estuvo cerrada por daños ocasionados por terremotos o reparaciones largas efectuadas en su interior. Como resultado del Terremoto de EL Tocuyo en 1950, obligó a realizar la última refacción de consideración. Del templo original –narra Valecillo-, queda hoy el campanario y las paredes perimetrales este y oeste. Es una iglesia de tres naves y fue necesario remozar y rehacer la fachada tal cual era antiguamente. El templo construido con pilastras de columnas cilíndricas, de orden toscano y concreto martillado. La escala del campanario no se ajusta al cuerpo de la iglesia, esto debido a sus múltiples intervenciones.

Valor patrimonial

En el interior del hermoso templo, se exhiben piezas de gran valor patrimonial y artístico. El cronista Valecillo, remarca que entre las obras se encuentra un cuadro de ánimas de un pintor establecido en Roma, de apellido Navarro, el cual se muestra en el altar de la nave del Evangelio. Otra de las piezas sería una imagen de vestir de la época colonial, que inicialmente era una Dolorosa pero que en la actualidad se utiliza con diferentes advocaciones.

El Nazareno de Macario Yépez

Igualmente, la iglesia tiene una imagen de Jesús Nazareno, donado por Flavio Campos Yépez, personalidad que sirvió de modelo para crear el rostro de la talla policromada realizada en Caracas. Este personaje era sobrino del padre José Macario Yépez e Isabel Yépez de Campo. "Dice la tradición, que la madre de Flavio, había prometido donar la escultura del Nazareno a la iglesia, pero debido a prematuro deceso, no pudo cumplir este legado. Pero fue el párroco de aquel entonces que observó varias revelaciones de la mujer convidándole hacer cumplir su promesa y mandara a elaborar la talla", amplía Valecillo.

Posee el templo de San Francisco de Asís, una Santísima Trinidad que se encuentra en el sitio donde anteriormente se ubicaba el bautisterio. Las cátedras de capítulo, son otro elemento de especial relevancia. "Estas guardan en su espaldar la fisonomía de los doce apóstoles, hecha posiblemente por un escultor ecuatoriano", describe el cronista.

Sarare nació como parroquia civil junto a la Independencia

Los apuntes del obispo Mariano Martí sentaron las bases para el reconocimiento de Sarare como centro poblado, el cual ha venido celebrando el 9 de octubre, la efemérides de esa importante región larense, toda vez que la extinta Asamblea Legislativa de Lara, creó por decreto esa entidad municipal, ratificando su identificación gracias a la rigurosa investigación del investigador Francisco Cañizales Verde, historiador que fungió como asesor de este cuerpo colegiado.

Cañizales sugirió ratificar el nombre cuando otrora era el municipio Simón Planas del distrito Palavecino. En 1989, cuando entra en vigencia la nueva legislación municipal, cesaron los distritos, sobreviviendo solo dos: el Distrito Federal y otro ubicado en el estado Apure.

No tuvo fundación

La Zona Educativa del estado Lara, publicó un libro en donde se da por sentado que Sarare fue objeto de fundación hispana -ratificando el error-, que Sarare la fundó el padre Fray Pedro de Alcalá en el año 1716. Según, Alcalá ordena reunir a los indios nómadas de la zona del río Sarare compuestos por: Cherrecheres, Guamonteyes, Guamos, Atures, Colorados, Achaguas, Guáricos, Taparitas, Gayones y Otomacos para poblar unos terrenos baldíos situados en la ribera del río Sarare a cinco leguas de Villa Araure, y a ocho de Barquisimeto. Este lugar llevaría el nombre de San Antonio de Sarare. Según investigación del historiador Ambrosio Perera, autor del clásico Historia de Pueblos Antiguos de Venezuela, editado en tres grandes tomos, eso nunca ocurrió.

En Relaciones Geográficas de la Gobernación de Venezuela 1767-68, el investigador Ángel de Altolaguirre y Duvale, se inserta un documento emanado de las misiones católicas de Venezuela, rubricado en 1770, en el cual no aparece la fundación de Sarare como pueblo. "De haber fundado el pueblo o sitio de Sarare en 1716, en el documento de 1770, debería aparecer ya registrado", adicionando que es una localidad denominada Cerro Negro, que sería luego EL Altar, hoy jurisdicción de Simón Planas. Con el transcurrir del tiempo, por razones de salud (constantemente atacado por epidemias) desapareció en el tiempo. Cerro Negro del Altar, Cerro Negro o El Altar, como pueblo de misión sí aparece en este censo con fecha precisa: "Fue fundado en 1757 por don José de Espera. Sus almas alcanzan cien".

La visita pastoral

El doctor Perera no logró descifrar fecha de fundación de Sarare, porque para el momento que el acucioso sacerdote, sociólogo, geógrafo e historiador, Mariano Martí, estuvo en ese poblado en visita pastoral, el 12 de febrero de 1779, había un montón de casas. No es un pueblo. No existe un curato y depende de las parroquias católicas de Barquisimeto. Tampoco había claridad sobre la propiedad de la tierra, éstas pertenecías al padre Pedro Antonio Campero. Serían las aclaratorias que pronunció el obispo Martí en el sitio de Sarare, lo que conllevaría a que en la primera Carta Magna de 1811, especifica que los pueblos de Santa Rosa, Bobare, El Altar, Buría y Sarare, pertenece al Cantón Barquisimeto.

Entre 1779 y 1811 hay un eslabón perdido que el propio Perera no pudo dilucidar a pesar de su rigurosa investigación de tres décadas. Al parecer, se tomó como referencia que aquellos lugares con economía propia, integrada de fieles católicos se pudieran elevar a parroquias civil. Sarare nació entonces con la Independencia de Venezuela, antes no lo era de acuerdo a la impresión de Martí, y gracias al obispo, se sentaron las bases para que naciera Sarare como parroquia civil.

Lento pero sostenido

Sarare ha registrado un crecimiento lento pero sostenido: De acuerdo al Instituto Nacional de Estadísticas INE, Desde 1990, al año 2014, registró un universo de 20.335 habitantes. Un reportaje de EL IMPULSO recientemente publicado, totaliza la cifra de 40.427 habitantes en Simón Planas y 19.125 residentes en Sarare, lo que apunta que en 23 años ha duplicado su universo poblacional.

La Mata en la memoria de Rafael Camacho

RESULTA INTERESANTE para el cronicario cabudareño, un comentario apuntado en CorreodeLara.com, sitio dedicado a rescatar y preservar la historia menuda del estado Lara y otras regiones del país. Nos topamos entonces con una atractiva narración de Rafael Camacho, personaje incógnito que habita los predios convulsos de La Mata, un megasector de Cabudare que se ha ido desarrollando con el paso del tiempo. La crónica de Camacho traslada a los lectores, al mágico y remoto poblamiento de La Mata y sus aledaños.

Las primeras familias La familia Camacho como muchas otras entre las que destacan los Ponte, los Lozada Castillo, los Vázquez, los Latiegue, los Suárez, se trasladaron a La Mata a habitar sus primeras viviendas en la segunda mitad del siglo pasado. Camacho narra –sin relegar detalles-, que su familia se mudó a Cabudare en 1959. "En 1960 nos fuimos a vivir a la Urbanización OCEVI" (hoy nadie la reconoce por su nombre) el Banco Obrero.

"He visto crecer La Mata desde su fundación y, recuerdo a Cabudare como un pueblito de tres calles principales (La Av. Libertador, la calle Juan de Dios Ponte y algunos fragmentos de la calle Santa Barbará)" advierte Camacho al tiempo que añade que Cabudare comenzaba en la Plaza La Cruz y terminaba en la Escuela Nueva Segovia, en Pueblo Arriba. No poseían servicios. Para 1963 ya los Camacho vivían en Urbanización OCEVI, a la que llegaron "de terceros", o sea fueron la tercera familia en ocupar las viviendas.

Según su relato, no disponían de agua por acueducto, ni mucho menos luz eléctrica. Tampoco existían calles de acceso, "y el que se descuidaba en la noche lo atacaban los cunaguaros". Las pocas familias en OCEVI, pronto se familiarizaron con rebaños de burros, vacas y muchas serpientes. Refiere Camacho que desde niño ha podido observar el crecimiento urbanístico de Cabudare,

La Mata, Los Rastrojos y La Piedad, así como la mayoría de otros asentamientos que surgieron en los años 80 en la denominada explosión demográfica más grande de Latinoamérica.

Era un caserío Rememora con devoción a don Eurípides Ponte, "quien ha sido nuestro vecino desde que construyó su casa en la avenida La Mata más o menos en el 65 o 66", después que Malariología edificó en el margen oeste de la calle que hoy es la avenida Presbítero Daniel Vizcaya. En la década de los 60, La Mata era un caserío compuesto inicialmente por Urbanización OCEVI, hoy casi nadie recuerda su nombre y es común indicar el organismo que la creó, "Banco Obrero".

Entre 1961-62, el entonces presidente Rómulo Betancourt, junto a una numerosa comitiva, visitó La Mata y caminó por la calle principal, tramo que fue asfaltado desde la hoy entrada a Cabudare hasta la Escuela Granja Héctor Rojas Meza, pista que tenía el ancho de un automóvil. El engranzonado camino comenzó a ver el futuro; más o menos por esa fecha pero posterior a la llegada de Betancourt, el Central Azucarero Río Turbio, construyó la Urbanización Daniel Carías para su personal y el gran valle de pastos tendió a desaparecer. Las escuelas de la zona Para 1964 Malariología construyó todo el urbanismo desde la calle 10 hasta la 1, incluyendo la Escuela Nacional Graduada La Mata N° 353, a donde ingresaron todos los niños de la zona, incluyendo Camacho, cursando 4to grado.

Indica en su descripción, que un tiempo atrás, se había improvisado una escuela mixta con aulas dobles 1 y 2, 3 y 4 y 5 y 6 en los tres cuartos de la casa N° 56 de la OCEVI. Allí, en ese año nació el Abasto La Mata en donde actualmente está "Frutísima" entre la calle 3 y 4. Igualmente se construyó la primera quinta: "Corito" de Juan Méndez Gonzales. Luego de este inmueble surgieron otros al margen de la nueva avenida que se inició para la inauguración del nuevo urbanismo, siendo más tarde asfaltada sus calles transversales por el ingeniero Jorge Gómez Ruíz, al frente de la Constructora 'Covialsa' que tenía su sede en el sitio donde hoy se asienta Corpoelec, antes Enelbar. La Mata crecía al igual que lo hizo Cabudare pero sin expansión hasta el primer gobierno de Carlos Andrés Pérez, cuando prorrumpe el desarrollo urbanístico Las Mercedes, más tarde El Trigal y El Paraíso y los edificios de Almarriera, en predios de las haciendas Santa Bárbara y Almarriera.

Realmente conoces quién era José Antonio Páez

POCAS PERSONAS saben de la vida civil del general José Antonio Páez, y es que resulta que para 1873, cuando murió a la edad de 82 años en la ciudad de Nueva York, Estados Unidos, era escritor, políglota y músico talentoso. Su verdadera hazaña personal, además de haber sido Libertador y presidente de Venezuela, fue la de cultivarse como individuo. Se convirtió en ávido lector y fue enriqueciendo el léxico y sus conocimientos sobre Historia Universal; escribió una autobiografía que es testimonio histórico único de los primeros 50 años de la historia de la República independiente; aprendió a hablar y escribir inglés y francés.

Fue alumno del célebre geógrafo y prócer de la Independencia de Venezuela, el italiano Agustín Codazzi, de quien aprendió lo suficiente de botánica para crear un tipo de rosal cuya flor hoy lleva el nombre de "Rosa Páez"; y decidió cambiar las maracas que tocaba en sus mocedades llaneras por los finos sonidos del piano y el violín hasta el punto de interpretar y componer piezas de música clásica.

Su casa fue un teatro

Páez fundó en su casa de Valencia, lo que fue quizás el primer grupo de teatro de la ciudad, inaugurándolo con una función de la tragedia "Otelo" escrita por William Shakespeare y siendo el mismo uno de los actores principales en compañía de Miguel Peña y Carlos Soublette, entre otros participantes.

El Dato

Durante los años de su madurez como político, pudo dedicarse a su verdadera pasión: aprendió teoría y solfeo, armonía, formas y estilos musicales, venció el miedo a cantar y aprendió a tocar el piano y el violín

Compuso varias piezas y en el Museo Histórico Nacional de Argentina se puede ver un cancionero de obras inéditas de su autoría en el cual figuran algunos fandangos, o joropos con múltiples voces y más de dos arpas. El general Páez debería ser recordado, más que por sus logros en tiempos de guerra y enredos de la política nacional, por el espíritu del hombre que no celebró su ignorancia, sino que se avergonzó de ella y logró superarla con esfuerzo y estudio. Tal vez la mejor virtud del "Centauro de los llanos", muy por encima de su valentía como guerrero y sus méritos como Libertador o presidente de Venezuela, fue su empeño por mejorarse como individuo y caballero al profundizar su cultura.

Sacerdotes larenses también destacaron en la política

UN BARQUISIMETANO y un cabudareño sobresalieron con su accionar desde sus curules en esa instancia representativa en dos épocas de encendido escenario político. Es muy poco conocido que desde la República hasta inicios del siglo XX, representantes de la iglesia católica tuvieron honda participación en las lides políticas y como resultado, ocuparon escaños en el Congreso Nacional. La revisión de la participación de los sacerdotes en los congresos que tuvieron lugar desde 1811 en adelante, pasando por el mal llamado Congresillo de Cariaco, es aún tema de estudio, pese a las limitaciones existentes con la fuente disponible.

El historiador Manuel Alberto Donis, apunta que "Desde temprano el estamento eclesiástico tomó parte de los eventos posteriores al 19 de Abril de 1810". Las Memorias del Congreso Republicano, atestiguan que en las juntas conformadas en las diferentes provincias de Venezuela, había por lo menos una sotana. En Barinas, Trujillo y Mérida, la presencia de los curas fue significativa. En el caso de esta última provincia, de sus nueve miembros (vocales), seis eran clérigos, escenario que nos habla de unos miembros de la iglesia comprometidos con una causa, en este caso, el gobierno de la Junta Central defensora de los derechos de Fernando VII.

El investigador Reinaldo Rojas, asegura que resultaba paradójico que aun cuando defendían los derechos del rey de España, vicario de Dios en la tierra, ellos, (los sacerdotes) aprobaron el desalojo del máximo funcionario del monarca: el capitán general don Vicente Emparan. Una vez convocado el Congreso Constituyente de 1811, en su conformación no faltaron los hombres de iglesia, sumando nueve en total, número demostrativo en aquel evento histórico. En1817, en el Congreso de Cariaco, "que ha pasado a la historia como Congresillo" que para Donis es "la reivindicación del poder civil y de la Confederación de 1811 sobre el poder uniformado imperante", el sacerdote José Cortez de Madariaga tuvo un concurso relevante. Desde el Congreso de Angostura en 1819, pasando por el Congreso de Cúcuta de 1821, los sacerdotes sumaron una importante representación y su voz un asidero trascendental para las políticas de entonces.

Dos larenses en el Congreso

Contagiado por el ambiente político dado su carácter justiciero, el presbítero José Macario Yépez, nacido en Barquisimeto en abril de 1799, quien luego fuera recordado por su plegaria a la Divina Pastora, identificado con la causa Conservadora, decidió participar en el Congreso Nacional como diputado en el periodo 1841-1844, siendo vicepresidente de la Cámara de Representantes entre 1842-1843. Más tarde fue senador en representación de Barquisimeto en 1846. Según las Memorias del Congreso, "el padre Yépez era un legislador de exaltado discurso en defensa de los intereses de su pueblo".

Otro larense que figuró como diputado por la Provincia de Barquisimeto, será José Antonio Ponte, quien con el transcurrir de los años será el VI arzobispo de Venezuela.

Ponte nació en Cabudare el 15 de junio de 1832. En el Seminario de Caracas, formó su personalidad consecuente con las causas justas y de los más necesitados en un escenario marcado por el horror de la Guerra de Independencia. En julio de 1858, con tan solo 26 años de edad, se traslada a Valencia, como diputado a esa representación nacional, en donde retumbó con su elocuente oratoria en referencia de las preocupaciones de la época. Fermín Toro, diputado en ese congreso escribe sobre Ponte: *"Por lo demás, se le vio siempre aconsejando la moderación, i llevando a los ánimos exaltados deseos de conciliación benévolas"*.

En 1869, encontramos al sacerdote cabudareño en el senado de la República y sentado en el sillón de esa presidencia. Y como de costumbre, *"su voz resonó no como el eco de pomposas declamaciones del tribuno que halaga a las multitudes i mendiga aplausos para satisfacer exigencias del interés, de la vanidad o del orgullo, sino como la suave i dulce del filósofo cristiano que enuncia las verdades políticas i sociales, con sencillez i naturalidad; i en ese tono persuasivo que lleva la convicción a la inteligencia misma de los contrarios"*.

Como diputado, Ponte condenó las luchas fratricidas, y *"Ejercía siempre las influencias del bien a favor de los perseguidos i de los desgraciados"*. En el congreso fue un político prudente y dueño de una habilidad diplomática envidiable, *"de carácter humilde"* que a su propio juicio, *"cultivada en la casa de Dios"*

Fuente: Manuel Alberto Donis Ríos. Los Curas Congresistas. La actuación de los sacerdotes como diputados en los congresos republicanos de 1811, 1817, 1819 y 1821. Academia Nacional de la Historia. Caracas 2012.
José Tomás Sosa Saa. Ilustrísimo Señor Doctor José Antonio Ponte, IV Arzobispo de Caracas i Venezuela. Caracas 1929.

Una venezolana en la Corte española

DOÑA JOSEFA BERMÚDEZ MARÍN, nacida en Venezuela, fue la esposa del comandante realista Francisco Tomás Morales, lugarteniente de José Tomás Boves, durante la más cruenta etapa de la guerra de Independencia. Contrajeron matrimonio en la catedral primada de la Nueva Barcelona, *"En tres días del mes de junio de 1809"*.

El acto eclesiástico fue oficiado por el presbítero Teniente Cura de la Santa Iglesia Parroquial de Santa Eulalia don Diego Antonio Herrera y Gimón. Como testigos figuran José Bermúdez, Rosa Marín y el Sacristán don Nicolás Castillejo. Josefa Bermúdez, era hija de Gabriel Bermúdez y Rosa Marín, domiciliados en Palotal.

Doña Josefa Bermúdez, era una mujer elegante, hermosa y de maneras finas. Diestra a caballo. También fue camarera de la Reina de España doña María Cristina de Borbón. Su consorte, Francisco Tomás Morales nació en Carrizal de Argüimes (Islas Canarias) el 20 de diciembre entre 1781 y 1783. Su muerte ocurrió en Las Palmas (Islas Canarias) el 5 de octubre de 1845, luego de su retiro como mariscal de Campo y Capitán General de Venezuela, grado y título obtenido en Venezuela durante la guerra.

No Siempre fue un oficial del ejército español, pues a su llegada a Venezuela, el 19 de marzo de 1804, establecido en Píritu (estado Anzoátegui) trabajó como pulpero y ayudante de don Gaspar de Cajigal en la Barcelona de comienzos del siglo XIX.

Fuente: Miguel J. Romero. La Primera Patria en Barcelona. Caracas, 1895

Violento fue el asesinato del gobernador
Martín María Aguinagalde

EL 12 DE JULIO DE 1854, antes que las sombras comenzaran a apoderarse de la ciudad, estaba el gobernador de la Provincia de Barquisimeto almorzando con dos amigos en su residencia que para entonces también era la casa del gobierno. El mandatario revisaba -quizás-, los detalles para finiquitar la inauguración de una escuela para varones en Cabudare, cuando se consumó el asalto a su casa y posterior perverso asesinato a cargo de un grupo de asesinos asalariados en nombre de políticos conservadores, contra el gobierno del presidente José Gregorio Monagas.

La casona estaba asentada en la hoy carrera 19 con la calle 22, donde una abandonada placa en la pared, recuerda el funesto episodio del año 54 escenificado por partidarios del general José Antonio Páez. Esa tarde Aguinagalde y José Parra, jefe político de Cabudare, compartían la amena cena cuando escucharon el sonido de un cohete. En la tienda de Basilio Roque, ubicada en el ahora Hotel Príncipe, desde hacía algunos días, se encontraban algunos guerrilleros fraguando la toma de la Gobernación de la Provincia. El cohete fue la señal para que los facinerosos salieran a perpetrar el asalto a la casa gubernamental. El pavor se apodera de esa parte de la ciudad. Se cierran puertas y ventanas, y en los semblantes de la gente se retrata pánico.

El Dato: Entre otros complotados identificados después como "unos pobres diablos", figuraron: José María Vásquez, Nemesio López y Torcuato Pérez, quienes con frases soeces entraron a la fuerza al despacho y apuñalaron al mandatario y su acompañante

Hermann Garmendia en una de sus crónicas, destaca basándose en el expediente judicial que se formuló el 9 de septiembre de 1854, que el gobernador Aguinagalde "corrió a refugiarse en su Despacho, abrió las gavetas del escritorio, tomó dos pistolas, dispuesto a enfrentarse con los invasores..." a pesar de esto los criminales le dieron muerte en plena disputa después de una certera puñalada. Otro de los asaltantes, le traspasó el cuello con una daga.

Escribe Seijas, que cuando la casa de Gobierno fue asaltada por mercaderes de sangre, los facinerosos se dividieron en dos grupos. Uno se abalanza sobre el gobernador que al verse solo contra tantos, "perdido sin remedio, no por eso flaquea y dispara sucesivamente al cercano agresor y, no inhabilitándole, recibe de él mortal puñalada". Sin embargo, Aguinagalde lucha con él y logra arrebatarle el arma y propina igual herida a la suya". El cadáver amortajado del gobernador, fue enviado a escondidas al cementerio de Barquisimeto. Ese fatídico día también fue asesinado José Parra y gravemente herido Pedro Planas con al menos ocho heridas.

Fracasada revolución

Se trataba de una "revolución" contra el "monagato" como supremo interés, pero nunca se supo, quién o quiénes ordenarían el acto criminal contra el gobernador de Barquisimeto, apreciado y admirado por la ciudadanía incluso, por los conspiradores, entre quienes estarían los sacerdotes José Macario Yépez y José María Raldíriz, que nunca llegarían a conocer de aquella locura colectiva, correspondiéndoles darle sepultura aquella misma tarde, en la Iglesia de San Juan. La revolución fracasaría a los días, dos años después cundiría el cólera y su última víctima sería el presbítero José Macario Yépez. Al gobernador Aguinagalde "le cortaron los brazos, manos, le sacaron los ojos", de acuerdo al expediente del crimen.

Prócer independentista

Apunta el periodista Juan José Peralta, que Aguinagalde había nacido en Carora el 12 de noviembre de 1793. Desde muy joven se enlistó en el ejército Libertador, y en 1813 lo encontramos bajo las órdenes de los generales José Félix Ribas y Rafael Urdaneta. Finalizada la guerra se incorporó a la política y fue diputado y luego senador por la provincia de Barquisimeto para ser elegido después gobernador, cargo en el cual fue asesinado cuando almorzaba con su amigo José Parra, quien corrió con la misma suerte. Su cuñado Pedro Planas resultó herido y sobrevivió al crimen. Los restos de Martín María Aguinagalde yacen en la capilla del Cristo de la iglesia de San Juan Bautista de Carora, la capital del municipio Torres.

Fuente: Rafael Seijas. Artículos sobre algunos puntos de la historia patria, y el proceso de la Relaciones exteriores, una biografía y dos discursos. Caracas 1883

Macario Yépez y su personalidad histórica

LA VIDA del padre Macario Yépez estuvo íntimamente vinculada a la tradición espiritual de Barquisimeto. Representó a esta ciudad ante el parlamento nacional en varias oportunidades. Igualmente fue fundador y redactor de El Correo de Occidente. Adquirió una deuda considerable para construir el templo de la Concepción y fue acusado de conspiración y muerte del gobernador de la provincia. La infancia de José Macario transcurre en su natal Barquisimeto, en donde presencia los días del pavoroso terremoto de 1812. Pero también es testigo del trágico año 14, cuando la lucha independentista mostraba su rostro más macabro y la ciudad monumental quedaba en ruinas.

Según el acucioso historiador Lino Iribarren Celis, José Macario provenía de una familia de origen tocuyano, con propiedades y tierras en la Ciudad Madre, por ello, algunos ensayistas infirieron que el sacerdote había nacido en esos parajes. Otros investigadores coinciden que José Macario nació en los primeros días de abril de 10799, en Barquisimeto, toda vez que el 23 de ese mes, recibió su bautismo. José Macario vivió en esta ciudad hasta los 16 años, cuando se trasladó a El Tocuyo, con el propósito de iniciar estudios de gramática. Su madre, doña María Josefa Tovar, era oriunda de Quíbor, y su padre, don Francisco Paula Yépez, natural de El Tocuyo, quienes contrajeron nupcias en Barquisimeto.

Una referencia barquisimetana

Uno de los barquisimetanos de mayor trascendencia en la historiografía larense es sin duda el presbítero José Macario Yépez, quien representó para la primera mitad del siglo XIX, una de las más altas cumbres del pensamiento y la política. A juicio del historiador Lino Iribarren Celis y del cronista Eliseo Soteldo, el maestro Yépez representa para Barquisimeto un hito, un hombre de extraordinarios dotes intelectuales, un gran polemista, un elocuente orador y un bienhechor en el campo de la cultura, de la moral y del progreso de la capital larense.

Soteldo detalla que la influencia del maestro Yépez, marcó pauta en la vida espiritual de Barquisimeto, porque "Con el ejemplo de sus virtudes y de sus prédicas morales, el maestro José Macario Yépez, marcó el clima de identidad espiritual, de comprensión y de solidaridad social entre los habitantes neosegovianos". En una investigación del analista político y abogado, Jorge Ramos Guerra, refiere que Yépez adquirió una deuda considerable para edificar el templo de la Concepción de Barquisimeto.

En una correspondencia, apunta Ramos Guerra, enviada al doctor Manuela Antonio Briceño, fechada en Barquisimeto el 3 de septiembre de 1853, "Soy deudor de cerca de 2.000 pesos de cantidades que me prestaron en dinero en efectivo para concluir por mi cuenta y riesgo, y sin esperanza de reembolso, el templo parroquial de esta ciudad". Refiere Iribarren Celis, que a los 13 años de edad, José Macario presencia la espantosa hecatombe del terremoto del 26 de marzo; el saqueo de la ya destruida ciudad por la soldadesca realista y la emigración de numerosas familias patriotas hacia San Carlos, huyendo de Monteverde. Asimismo, es testigo de encarnizada persecución, el enjuiciamiento y el destierro de los mejores hombres de la ciudad. Ve con horror a ciudadanos honorables esclavizados en la construcción del cuartel El Campamento bajo el control militar de Oberto. Es espectador del más cruel de los excesos de las tropas desenfrenadas de Cevallos; sufre, en fin, con su pueblo, gran parte de aquel largo drama que se inició con el sismo y se prolonga hasta 1821.

Su iniciación apostólica

Subraya Iribarren Celis, que en abril de 1819, José Macario, ya decidido a optar por una carrera al servicio de Dios, participa como aspirante por una beca correspondiente a los jóvenes de Barquisimeto para ingresar al Real Colegio Tridentino de Caracas. Envía entonces el joven Yépez una correspondencia al provisor y vicario gobernador del Arzobispado, presbítero José Vicente

Maya, a fin de atender dicha solicitud "... de seguir estudios en la capital y no teniendo medios suficientes para someterme a ellos, estoy en pretender la beca seminaria a que como uno de sus hijos tengo derecho".

Este historiador cita que Santiago Villalonga, hombre acaudalado de la región, regidor decano de Barquisimeto y custodio de los intereses de la Corona, "hasta el extremo de haber efectuado viaje a Caracas para denunciar ante el capitán general la conspiración revolucionaria que en 1808 se lleva a efecto en Barquisimeto" había sufragado la beca de estudios de José Macario desde 1819 hasta 1824, "demostrando gran aplicación al estudio y conducta ejemplar". Simultáneamente, José Macario siguió estudios en la Universidad de Caracas, en donde obtuvo el título de bachiller en Filosofía en 1822, y dos años más tarde, se graduó de maestro en la misma especialidad. El 11 de junio de 1824, el ya maestro José Macario, solicitó al vicario capitular de Caracas, doctor José Suárez Agudo, le despachara letras dimisorias con el propósito de dirigirse a Mérida a ordenarse con el obispo de aquella diócesis, Lazo de La Vega, acto que se consumó el 10 de octubre de ese año, en el Monasterio de Santa Clara.

Defendió a la iglesia y a su pueblo

José Macario fue poseedor de un gran sentimiento cristiano de amor y altruismo en sus primeros años como evangelista. Con deber sagrado asume posturas al servicio de la sociedad, de los más necesitados, de la iglesia y en defensa de la vida espiritual de su pueblo. Posteriormente, rige este sacerdote la memorable escuela de La Trinidad y Gramática Castellana, fundando la Cátedra de Filosofía y Latinidad, desde donde habrán de germinar eminentes hombres la patria, como Vicente Amengual, Nicolás Gil, los doctores Tamayo, Candelario Varela, Antonio María Soteldo, entre tantos otros. Pronto asumió José Macario con temple de acero, la defensa de los derechos de la iglesia amenazados por las reformas de las corrientes políticas de la época, impuestas a la organización eclesiástica.

Ascendente carrera política

Ramos Guerra describe en su libro La Confesión del Cólera, que Yépez se identificó con la causa conservadora y alcanzó diferentes escaños como diputado ante el Congreso Nacional, en el periodo 1841-1844, además consiguió la vicepresidencia de la Cámara de Representantes entre 1842-1843. Fue senador en representación de Barquisimeto en 1846 y presidió la Junta Regional para repatriar los restos mortales del Libertador Simón Bolívar. Las labores de periodista no pudieron faltar, fundando y redactando El Correo de Occidente, vocero informativo de la Asociación de Conservadores de Barquisimeto, del cual era su vicepresidente para 1849.

La conspiración

En el año de 1854, el presbítero José Macario Yépez, junto a otras personalidades de la ciudad, se vio involucrado en el asesinato del gobernador de la Provincia Barquisimeto, Martín María Aguinagalde y del jefe político de Cabudare, José Parra, hecho ocurrido el 12 de julio del citado año. El cronista Soteldo asienta, que el maestro Yépez fue detenido y trasladado a Caracas, "pero poco duró preso. Fue liberado".

Sacrificio del sacerdote

"El hecho que marcó su vida (la de José Macario Yépez) y lo perpetúa en la historia de la patria, es la actitud asumida en 1856, cuando una terrible epidemia diezmaba a la población de Barquisimeto, y ante la presencia de la sagrada imagen de la Divina Pastora, trasladada desde el pueblo de Santa Rosa a la ciudad, ofrece su vida a cambio de la erradicación de la peste. Sucedió que el padre enfermó de cólera que degeneró en tifus, lo cual produjo su muerte el 16 de junio de ese año 56. Sus restos fueron depositados en el cementerio de San Juan", anota el cronista Soteldo.

Fuente: Lino Iribarren Celis, Semblanzas Neosegovianas del Procerato de Barquisimeto. Caracas 1966

Eliseo Soteldo. Anotaciones Históricas de la Ciudad de Barquisimeto 1801-1854

Jorge Ramos Guerra. La Confesión del Cólera. Barquisimeto 1998

Antonio María Pineda fue el pionero
de la cirugía en Venezuela

AHÍ VIENE EL DOCTOR, afirmó una angustiada mujer con su hijo enfermo en brazos al observar por el postigo de una ventana se acercaba caminando en medio de la penumbra y la niebla de la medianoche, el doctor Antonio María Pineda. Venía solo, con un candil en una mano y en la otra su maletín al estilo del santo médico venezolano José Gregorio Hernández. Según las crónicas el doctor Pineda, religiosamente visitaba a sus pacientes luego de salir del Hospital de La Caridad. Tampoco exigía dinero por sus diligentes consultas. Nació en Barquisimeto el 27 de septiembre de 1850, y a corta edad se destacó por su inteligencia y curiosidad durante sus estudios de primaria y bachillerato.

Inició su carrera en la Universidad Central de Venezuela y se graduó de Doctor en Medicina en la Universidad de París (Francia) en 1876. Escrita en francés, su tesis doctoral –"De la hemorragia en la operación de la talla perineal en el hombre"– obtuvo mención especial laudatoria del jurado, reconocimiento que le permitió revalidar sin exámenes previos su título como médico en Venezuela. Muy comprometido con sus raíces, desarrolló su carrera en Barquisimeto.

Antonio María Pineda tuvo dilatada trayectoria clínica. Considerado uno de los pioneros de la cirugía en Venezuela. Fue ampliamente reconocido por su labor como cirujano, obstetra, docente, escritor científico y carácter caritativo.

Esculpió un precedente

En la ciudad capital del estado Lara, practicó –en 1893– la primera craneotomía del país: una cirugía que marcó un precedente en los métodos de exploración clínica. Además, innovó con técnicas operacionales la tiroidectomía, la histerectomía, la resección de maxilar, la desarticulación de hombro, el labio leporino, la ovariectomía y las ligaduras de arteria femoral. Creativo y hábil, fabricó mesas operatorias (plegadizas con ingeniosos dispositivos en madera) y sus propios instrumentos quirúrgicos: una sonda vesical, una espátula para extracción de cuerpos extraños vesicales y un teno-neuro-tomo ocular para evitar heridas durante la intervención del nervio óptico. A través de colectas públicas y de su propio peculio, este médico construyó la sede del centro hospitalario para más tarde, en 1878, fundó en Barquisimeto el Hospital la Caridad, institución que dirigió por más de cincuenta años y se convirtió en un gran centro de estudio y experimentación clínica en la época.

La cirugía como pasión

El centro de salud de La Caridad, Pineda desempeña las especialidades de cirugía y obstetricia, practicando innumerables intervenciones quirúrgicas, entre ellas tiroidectomías, histerectomías, tallas perineales e hipogástricas, extirpación de la glándula parótida con resección de la arteria carótida externa, ligadura de la femoral por aneurismas y tumores vecinos, pie Bot, labios leporinos, iridectomías, enucleaciones, cataratas, amputaciones y la primera craneotomía del país, efectuada el 24 de mayo de 1893.

Introdujo el primer equipo de Rayos X en el Hospital La Caridad, convirtiéndolo en el precursor de la radiología en el estado Lara. El 22 de noviembre de 1903, recibe mención honorífica por la invención de sus instrumentos de cirugía, en el Primer Concurso Público Industrial del estado Lara. Inició sus labores docentes en el Hospital de la Caridad y dictó la cátedra Clínica en el Colegio Federal de Primera Categoría de Barquisimeto. Fue, además, rector del Colegio Nacional de Varones de esa ciudad. En 1934 la Academia Nacional de Medicina de Venezuela lo designó miembro correspondiente y, en 1939, en su honor, el hospital fue rebautizado con su nombre. El 5 de octubre de 1941, a las 12:15 de la madrugada, en su residencia de la calle Ayacucho [carrera 18] signada con el número 77, en Barquisimeto, su vida se extingue a los 91 años. Sus restos reposan en la capilla del Hospital Central Universitario Doctor Antonio María Pineda desde el 27 de octubre de 1988.

Prolífico autor

En sus horas de ocio, ya como director del Hospital de la Caridad, Antonio María Pineda escribió más de cincuenta trabajos sobre medicina, todos divulgados en el Boletín Científico del hospital, cuyo primer número salió a la luz pública el 3 de septiembre de 1888 y que a partir del 1º de enero de 1912 cambia su nombre por Boletín Científico. También publicó más de un centenar de artículos en la prensa. Entre los más destacados se cuentan: "Por la historia de la medicina en el Zulia", "La epilepsia del Libertador", "La determinación del sexo" y "Aclaratoria acerca de las craneotomías en Venezuela".

Querido y respetado

Pedro Salom Lizarraga, apuntado por Ceballos, describe al doctor Antonio María Pineda como "… hombre alto, blanco, apuesto, educado, culto, muy jovial y ameno, siempre buscando hacer un chiste, un retruécano o una chanza de lo que acontecía. Muy proactivo y positivo para confrontar los problemas. Un hombre dotado de una bondad sin límites. Un médico que no dudó en colocarse al servicio de los más necesitados". Casó el doctor Pineda con Flor María Vásquez, formando un hogar que perduraría hasta el final de sus días. Un trabajador incansable y un organizador exitoso. Un hombre con una gran capacidad de liderazgo, que fue querido y respetado por amplios sectores de la población y de las diferentes clases sociales.

Fuente: Rafael Antonio Segundo Ceballos, Del Hospital de Caridad al Central de Barquisimeto 1880-1954
Academia Nacional de Medicina
Gaceta Médica de Caracas

Nuevo hallazgo sobre muerte de José Gregorio Hernández

EL DOMINGO 29 de junio de 1919, José Gregorio Hernández, se encontraba en su consulta privada, en la sala de la vivienda N° 3 ubicada entre las esquinas de Desbarrancados a San Andrés que compartía con una de sus hermanas en la localidad de La Pastora, en la Caracas de los techos rojos. El médico recibió un mensaje de urgencia para que atendiera a una anciana de escasos recursos que se encontraba entre Amadores a Cardones. La versión de los allegados, cuenta que salió del consultorio con dirección a la Botica de Amadores para adquirir algunas medicinas necesarias para la paciente. Reseña la historia oficial que José Gregorio salió de la botica con celeridad y al momento de cruzar la calle, no advirtió que un carro se aproximaba.

Comparecencia ante la ley

Fernando Bustamante de 28 años, mecánico dental, amigo del médico y aparte, su próximo compadre, conducía un Ford Hudson Essex modelo 1918, no excedía los 30 kilómetros por hora. El conductor ofreció testimonio ante el Tribunal de Instrucción, asentado en el Expediente Número 32 de fecha 1° de julio de 1919. "El día 29 de junio, a las dos de la tarde, iba yo en un automóvil subiendo de la esquina del Guanábano a la de Amadores, delante de mí marchaba un carro de los tranvías eléctricos (el N°27) …" "Tomé enseguida la izquierda, aplicando la segunda velocidad…" "Toqué corneta, y al llegar a la esquina de Amadores el chofer cortó la energía del tranvía". "Pisé el acelerador y al embragar la tercera velocidad, vi a una persona que esquivaba al automóvil y recibe un golpe con el parafango derecho en un costado…" "El golpe lo lanzó hacia atrás dando pasos y buscando el equilibrio hasta caer de espalda". El automotor, uno de los 100 que había en la Caracas la época "hizo volar el cuerpo de Hernández" que impactó contra la acera, ocasionándole fractura en la base del cráneo. Bustamante se bajó presuroso del carro y cargó el cuerpo del médico, lo subió al carro para trasladarlo al Hospital Vargas, en donde no había médico a esa hora.

EL DATO

El día de su muerte, José Gregorio Hernández cumplía 31 años de haber recibido el título como Doctor en Medicina, en la Universidad Central de Venezuela

Nueva hipótesis

La investigadora María Isabel Giacopini, docente de la Universidad Central de Venezuela, publicó un interesante trabajo en defensa del médico, en el cual relata una nueva versión de los hechos que ocasionaron su deceso. Apunta que Gustavo Salazar y Angelina Páez, vecinos de La Pastora, narraron en su momento que Hernández "iba con premura a atender a un niño que reciente se había desplomado de un árbol y se encontraba herido. Esa sería la razón por la cual el médico había salido con tanta premura de la botica". Para ese entonces, en Caracas apenas transitaban el tranvía y algunos carruajes tirados por mulas. "No era común ver un carro en La Pastora", anota la investigadora y añade "por eso José Gregorio salió de la botica y cruzó la calle sin mirar". La autopsia al cuerpo del médico la ejecutó el doctor Luis Razetti, anotando que la causa de la muerte fue una fractura en la base del cráneo, agravada con edema bajo los párpados, hemorragia por la nariz, oídos y boca, herida en la sien derecha y moretones en las piernas, por encima de las rodillas.

Sentido duelo

Tras conocerse la lamentable noticia, Caracas toda se enlutó. La familia quiso hacerle el velatorio en una casa, la número 57, ubicada entre las esquinas de Tienda Honda a Puente Trinidad, pero ante el clamor de muchos, y por el poco espacio existente en el inmueble para atender a la muchedumbre, decidieron llevar la capilla ardiente al paraninfo de la Universidad Central de Venezuela. Por muchos años, sus restos reposaron en el Cementerio General del Sur, siendo la tumba más visitada del camposanto. Luego fue trasladado a la iglesia de la Candelaria. Desde su muerte, José Gregorio, "el médico de los pobres" es venerado con vehemencia y su fama se incrementó a niveles insospechados.

Fuente: Libros de El Nacional, Biografías. María Suárez. Caracas 2006
Diario EL IMPULSO 30/6/1919
Diario El Universal 1°/4/2009
Diario La Razón 25/10/2014

Rafael Arévalo González es el apóstol de la civilidad y las libertades ciudadanas

UN CABITO de vela servía para iluminar el trabajo literario de Rafael Arévalo González, desde su fría celda en La Rotunda. Por supuesto, no estaba permitida esa práctica para los presos políticos, menos para un confinado de su estatura moral. Ese día escribió una carta, una especial. Pese al contenido de la epístola -el cual lo afligía-, no cedió un ápice frente a la barbarie gomecista que intentó por años quebrar su espíritu. Restos de un creyón de grafito le favorecía los apuntes de sus pensamientos en aquellas líneas póstumas luego de más de tres décadas de encierro tras encierro.

Rafael Arévalo González fue el primer periodista que desafió personalmente al despiadado dictador Juan Vicente Gómez. Una vida valiente, pues no entraba inconsciente en el peligro. Tenía los pies firmemente plantados sobre una tierra peligrosa. Lo han apodado el Apóstol de la Libertad de Expresión, otros El Mártir de la Libertad, por su atrevida postura frente a la tiranía. A todas luces Rafael Arévalo González fue un civilista, un empedernido demócrata en tiempos cuando esa palabra era un anhelo en Venezuela, además de estar proscrita. Contrariamente su vida intensa es poco conocida. Nació el 13 de septiembre de 1866, en Río Chico, hoy estado Miranda. Su hazaña, aparte de plantarle cara a la crueldad de Gómez y sus secuaces, se afinca en la fundación de El Pregonero, primer diario venezolano impreso en rotativa y vendido en las calles en voces de pregón en tiempos cuando hablar de libertades, era castigado con horrendas prácticas de tortura y muerte.

Preso político como oficio

Rafael Arévalo González, periodista, editor, padre de una honorable y honrada familia, también tuvo como singular oficio, ser un preso político porque era considerado un firme conspirador y desestabilizador tras las opiniones que nunca calló. El principal pecado de Arévalo González fue precisamente opinar siempre en favor de las libertades ciudadanas, lo que le valió 14 prisiones, desde Joaquín Crespo hasta Juan Vicente Gómez, con residencia permanente en el Castillo San Carlos en el Zulia, en La Rotunda en Caracas y en el Castillo Libertador de Puerto Cabello. Todas por contrariar el régimen de turno. En total pasó 27 años detrás de los barrotes, o sea, el 40% de su vida preso. Sus amigos y compañeros de luchas, afirmaban que Arévalo González tenía una maleta siempre dispuesta con un grabado en el que se leía: *"Rafael Arévalo – La Rotunda".*

Su apoyo a la Generación del 28 fue contundente y abierta, y también lo encerraron por ese desafío. Encarcelado no vio nacer ni morir al último de sus diez hijos. Un celador le dijo una vez: "allá va el entierro de tu esposa" y así se enteró de su viudez. La periodista Carolina Jaimes Branger, destaca que su esposa Elisa Bernal Ponte -prima del Libertador- y sus hijos, padecieron las penurias que significaban tener al sostén de la familia preso. Jamás se quejaron. Elisa fue mujer de gran guáramo: se encargó de la Revista Atenas y con esa escasa ganancia mantuvo a sus 10 hijos. Murió unos meses antes de que Arévalo González saliera de su última prisión. En una carta escrita poco después de su liberación "Para mi Elisa", él le expresa su infinita gratitud: «*No obstante la inmensidad de tu infortunio, nunca tuviste para mí un reproche, ni una queja siquiera por haberte arrastrado a los horrores de mi negra suerte...Te encaraste con la desgracia, la frente erguida y el corazón sereno. Te reíste de la pobreza...*». Elisa de Arévalo nunca se cansó de abogar por la libertad de su marido.

Rafael Arévalo González, jamás se doblegó, ni cedió sus principios a las pretensiones de los regímenes de turno. Su compromiso fue siempre las libertades ciudadanas, pese a su largo martirio. Falleció finalmente, en Caracas el 20 de abril de 1935. Injustamente su memoria se ha tratado de echar al olvido por esa cultura militar heredada desde la Guerra de Independencia. Hoy más que nunca estamos llamados a desenterrar a estos héroes civilistas como Rafael Arévalo González, es nuestra obligación como honra a un pueblo que resiste y lucha en contra del oprobio, de la barbarie y el rescate de la decencia, los valores y el civismo, pisoteados por la abominable bota militar.

La Madre Teresa de Calcuta era venezolana

CORRÍA EL AÑO 1965 y tras gestiones del entonces arzobispo de Barquisimeto, monseñor Críspulo Benítez Fontúrvel, la Madre Teresa decide instalar sus Misioneras de la Caridad en Venezuela, propiamente en un bucólico pueblito del estado Yaracuy denominado Cocorote, fundado por Juan de Villegas en 1551, después del descubrimiento de la Minas de Buría. Esta santa confesó al entonces presidente de Venezuela, Luis Herrera Campins, con quien se entrevistó rodeada de periodistas, que su congregación llegó a Cocorote, luego de que el Nuncio de la India planteara la necesidad de enviar unas religiosas a Venezuela y recomendó la congregación de la Madre Teresa de Calcuta. "No fue cosa sencilla. Se necesitó intervención divina", reveló la madre en su idioma.

Fue entonces cuando de la India los misioneros encabezados por Teresa de Calcuta, fueron a Roma donde recibieron la bendición del Papa Pablo VI y como no tenían visa tuvieron que ir a Francia hasta donde, comisionado por monseñor Benítez, llegó el padre Tomás Mompo, párroco de Cocorote, con los documentos gestionados ante el Ministerio de Relaciones Interiores, en Caracas, sin soslayar los errores en el nombre y la fecha de nacimiento de la misionera.

El comprobante de identidad venezolana de Santa Teresa de Calcuta, se expidió el 29 de julio de 1965

Abordaron un avión hasta Puerto Rico, donde pasaron la noche, y a la mañana siguiente, un segundo vuelo comercial transportó la comitiva hasta Maiquetía. "Pero no hablaban español, así que fue entre señas y sonrisas que lograron llegar -vía terrestre-, primero a San Felipe y posterior hasta el apacible Cocorote. La santa madre, se deleitó con los frondosos paisajes yaracuyanos, anécdota que relataba en sus múltiples encuentros con las demás congregaciones.

Cuando por fin llegó a Cocorote, lo primero que hizo fue entrar al templo de San Gerónimo y se dirigió con reverencia al altar, al tiempo que insistente repicaban las campanas en gratitud al histórico acontecimiento. Teresa de Calcuta permaneció allí diez días, aunque posterior al evento, efectuó visitas periódicas cada año. La Casa de la Caridad en Cocorote no fue la única que la congregación de María Teresa de Calcuta fundó en el país. Abriéndose cuatro años después, una segunda en Yaracuy, en el poblado de Marín. Más tarde, crearon las de Catia la Mar, en Vargas, San Félix, en Bolívar, Barquisimeto, en Lara, y por último en Carapita y Petare, en el área metropolitana de Caracas.

El presidente Luis Herrera Campins en reconocimiento a la labor social y religiosa, otorgó la Orden Libertador Simón Bolívar, máxima condecoración de la República, a la Madre Teresa de Calcuta, -en un acto magistral-, el 23 de septiembre de 1979. Durante el banquete de agasajo, la madre Teresa degustó un "insípido caldo en un plato muy pequeño", exigencia personal que le hiciera al jefe de cocina del Palacio de Miraflores, dada la dieta de su voto de pobreza, detalle del que fue consultado el propio mandatario nacional.

Una vida consagrada

De padres albaneses, Agnes Gonxha Bojaxhiu, nombre de bautizo de la madre Teresa, vino al mundo el 26 de agosto de 1910 en la República de Macedonia, en Uskub, y con tan solo 18 años de edad determinó entregar toda su vida a la vocación de misionera y acompañante espiritual de los más necesitados, tomando el nombre de hermana María Teresa, en honor a Santa Teresa de Jesús, fundadora de la orden de las Carmelitas Descalzas. Tres años después de haberse unido a la orden, la religiosa fue enviada a una misión en Calcuta, India, y en 1937, tras haber concluido los votos totales, fue nombrada madre de la congregación.

Su innegable fe católica, su visión apolítica de la pobreza y su infatigable convicción de servir, la impulsó a abrir misiones, para ser exactos fueron 517, con más de 5 mil mujeres que dedican su vida a los más necesitados de las cuales, la mayoría se realizaron en Calcuta. La serena Madre Teresa recibió el Nobel de la Paz en 1979. Tras una inagotable lucha en pro de los desvalidos, falleció el 5 de septiembre de 1997 en Calcuta, India. Trece años después de ser beatificada por Juan Pablo II, la Madre Teresa de Calcuta fue canonizada el domingo 4 de septiembre de 2016, por el Papa Francisco.

Fuente: CorreodeLara.com

La historia de un yaracuyano contra los japoneses

MANUEL ANTONIO Prince Veroes nació en Aroa, estado Yaracuy, el 16 de junio de 1914, un mes antes que iniciara la Primera Guerra Mundial. Su madre Carolina Veroes, era nativa de San Juan de Los Cayos y su padre John Prince, de origen holandés, llegó a Yaracuy con toda la parafernalia para la instalación del Ferrocarril Bolívar. De niño se crio en Barquisimeto, dado estudiaba en el Colegio La Salle.

Cuando cumplió 13 años de edad, "Toño" como le llamaban, partió a Nueva York, Estados Unidos, con su hermano mayor que lo invitó a buscar nuevos horizontes, lejos de la dictadura gomecista. Con poca dificultad aprendió inglés y posteriormente se inició en el oficio de mecánica automotriz, reparando los famosos taxis Yellow Cabs. Las imágenes -bien conservadas-, en donde se advierte al yaracuyano con su traje de gala, quepis, insignias y preseas, dan cuenta que era un joven que había encontrado disciplina en la Fuerza Armada. De cuerpo robusto, mediana estatura y una mirada apacible.

Pero detrás de estas fotografías hay toda una historia fascinante, pues cuando su situación recobraba estabilidad, Estados Unidos declara la guerra a Japón tras el ataque sorpresa efectuado por la Armada Imperial contra la base naval norteamericana en Pearl Harbor la mañana del domingo 7 de diciembre de 1941.

Manuel Antonio fue enrolado en Us Army, con el número de servicio: 32 437 710, según la ley que obligaba a residentes con más de tres años a luchar por ese país. A principio de 1942, recibió entrenamiento durante tres meses en un campo militar de Carolina del Sur, y más tarde, enviado en tren, junto a cientos de conscriptos, a San Francisco, donde embarcaría rumbo al Pacífico. Asignado al Batallón 182 de la División 23 del ejército norteamericano, mejor conocida como Americal, unidad que fue activada en mayo de 1942, en Nueva Caledonia, y se reconocía por su blasón azul con las estrellas de la Cruz del Sur. Cuando

Manuel ingresó a la citada unidad, la cual estaba conformada principalmente por personal hispano.

Probado heroísmo

A finales de ese año cuarenta y dos, la unidad de Manuel Antonio, realizó un largo periplo abordo de los barcos de transporte de las US Navy, hacia las islas ocupadas por Japón. Sería en octubre de ese año cuando lo encontró la guerra propiamente dicha, en el combate de Guadalcanal, en la desembocadura del río Matanikau. Los primeros en desembarcar fueron jóvenes marines de 18 años. Manuel tenía 28 años por lo que su división sería la segunda en bajar de los transportadores. La primera impresión lo paralizó al subir a la playa y ver numerosos cadáveres de los marines sobre la arena y flotando en la orilla.

El refuerzo que dio su regimiento a los marines, les permitió a los estadounidenses tomar el Monte Austen, en enero de 1943, consolidando el Campo Henderson que era la base aérea para los primeros ataques contra Japón.

Pronto sus compañeros latinos bautizaron a Manuel Antonio con el apodo de "el brujo", debido a la manera en que confrontaba el combate evitando la muerte pero encarando con valor a los japoneses. Pronto fue ascendido a sargento por el arrojo en combate. Diestro en el manejo de morteros de 81 mm para apoyo avanzado.

Inmediatamente de Guadalcanal fue a Fidji en marzo, hasta alcanzar Bouganville en 1944 y cuando llegaron a Filipinas el último año de la guerra estuvo en las Islas Corregidor. Navegó por todo el Pacífico durante 3 años, obteniendo varias medallas en reconocimiento a su determinación en el frente.

Reconocimiento al valor

El 3 de mayo de 1944, el gobierno de Estados Unidos, decide reconocer el valor de Manuel Antonio, otorgando la Insignia de Combatiente de Infantería; luego la Medalla de Liberación de Filipinas el 5 de febrero de 1945; la Medalla Campaña Asia-Pacífico, el mismo año. Igualmente fue galardonado con estrellas de campaña de bronce por "Bismarck Archipelago" y "Southern Philippines", además de una Punta de Flecha de bronce. Botón de solapa de Servicio Honorable / emblema de descarga honorable cuando fue ascendido a Sargento del Estado Mayor, concedido el 3 de noviembre de 1945. Elogio del Ejército con el rango de Corporal de la Unidad División Americal, Ejército de EEUU.

Según el diploma que da sustento a la condecoración, expresa elogios por su sobresaliente actuación en combate: "Por servicio meritorio en relación con operaciones militares contra el enemigo, en Cebú, Filipinas, el 3 de abril de 1945. El cabo Prince en la fecha anterior sirvió como observador avanzado para un pelotón de 81 mm. Dirigió el fuego de sus morteros disparando una cortina de humo que ayudó a la evacuación de los heridos y examinó los movimientos de nuestros hombres y cegó al enemigo, haciendo que lanzaran fuego de francotirador ineficaz. Por su excelente dirección de fuego, ayudó a salvar la vida de seis hombres. Demostró excelente liderazgo y frialdad bajo el fuego de francotiradores. La habilidad y la devoción al deber mostradas por el cabo Prince reflejan un gran crédito sobre sí mismo y están en consonancia con los más altos estándares y tradiciones del Ejército de los Estados Unidos". Asimismo, Manuel Antonio recibió la Medalla de Buena Conducta del Ejército y la Medalla de Campaña Americana para el periodo 1939-1945.

En 1945, cuando Japón firma la rendición, el insigne yaracuyano retorna a Estados Unidos como héroe. Un año más tarde, regresa a su natal Yaracuy el 27 de noviembre y el diario EL IMPULSO abrió su primera página destacando la foto y un reportaje especial del héroe yaracuyano. Fijó residencia en Barquisimeto, en donde se casó y tuvo seis hijos. Abrió un taller de reparación de vehículos en la carrera 24 con calle 29, que lo mantuvo activo hasta sus días finales, partiendo a otras instancias el 25 de octubre de 2003. Fue un firme defensor de los principios democráticos, formación que adquirió con los padres lasallistas. A los 79 años consiguió una pensión del gobierno norteamericano.

Presidente del Congreso se juramentó como primer mandatario nacional

EL PAÍS entero fue testigo de un acto sin precedentes durante la era democrática, cuando el senador Octavio Lepage Barreto, presidente del Congreso Nacional, es designado Presidente Interino de la República de Venezuela, dentro del periodo del 21 de mayo y 5 de junio de 1993, tras la destitución de su antecesor y compañero de partido Carlos Andrés Pérez, quien fue suspendido del cargo de primer magistrado nacional por la Corte Suprema de Justicia.

Lepage nació en el estado Anzoátegui el 24 de noviembre de 1923. Se graduó de abogado en la UCV, en donde figuró como dirigente estudiantil y fundador de Acción Democrática. En julio de 1950 fue detenido por Seguridad Nacional y confinado en una oscura celda en San Juan de los Morros. Cuatro largos años transcurrieron para ser liberado y expulsado del país, en julio de 1954. Su vocación y determinación lo llevaron a operar en el exilio como miembro del Comité de Coordinación de Extranjeros. Fue ministro del Interior durante la presidencia de CAP (1975) y repetiría en el cargo bajo el gobierno de Jaime Lusinchi. Diputado por su estado natal (1959) y Senador por el estado Miranda (1973), Embajador de Venezuela en Bélgica.

Se postuló como precandidato por AD a las Elecciones presidenciales de Venezuela de 1988, pero a pesar del apoyo del presidente Lusinchi, fue electo en la elección primaria Carlos Andrés Pérez. El 5 de junio de 1993, abandona el cargo de Presidente Interino de Venezuela cuando el Congreso elige al escritor y periodista Ramón José Velásquez para completar el período constitucional de CAP. Sus años postreros los pasa retirado de la vida pública y dedicándose principalmente a escribir artículos de opinión para la prensa o mediante correos electrónicos, además de libros.

Octavio Lepage Falleció el viernes 6 de enero de 2017 a los 93 años de edad, luego de una serie de complicaciones que lo mantuvieron hospitalizado por casi un mes en una clínica de Caracas. Sus restos fueron velados en capilla ardiente el domingo 8 de enero en el Salón Protocolar del Palacio Federal Legislativo.

Petróleo Crudo, el delincuente más buscado en Venezuela

A Jesús Tortoza Acevedo,
porque desde hace siglos hizo suya esta deslumbrante historia

EL SECRETARIO del Despacho recibió una llamada telefónica. Le anunciaron que era urgente y que le comunicaran al primer mandatario nacional. Eran la una y tanto de la tarde cuando el general Isaías Medina Angarita levantó el auricular en su oficina de Miraflores. Posterior a una larga pausa se escuchó decir al Presidente: -¡Qué broma! ¡Pobre hombre! Vamos a tratar de ayudar a la viuda... Luego colgó y le dijo a Pedro Sotillo, asistente de la Presidencia: -Mataron a Petróleo Crudo. Pedro... ¡Hicimos todo para ayudarlo, pero ese negrito era una vaina seria!

Cruz Crescencio Mejía, alias «*petróleo Cruo*», era el rey de los ladrones venezolanos. Desde 1928 había ganado sitio privilegiado en la última página de todos los periódicos de circulación en Venezuela. Su azarosa vida había iniciado en Carúpano, en donde nació en 1913. Ya a los ocho años este negrito díscolo que resolvía sus diferencias a puño limpio, era conocido como Petróleo Crudo.

Cuando la insurrección estudiantil de 1928, 'Petróleo Crudo' ya había recorrido todo el Litoral Central robando mangos y cambures, tropelías que intensificó en los alrededores de la plaza del mercado de San Jacinto. Las crónicas atestiguan que cierto día le arrebató diez bolívares a un arriero, cerca de La Atarraya. Cuando la policía lo atrapó, como castigo lo mandaron para la carretera de La Piña y como uno de los preceptos favoritos de Juan Vicente Gómez era: «cárcel no es hotel», entonces los presos trabajaban de sol a sol (desde las seis de la mañana hasta las cinco de la tarde). Así se construyeron las mejores y aún vigentes carreteras y puentes del país.

A los 14 años, Cruz Mejía se enroló como marino mercante en el barco de bandera americana "Red Line", co-propiedad de

la familia Boulton. Recorrió mundo como marinero y se hizo boxeador en New York, en donde aprendió el idioma. No fue un asesino y según las crónicas, lo que robaba lo compartía con los necesitados.

Un día 'Petróleo Crudo' le dijo a «Mano de Seda», otro hampón de renombre: «esta vaina no es pa' mí» Días posteriores no lo vieron más, lo que supuso haberse evadido. Tres meses después lo capturaron y lo recluyeron en La Rotunda. Allí pasó una temporada, pero poco después de la muerte de Gómez, le conmutaron la pena alegando que ya había pagado por su delito. El 12 de octubre de 1936 lo agarraron robando una joyería y lo mandaron al tenebroso Penal de Tacarigua en la isla del Burro del Lago de Valencia. Tenía muy pocos días allí cuando fingió estar enfermo de cólera para así ser aislado en un área menos controlada: Se lanzó al agua. Tres embarcaciones recorrieron el lago día y noche. No consiguieron rastro alguno.

Pactó con el diablo

Las autoridades asumieron que 'Petróleo Crudo' se había ahogado. Pasado algunos meses, lo detuvieron en Barquisimeto y lo devolvieron a la isla. Sentado y amarrado de una silla metálica, la primera pregunta que le hicieron los detectives encargados del interrogatorio, fue si había tardado mucho para llegar a la orilla, a lo que el negrito sonriendo les respondió: « ¡Veintidós horas, mi capitán, porque había una tempestad del carajo!».

No pasaron dos meses cuando 'Petróleo Crudo' se escapó de la isla por segunda vez y lo recapturaron -a tiros-, siete meses después. En el expediente se recalca que la segunda fuga había sido más fácil. Se especulaba que Petróleo tenía pacto con el diablo. En el mundo del hamponato lo llamaban «el rey de las fugas».

En el primer año de gobierno de Medina Angarita, el Ministerio del Interior le consultó a Federico Landaeta, uno de los primeros jefes de investigación del régimen de López Contreras y quien tuvo que perseguir a 'Petróleo Crudo' todo el año 37, qué podían hacer con el rey de las fugas. -Meterlo en una jaula gigante, en lugar de un calabozo, fue la respuesta. El Gobierno siguió el consejo y encargó dicha jaula a la empresa americana Cuny and Company, por un valor de 20 mil bolívares. De su cautiverio era sacado solo una vez al día, para que llevara un poco de sol e hiciera sus necesidades fisiológicas. En ese abrumador escenario transcurrieron cinco meses, lo que hizo que 'Petróleo Crudo' cambiara de hábitos. Dedicó sus días de jaula leyendo literatura histórica, jurisprudencia, poesía y novelas, libros que intercambiaba con el sacerdote y los custodios de aquel correccional.

- *¡Adiós, petróleo!* - le gritaban los presos cuando iban al trabajo. *-¡Adiós, hermanos!*, -le respondía con entusiasmo sin despegarse de los libros, adicionando-, *pórtense bien. La violencia sólo engendra violencia.*

Corresponsal encubierto

El cronista Oscar Yánez, narra que el periodista Julio Navarro se hizo pasar por un ladrón para así ser enviado a la isla del Burro, única vía para obtener una declaración de Petróleo. El reportero escribió: "La jaula lo transformó. Diez y quince horas leyendo todos los días. Aquí triunfó la tesis de Luis Alberto Machado. Petróleo leía las obras fundamentales de los mejores juristas del mundo". Bajo un seudónimo, el artero carupanero, comenzó a escribir en La Esfera y El Universal sobre la reforma del Código Penal. También publicaba poemas en otros rotativos.

El escritor Jesús Tortoza Acevedo, revela que en Miraflores se interesaron por la trayectoria de 'Petróleo Crudo', tras continuos cabildeos y presiones del padre benedictino de origen alemán, Antonio Leyh, capellán del Penal de Tacarigua, lo que conllevó a que el presidente Medina Angarita lo indultara y posteriormente le regalara a una casa amoblada en Catia. A su salida del penal, trabajó como chofer del coronel Silvestre Medina, comandante del presidio y primo del general Medina Angarita.

Cuando Cruz Majía se casó, el 11 de junio de 1942, la primera tarjeta de invitación que entregó fue para el presidente de la República, pero éste no asistió a la boda alegando la atención de otros asuntos de Estado. No obstante, le envió 300 bolívares como regalo. El padrino de bodas fue el ministro Tulio Chiossone. Igualmente, Medina Angarita le apadrinó su hija Omaira, todo con el propósito de rescatar al osado delincuente.

Epílogo de las tropelías

Retirado de la turbulenta actividad delictiva, con un trabajo estable en Ingeniería Municipal y un salario de ocho bolívares diarios, la sombra de su pasado se posaría nuevamente sobre él, cuando fue acusado de robar una cuantiosa fortuna de la casa de un acaudalado comerciante, así como el asalto de un botiquín. Según algunos biógrafos, se trató de una venganza planificada por la policía. A tal fin, se estableció una sentencia de ocho años que debía purgar en la Cárcel Modelo de Caracas.

El desenlace de su agitada existencia tuvo lugar el 1° de octubre de 1945, en el Pabellón A, del mencionado penal, cuando apenas había cumplido 32 años de edad, tras un altercado con Rafael Cadenas Lobo, un policía merideño (chapa número 350) quien le acertó tres disparos: uno en la pierna que no le impidió desatar su furia contra el agresor, y dos en el abdomen. 'Petróleo Crudo' falleció declarando su inocencia de la última aventura que le imputaban.

La trágica historia del piloto Santiago Rafael Mujica Palencia

ERA UN DÍA COMÚN en el polvoriento pueblo de Río Tocuyo. La cotidianidad envolvía a aquella mañana. Tanto en la pulpería como en la plaza, los moradores comentaban acerca de la novedad del momento: la televisión. Toda una sensación para aquel remoto año de 1960. El Centro Social estaba atestado de vecinos que querían presenciar el fantástico evento

Pero lo sorprendente estaba por suceder unos minutos antes del mediodía de ese martes 26 de enero, cuando el sonido estruendoso de un aparato volador, destruiría la magia que transmitía la imagen en blanco y negro de Radio Caracas Televisión.

Aquel día, no hubo quien no se alarmara por el sonido ensordecedor que producía las numerosas incursiones de un avión de combate que atravesaba –en vuelo rasante- el tranquilo pueblo riotocuyano.

Se escucharon gritos de mujeres despavoridas corriendo por las calles llamando a sus seres queridos. Otros emprendieron la huida desde el Centro Social hasta sus casas, en donde muchos encontraron a sus esposas hincadas elevando una plegaria.

Pasadas las 12, y luego de varios minutos de sobrevuelo, rápidamente se corrió el rumor que la guerrilla había tomado la Base Aérea de Barquisimeto y secuestrado varios jet de combate para derrocar al presidente Rómulo Betancourt, pues el año que recién finalizaba, estuvo marcado por la conflictividad política.

Otros aseguraban que el dictador Marcos Pérez Jiménez, encabezaba un contragolpe de estado para retomar el poder en Venezuela. Pero el preciso instante en que Mariano Ruete, telegrafista del pueblo, se dignaba a transmitir el suceso, fue alcanzado por el combustible herviente de un artefacto que le quemó parte del cuerpo y rostro.

La explosión sacudió al pueblo

Durante el sobrevuelo, el Sabre Jet F-86 ejecutó varias maniobras a muy baja altura, e incluso algunos moradores fueron testigos que desde el ruidoso aparato, una mano hacia señales de saludo cuando efectuaba los aterradores virajes.

La aeronave se alejaba del pueblo a ratos y volvía con más ímpetu, lo que producía aún más pavor, hasta que sucedió lo inimaginable: el aparato descendió bruscamente para golpear con el ala derecha la denominada calle Reyes Vargas y algunos árboles, causando daños en el fuselaje para luego perder más altura, destrozando a su paso techos y paredes de las viviendas contiguas.

Andrés Pellicer y José Antonio Peña, enviados especiales del Diario EL IMPULSO, narraron en la edición 17.649, del 27 de enero de 1960, que "ya en medio de la manzana compuesta por las calles Vargas, Santiago, Bolívar y Miranda, la nave hizo explosión lanzando a varias cuadras alas, motores, turbinas y ruedas. Todos estos pesados artefactos cayeron encima y en los patios de las viviendas".

El Diario de Carora, en su primera página del 27 de enero de ese año, reseñó que "el primer impacto del avión fue en la cerca del Grupo Escolar ¨Rafael Tobías Marquis¨, destruyéndola parcialmente".

El estruendo del estallido causó horror colectivo. El avión había devastado todo a su paso, contabilizando un poco más de quince inmuebles severamente afectados y de las cuales quedaron destruidas las de Juan Guarecuco, Natividad Mujica, Alí Gómez, Dioselina de Herrera y Georgina de Rodríguez.

Conmovedor episodio

Precisamente en la vivienda de Georgina de Rodríguez, y donde cayó un amasijo de hierros retorcidos, a un lado de las ametralladoras, se encontró el cadáver mutilado del infortunado piloto. Allí, un voraz incendio consumió parte del interior de la casa.

La citada nota periodística de EL IMPULSO, refiere que en otra casa, situada a unos 50 metros de donde estalló el aparato, una turbina de unos 300 kilogramos, arruinó todo el techo.

El llameante tren delantero del avión derribó la pared de la estafeta del telégrafo, y produjo heridas de consideración al operador, así como a Juana Álvarez de González y al menor Ernesto Salazar.

Los estragos del siniestro causaron la muerte de centenares de aves de corral y otros animales domésticos, que perecieron incinerados y golpeados por el accidentado F-86.

En una de las viviendas donde cayó parte del avión, se encontró el cadáver mutilado del piloto Santiago Rafael Mujica Palencia

Unos 800 metros de líneas del telégrafo y otro tanto del tendido eléctrico se cortaron en múltiples pedazos y fueron a parar al suelo. Otros tramos humeantes quedaron colgando, dejando así al entero sin estos servicios.

Las casas en donde funcionaban los partidos Copei y URD, fueron destruidas, pese a que estaban ubicadas a unos 150 metros del sitio del siniestro.

Parte de la turbina y la cabina del avión, quedaron en el tejado de una vivienda, y a lo largo y ancho del poblado, quedaron desperdigados los restos del fuselaje del jet.

Su vuelo final

El piloto Santiago Rafael Mujica Palencia, tenía 21 años al momento del aciago accidente. Había egresado de la Escuela de Aviación Militar, ubicada en Maracay, con el grado de subteniente en julio de 1959.

Antes de la escuela militar, Santiago Rafael realizó estudios en Estados Unidos pero finalmente se graduó en el Liceo Lisandro Alvarado de Barquisimeto, ciudad en donde residía, con sus padres: Antonio Mujica y Georgina Palencia, concretamente en la calle 34 cruce con la carrera 14.

Versiones aseguran que el agraciado militar apenas cortejaba a una bella moza del pueblo, por lo que quiso presumir con piruetas, su destreza. Otros atestiguan, durante una misión de entrenamiento que tenía como trayectoria Coro-Barquisimeto, decidió efectuar una visita sorpresa a su tío paterno Mariano Mujica, pero jamás pudo imaginarse que ese sería su vuelo final.

Fuente: Centro Interno de Documentación del diario EL IMPULSO, enero 27 de 1960.

Colección, datos y anotaciones del abogado e investigador Jesús Oropeza

Los Yepes Gil, una familia de historia

El Pelón Gil, una leyenda larense

General y doctor José Espiritusanto Gil García, conocido
en la literatura histórica como el Pelón Gil

CUANDO SE SELLABA la Independencia de Venezuela, vino
al mundo José Espiritusanto Gil García, hijo del teniente de
caballería, Juan Antonio Gil y Dominga García Cortez, cuya fe
de bautismo, reza que nació en Barbacoas el 9 de junio de 1821, y
bautizado cuatro días después. Debido a su volátil temperamento
demostrado desde sus primeros pasos, tuvo una vida intensa que
da cuenta de un hombre con una brillante carrera intelectual,
política y militar.

A los 17 años egresó con honores del Colegio Nacional de
El Tocuyo, en donde inició estudios el 1° de mayo de 1835, día
que abre formalmente ese recinto académico con los cursos
de Latinidad y Filosofía. Y junto a los primeros cursantes: el
presbítero José Ramón de Agüero, Daniel Garmendia, Agustín
Agüero, Juan Pablo Cabrales, José María Lucena, Mateo Aguilar
y Felipe Yépez, el 5 de julio de 1838, José Espiritusanto presentó

exámenes para obtener el grado de Bachiller en Filosofía, acto solemne que se consumó en la capilla del colegio con numerosas personalidades presentes y el Concejo Municipal en pleno.

Luego de su juramento de ley, el rector del colegio Dr Tomás Francisco Borges y el vicerrector don Manuel Ramón Yépez, entregaron el pergamino a los bachilleres y ofrecieron discursos elogiando las capacidades de los graduandos. Fue un día de fiestas en el pueblo que duró hasta el amanecer del siguiente día. Pero el carácter irascible de José Espiritusanto, no le permitió una vida sedentaria, obligándolo a empacar una maleta de libros y otra más con sus ropas, para marcharse a la capital. A lomo de bestia, acompañado de sus antiguos pares del Colegio Nacional, emprendió viaje con la determinante convicción de inscribirse en la Universidad Central de Venezuela, de donde se graduó de Licenciado en Derecho Civil, en 1844. Cuatro años más tarde, encontramos a José Espiritusanto, como miembro de la Corte Superior de Valencia, y forma parte del levantamiento del general José Antonio Páez en contraposición del gobierno de José Tadeo Monagas, pero al poco tiempo es hecho prisionero y confinado a una fría mazmorra en el Castillo de Puerto Cabello, lugar que frecuentó en 1854, cuando también fue apresado. En una obra pictórica de la Revolución de Marzo, se aprecia a José Espiritusanto, al frente de un escuadrón de caballería, con ceño fruncido, de rasgos pronunciados y mirada interrogativa.

Participante de la Federación

Triunfante el movimiento de Julián Castro, es elegido diputado por el estado Barquisimeto y luego gobernador, hasta que la Guerra Federal llega a este territorio, entonces encabeza un ejército de un poco más de trescientos hombres con el cargo de jefe de Operaciones Militares, en la defensa de la plaza de Barquisimeto, entre el 9 y el 16 de marzo de 1860 contra las fuerzas federales, que luego fueron aplastadas.

Entre 1861 y 1863, recrudece la contienda bajo la dictadura de Páez, pero ahora en favor de los federales. Durante el ataque a la plaza de Quíbor, el 3 de abril de 1862, Manuel Antonio Paredes y Wenceslao Betancourt, generales revolucionarios que dirigieron la maniobra, se encontraron con las valientes fuerzas del gobierno al mando del doctor y general José Espiritusanto Gil García, que según las crónicas, «el reñido combate duró muchas horas con triunfo para los federales que terminaron por ocupar la ciudad».

Desde entonces, el victorioso ejército federal, acometió una encarnizada persecución en su contra, con participación de antiguos conservadores como por supuesto federales. Poseído de un carácter rebelde, en 1868 se fue a formar filas en el movimiento insurreccional conocido como la Revolución Azul, que lleva a la presidencia a José Tadeo Monagas, desplazando el gobierno de Juan Crisóstomo Falcón, a quien consideró un inepto. Pero la división de los Monagas luego de la muerte del presidente de facto, provocó el deterioro político del régimen, que fue aprovechado por Antonio Guzmán Blanco, quien se alió a los descontentos caudillos regionales y locales provocando la Revolución de Abril, que como trofeo consiguió la presidencia de Venezuela el 27 de abril de 1870.

De héroe militar a hombre ejemplar

La Revolución de Abril llevó al Pelón Gil a retirarse a su hacienda, periodo que utilizó para su desempeño profesional defendiendo en los juzgados a los campesinos de El Tocuyo y Quíbor. Y según documento notariado en Barquisimeto, en 1880, el doctor y general José Espiritusanto Gil García, cedió su propiedad del sitio de Agua de Obispo -cerca de Carora- a los campesinos del lugar. Por esos días el Pelón Gil, en concurso con Manuel Rodríguez López, fundó el 18 de agosto de 1878, el primer club de El Tocuyo, el Club de Amigos, de cuyo seno surge la iniciativa de introducir la primera imprenta a esa ciudad, lo cual da origen al periódico El Aura Juvenil, encargándose de su redacción los jóvenes José Gil Fortoul (su primogénito) y Lisandro Alvarado.

Otro documento asegura, que el 11 de diciembre de 1860, en El Tocuyo, se celebró el matrimonio del doctor y general José

Espiritusanto Gil con la señorita Adelaida Fortoul Obregón (nacida en 1842, en Guanare, estado Portuguesa), unión de cinco hijos: José Gil Fortoul (presidente encargado de Venezuela, ministro, diplomático, periodista, literato e historiador), Josefa Antonia Gil Fortoul (madre de los hermanos Yépez Gil y bisabuela de quien calza esta semblanza), Juan Antonio Gil Fortoul, Adelaida Gil Fortoul y Dominga Gil Fortoul. El Peón Gil falleció en El Tocuyo el 26 de septiembre de 1891. Años posteriores, sus restos fueron inhumados en una cripta del templo de la inmaculada Concepción de Barquisimeto, donde permanecen.

La verdadera leyenda

En unas líneas poco conocidas del intelectual José Gil Fortoul, recogida por la familia Álamo de Barquisimeto, hace una elocuente descripción del Pelón Gil, su padre: "… era un poderoso y déspota terrateniente tocuyano, acólito del general Páez, antes y durante su dictadura. Era un padre ejemplar y un hombre de cultura; leía fundamentalmente sobre derecho y filosofía, y se preocupó sobremanera por la educación de sus hijos".

Parte de la leyenda del Pelón Gil, relata que un día don Egidio Montesinos (uno de sus enemigos forjado a pulso), director y fundador del colegio La Concordia, se hallaba leyendo en su sillón cuando un empleado le notificó que don José Espiritusanto Gil preguntaba por él. Contraviniendo las advertencias de los sirvientes hizo pasar al camorrero, que en son de paz vino a pedirle que aceptase a su hijo como discípulo, que lo educara "a su estilo y con sus ideas". El Pelón Gil, bien sabía que en La Concordia se formaban los mejores cuadros intelectuales del país. A don Egidio debió Gil Fortoul, el amor a la ciencia y la filosofía y parte de su grandeza.

Fuente: La Leyenda del Pelón Gil. Rafael María Rodríguez López. Impresores Unidos Caracas 1945
Enciclopedia Larense. Rafael Domingo Silva Uzcátegui. Madrid España. 1968

Barquisimeto Historia Privada. Alma y Fisonomía del Barquisimeto de Ayer. Rafael Domingo Silva Uzcátegui. Caracas 1959

Tarabana. José Antonio Yepes Azparren. Fondo editorial Río Cenizo. Barquisimeto 2003

Crónicas Tocuyanas. Janette García Yépez-Pedro Rodríguez Rojas. El Tocuyo 2005 Centro Interno de Documentación del Diario EL IMPULSO

Archivo del Registro Principal de Barquisimeto. Sección Escribanías de El Tocuyo y Barquisimeto

Gabriel Gil García: un larense sepultado en inmerecido olvido

EL COMBATE HABÍA SIDO rápido y violento. En pocas horas la acción se había decidido a favor de las tropas del Gobierno y los cuerpos de los revolucionarios quedaron esparcidos en el campo, otros entre el matorral y el río Barquisimeto, en plena Sabana de la Agua Viva y Tarabana. Es el parte de batalla del comandante doctor José Espiritusanto Gil García, 'El Pelón Gil', jefe de Operaciones Militares de Barquisimeto, designado por el presidente Julián Castro, que enterado del ataque a la plaza de Cabudare, el 6 de enero de 1860, escribió: "El general revolucionario federal Pedro Vicente Aguado, cargó contra nuestras tropas acantonadas en la Sabana de Cabudare, defendidas por el comandante Agustín Gual, quien murió valientemente en la acción".

Más adelante, reza el documento que debido a ese infortunio, al día siguiente, "el 7 de enero, junté la tropa y marché sobre Cabudare, y ya en la sabana, al pie del cerro (Terepaima) ataqué con la caballería al general Aguado, que quedó sin fuerzas por la acción envolvente del fuego a discreción y, hasta mi humanidad se vio en peligro debido a las lanzas enemigas, que gracias a la oportuna y ágil maniobra del coronel Gabriel Gil, mi edecán, no fui alanceado". Ese día, las tropas del 'terrible Pelón Gil', como le apodaban, recuperaron la plaza de Cabudare, lo que permitió la estabilidad del gobierno Conservador en Centroccidente.

Escudo de su comandante

Interesante son las líneas aportadas por el escritor José Gil Fortoul (hijo del Pelón Gil) en donde apunta que en aquella violenta acción de la "Toma de Cabudare", el comandante Gil no perdió la vida, debido "a la osada intervención del lugarteniente Gabriel Gil (su hermano menor) que se adentró a la batalla con espada en mano, guareciendo la retaguardia de su comandante...".

Y agrega Gil Fortoul, que en varias ocasiones, en medio del fragor de la batalla, Gabriel Gil "franqueaba su bestia para hacer un escudo a su comandante...", y cuando ya estaba por decidirse el enfrentamiento, "el edecán observó que el comandante Gil estaba a tiro de lanza, por lo que rápidamente embistió con su caballo a dos carabineros que terminaron en el suelo no antes de cargar lanzas contra ambos Gil. Empero, dichas lanzas se clavaron en el cuerpo del enorme corcel del bravo edecán". Así fue como la Guerra Federal (1859-1863) encontró a Gabriel Gil García, personaje hasta ahora inadvertido por la historiografía a pesar de su agitada participación en la Guerra de los Cinco Años, las revoluciones subsiguientes y su concurrencia en la política venezolana.

Al frente de Los Cívicos

Los primeros días de marzo del trágico año de 1860, el edecán Gabriel Gil García, se encuentra junto a su comandante y hermano 'El Pelón Gil', en la defensa de la plaza de Barquisimeto, sitiada por el general federalista Pedro Aranguren, combate que se desarrolló desde el 9 al 16, con recio fuego cruzado. El historiador Lisandro Alvarado destaca que las fuerzas del doctor José Espiritusanto Gil García "eran considerablemente menores y mal armadas, pero éste se defendió heroicamente a pesar de los 600 soldados de Aranguren que pronto se le unieron otros 200 al mando del general cabudareño Nicolás Patiño". Gil Fortoul hace referencia sobre el episodio, narrando que "la guarnición de Barquisimeto era de 370 soldados, con un cuerpo de 200 voluntarios sin fusiles, armados con lanzas y machetes, al mando del coronel Gabriel Gil". El Pelón Gil recalca en sus *Memorias*, que había formado un cuerpo de voluntarios con comerciantes, peones y vecinos, para defender el sitio de Barquisimeto, "a quienes yo llamaba los cívicos. Estos cívicos mostraron igual valentía que la tropa de línea".

Parte activa en la política

Gabriel Gil García concurrió activamente en la Revolución de Marzo, en la Guerra de los Cinco Años y en todos los movimientos armados posteriores, siempre en el bando Conservador, sobresaliendo en la Revolución de Abril, por lo que el presidente Antonio Guzmán Blanco lo ascendió a general de Brigada. Colgó la espada y guardó el uniforme para dedicarse a la vida civil y, durante la década de 1870, se incorporó a la legislatura del Estado Barquisimeto al ser electo diputado principal, cuerpo que presidió en varias oportunidades hasta la creación del estado Norte de Occidente, con la fusión de Yaracuy y Falcón en 1879.

Durante la instalación del Congreso Nacional en 1880, fue nombrado presidente de aquella cámara, a la que representó pocos meses para asumir la Gobernación del naciente Estado Lara en 1881. En dos periodos, Gil García prestó sus servicios a la Jefatura Superior de Política del Departamento Tocuyo, cesando en sus funciones para incorporarse a la redacción de la novísima Constitución del Estado Lara.

Retornó a sus raíces

Cumplió Gabriel Gil García con la palabra empeñada a sus maestros del afamado Colegio Nacional de El Tocuyo, cuando una vez dijo que retornaría a esa institución, pero esta vez con el honorable nombramiento de vicerrector. La pasión por la academia lo atrapó como vice-director del Colegio La Concordia, de la Ciudad Madre, correspondiéndole como miembro de la Junta Examinadora, junto a Egidio A. Montesinos, rubricar los grados de bachilleres de un grupo de figuras que más tarde sobresaldrá en la política y la cultura del país.

Como catedrático de ambas instituciones educativas, se sintió en casa, pues había egresado de la primera, con el grado de Bachiller en Ciencias Filosóficas, para pasar a cursar estudios superiores de Medicina y Cirugía en la Universidad de Caracas, pero no concluyó por la agitación social del momento, por lo cual no recibió el título. El investigador Carlos Guerra Brandt, cronista de la fotografía antigua larense, rastreó y halló importantes referencias, escritas y gráficas de Gabriel Gil García que atestiguan su actividad como partero, dentista y médico general.

Gabriel Gil García nació en El Tocuyo el 18 de marzo de 1832. Segundo de siete hijos del matrimonio del teniente de Caballería Juan Antonio Gil Saavedra y Dominga García Cortes de la Puerta. Casó con la señorita Casimira Garmendia Giménez con quien procreó siete hijos. Este larense ha permanecido en el inconcebible anonimato desde su fallecimiento. Un fragmento de su hazaña militar, quedó registrada en las *Memorias* que escribiera José Espiritusanto Gil García, personaje que también sobresalió como militar, político, abogado y escritor. No obstante, el desempeño civilista de Gabriel Gil García y su obra como magistrado, permanecen sepultados en el indeseable silencio e inmerecido olvido.

Fuente: José Gil Fortoul. Historia Constitucional de Venezuela. Berlín, 1907
Lisandro Alvarado. Historia de la Revolución Federal en Venezuela. Caracas 1909
Telasco A. MacPherson. Diccionario Histórico, Geográfico, Estadístico y Biográfico del Estado Lara. Venezuela. Puerto Cabello, 1883
Rafael María Rodríguez López. La Leyenda del Pelón Gil. Impresores Unidos Caracas 1945
Rafael Domingo Silva Uzcátegui. Enciclopedia Larense: Geografía, Historia, Cultura y Lenguaje del Estado Lara. Caracas, 1941

José Gil Fortoul no nació el 25 de noviembre

EL CANDIL que iluminaba el zaguán de la casona número 71, de la calle Libertador de Barquisimeto (hoy carrera 19 entre calles 22 y 23), amaneció encendido gracias a la diligente atención de la servidumbre de doña Adelaida Fortoul Obregón, quien tenía una semana en confinamiento maternal, en su amplio dormitorio, donde los ventanales fueron rigurosamente sellados con grandes y gruesas cortinas para que ningún rayo de luz pudiera entrar.

Igualmente una de las dos puertas del dormitorio fue clausurada con una manta oscura para dejar el cuarto en perfecto claustro monástico porque una ancestral creencia daba por sentado que la luz y la intemperie, menoscababan la retina de los recién nacidos y menos aún en aquel hogar colonial de costumbres cristianas de tipo conventual.

Cuando por fin llegó la comadrona, ya doña Adelaida había comenzado el trabajo de parto. La servidumbre agobiada caminaba de un lado para otro buscando agua caliente y otras vituallas. Reciente había llegado el doctor José Espiritusanto Gil, quien había ordenado a "Espiritico", su espaldero, prepararle agua caliente y luego hacerse cargo de las bestias acuarteladas ya en el establo. Llegaba extenuado de las campañas de la Guerra de los Cinco Años, como Comandante de Armas.

Influenciado por su padre

El Pelón Gil, apodo con el que era conocido por su calvez, había obtenido el título de licenciado en Derecho Civil de la Universidad Central de Venezuela, para luego recibir el doctorado ese mismo año de 1844. Pronto se enlistó en las filas del ejército para luchar en la insurrección política en contra de José Gregorio Monagas, cayendo prisionero en las bóvedas del Castillo de La Güira, de donde se evade y se refugia en la isla de Bonaire.

Cuando Barquisimeto fue sitiado por la soldadesca federal, entre el 5 y el 10 de marzo de 1858, el Pelón, defendió con ímpetu la plaza solo con un poco menos de 600 hombres y un cañón, frente a un contingente de 1.500 soldados. No retrocedió y por el contrario, cuando llegaron los refuerzos cinco días después, ya los federalistas habían huido. Desde entonces, le persiguió la leyenda de héroe.

Contrajo nupcias con doña Adelaida Fortoul Obregón, el 11 de diciembre de 1860, en El Tocuyo, en una de las etapas más violentas de nuestra historia repleta de rivalidades políticas que degeneraron en interminables contiendas armadas. Gil Fortoul fue criado en la hacienda Hato Arriba, perteneciente a su padre, la cual estaba enclavada en el municipio Barbacoas que para entonces formaba parte del Distrito Tocuyo. Una mañana, El Pelón, tomó a José por la mano y lo condujo al Colegio La Concordia, que regentaba el eminente preceptor don Egidio Montesinos, de donde egresó como Bachiller en Filosofía y Letras el 2 de julio de 1880, año en que publica su primer libro: La infancia de mi musa, una compilación de poemas bajo el cuidado del tipógrafo y periodista Pedro María Azparren.

Durante una cena familiar, Gil Fortoul comunicó a sus padres sus intenciones de marcharse a Caracas a estudiar derecho en la UCV, siguiendo los pasos de su progenitor. Paralelamente, asiste a las clases de historia natural del sabio Adolf Ernst, recibiendo el doctorado en Ciencias Políticas el 23 de enero de 1885. De allí en adelante, José Gil Fortoul transitará una intensa e interesante carrera como intelectual, periodista, político y diplomático, alcanzando la primera magistratura nacional, calidad de encargado en 1913, cuando ocupaba un curul como presidente de la Cámara del Senado de Venezuela.

Historiadores, cronistas y escritores han mencionado y repetido a lo largo de los años, con soporte o fundamento incorrecto, que el célebre historiador y expresidente de la República, José Gil Fortoul, vino al mundo en El Tocuyo el 25 de noviembre. No obstante, en el libro número 53, correspondiente a los años 1861 a 1864, folio 28 de la parroquia Tocuyo, se encuentra la partida de bautismo de José Gil Fortoul, quien más tarde fuera el pionero del pensamiento científico de la historia venezolana.

"En la ciudad del Tocuyo á dies y nueve de Marzo de mil ochocientos sesenta y dos, yo el cura propio de esta Santa Yglesia bautizé solemnemente á José que nació el veinte y nueve de noviembre último, hijo legítimo de José Gil y Adelaida Fortoul. Fueron sus padrinos Basilio Roque y Dominga García á quienes adverti el parentesco y obligación, de que certifico.

José Antonio Ponte". (sic)

Es copia exacta del original. Pbro Renzo Begni. Director de Archivo. Certificado que se expide en Barquisimeto a los tres días del mes de julio de dos mil dos.

La ceremonia religiosa de bautizo de José Gil Fortoul, se celebró en el templo del Hospital de Belén, toda vez la iglesia matriz de El Tocuyo estaba sometida a reparaciones.

Josefa Antonia Gil Fortoul en una historia de dos siglos

A José Miguel Bermúdez Castillo, con admiración y respeto

CUANDO EL SOL comenzaba a despuntar ya Josefa Antonia Gil Fortoul caminaba presurosa por el espacioso pasillo principal de la señorial casona tocuyana, en dirección al salón de gigantes ventanales de dos hojas que dejaban escurrir por las ranuras de las celosías pequeños rayos de sol. Allí le esperaba su preceptor. Casi siempre el maestro ya estaba acompañado de sus hermanos. Era una rutina diaria que moldearía su espíritu.

La acomodada propiedad de tejas rojizas, anchos pilares de madera, corredores interminables con helechos colgantes, un gran jardín interno de rosas multicolores y una fuente de agua natural, era propiedad de su padre: el doctor y general José Espiritusanto Gil García, "el Pelón Gil", un legendario héroe de la Guerra de los Cinco Años que defendió sin titubeo la plaza de Barquisimeto durante los terribles años de 1860 y 61. Era abogado litigante y asiduo político desde su curul en el Congreso que sancionó la Constitución de 1858 y más tarde desde su pequeño y modesto despacho en la calle Real de Barquisimeto, de donde ejerció la primera magistratura del gran estado que abrigaba Lara y buena parte del Yaracuy. José Espiritusanto Gil García, doctor y general, conocido por la literatura histórica como el Pelón Gil. Fue diputado al Congreso Nacional y presidente del Gran Estado de Barquisimeto. Padre de Josefa Antonia y José Gil Fortoul.

Josefa Antonia de niña era inquieta y atrevida. Junto a su hermano José Gil Fortoul, el que más tarde se convertiría en el 28° presidente de Venezuela, inscribió su nombre en las páginas de la historia como escritor e investigador más influyente de la contemporaneidad. Junto a él, Josefa Antonia acudía religiosamente a las lecciones de filosofía, geografía, historia, matemáticas y latinidad que impartía don Egidio Montesinos, fundador del Colegio Concordia de El Tocuyo, maestro que ya en el ocaso de sus días escribió una correspondencia al Pelón Gil, a pesar de las marcadas diferencias entre ambos, en donde subraya: "Recuerdo a ambos (refiriéndose a sus antiguos discípulos Josefa Antonia y José Gil Fortoul), lo intranquilos que eran, pero ligeros para el aprendizaje".

En la ciudad madre

Agudos investigadores han atribuido a Barquisimeto como cuna de Josefa Antonia, no obstante, documentos familiares señalan que sería en El Tocuyo, en donde nacería el 14 de febrero de 1863. Fue bautizada "en la ciudad del Tocuyo á diez y nueve de Marzo de mil ochocientos setenta y tres, yo el Cura decano de esta Santa Yglesia bauticé solemnemente á Josefa Antonia que nació el catorce de febrero última hija legítima del Doctor José Gil y Adelaida Fortoul. Fueron sus padrinos Juan Bautista Bejarano y Casimira Garmendia á quienes advertí el parentesco y obligación de que certifico. José Antonio Ponte. Bajo el folio 17, libro N°53".

Su madre, doña Adelaida Fortoul Obregón casó el 12 de enero de 1856 con Pedro León Vivas Colmenares, comandante caraqueño que murió de cólera luego de 30 minutos de materializarse el acto matrimonial. Pero es esa una magnífica historia que contaremos en otro reportaje. Don Juan Bautista Yepes Piñero, esposo de doña Josefa Antonia Gil Fortoul, ambos será los padres de los hermanos Yepes Gil un apellido de tradición en el estado Lara

Las segundas nupcias de doña Adelaida –y aun doncella- sería con el Pelón Gil, "en la ciudad de El Tocuyo a once de diciembre de mil ochocientos sesenta". Fueron testigos: Dominga García y el general Gabriel Gil García (hermano del Pelón y héroe de la Guerra Federal, más tarde gobernador del estado Lara). La bendición nupcial la presidió José Antonio Ponte, natural de Cabudare, prelado que más tarde se convertiría en el 6° arzobispo de Caracas y Venezuela.

El matrimonio Gil Fortoul procreó a Adelaida Gil Fortoul, que casó con el napolitano don Felipe Fortunato di Pietri; José

Gil Fortoul, doctor en Ciencias Políticas e historiador, casado en París con María Luisa Macadet; Josefa Antonia Gil Fortoul (nuestra biografiada y bisabuela de quien calza este reportaje) Juan Antonio Gil Fortoul, murió soltero; y Dominga Gil Fortoul, casada con Eligio Macías.

Imponía trato como «doña»

Testimonios familiares, entre ellos el de José Miguel Bermúdez Castillo, estudioso de la familia Yepes Gil y tataranieto de Josefa Antonia, asegura que la matrona pasaba horas en el bordado de la lencería, labor que perfeccionó con el paso del tiempo.

Los hijos de Josefa Antonia se referían a ella como 'doña', además de pedirle la bendición de rodillas, con la cabeza inclinada en respetuosa reverencia. Tampoco existían los besos de rigor "ni siquiera con sus más cercanos afectos". La relación con la matrona era muy cálida, pero "verbal no física", y esto se transfiguraba en absoluto respeto, porque fue una mujer de espíritu determinante.

Josefa Antonia Gil Fortoul fue hermana de José Gil Fortoul, presidente de Venezuela e historiador más influyente de la contemporaneidad

En su casa existía estricto orden, atestigua Bermúdez Castillo adicionando que diariamente, a las seis de la tarde, se rezaba el Santo Rosario, dirigido por don Juan Bautista en regla inquebrantable, evento a donde debían concurrir todos los hijos sin pérdida de tiempo ni titubeos. Don Juan Bautista era el religioso del matrimonio, puesto que 'doña' era librepensadora, al igual que su hermano José Gil Fortoul.

Fundadora de industrias

Heredera de una arraigada historia de hombres de haciendas, Josefa Antonia asumiría este compromiso con entereza luego de la muerte de su consorte acaecida en 1915. Visitará el fértil Valle del Turbio, tierras de sus ancestros, en donde con prontitud dominará la explotación de cacao, la cría de ganado de carne y leche, y la cosecha de cañamelar en una porción importante de sus dominios.

En documentos registrados en Barquisimeto, encontramos que Josefa Antonia era propietaria absoluta de las haciendas El Molino y Bella Vista, asentadas en el valle que otrora sería sometido por el Tirano Aguirre. Estos predios juntos, formaban un poco más de 200 hectáreas. El Molino "con todo su bagaje" lo entregó en venta en 1919 a sus hijos Daniel y Domingo Antonio Yepes Gil; y Bella Vista, con varios traspasos anteriores, también la vendió en 1920, a Cruz María Yepes Gil, otro de sus hijos.

Igualmente, un tercer documento da cuenta de la posesión de un importante solar que superaba las 500 hectáreas, identificado como Hacienda Tarabana, registro con una tradición familiar que data desde 1822, pero que la matrona adquirió en 1926 y conservó hasta 1941, año en que vende a sus hijos y socios Cruz María, José Antonio y Mariano Yepes Gil.

Tarabana fue comprada por los hermanos Yepes Gil el 7 de septiembre de 1920. Más tarde se convertiría en el más importante latifundio del Valle de río Turbio, con una moderna maquinaria para fabricar azúcar y papelón, producción que en 1940 registró 120 toneladas de caña de azúcar por día y que en 1944 hasta el 54, se elevaría a 150. Este ingenio fue uno de los más fecundos del estado Lara, solo superado por Los Palmares en El Tocuyo, antes de la puesta en marcha del Central Río Turbio.

Doña Josefa Antonia Gil Fortoul y Don Juan Bautista
Yepes Piñero, padres de los hermanos Yepes Gil

En la catedral tocuyana

El matrimonio fue celebrado "en la iglesia parroquial matriz de la Inmaculada Concepción de El Tocuyo á veinte de enero de mil ochocientos ochentaiunos, yo el vicario, cura interino de ella presencié el matrimonio que por palabras de presente contrajeron in yacie eclesiae, Juan Bautista Yepes, hijo legítimo de Pacífico Yepes y Abigaíl Piñero; y Josefa Antonia Gil, hija legítima del Dr José Gil y Adelaida Fortoul de esta feligresía.

Precedieron la exploración de sus voluntades, el examen de aprobación en la Doctrina Cristiana y con arreglo al Santo Concilio Tridentino, se proclamaron en tres días festivos, que fueron el veintiuno y veintiocho de noviembre y el cinco de diciembre próximo pasado, de lo cual no resultó impedimento. Se confesaron y recibieron en la misa las bendiciones nupciales; siendo testigos Pacífico Yepes y Adelaida Gil, lo cual certifico. Hilario Alvarado. Folio 212.

De la unión de Josefa Antonia y Juan Bautista Yepes Piñero nacieron: Juan Bautista el 29 de enero de 1882; José Antonio, el 14 de marzo de 1883; Abigaíl, el 4 de octubre de 1884, en Hato Arriba, Barbacoas; Mariano el 8 de mayo de 1886, en El Tocuyo; María Adelaida de las Mercedes, el 14 de diciembre de 1887 a las 10 de la noche, en la Hacienda Vira-Vira de Barbacoas; Cruz María, el 25 de septiembre de 1890, en Barbacoas, (bisabuelo de José Miguel Bermúdez Castillo) Domingo Antonio, el 4 de agosto de 1892, en Barbacoas; Manuel María, el 20 de octubre de 1894, en El Tocuyo; Daniel, (nuestro abuelo materno) el 4 de junio de 1896, en El Tocuyo; María Josefa, el 30 de abril de 1898, en El Tocuyo; Lisandro, el 17 de mayo de 1900, en El Tocuyo; Adela en 1901 en Barquisimeto y por último Carlos, el 8 de diciembre de 1903, en El Tocuyo.

Los restos de Juan Bautista

Los restos mortales de don Juan Bautista Yepes Piñero, cuyo deceso ocurrió en Barquisimeto el 10 de febrero de 1915, así como los de su hijo mayor Juan Bautista Yepes Gil, fallecido el

16 de marzo de 1914, fueron inhumados en el templo de San José de Barquisimeto, según los investigadores Ghersi Gil y Yepes Azparren. Apuntan que varios años después de sus muertes, los féretros fueron trasladados al templo en cuestión y colocados en nichos, situados a ambos lados del altar mayor, identificados por gruesas planchas de mármol blanco. Precisan que la lámina de mármol de Juan Bautista Yepes Piñero estaba del lado izquierdo inmediatamente después de un pequeño y hermoso altar dedicado a la advocación de la Santísima Virgen de Coromoto.

Después que la iglesia se derrumbó por un terremoto, y en el periodo de su reconstrucción entre los años 1969 y 1972, Ghersi Gil corroboró personalmente junto al párroco del templo, "que el mesón del altar mayor, fue construido con las dos láminas de mármol de mis familiares difuntos". Los restos de Juan Bautista y los de su hijo, originalmente sepultados en cofres de madera, fueron depositados -durante la refacción de la iglesia-, bajo el suelo del altar mayor.

El ocaso de la matrona

La firmeza y probidad de Josefa Antonia no se doblegaría ni siquiera en sus días postreros. Luego de vender y heredar las propiedades a sus hijos y con una larga y placentera vida de retos superados, falleció en Barquisimeto el 25 de enero de 1950. Fue sepultada en el antiguo Cementerio Bella Vista de Barquisimeto, muy cerca del Panteón de los Yepes Gil, una familia larense con dos siglos de historia.

Fuente: La historia de la familia Gil desde la época colonial y su descendencia hasta hoy. Marco Antonio Ghersi Gil y José Antonio Yepes Azparren. Barquisimeto 2013
La Leyenda del Pelón Gil. Rafael María Rodríguez López. Impresores Unidos. Caracas, 1945
Tarabana. José Antonio Yepes Azparren. Fondo Editorial Río Cenizo. Barquisimeto 2003
Eliseo Soteldo Barquisimeto de ayer 1920
Tarabana fue la hacienda más importante del Valle del Turbio.
www.CorreodeLara.com

José Gil Fortoul y Lisandro Alvarado prepararon hallacas en Londres

NO PASAN INADVERTIDOS. Pese a la elegancia de sus trajes, su forma de hablar los delata. Se nota a leguas que son extranjeros. Son educados e intelectuales. Llaman la atención por las preguntas que formulan. Buscan ansiosos los ingredientes de alguna receta extraña para los lugareños.

Son larenses e historiadores. Ambos provienen de las aulas del tocuyano don Egidio Montesinos. En este momento también son diplomáticos y se encuentran muy lejos de su patria. Uno de ellos ha estado escribiendo un libro sobre la esgrima moderna. Una obra de gran valor para el acontecer citadino. El otro ha hecho anotaciones acerca de las neurosis de hombres célebres, apuntes interesantísimos para la ciencia moderna.

Esta mañana de 1891, muy fría en Liverpool, se les ve atareados en otra cosa. Hoy cerraron sus libros y dejaron a un lado el trabajo intelectual. Es diciembre y ya casi no falta nada para el 24. Días atrás, entre sus conversaciones, decidieron celebrar juntos la Navidad y hacerlo a la manera venezolana, para mitigar fríos y distancias. Así, se trazaron la difícil tarea de hacer hallacas. Por suerte, un trinitario tiene en pleno centro de Londres un abasto donde se expenden productos tropicales. Allí consiguieron el maíz, que terminaron pilando arduamente en un mortero de madera.

Una larga amistad

"...poco frecuente en nuestros medios políticos e intelectuales, de una noble amistad, mantenida a su alto nivel por espacio de años, desde la primavera hasta el invierno, desde la juventud ilusionada hasta la madurez en fruto y la ancianidad vigorosa...".

Carta de José Gil Fortoul a Lisandro Alvarado

La histórica y desconocida hazaña

Caminan horas sin desviarse del plan. Nada los detuvo, ni la casi imposible prueba de conseguir las hojas. Se valieron de sus funciones consulares para tener acceso al único lugar que albergaba, en rigurosa calefacción, la inhallable y costosa planta: el Jardín de Aclimatación de Londres. Franquearon un largo periplo burocrático que exigió hasta la opinión técnica de la Sociedad de Historia Natural para poder cortar cinco hojas de un plátano británicamente custodiado.

La proeza está a punto de consumarse. Asaron con esmero las hojas en el fuego de la chimenea y prepararon el guiso siguiendo las indicaciones que sólo uno de ellos (el mayor) conoce bien. Para darse ánimo silbaron un valsecito tocuyano cuando se dispusieron a probar el portentoso picadillo elaborado con carne de res y de cerdo, trozos de tocino y gallina. La música les dio suerte: estaba exquisito. En este momento, uno amarra la décima y última hallaca de esta hazaña culinaria. Son larenses e historiadores y ahora aventureros de la cocina. El primero tiene 33 años y se llama Lisandro Alvarado, aunque prefiera presentarse como Perico el de los Palotes. El otro tiene 30 y se le conoce ya como el doctor José Gil Fortoul.

Fuente: Apuntes de Aníbal Lisandro Alvarado, hijo del preclaro larense en su libro Menú-Vernaculismos. Edime, Caracas-Madrid, 1953
www.CorreodeLara.com

Daniel Yepes Gil: precursor de la industria azucarera del Valle del Turbio

Don Daniel Yepes Gil, nuestro abuelo

A Haydee Padua,
en cuya mirada encuentro una razón para escribir.
Dedico

INTEGRANTE DE UNA FAMILIA de honorable linaje, fundadores de haciendas y primeros productores de cañamelar con denodada trayectoria. Directivo y promotor del Central Azucarero Río Turbio. Nieto y sobrino de héroes de la Guerra Federal y reconocidos políticos en el estado Lara. Asimismo, sobrino del historiador más importante de los últimos tiempos en Venezuela

6 de diciembre 1972.
Seis y treinta de la mañana

A lo lejos la comitiva divisó a don Daniel Yepes Gil, vestido como siempre de faena, con impecable atuendo de color kaki, en medio de su variada colección de pájaros y animales diversos. El Molino, su hacienda, estaba enclava en el Valle del río Turbio, tierras marcadas eternamente por el estigma del tirano Aguirre y su mágica leyenda.

Colindaba esta posesión con las haciendas Las Damas, Bella Vista y Tarabana, todas propiedades de su familia, quienes habían llegado a este encantado valle en 1822, como lo atestigua un documento notariado en Barquisimeto el 21 de mayo de ese año.

Pertenecía don Daniel a una prosapia de hombres que a fuerza de trabajo construyeron un futuro promisorio para los larenses. Así lo afirma Juan de Lara, en un artículo publicado en el diario EL IMPULSO, el 9 de diciembre de 1972, donde apunta: don Daniel Yepes Gil fue un arquetipo de aquellos caballeros rurales de solar conocido que fundaban haciendas, practicaban deportes violentos, constituían hogares, tenían un concepto calderoniano del honor, se sacrificaban sin vacilar por un amigo, se hacían matar antes que faltar a la palabra empeñada, y eran espejos de buenas maneras y de viril gallardía, escribió dueño de la verdad.

Formaba parte don Daniel, agrega Juan de Lara, a ese brillante núcleo social de los días dorados de Barquisimeto en que se movían el doctor Horacio Sigala, José Jiménez Anzola, Parra Pérez, Blanco Gasperi, Briceño Rosi, Pablo Gil García, Julio y Víctor Manuel Montesinos, W. B. Taylor, Marrero Cubillán, Juan Carmona, Julio Alvarado Silva, Enrique Arapé, entre otros.

Más adelante alude que don Daniel era un hombre versado en historia, geografía y zoología, inmensurable lector y trabajador incansable. "Sus colecciones de animales eran realmente interesantes".

Acota este articulista de EL IMPULSO, que don Daniel "fue como esos hombres que lanzaban con frecuencia una frase conciliadora, eco de un patriotismo desinteresado, preocupados por su terruño, puesto que estaban limpios de exhibicionismos y concupiscencias".

El nombre de don Daniel Yepes Gil está unido al de los pioneros en los trabajos que habían de culminar, casi un cuarto de siglo después, en la fundación de nuestra magna empresa industrial: el Central Río Turbio, asevera en testimonio de incalculable valor para los anales del tiempo.

Sería en El Tocuyo

El lunes 4 de junio de 1896, doña Josefa Antonia Gil Fortoul daba a luz su octavo hijo. Daniel era el nombre escogido por don Juan Bautista Yepes Piñero, su padre. El niño creció junto a sus hermanos en la Hacienda La Esperanza de El Tocuyo. En distintas correspondencias familiares se lee que Daniel era un niño "muy alegre y decidido, inquieto hasta el exceso, muy capaz de realizar cualquier labor. Él siempre está al lado de su padre", hombre de riguroso temple.

Así se formó Daniel, reconocido con el trascurrir del tiempo como trabajador incesante, honrado hasta el final de sus días, talentoso, de carácter fuerte pero entusiasta, emprendedor y heredero de una personalidad intachable. Josefa Antonia había nacido el 14 de febrero de 1863, de noble estirpe tocuyana, hija del general José Espiritusanto Gil García, conocido como el Pelón Gil, prócer y héroe de la Guerra Federal, que ocupó luego la presidencia de la Provincia de Barquisimeto entre 1859 a 1860. También fue Comandante de Armas de esta jurisdicción. Asimismo, padre del historiador venezolano más importante de todos los tiempos: José Gil Fortoul.

El Pelón Gil murió en El Tocuyo, el 26 de septiembre de 1891. Posteriormente, el Gobierno regional, en reconocimiento a su notable labor como militar y político, ordenó la exhumación de sus restos y los depositó en una cripta de la iglesia Inmaculada Concepción de Barquisimeto. Del matrimonio Yepes Piñero-Gil Fortoul nacieron: Juan Bautista, José Antonio, Abigail, Mariano,

Cruz María, Domingo Antonio, Manuel María, Daniel, María Josefa, Lisandro, Adela y Carlos Yepes Gil.

Pioneros de la industria cañamelar

Fueron los Yepes Gil una las primeras familias que se estableció en el Valle del río Turbio para comenzar con el proceso de siembra de caña de azúcar en sustitución del cacao. Con el andar de los días, equiparon dichas unidades de producción e instalaron modernos trapiches con maquinarias fabricadas en Alemania para la pujante actividad de la caña de azúcar.

La Hacienda Tarabana, fue la más importante del Valle del Turbio por ser central azucarero cuando en 1918 se instaló un trapiche de la fábrica L. GEO Squier & C.O, de Buffalo, Nueva York. A esta hacienda también se le conoció como Central Las Mercedes, porque así se llamó desde siempre la capilla de esta hacienda, la cual fue construida entre 1865 y 1889. Testigo de innumerables matrimonios de sus dueños, así como la de sus descendientes.

Esta posesión la adquirieron los hermanos Yepes Gil: Cruz María, Mariano y José Antonio, en septiembre de 1920, quienes le colocan el nombre de Central Tarabana.

Los Yepes Gil serían los capitanes de la industria azucarera en el Valle del Río Turbio, encargados de modernizar el viejo central en 1930, al instalar un moderno trapiche alemán Krupp, la misma marca de los cañones con los cuales Cipriano Castro empleó en la pacificación de Venezuela en los albores del siglo XX.

Según José Antonio Yepes Azparren, nieto de José Antonio Yepes Gil, Tarabana fue uno de los centrales más importantes instalados en el país a principios del siglo XX. Anota Yepes Azparren en su libro Tarabana, que este central procesaba 120 toneladas de caña diariamente para 1940, elevando su producción a 800 para 1970. Pese a que todas las haciendas de la familia Yepes Gil contaban con un trapiche moderno, no escatimaron esfuerzos en fundar el actual Central Río Turbio, industria principal que aun hoy está en pleno funcionamiento.

De vuelta a su amado valle

La comitiva lo encontró atendiendo a un loro de "rarísimo y fascinante plumaje", hermoso ejemplar que trajo desde Brasil y que llamaba "jía jía". La danta caminaba inquieta sin descanso como presintiendo lo inevitable. Entre quienes visitaron a don Daniel figuraba Salvador Macías, alias Juan de Lara, cuya pluma magistral describió aquel último encuentro: En El Molino, rumbo a Tarabana, nos atendió don Daniel Yepes Gil... El bagazo seco desaparecía por la portezuela roja de los hornillos. Un peón levantaba la totuma ensartada en un palo y dejaba caer un chorro de miel dorada e hirviendo, yendo y viniendo de paila en paila. El olor de la faena comenzó a emborracharnos deliciosamente.

En ese sentido, agrega Macías, que "en cada paila hervía la melaza nueva conducida desde los tanques de guarapo para los diferentes tránsitos. La gran rueda hacía girar el trapiche. Las cañas humildes de todos los senderos sobre las mulas y carretones de la hacienda iban penetrando por entre las masas de hierro, dejando caer un zumo abundante y delicioso. Dos muchachos, pegajosos, con la chencha empegojada de guarapo eran los encargados de coger el bagazo y sacarlo afuera, a los patios".

-Uno de los peones comenzó a estirar un poco de miel solidificada, y acabó por entregarme un pedazo de melcocha dorada. Yo preferí tomarme una taza de guarapo. Me refrescó la garganta, me trajo aromas de sementera y una grata sensación de cosechas. Me sentí caña del camino, hoja dorada, tierra húmeda, apunta sumergido en el relato.

Comiendo dulce caliente nos despedimos los integrantes de la excursión de don Daniel, camino a Macuto. Y prosigue, íbamos a quitarnos el guarapo, la pelusa de los bagazales, el olor hostigoso de las melazas. Por entonces aún Macuto vivía el rumor del agua.

Al final de esa mañana, en la sombra de los chaguaramos pensativos y solariegos, don Daniel se despidió de su valle, "acababa de ver por última vez sus pájaros. Se marchó al ritmo de la sinfonía de un alpistero".

Haydee Padua. Investigadora y escritora,
pero sobre todo, madre ejemplar

En Tarabana lo flechó cupido

Rememora Haydee Padua, investigadora de la genealogía histórica de la familia Yepes Gil e hija de don Daniel, que fue entre los verdes cultivos de caña donde el apuesto personaje "encontró su verdadero amor". Don Daniel ya había contraído nupcias con doña Nelly Arévalo, con quien tuvo cuatro hijas. Pero una mañana de sol radiante, en cabalgata por el antiguo camino real con dirección a la Hacienda Tarabana, divisó a orillas del río Claro a una hermosa mujer que lo enamoraría para siempre.

Dice la investigadora que Daniel apresuró su caballo para atravesar el lecho y "cautivo de una trampa del destino, sus animados ojos se clavaron en aquella bella silueta. Una agraciada damisela, en edad juvenil, de rasgos muy criollos y pueblerinos, de largos cabellos azabaches, de labios rojos y grandes y expresivos ojos".

-Así lo flechó cupido, y mi padre al acercarse cada vez más quedó inerte y sin aliento. Su esquema de hombre recio y poderoso se derritió ante la presencia magnífica de aquella hermosa mujer, recuenta Haydee Padua con ojos propensos a lágrimas, pero sumida en una fascinante narración. Es testimonio de don Daniel, entre sus memorias escritas por su hija, que desde ese entonces las citas a escondidas "muy inocentes y de gran respeto, fueron más frecuentes, y las visitas a Tarabana se tornaron obligadas".

-Así nació ese mágico amor, en encuentros furtivos en el escenario más sublime, a las puertas de la histórica Capilla Las Mercedes, describe la investigadora sin advertir que se agrietaba su corazón y sus ojos se anegaban de profusas lágrimas.

Desde ese entonces don Daniel compartió su vida con Olga Padua, la hermosa dama de Tarabana, "La Negra" como la llamaba con afecto. De esta esencia mágica, inspirada por ese escenario histórico testigo de escaramuzas entre Urdaneta, Bolívar y Cristóbal Palavecino contra las hordas del español Ceballos y su lugarteniente Oberto, nacieron Oscar, Haydee, Héctor, Virginia, Gisela y Fernando.

El Tigre y el toro en Tarabana

En conversación con los hermanos Oscar y Héctor Padua, cuentan que en 1936, el tiempo y el espacio del valle del Turbio fue testigo de un singular episodio, uno de los tantos ocurridos en este mágico paraje larense. Explican que a pesar que ninguno de ellos había nacido, don Daniel, su padre, siempre les refería el encuentro entre un descomunal tigre y un vigoroso toro.

Narraba don Daniel, que él y sus hermanos habían atrapado al tigre en los predios de Terepaima. Era un formidable ejemplar que había cobrado la vida de incontables animales de las haciendas de los Yepes Gil. La titánica hazaña de cazar al tigre los llevó a realizar una gran fiesta en Tarabana, donde la principal distracción sería el encuentro entre estos dos animales, dentro de una gran jaula de hierro. Describe papá, dice Héctor, que el lugar se llenó de personas de diferentes comarcas. Todos los habitantes de Cabudare asistieron al gran encuentro, y las entradas oscilaron entre dos y cinco bolívares. Oscar reseña que la pelea causó furor, "bárbaro fue este encuentro, y los gritos y la algarabía de la gente se podía escuchar en pueblo arriba (Cabudare), nos decía papá".

Doña Abigail Yepes Gil, depositaria de la memoria familiar

*Para Petra Gamboa y Rosanna Bartolomé, herederas de la tradición
de narrar historias transmitida de su abuela Abigail Yepes Gil*

SIN DUDA un elegante vestido de novia. Erguida, de rostro impávido. Destila firmeza la mirada. Es una mujer de abolengo. Su nombre doña Abigail Yepes Gil. La fotografía fue realizada el 31 de julio de 1914, en Barquisimeto, pocos minutos antes de consumarse el acto de matrimonio. Estaba por cumplir 30 años de edad.

Casó con el doctor don Pedro Bartolomé, natural de Burgos, España, un destacado farmacéutico propietario de la conocida Botica Central, asentada en la esquina de El Rebote en la calle del Comercio con cruce de la calle 25.

De la unión Bartolomé-Yepes Gil, nacieron tres hijos: Rafael José (24 de octubre de 1915), Marcial Ignacio (31 de julio de 1918) y César Augusto (30 de octubre de 1920).

Fue la primera hembra y tercera de los trece hijos del matrimonio de don Juan Bautista Yepes Piñero y doña Josefa Antonia Gil Fortoul. Había nacido en la hacienda Vira-vira, en Barbacoas, el 4 de octubre de 1884, el día de San Francisco de Asís.

Su casa era la más visitada de la familia, en donde se daban cita cada tarde, en perfecto y sincronizado desfile, sus hermanos, hijos, tíos, sobrinos, nietos y hasta ahijados. No la agraciaba el buen carácter. Por lo general le molestaba el ruido y más si venía de los niños. Era en extremo una mujer delicada, pero caritativa. No le regalaba nada a nadie sin que realmente se lo mereciera, pues así fue educada. Voraz lectora. Atesoraba sus libros, los cuales fue coleccionando desde edad temprana.

Ardorosa guardiana

A nadie le cabe duda que doña Abigail dedicó su vida a cultivar los lazos familiares, evento que le permitió escudriñar la leyenda de su linaje, por tanto se le considera custodio de la legendaria historia de la Familia Yepes Gil. Conservaba varios libros, escritos de su puño y letra, que eran una especie de diario, en donde relataba, en detalle, los principales acontecimientos familiares, así como una semblanza de cada uno de sus hermanos, padres, tíos, abuelos y hasta bisabuelos. Sus narraciones eran extraordinarias, revelando la gran admiración por los suyos, trasmitida a sus hijos y nietos.

Conservó hasta su muerte el epistolario del doctor y general José Espiritusanto Gil García, *el Pelón Gil,* y del doctor José Gil Fortoul, personajes que marcaron un hito en la historia contemporánea de Venezuela, ambos ascendientes directos de doña Abigail.

Poseía además gran cantidad de fotografías, que fue adquiriendo tras una tenaz pesquisa, las que anexó a las páginas bien preservadas que guardaban la memoria pública y secreta de la familia, esa que generalmente va quedando desperdigada en el camino del tiempo cuando desaparecemos de la vida terrenal.

Quizá, en algún momento deseó compilar aquel guarecido tesoro, para publicar una obra, pero la vida misma se encargó de negarle esa posibilidad. Murió el 13 de julio de 1975.

Estas líneas son solo un abrebocas de su magnífica semblanza, la cual estamos reconstruyendo.

Doña Abigail Yepes Gil

Cruz María Yepes Gil y su enigmática fotografía

Cruz María Yepes Gil junto a su esposa doña Julia
Elena Yuya Joubert León en París, 1937

DOS PERSONAS caminan por una calle parisina en 1937, se
dirigen a *Place de la Concorde,* un lugar de grandes reuniones
del período revolucionario, donde Luis XVI y María Antonieta
fueron ejecutados. Las crónicas cuentan que en aquella plaza
francesa, unas mil 119 personas fueron decapitadas públicamente.
Pero quiénes son los personajes que visten elegantes atuendos
inmortalizados en extraordinario formato 16X9 aproximadamente,
en blanco y negro, de autor desconocido, proporcionada en digital
por José Miguel Bermúdez Castillo, bisnieto de los protagonistas
de la fotografía y primo de quien calza este reportaje.

Pues bien, son don Cruz María Yepes Gil, de sombrero tipo
Trilby e impecable traje y corbata, símbolo de posición social. Sus
rasgos finos delatan que era un hombre de fecunda estirpe. De
estricto caminar, aplomada mirada y seguro de sí mismo. Nació
el 25 de septiembre de 1890, en Barbacoas, una localidad agrícola

del estado Lara. Sexto hijo del matrimonio de don Juan Bautista Yepes Piñero y doña Josefa Antonia Gil Fortoul.

Está acompañado don Cruz María de su hermosa esposa doña Julia Elena "Yuya" Joubert León, natural de Curazao, Antillas holandesas, nacida en Willemstad, el 21 de septiembre de 1904, "hermosa dama, muy caritativa, de ojos vivaces, almendra claros, que según sus propias palabras, de color de zorro a la carrera", refiere Bermúdez Castillo. En la foto, doña Yuya luce un vestido oscuro, largo que cae hasta las pantorrillas, de mangas. Porta además guantes de cuero para protegerse del frío otoñal y un sombrero redondeado de ala intermedia. Un bolso de mano de asa corta tipo *Baguett*, componen la imagen. Seguramente visitaron ese día "la avenida más bella del mundo: los Campos Elíseos en el VIII Distrito de París", que finaliza en el Arco del Triunfo, donde se encuentra grabado el nombre del único americano que participó en la Revolución Francesa: Francisco de Miranda.

El tour por Europa

Qué pudimos recabar de la estampa que nos ocupa y que pese al tiempo la fotografía se mantiene intacta: Don Cruz María y su esposa Julia Elena, llegaron a Curazao a visitar a familiares de la consorte. Para el momento de la foto estaban sus tres hijos pequeños: Mayda Josefa de dos años, Edgar de 12 y Beyla Elena con 10, que era estudiante de un prestigioso colegio de monjas del territorio neerlandés, concretamente el Welgelegen Habay, donde también estudió doña Yuya y la afamada musicóloga, pianista y compositora venezolana María Luisa Escobar. Luego de unos días en la isla, partieron a Europa con varios propósitos.

Durante el tour por la Europa Occidental, compraron mucho del mobiliario de la Quinta Mayda, como muebles, lámparas, obras de arte, platería, utensilios y lencería, entre otras cosas. La quinta es conocida posteriormente como la Casona de los Yepes Gil, ubicada en una manzana de Barquisimeto colindante con el hoy Parque Ayacucho.

Tratos comerciales

Aprovechó don Cruz María el viaje para adquirir maquinaria con el fin de modernizar el viejo trapiche de Bella Vista, un predio de su propiedad afincado en el Valle del Turbio, extenso territorio donde sus ascendientes se habían asentado durante las dos primeras décadas del siglo XIX, cuando don Juan Bautista Piñero compró "...una posesión compuesta de diez y seis fanegadas de tierras de labor con regadío propio de aguas de el Agua Viva, que llaman Tarabana..., y en ella plantada hacienda de cacao, compuesta de nueve mil cuatrocientos setenta y cinco árboles, casa de habitación avaluado todo en la cantidad de siete mil cuatrocientos pesos", escritura notariada en Barquisimeto el 21 de mayo de 1822.

Asimismo, hizo tratos comerciales con varias firmas alemanas para reemplazar algunas piezas averiadas en la fábrica del Central Tarabana, a pesar que este ingenio, el más importante del Valle Turbio ya no le pertenecía, pues lo había vendido a su madre doña Josefa Antonia Gil Fortoul y a sus hermanos Mariano y José Antonio Yepes Gil, en 1926 y que adquirió en 1920.

Don Cruz María, en aquel viaje, se sometió a una intervención quirúrgica en Alemania y a su salida del centro de salud, se vio obligado a regresar a Venezuela, por el inicio de la Segunda Guerra Mundial.

Por aquel entonces, hubo una intervención de las Antillas Holandesas en donde se situaron varios buques de combate en las costas curazoleñas para proteger a los nacionales. El famoso colegio de monjas ya mencionado, fue habilitado para hospital de campaña y las niñas enviadas a sus hogares. Elena León, la madre de Yuya, de visita en su natal Curazao, también partió a Venezuela junto a los tres niños de Cruz María y Julia Elena.

Las noticias por cable que recibía don Cruz María desde América, hablaban de una poderosa invasión nazi y las estaciones de radios prometían un desplazamiento de tropas para el contraataque, superior a la de la gran guerra, lo que propició el retorno prematuro a Barquisimeto.

Protagonistas de la industria azucarera

Durante los años siguientes, don Cruz María Yepes Gil se dedicó a sus posesiones y junto a otros cañicultores del valle, constituyeron la C.A. Central Río Turbio el 20 de diciembre de 1945, grupo fundador que tuvo como objetivo principal transformar los viejos trapiches papeloneros de la zona en una gran factoría azucarera.

Para la posteridad quedó plasmada la primera Junta Directiva de la compañía, con los siguientes nombres: Pablo Gil García como presidente; Cruz Mario Sigala, Pablo Cortez y J. A. Tamayo Pérez, vocales; Marcial Garmendia, Mariano y Daniel Yepes Gil, Carlos Gil García, Diego Rodríguez y Horacio Anzola, vocales; Luis Eduardo Castillo como secretario y Cruz María Yepes Gil, figuró como tesorero.

Don Cruz María falleció el 4 de septiembre de 1964. Doña Yuya, quien le sobrevivió 36 años, se encargará de seguir administrando sus bienes, fortaleciendo la próspera hacienda Bella Vista y sobresaliendo en la directiva de Socatur, la magna sociedad que agrupaba a los productores de cañamelar del estado Lara.

La casona de la hacienda Bella Vista, ya derruida por el paso del tiempo y los drásticos cambios para la trama vial de Barquisimeto, fue uno de los últimos lugares que visitó doña Yuya antes de encontrar placentera sus días finales, hecho ocurrido el 16 de diciembre del año 2000.

José Gil Fortoul conoció a Gómez gracias a una yegua

ENTRE LAS ANÉCDOTAS que rodean las crónicas y la historia venezolana, así como los relatos populares quizá perdidos y borrados por el paso del tiempo, destaca cómo fue que "gracias a una yegua" el escritor, historiador, ministro y posterior presidente encargado de Venezuela, José Gil Fortoul logró ganarse la atención y la amistad del dictador Juan Vicente Gómez.

Gil Fortoul había sido miembro del cuerpo diplomático de Cipriano Castro en Alemania, Francia, Londres y Suiza, por aquellos días, había intentado acercarse a Gómez, quien recientemente había tomado el poder en Venezuela, pero la literatura criolla precisa que sus múltiples intentos habían sido infructuosos. El general Gómez tenía una debilidad: las carreras de caballos, pero en especial por una yegua llamada "Tacarigua" a la que regularmente apostaba pero que siempre perdía.

Gil Fortoul, hombre versado y conocedor del entramado político del dictador, se reclinó de esta afición y viendo que sus títulos de abogado, diplomático, escritor, sociólogo e historiador no le habían servido de mucho para sus fines, un domingo de abril, se acercó al hipódromo y se situó en un estratégico lugar: frente y debajo del palco presidencial, o sea, entre la pista y la vista del Benemérito.

Ese día la yegua Tacarigua volvió a caer en desgracia y perdió la carrera, pero esta vez Gil Fortoul armó un escándalo de voz en cuello, gritando a pleno pulmón que Tacarigua era el mejor ejemplar de todo el hipódromo, pero que siempre perdía porque nadie la sabía montar.

Al escuchar la gigantesca alharaca, Gómez preguntó a uno de sus allegados que quién era el caballero de pipa y elegante vestir, al enterarse, lo mandó a buscar inmediatamente. La treta de Gil Fortoul había funcionado. Las crónicas atestiguan que el asertivo Gil Fortoul le aseguró al mandamás que si le permitía, el domingo próximo, montar y correr la yegua Tacarigua, obtendría la codiciada victoria. Pues el domingo llegó. Y ante la sorprendida muchedumbre, la yegua con José Gil Fortoul como su jinete, ganó inexplicablemente aquella carrera. El asombro del general era evidente y todo el mundo –sin excepción-, se preguntó cómo aquel refinado diplomático e intelectual se había convertido de la noche a la mañana, en un prodigioso jinete.

Sobre el increíble asunto muchos fueron los comentarios que corrieron por los pasillos del hipódromo: que había sido un fraude. Que era muy extraño que los demás caballos se hubiesen rezagado. En fin, un puñado de conjeturas que nunca pudieron comprobarse, ignorando el pasado de aquel brillante diplomático. Resulta que nació en Barquisimeto pero creció entre los potreros de la hacienda de su padre el doctor y general José Espiritusanto Gil, conocido como el legendario "Pelón Gil", un héroe de la Guerra Federal, diputado por Barquisimeto al Congreso que sancionó la Constitución de 1858 en la Convención de Valencia. Jurisconsulto nombrado Gobernador de la Provincia de Barquisimeto en 1859. Comandante de Armas de dicha provincia en 1860.

Desde su nacimiento, Gil Fortoul estuvo íntimamente ligado a los quehaceres agrícolas y por supuesto a las bestias, a las que domaba con singular maestría, según apuntes del escritor Luis Beltrán Guerrero, quien suscribe que pese a su prematura inclinación por la lectura, desde niño -Gil Fortoul- gustaba pastorear el ganado en la hacienda Hato Arriba, perteneciente a su padre, la cual estaba enclavada en el municipio Barbacoas que para entonces formaba parte del Distrito Tocuyo, (hoy estado Lara)

Fue tan renombrado el suceso de la Yegua Tacarigua, que el humorista Leoncio Martínez 'Leo' publicó una caricatura de aquella anécdota, con la siguiente leyenda: *"Ya lo dijo don José cuya palabra es un fallo: hay que buscar a caballo lo que no se encuentra a pie".*

Fuente: Marco Antonio Ghersi Gil y José Antonio Yepes Azparren. La historia de la Familia Gil desde la época colonial y su descendencia hasta hoy. Barquisimeto 2013 Rafael María Rodríguez López. La Leyenda del Pelón Gil. Caracas 1945
www.CorreodeLara.com

Sobre el histórico retrato de José Gil Fortoul

Histórica fotografía de Gil Fortoul con los notables del momento

A Tío Héctor Padua, conocedor del tesoro más
extraordinario del ser humano: los libros

EN UNA FANTÁSTICA captura de 1930, cuya autoría pertenece al legendario fotógrafo Luis Felipe Toro, según consta en la firma en relieve ubicada en la esquina inferior derecha, nos topamos con un grupo de prohombres influyentes que destacaron en la política y en las letras de finales del siglo XIX y principios del XX, sobresaliendo el doctor José Gil Fortoul – el de la pipa y el monóculo-, un personaje de prominentes dotes.

En el grupo inmortalizado en el retrato que acompañan al historiador Gil Fortoul (tío de nuestro abuelo Daniel Yepes Gil), figuran Juan Iturbe, seguido por una persona no identificada, luego Augusto Mijares, Andrés Eloy Blanco, Pedro Sotillo,

Enrique Tejera Guevara, Alfredo Machado Hernández, José Rafael Pocaterra, Gil Fortoul, una persona no identificada y Emilio Lascano Tegui, cónsul de Argentina.

Obviamente, la postura de Gil Fortoul da cuenta de su liderazgo y de su importancia en la política de aquellos años. También llama la atención la figura del poeta Andrés Eloy Blanco -bien delgado-, que en los próximos años, iniciaría para él, un verdadero reto histórico en el devenir político venezolano. Otros que predominan son: la elegante mirada de Pocaterra, y la actitud frente a la lente de Tejera, Mijares y Sotillo. Pero no es esa condición la que hace interesantísima la escena fotográfica de aquel remoto año 30, sino las distantes ideológicas de los que integran esta magnífica imagen con Gil Fortoul, consejero y hombre trascendente del gomecismo.

Muchos estudiosos de la historia y la política, se preguntarán: Qué hacían Pocaterra y Andrés Eloy compartiendo en esa fotografía, con alguien que formaba parte del gobierno represivo dirigido por Juan Vicente Gómez. Pocaterra sigue siendo uno de los tantos iconos intelectuales del antigomecismo. Un preso político cuya terrible experiencia revela en las páginas de su obra dejando al descubierto la brutal conducta de Cipriano Castro y Juan Vicente Gómez cuando convirtieron a Venezuela en un campo de martirio y pesadumbre. De esa experiencia nacen *La vergüenza de América* (1921) y *Memorias de un venezolano de la decadencia* (1936).

Pocaterra estuvo cautivo en los castillos de Puerto Cabello y San Carlos durante la dictadura de Castro en 1907, y en La Rotunda, en el régimen de Gómez en 1919.

Por su parte, Andrés Eloy Blanco formó parte de un grupo de estudiantes en 1928, que se opusieron públicamente a la dictadura gomecista, razón por la cual fue reducido a prisión durante 7 largos años. Allí, en medio de las lúgubres paredes de la mazmorra, perfeccionó su talento como escritor.

No obstante, su accionar político y su brillante tino lo llevan a ocupar el cargo de presidente de la Asamblea Nacional Constituyente del año 47, y posteriormente lo encontramos como titular de la cartera de Relaciones Exteriores para el 48, en el gobierno de Rómulo Gallegos.

Su mayor logro literario, que lo consagraría como uno de los mejores ensayistas y dramaturgos de la época fue el primer lugar en el Concurso Hispanoamericano de Poesía en 1922, amparado por la Real Academia Española.

Pero en el afán de desentrañar el motivo de la imagen que nos convoca, hay ligerezas, pero también encontradas interpretaciones, pues hay quienes intitulan este encuadre de Gil Fortoul -que podría parecer afable, amistoso, compartible-, como "Un hombre político por encima de un hombre de letras".

Pero José Gil Fortoul también fue un hombre de letras, y de grandes letras, aunque también fue un acertado político. Fue el 29.º presidente de Venezuela, un cargo que ejerció durante ocho meses y medio, entre el 5 de agosto de 1913 y el 19 de abril de 1914. Pero se le recuerda sobre todo por haber sido el autor de la Historia Constitucional de Venezuela, en dos tomos.

Hombre culto y de sólida formación, anota la periodista Milagros Socorro, quien integró las llamadas luces del gomecismo. Fue un escritor de vocación, abogado, sociólogo y periodista, que formó parte del servicio consular y diplomático de Castro y Gómez, durante diez años en Europa, entre Inglaterra, Francia, Suiza y Alemania. Se incorporó al Congreso Nacional como senador en los periodos 1910 al 11 y 1914 al 16. En sus lides como periodista, fue nombrado director de El Nuevo Diario en 1931.

Pero que la gentil imagen no nos engañe, pues Gil Fortoul no fue un santón, como suele pensarse de los hombres con tan notables trayectorias. Gracias a las minuciosas pesquisas de la periodista Maruja Dagnino, nos enteramos de que "era un cascarrabias". Su carácter irascible lo heredó de su padre, 'el pelón Gil', un abogado y legendario héroe de la Guerra Federal, poderoso y déspota terrateniente tocuyano, acólito del general Páez, antes y durante su dictadura.

Gil Fortoul había nacido en Barquisimeto el 25 de noviembre de 1861. Hijo del matrimonio de José Espiritusanto Gil García y Adelaida Fortoul, quienes preocupados por su educación, se lo llevaron a muy temprana edad a El Tocuyo, para que se formara en el Colegio La Concordia, regentado por el maestro Egidio Montesinos.

Retirado de la vida pública, sus días finales transcurren en Chicudamai, su casona de La Florida, en Caracas. Su testamento carece de fortuna y, para colmo, muchísimos años antes de encontrarse con la muerte, había renunciado a la herencia de su padre.

El boticario don Pedro Bartolomé Lázaro

EN LOS BREBAJES e infusiones que elaboraba, se leía impreso en destaque: *"La farmacia es enemiga de la enfermedad y amiga del hombre"*. Una premisa que don Pedro Bartolomé Lázaro quizá aprendió en sus tiempos de estudiante. Don Pedro fue un caballero apuesto, destacado farmacéutico graduado en España. Era natural de Burgos, en donde había nacido el 15 de mayo de 1874. Su familia se estableció en Venezuela a finales del siglo XIX.

Era propietario de Botica Central, donde se elaboraba todo tipo de brebajes y ungüentos que eran distribuidos en Cabudare, Duaca, Carora, Quíbor, El Tocuyo, Sarare, Yaritagua, Acarigua y Guanare. Esta conocida casa comercial estaba apostada en Calle del Comercio haciendo esquina con la calle 25, conocida como la esquina de El Rebote, una de las más típicas del Barquisimeto añejo, que hasta 1966, permaneció inalterable.

Conocedor de la fórmula magistral

El doctor Pedro Bartolomé empleaba mucho tiempo en la elaboración de sus fórmulas magistrales, desde la recolección o adquisición de los géneros medicinales hasta su despacho al público. Las plantas que utilizaba para sus fórmulas magistrales, las almacenaba por días en cajas de madera, y de allí las extraía para confeccionar los compuestos, que una vez elaborados los conservaba en albarelos, que eran los recipientes de cerámica farmacéutica, de origen árabe, a la espera de la prescripción correspondiente. En la Botica Central, los numerosos albarelos, así como los morteros y las balanzas, embellecieron las estanterías como vestigio de una época en que la farmacia era una técnica, pero también un arte.

Antes del alba o luego del ocaso, don Pedro iniciaba la faena de machacar, contusionar y triturar las sustancias en el antiguo mortero, con golpes perpendiculares y repetidos, para así reducir los pistilos a fragmentos diminutos. Seguido iniciaba el proceso de trituración con el propósito de comprimir las sustancias para pasar a la fase de pulverización previa a la elaboración de las pomadas y los ungüentos. A sus ayudantes, los cuales fueron pocos debido a su mal genio y las reservas con que mantenía sus fórmulas, les recalcaba que el meticuloso proceso era el secreto para la extracción de los principios activos y componentes de las fórmulas magistrales, las cuales eran muy demandadas en la región.

Casó el farmacéutico con la distinguida dama doña Abigail Yepes Gil, el 31 de julio de 1914. Tercera hija de trece hermanos del matrimonio de don Juan Bautista Yepes Piñero y doña Josefa Antonia Gil Fortoul. Abigail era nieta del general y doctor José Espiritusanto Gil García, apodado *el Pelón Gil*, héroe de la Guerra Federal, diputado al Congreso de la República en dos oportunidades y presidente del gran estado Barquisimeto. De la unión Bartolomé-Yepes Gil, nacieron tres hijos: Rafael José (24 de octubre de 1915), Marcial Ignacio (31 de julio de 1918) y César Augusto (30 de octubre de 1920).

Don Raúl Azparren testimonia que la Botica Central fue el punto de referencia de concurridas y habituales tertulias nocturnas a donde acudían regularmente los doctores Ramón Escobar Alvizu, Juan Jacobo Guédez y su hermano Francisco, don Jesús María Insausti, don Pedro Alvizu Seckatz y don Manuel Dávila, éste último portador de las noticias que se originaban a diario en la ciudad. Gustaba al doctor Bartolomé realizar viajes y conocer diversos lugares, y en una de sus travesías lo encontró la muerte en un hotel de Lima, Perú, el 27 de marzo de 1924. De su vida conocemos muy poco, pero pretendemos ampliar esta semblanza con nuevos aportes de sus familiares directos.

Fuente: Esquinas y Casas del Barquisimeto de Antaño. Raúl Azparren. Barquisimeto, diciembre de 1968
Doña Abigail Yepes Gil, con su elegante vestido de novia el 31 de julio de 1914, un poco antes de cumplir 30 años de edad

Emilio Joubert y Elena León, actores del progreso en Lara y de la foto más romántica de la época

CUANDO JOSÉ MIGUEL Bermúdez, me advirtió que enviaría desde París, la foto más romántica nunca antes vista, imaginé que su opinión estaba sesgada por ser tataranieto de quienes fueron protagonistas de la icónica y singular postal. Ciertamente la fotografía realizada en Curazao, a principios del siglo XX, me inspiró a realizar una pesquisa y hurgar en el maravilloso pasado de ambos personajes. La mágica captura inmortaliza a una dama agraciada y a un *gentleman*. Él, elegantemente ataviado de levita y corbatín, fija la mirada sobre su enamorada, y ella con distinguido vestido de dama europea, observa sobre el hombro de quien la corteja.

La estampa del estudio fotográfico *Soublette et Film*, la protagonizan dos curazoleños: Emile Hippolijte Joubert y Elene Francoise León Prince, llegados a Venezuela en los albores del pasado siglo, donde aparte de echar raíces en suelo larense formando una noble y reconocida familia, contribuyeron decididamente con el progreso de la región centroccidental.

Foto de portada: Elene Francoise León Prince y Emile Hippolijte
Joubert en una estampa de principios del siglo XX, realizada
en Curazao, por el estudio fotográfico Soublette et Film

De Curazao para Barquisimeto

El periodista y luego cronista de Barquisimeto, Eligio Macías
Mujica, en edición extraordinaria de EL IMPULSO, en 1952, en
ocasión del Cuatricentenario de la ciudad, narra que el introductor
del cultivo del sisal en Barquisimeto fue Emilio Joubert.

"A los veintidós días del mes de agosto del año mil ochocientos
setenta y dos, en la isla de Curazao, nació un niño del sexo
masculino, a quien se le han dado los nombres de: Emile Hippolijte
Joubert, hijo de Guillaume Eusebio Joubert y Helena Adelaida
Prince de Joubert". El original tiene aplicado un timbre móvil de
las Antillas Neerlandesas, refrendado en Willemstad, Curacao.

Apunta Macías Mujica, que fue tal la aplicación de Emilio
al estudio y conocimiento de idiomas, que a la edad de diez

años se vio en la necesidad de usar anteojos. Por su parte, José Miguel Bermúdez, agrega otro dato revelador: y es que la mesada semanal de Emilio para la merienda, no la gastaba, y más bien la invertía en velas, a fin de estudiar cuando la familia se recogía y quedaba la casa en penumbras.

Emilio junto a sus padres, llegaron a Venezuela en 1884 y ese mismo año el niño conoció al presidente Antonio Guzmán Blanco, quien luego de una sostenida conversación en inglés. El primer mandatario, -bien asombrado-, le regaló una onza de oro como premio por su aplicado talento.

Al cumplir los trece años entró a prestar servicios en la Compañía del Ferrocarril Bolívar, en Tucacas, y dos años después, por enfermedad del titular, se encargó del despacho de buques que transportaban cobre para Inglaterra, así como también de la jefatura de aquella estación que en aquella época era de particular importancia, pues era terminal para el despacho de cobre a Europa y para recibir el carbón con que funcionaban los hornos de las minas de Aroa y el tren ferroviario.

Con decisión participó activamente en la Revolución Legalista, que acaudilló el general Joaquín Crespo, con tan solo 20 años fue ascendido -en Duaca-, a Ayudante de Campo del general Elías Torres Aular y cuando la revolución entró triunfante a Barquisimeto, Torres Aular se encargó de la Presidencia de la jurisdicción, ofreciéndole a Emilio Joubert el grado de coronel, lo que declinó cortésmente para retirarse de toda actividad política.

Fue entonces cuando Emilio fungió como contador del ingeniero Monburquet, en la reconstrucción de la línea férrea entre Duaca y El Hacha que en el año 1892 había sido destruida por fuertes torrenciales y aluviones. En esa década volvió al servicio de la Compañía del Ferrocarril Bolívar.

Actor principal del sisal en Venezuela

En Curazao, años antes había tenido contacto con su prima hermana Elena León Prince, con quien pasado el tiempo contrajo nupcias el 27 de febrero de 1902, en aquella isla neerlandesa. Él de 29 años y ella de 20. De esa unión nacieron en Curazao sus dos hijos: Silvio Gilberto Joubert León, establecido en negocios de maquinarias en Barquisimeto y Julia 'Yuya' Elena Joubert León, esposa del hacendado Cruz María Yepes Gil, tío abuelo de quien suscribe esta crónica.

Elene Francoise León, había nacido el 22 de septiembre de 1881, también en Curazao. Hija de Anton León y Julia Aleida Prince. Era políglota, dominando cuatro idiomas: Neerlandés, francés, inglés, papiamento y español. Durante su matrimonio, vivió en el casco central de Barquisimeto, en la carrera 18, dedicándose al atractivo arte de la pastelería y dulcería, combinando en sus manjares ambas culturas. Aún en la ciudad hay quienes recuerdan los ricos dulces de doña Elena.

En 1908, durante la recepción del general Cipriano Castro, presidente de la República, en su visita a Barquisimeto para conocer los avances del nuevo tramo ferrocarrilero, don Emilio fue nombrado representante oficial de la Compañía del Ferrocarril Bolívar.

Cuatro años más tarde, siendo jefe de estación en Barquisimeto, y debido a repetidas diligencias realizadas ante el poder central, don Emilio fue autorizado para emprender la siembra de sisal en la posesión El Cují, importando así, desde la Península de Yucatán, México, las primeras semillas de esta planta, convirtiéndose en el padre de este cultivo en el país. En un minucioso informe de su autoría sobre las ventajas del fomento del sisal, apuntó lo siguiente: *"Este es, bajo todos los aspectos, el cultivo más apropiado para terrenos tales como los de El Cují. Esta planta puede desarrollarse bajo circunstancias que ninguna otra podría soportar. Después de la siembra puede aguantar el mejor verano sin perecer y requiere muy poca atención para subsistir"*.

El 8 de julio de 1913, don Emilio acusaba recibo de las primeras 5.000 plantas (transportadas en el Ferrocarril Bolívar), iniciando así el cultivo del sisal en Venezuela, que con el transcurrir de los años, ha venido a ser una industria importante, especialmente en el estado Lara, donde hoy se cultivan más de 25 millones de plantas, y existe una compañía para la elaboración de sacos, además de una cordelería, que es la más moderna del país. Hoy en día el área de cultivo del sisal se redujo en más del 85% y las empresas, industriales y artesanales han mermado o migraron a otros sistemas de producción.

Don Emilio Joubert falleció en Barquisimeto el 10 de septiembre de 1935, y doña Elena León Prince, le sobrevivió 39 años, ocurriendo su deceso también en Barquisimeto en 1974. Ambos construyeron una familia de sólidos principios, generosa y comprometida con el desarrollo del estado.

Foto de portada: Elene Francoise León Prince y Emile Hippolijte Joubert en una estampa de principios del siglo XX, realizada en Curazao, por el estudio fotográfico Soublette et Film

Fuente: Centro Interno de Documentación del Diario EL IMPULSO: El cultivo del sisal: el oro verde del siglo XX. Carlos Eduardo López Falcón 10 de septiembre de 2017

Enciclopedia Larense geografía, historia y lenguaje del estado Lara. Rafael Domingo Silva Uzcátegui. Tercera edición Caracas, 1981

Diccionario Histórico, Geográfico, Estadístico y Biográfico del Estado Lara. Telasco Mac-Pherson. Barquisimeto 1883

María Josefa Yepes Gil, una mujer sin tiempo

A Otto Enrique Sifontes Pinto,
nieto de esta virtuosa dama, dedico

POCOS DÍAS DESPUÉS que las tropas "mochistas" y "crespistas" chocaran en la Batalla de la Mata Carmelera, en donde Joaquín Crespo, quien comandaba personalmente a sus soldados, recibió un disparo fatal que acabó con su humanidad, nació María Josefa Yepes Gil, el 30 de abril de 1898, en el bucólico pueblito de El Tocuyo, estado Lara.

Aquel día, luego del torrencial aguacero, no se escuchaba un alma por la empedrada calle Real. Los vecinos atemorizados ni siquiera osaban asomarse por las rendijas de los postigos, tras conocerse la noticia de la marcha del mocho Hernández y sus huestes hacia Yaracuy con un alto en Barquisimeto, en donde quemaron la primera planta eléctrica de la pequeña ciudad, inaugurada dos años antes, causando un apagón general en su afán de derrocar a Ignacio Andrade.

María Josefa, era la décima hija de don Juan Bautista Yepes Piñero y doña Josefa Antonia Gil Fortoul, (hermana del historiador y varias veces presidente encargado de Venezuela, José Gil Fortoul) unidos en matrimonio, en El Tocuyo, el 20 de enero de 1881. Fueron 13 hermanos fundadores de haciendas en el Valle del Turbio, a donde se trasladaron a partir de 1916.

Se impuso sobre las injusticias

María Josefa casó muy joven con Pedro Sifontes, un caballero de avanzada edad. Ambos pertenecientes a la alta alcurnia en nupcias arregladas, tal como se estilaba en aquella época. Del matrimonio nacieron: Josefina, Pedro Enrique y Graciela. Pronto impuso carácter frente a lo que calificó como un error, y en aras de otro porvenir, decidió tomar sus maletas y se marchó. Voluntariosa y decidida, herencia de su abuelo, el general y doctor

José Espiritusanto Gil García, conocido en la literatura histórica como "el Pelón Gil", un jurisconsulto héroe de la Guerra Federal, diputado al Congreso Nacional en varios periodos y presidente del gran estado Barquisimeto.

Establecida en La Victoria, se paseaba en bicicleta por la plaza Ribas, vestida de corsé, sombrero y con lujosas y llamativas prendas, peripecia que contrastaba con su figura de dama, escandalizando a la sociedad que la criticaba entre murmullos. En ese ínterin conoció a un alto funcionario del gobierno del general Juan Vicente Gómez, que posterior sería gobernador de Caracas. De sus amoríos, primeramente, furtivos y luego formales con el mandatario capitalino, nació Yolanda.

A don Paúl Vizcaya Armando, lo conoció igualmente en Caracas, de quien se enamoró y procreó un último hijo: Otto Sifontes Yepes Gil, que por estar legalmente casada, llevarían el apellido de la primera unión.

Vizcaya era coronel y con sobrada solvencia económica, y aun cuando estaba dedicado a administrar sus posesiones de la hacienda Las Casitas, constituida por grandes extensiones de tierra en la vía hacia Caracas, y otro lote de hectáreas en el cerro El Ávila, se mantenía activo aplacando las revueltas y los intentos de golpes de Estado contra el régimen de Gómez.

Doña María Josefa Yepes Gil

Emprendedora de recio temple

Quienes conocieron a María Josefa, la describen como una mujer de elegante estatura, prestancia en el trato y de fragoroso carácter. Ávida lectora y estratega en su accionar. En las breves estadías en Santa Ana, su hacienda del Valle del Turbio, cuya área era de 106 hectáreas situada en las inmediaciones de los estados Lara y Yaracuy, usaba largos vestidos confeccionados por su hermana Abigaíl Yepes Gil, a la que solía visitar en la casona de la plaza Bolívar, hoy plaza Lara de Barquisimeto.

Durante las mañanas pasaba revista a los potreros repletos de ganado, con una pistola 38 Smith Wesson, cañón largo en la cintura, encima de un brioso caballo negro azabache que los peones –a hurtadillas-, habían apodado El Diablo. La leche, resultado del diario ordeño la cargaban en cántaros en un camión Ford del año 30, que la propia María Josefa conducía hasta Yaritagua o Cabudare, en donde ya la esperaban para hacer queso, nata y mantequilla.

Al ver la creciente demanda de la caña de azúcar en la zona, se aventuró a inmiscuirse en el negocio, y asesorada por sus hermanos Domingo Antonio y Daniel Yepes Gil, instaló un trapiche papelonero. La modesta maquinaria fue comprada en Alemania e instalada por sus hermanos José Antonio, Cruz María y Mariano Yepes Gil, propietarios del Central Tarabana. Su vida fue discreta y apartada de sus familiares, quizá por todo lo que le tocó vivir. Amaba a sus hijos como nadie sobre la tierra, especialmente a Otto, el menor, protegiéndolo de "los pesares del mundo", pero en resistencia siempre cuando no se cumplían sus designios, muy propio de "doña", su madre, que se imponía a obstáculos superándolos con determinación.

Entre las anécdotas sobre el carácter ardoroso de María Josefa, cuentan que después de ser contrariada en una discusión por el coronel Vizcaya, que era su marido, tomó su pistola y con ímpetu la descargó hacia el techo increpándole que el próximo disparo iría directo a él. Al matrimonio de su hijo Otto con Neyda Mercedes Pinto Aponte, no asistió, alegando tajante que no fue invitada con una tarjeta, formalidad que guardaba por ser una dama de su categoría. Tampoco aceptaba gestos de cariño como abrazos y besos, ni siquiera de sus hijos, mucho menos de conocidos.

Su madurez transcurrió en un apartamento enclavado en la bulliciosa avenida Victoria de Caracas. Ya había sorteado cualquier clase de retos, y guarecida entre textos de su espaciosa biblioteca, aturdida por la diabetes y el silencio ensordecedor de los recuerdos, a los 74 años, se marchó a otras instancias el 6 de septiembre de 1972.

Dos hermosas fotografías de María Josefa Yepes Gil, maltrechas por el paso del tiempo, pero celosamente guardadas, junto a una nota expectante de la periodista Violeta Villar Liste, que sugería el emotivo título de esta semblanza, nos obligó a rastrear los íntimos y ausentes detalles del tránsito vital de esta virtuosa larense sepultada en la cruel afonía del anonimato.

Cabudare como memoria

Héctor Rojas Meza fue el último enciclopedista de Cabudare

Al maestro de historiadores Taylor Rodríguez García,
quien también fue un hombre de otro tiempo

Hombre adelantado a su tiempo, de formación autodidacta, con un profundo sentido del deber, sentimiento que expresó con vibrante pasión al cultivar diversas áreas del conocimiento. Maestro de escuela, poeta de reconocida obra, periodista, fotógrafo, músico, pintor, escultor, sastre y enfermero, son sólo algunas de las múltiples facetas que desarrolló este larense. El 24 de junio de 1936, Héctor Rojas Meza pronunció un corto pero elocuente discurso. Ese día, el pueblo de Cabudare abría sus brazos a la cultura universal, pues se estaba construyendo el escenario social soñado por muchos: la fundación de la primera biblioteca pública en la región.

Atrás quedaban los años de tiranía, de recia dictadura gomecista, que había diezmado a una población sin libertades, reduciendo sus ideales de progreso dentro de un sistema de vida en democracia. Ese día se hacía realidad un largo pero fructífero sueño, el maestro Rojas Meza cumplía su meta al concretar esos espacios para una urbe con tan magros conocimientos y sumidos en la ignorancia. La pequeña comarca palavecinense sería el espectador silencioso de la génesis de la *Biblioteca Ezequiel Bujanda* y tendría en ésta, un vigoroso aliado que, indiscutiblemente, debía vencer al lóbrego monstruo del analfabetismo. Años posteriores la biblioteca fue cerrada por decreto del Ejecutivo del estado Lara y Héctor Rojas Meza fue destituido de su cargo como Juez del distrito Cabudare, por su aventurada acción.

El nacimiento del bardo

Héctor Ferdinando Rojas Meza nació en la parroquia Los Rastrojos del distrito Cabudare, *"en una casita de la calle nueva»*, el 30 de mayo de 1888, año del declive definitivo del guzmanato, en plena víspera de la Revolución Liberal Restauradora. Las primeras enseñanzas que recibió el párvulo estuvieron a cargo de los preceptores Andrés María Verde y Luis Árzaga, en una escuela para varones, muy cerca de algunos corralones de chivos en su caserío nativo. A pesar que al niño le sobraba la acuciosidad y el talento, Lisandro Rojas y Mauricia Meza, nunca se imaginaron que su pequeño Héctor se convertiría en un reconocido poeta. Sí poeta de formación romántica e idealista.

Su creación intelectual, concebida en sus días juveniles, le llevó a publicar, en 1916, un exquisito poemario con el título de *Arpegios*, opúsculo de noble musa y divina lira. Con *Canto a la Raza*, Rojas Meza gana, dos años después, el primer lugar de un concurso literario que se efectuó en Barquisimeto. *El Inmortal* es publicado en el diario EL IMPULSO en abril de 1920, donde obtiene el segundo galardón. Su poema *El Evangelio,* escrito en 1922, también consigue el principal lauro, en varios encuentros episcopales. Igual sitial obtuvo *Acróstico Floral,* en diciembre de 1924, en otro certamen con motivo de la celebración del centenario de la Batalla de Ayacucho. En la revista La Quincena Literaria, número 19, con fecha 15 de mayo de 1927, aparece publicado *El Cantar de mis Cantares,* segundo poemario de Héctor Rojas Meza. Este suplemento fue fundado en El Tocuyo, por los eximios poetas Alcides Losada y Roberto Montesinos.

Corresponsal de EL IMPULSO

A partir de 1919, Don Federico Carmona emprende una serie de viajes a pueblos fronterizos de Carora como, Barquisimeto, Cabudare, Acarigua, Araure, Guanare, Aroa, Tucacas, Chivacoa, Boca de Aroa, Urachiche, Churuguara, Siquisique, Quíbor, El Tocuyo, Carache, los Humocaro, con el propósito de desarrollar la estructura funcional del diario. También remitió correspondencia a colaboradores intelectuales de otras localidades. Era lo que el fundador denominaba la red de corresponsales del diario EL IMPULSO. Este portavoz se nutrió de lo más brillante de la intelectualidad de Centroccidente. El periodismo era un ejercicio intelectual y Rojas Meza encajaba perfectamente en esa realidad. Se hizo corresponsal honorífico antes de la llegada de este rotativo a la ciudad del Turbio, a solicitud expresa de Don Federico Carmona. Sus notas aparecieron con frecuencia y sus poemas y discursos, llenaron las páginas de este vocero larense.

Novel reportero

Pero muchos años antes de escribir para EL IMPULSO, Héctor Rojas Meza dio muestras de su inquietud y docto conocimiento al fundar, con tan sólo diecinueve años a cuestas, un quincenario titulado Las Tijeras. La responsabilidad de la redacción recayó en él. Largas y solitarias fueron las noches donde el sonido de la máquina Underwood retumbaba en su humilde morada, corrigiendo las notas informativas y literarias del novel impreso. Su pluma estuvo presente en periódicos como El Cojo Ilustrado, publicación caraqueña. En El Excelsior, medio de comunicación de la sociedad literaria La Salle, donde la musa rosa de Rojas Meza deleitó a muchos lectores. El Agrónomo, en su segunda etapa, dirigido por Don José María Ponte, también lo tiene como uno de sus más eminentes colaboradores. En el Ecos Cabudareños y el Miosotis, aparecen algunos poemas cargados de romanticismo en diversos ejemplares.

Su incansable carrera periodística no tenía cuartel y cuando estuvo viviendo en Barquisimeto, aprovechó la ocasión para dirigir las revistas Pueblo y Unión, ediciones ambas del club Unión. En el semanario Adelante, el Arado, El Titirijí y La Revista Lara (órgano oficial del Ejecutivo larense) y El Gladiador, diario de Yaritagua, también concurrieron sus producciones literarias. Desde muy joven se dedicó a leer y pasó sus días escribiendo para innumerables periódicos, en vigilia solitaria, alimentando ese arte que fue su pasión y nunca se apagó, buscando el sentido de frases célebres y expresiones que brotaban del alma, para ubicarlas en un contexto adecuado. Era ese el espíritu que siempre acompañó al poeta.

Consagrado humanista

Héctor Rojas Meza no sólo produjo iniciativas culturales, su sensibilidad social lo llevó a improvisar en 1918, un dispensario que llamó *Sagrada Familia* con el firme deseo de confrontar la epidemia denominada gripe española, terrible flagelo que afectó todo el territorio nacional, causando estragos entre los pobladores. Y pese al abrumador cuadro sanitario, se incorporó asiduamente como enfermero ad honórem, para combatir la urgencia. Inyectaba, proporcionaba medicinas y alimentaba a los moribundos enfermos. El aseo personal de éstos también era su responsabilidad. La labor incesante del literato cabudareño no concluiría allí. Rojas Meza desde 1905, año en que funda la primera escuela privada en Cabudare, hasta sus postrimerías, está presente en todas las actividades culturales que se organizaron en su tierra natal. Se levantaba al despuntar la aurora y recorría un largo camino empedrado, para llegar bien temprano a Los Rastrojos, su pueblito laborioso y humilde, a impartir clases. Al unísono ejercía la misma labor en la escuela Ezequiel Bujanda, decana de las escuelas en Palavecino, donde recibía un salario de cuarenta y cinco bolívares mensuales. En 1934 encontramos al noble maestro en una escuela nocturna denominada Monseñor Ponte, sin desatender sus múltiples funciones. La vocación de servicio prevaleció por, sobre todo, el maestro Rojas Meza aceptaría el cargo sin retribución alguna.

También figuraría como miembro principal del Jurado Examinador de las escuelas del entonces municipio Cabudare, desde donde libró una fragosa batalla por mejorar los centros educativos de la jurisdicción. Muchos son los cabudareños que aprendieron a leer y escribir en un centro de enseñanzas para obreros fundada por Rojas Meza, en los años remotos del Palavecino rural. Con el tiempo este maestro fue cultivando en el corazón de los ciudadanos el sentido de patria, de patria chica, ese amor por el suelo natal, dedicando numerosos poemas como LOA, Canto a Cabudare y Dr. Ezequiel Bujanda, así como las muchas conferencias que pronunció en fechas célebres.

Un funcionario probo

En 1908 Rojas Meza se estrena como funcionario público al ser designado Aferidor (Inspector de pesas y medidas del comercio) del distrito Cabudare, pasando por la Sindicatura Municipal y la Jefatura Civil del municipio Los Rastrojos. No fue un político absoluto, ni se le conoció como apologista de ningún gobierno, ni como corrupto", dice su hijo Dante Rojas Valbuena y comenta que su padre siempre buscó el bien y el progreso para Cabudare y su reconocida probidad está palpable y al descubierto Desde su curul como segundo vicepresidente del Concejo Municipal palavecinense, en 1922, Rojas Meza incendia el alma del auditorio con sus propuestas adelantadas para optimizar la educación del escolar. Los votos unánimes de la cámara de ese entonces, le respaldaron.

Entre verso y verso consiguió el amor

La pasión del poeta se desbordó cuando conoció a Marcolina de las Mercedes Valbuena Colmenárez. Las miradas entrecruzadas de ambos confesaron el amor que hechizaba sus corazones. Desde entonces el joven quedó prendado por la hermosura de Marcolinita, como la llamaban. La unión se concretó el 10 de noviembre de 1909, en la iglesia San Juan Bautista de Cabudare. De este matrimonio nacieron Blanca Nieves, Pompeyo José, Ada Josefina, Edgardo José y Dante José.

El epílogo del poeta

Una noche triste y melancólica de 1923, debido al recuerdo de la esposa ausente, Héctor Rojas Meza escribió unas líneas:

A mi Madre
Oye, madre, cuando lloro.
De la vida los rigores
Cuando lloro los amores de la esposa que perdí;
Cuando los hijos que adoro
Miro huérfanos y siento que me agobia el sufrimiento,

Dulce Madre, pienso en ti.
Y es un bálsamo que colma mi recóndita amargura.
La piedad de tu ternura,
La dulzura de tu amor.
Porque tú, Madre del Alma
Sublimándote abnegada
De tus faenas olvidadas
Haces Tuyo mi dolor.
Héctor Rojas Meza

El maestro de los cabudareños, finaliza su tránsito terrenal el 27 de febrero de 1954. Su obra permanece imperecedera en la memoria de los hijos de Palavecino.

Los concejales del Cantón Cabudare

EL 1° DE MAYO de 1844, fue erigido el Cantón Cabudare, por disposición de la Ley sobre Organización y Régimen Político de Provincias de 1821. Antes, el 13 de marzo del mismo año el presidente Carlos Soublette, firmó el ejecútese al decreto que el Poder Legislativo Nacional había dispuesto cinco días previos. Posteriormente la Diputación Provincial de Barquisimeto, actual Consejo Legislativo estadal, verificó esta disposición oficial e instaló el cantón cabudareño en la fecha indicada.

Así esta localidad adquiere la autonomía administrativa tan anhelada. En dos palabras el acto representaba la autonomía municipal de Cabudare. Como dato histórico, el 7 de abril de 1844, el periódico *El Imprudente*, en su segunda página, da cuenta que en el recién constituido Cantón Cabudare, se habían escogido 4 concejales, un síndico procurador y un jefe político, este último representaba la autoridad del gobernador de la Provincia en la localidad.

El nuevo cuerpo edilicio fue constituido por:

José Parra
Policarpo Rivero
Rafael Palacios
Santiago Orejuela
Síndico procurador:
Francisco Méndez

Jefe político:
José Francisco Tovar

Fuente: Boletín del Centro de Historia Larense. Abril-mayo-junio. 1944
Hemeroteca Nacional: Primeras Autoridades del Cantón
Perera Meléndez, Ambrosio. Historia Político Territorial de los estados Lara y Yaracuy. Caracas 1946. Pág. 77-78

Los Ponte una familia de abolengo en Cabudare

EN UN RECIENTE hallazgo en el Archivo Histórico Municipal de Palavecino, se encontró parte del árbol genealógico de la familia Ponte, así como otros documentos que testifican su actuación en predios de Cabudare. Los legajos revelan que la investigación la inició el cronista y periodista Hermann Garmendia, y fueron publicados en su columna El Camino y El Espejo del Diario EL IMPULSO, en 1968, en donde aborda con profundidad el arribo de los Ponte a Venezuela en el siglo XVI.

Como dato trascendental Garmendia indica que los Ponte se establecieron originalmente en Coro y en los llanos de Casanare, que al dividirse la Gran Colombia, el territorio pasó a formar parte del hermano país. Menciona Garmendia, en su artículo con método regresivo, que la familia Ponte estaba relacionada con 'ilustrísimas personalidades venezolanas de la talla de Eugenio Mendoza y Vicente Emilio Sojo'.

La herencia

Centra su artículo Garmendia en la herencia de esta familia que para 1965, por disposición de un tribunal de Caracas, fechado el 21 de enero, entre los Ponte de Venezuela van a distribuir la cantidad de 35 millones de bolívares por la expropiación de predios "para obras de interés colectivo", que otrora, en la Colonia, eran sembradíos de cacao ubicados en el estado Miranda, vecinos a la Quebrada de Taguaza. Los dos personajes antes citados -Eugenio Mendoza y Vicente Emilio Sojo-, son herederos de María Eusebia y Petronila de Ponte, abuela del Libertador. Lo interesante de los artículos de Garmendia es que coinciden con lo anotado por el historiador cabudareño José Ramón Brito, pues los primeros Ponte vinieron de Tenerife, y que por ese origen del pueblo de Villa La Flor, en aquella isla, se vincularon también a Simón Bolívar. Garmendia escribe que en 1941, Walterio Pérez -descendiente directo de don Pedro de Ponte Andrade Jaspe y Montenegro-, reconstruyó todas las ramas de la antigua parentela para efectos de la liquidación de la herencia dejada por el remoto familiar, quien otorgara testamento en 1716, muriendo al siguiente día.

Se establecieron en Cabudare

Garmendia remarca que el apellido Ponte -originario de Cabudare, habían llegado a Venezuela en 1595 y se enlazarían en orden matrimonial con los progenitores del futuro Libertador. Trajeron al valle caraqueño los primeros árboles frutales de los viveros españoles, iniciando una fortuna como agricultores. El primer Juan de Ponte y León que vino a Cabudare, se ubicó en una hacienda hacia el sitio de Los Cristales, posesiones del hoy municipio Simón Planas. Para 1818, algunos documentos revelan que don Juan de Ponte, aparece donando parte de sus predios para establecer parte del poblamiento de Cabudare.

Esta familia Ponte de Cabudare, así como en toda Venezuela, se vincularon estrechamente a la iglesia católica. "El nobiliario apellido presentó a la Corona estimables servicios: incrementaron el catolicismo, protegieron económicamente las instituciones religiosas -cofradías, conventos-, ocuparon cargos públicos importantes por lo que intervinieron en el orden colonial aportando hombres ilustrados. La familia Ponte navegó en la riqueza y el poder social de su histórico entonces", señala Garmendia. Entre los Ponte de Cabudare trascendieron como hijos ilustres: el doctor Juan de Dios Ponte, quien gobernó la Provincia de Barquisimeto en 1837 por designio del Gobierno Nacional, hasta diciembre de 1841. Don Eurípides Ponte, que ocupó cargos como presidente del Concejo Municipal, concejal en varios periodos, síndico y secretario de la Cámara Municipal, entre otros puestos de relevancia en donde pudo impulsar el progreso de la ciudad.

Asimismo está Noemí Ponte, estudió para ser monja en La Guaira, realizando labores de maestra de muy joven. Don Felipe Ponte, epónimo del Ambulatorio de Cabudare, fue el principal enfermero de esta ciudad, realizando labores de médico con notable pericia en los sitios más apartados de la entidad local También fue presidente del Concejo Municipal en dos oportunidades, concejal y síndico procurador. Como el más destacado de los Ponte de Cabudare, figurará el prelado y doctor José Antonio Ponte, sexto arzobispo de Venezuela y diputado al Congreso nacional en la época de la terrible hegemonía de los Monagas.

Fuente: José Ramón Brito. Gobernantes del estado Lara 1552-1977.p. 73

Bárbara López, la partera de Cabudare

Quienes conocieron a Bárbara López, la describen como una dama de extrema bondad e ilimitada caridad. Agraciada, robusta, de mediana estatura, de vestir impecable. De su cabellera resaltaban hilos de plata, coinciden antiguos cabudareños que vinieron al mundo ayudados por la comadrona. "Usaba lentes y le fascinaban los niños", añaden con devoción. Era conocida como Bárbara, la matrona del pueblo de Cabudare. Su apariencia era mágica.

Bárbara nació en Cabudare, el 4 de diciembre 1915, precisamente el Día de Santa Bárbara. Era hija de la unión de Rafael Gregorio López y María Evelia Silva. De moza se enamoró de la costura y el bordado. Pero su verdadera vocación, iniciaría casi de inmediato y a temprana edad, llevándola a transitar el noble oficio de ayudar a traer niños al mundo.

Pedro López, hijo de la partera que nos ocupa, refiere emocionado que Bárbara a los 25 años, se empeñó en estudiar enfermería en el antiguo Hospital de La Caridad, que funcionaba en la actual sede del Museo de Barquisimeto. En 1941, en tiempos de la gestión del doctor Honorio Sigala, como gobernador del estado Lara, Bárbara obtiene el título de partera titular o comadrona rural. Se dedica entonces al oficio cuando la mortalidad infantil alcanzaba cifras espeluznantes en el mundo y también en Venezuela. Pedro reseña que la presencia de Bárbara era mágica, puesto era vista con respeto y admiración por vecinos, allegados y sobre todo por los niños y parturientas que asistió. A diferentes horas, inclusive de madrugada, y de todas partes llegaban personas a tocar el portón de madera de la casona de la familia López, situada en la avenida Libertador cruce con la calle Juares de Cabudare, para que Bárbara acudiera al auxilio de las parturientas.

La popular comadre y querida madrina

Bárbara desarrolló tan difícil tarea hasta 1970, atendiendo un cúmulo importante de parturientas que pasaban a ser comadres. Cuando caminaba por Cabudare, Los Rastrojos o Agua Viva, hacía un alto cada minuto para bendecir a los ahijados que se atravesaban para saludarla, hincándose con reverencia en solicitud de bendición en espera que la madrina ungiera la frente o frotara las cabelleras. Para mí era motivo de orgullo y satisfacción -atestigua Pedro López-, ver a decenas de mujeres y muchachos, saludar a mi madre con veneración. En aquel entonces, por la pronta y diligente labor, el precio era la estima y el respeto que se ganaba con la acción.

Una nueva partera

Hasta la década del 70, ya avanzada en edad, Bárbara se retira del oficio como la titular, y asume María Agustina Valero de Vázquez, la nueva partera. En 1991, en los actos del Día de Cabudare que se celebró el 10 de noviembre, el Concejo Municipal, el Ejecutivo regional y el Ministerio de Salud, inauguran la Maternidad de Cabudare, designándole con el nombre de Bárbara Teresa López de Rivero. Con el transcurrir de los años, la placa con el nombre fue retirada del lugar de la develación y actualmente yace en un rincón del Ambulatorio Don Felipe Ponte de Cabudare.

Las primeras comadronas

Según el cronista de Cabudare, Américo Cortez, antes de Bárbara López, partera graduada, ejercieron el generoso oficio Mamá Micaela Meléndez, que residía en el barrio Turén; y María Linares, de Pueblo Nuevo, cuya casa estaba asentada cercana al pilón de don Augusto Casamayor. Ambas practicaban la labor de parteras desde principio del siglo XX. Carmela Carrasco, sería otra comadrona, residenciada en Pueblo Abajo, hoy Cabudare centro, matrona que se desempeñó desde la década de los años treinta. En Los Rastrojos actuó mamá Josefina Valero, que era enfermera además de comadrona.

Manuel Gómez es tiempo y momentos del Valle del río Turbio

CUANDO LOS GALLOS comenzaban la diaria faena de anunciar la aurora, ya don Manuel Gómez se encontraba revisando los cortes de caña de la Hacienda Santa Elena, un extenso predio asentado en el Valle del río Turbio. Narraba con entusiasmo que siempre gustó despertar antes del amanecer, *"un secreto ancestral para alcanzar la vida eterna"*, -decía con picardía. Pero don Manuel guardaba otro secreto: y era que levantarse antes del cantar de los gallos le permitía ocupar un asiento privilegiado en el concierto que producía la ensordecedora sinfonía del centenar de aves que cohabitaban en el espigar de aquella hacienda del vasto territorio ocupado anteriormente por el Tirano Aguirre.

Pero precisamente hablar del Valle del Turbio, es remontarnos a aquellos años del siglo pasado en aquel paraje en donde se producía cacao, maíz y más tarde caña de azúcar. A principios de la centuria pasada, un grupo de hombres visionarios, nacidos en las labores del campo, divisaron en tierras del Turbio, un futuro próspero: fundaron haciendas y construyeron centrales azucareros. Hablo entonces de familias preclaras como los Yepes Gil y los Gil García, que se asentaron en el Valle del Turbio antes tierras dominadas por el Tirano Aguirre y posterior escenario de encuentros entre las tropas republicanas y realistas, una al mando del Libertador Simón Bolívar y la otra comandada por Francisco Oberto.

¿Pero quién fue nuestro personaje? ¿A qué se dedicó en su tránsito vital? ¿Por qué razón se estableció en los fértiles valles del Turbio? Pues esta historia fascinante, la cual ha esperado años para relatarse, es solo un abrebocas dada la magnitud ejemplar de nuestro biografiado. Encontramos a don Manuel Gómez, taciturno, semitumbado en su hamaca. Murmuraba entonces sobre los destinos de Cabudare como centro urbano y su crecimiento desproporcionado, "comiéndose" los solares productivos, dando paso al concreto al tiempo que se derriban aquellos cimientos que situaron a Palavecino en uno de los primeros distritos productores de caña de azúcar del país, que otrora fue referencia cacaotera compitiendo con los ricos valles de Aragua. Sus ojos azulados, de mozo, cautivaron corazones. La tez blanca, su recia voz y sus conocimientos derivados de las inagotables lecturas, le atizaron una imagen de hombre sabio y poderoso, aunque ese último término era detestado para él, pues se definía como un hombre de campo, sencillo y bonachón.

Un hijo del Turbio

Don Manuel llegó a tierras del Valle del Turbio proveniente de lares morandinos a la tierna edad de quince años. Había nacido en Humocaro Bajo, el 17 de junio de 1914. Recordaba con gratitud a Felicia Gómez, su progenitora, aunque refería que su padre don Francisco 'Paco' Gil García, se lo entregó –muy pequeño y en adopción–, a una dama amiga de la familia, para "que lo criara bien". Eva Colmenárez, su adorada sobrina, que con devoción permaneció buena parte de sus mejores días junto a don Manuel, narra que ya zagaletón, se fue a fundar una hacienda productora de café que don Paco había adquirido en Las Parchas, un caserío muy cerca de Sarare, antiguamente jurisdicción palavecinense. Advierte don Manuel, que aprendió muy bien el negocio de cultivar el café, la variedad de las plantas y su cosecha, lo que lo llevó a ganarse rápidamente la estima de su padre, hombre recio "que no se le aguaba el ojo".

De café a cañamelar

A los dieciocho años, y luego de haber fortalecido Las Parchas, don Paco le propuso a Manuel, emprender una nueva vida y fundar otra hacienda, esta vez en Cabudare, en las fértiles tierras del Valle del Turbio, cambiando de café a cañamelar. Sin dudarlo acompañó a su padre en la nueva empresa, adquiriendo una generosa porción de tierra, superior a las doscientas hectáreas, a la que denominó Santa Elena, que para la década de 1950, su producción ascendió de 350 a 800 toneladas por zafra.

Con habilidad Manuel controló el mercado de la caña junto a otros hacendados de la zona, y como encargado y administrador de Santa Elena la ubicó en unos de los mejores predios del preciado valle. Manuel no solo conocía cada palmo de la industria del cañamelar, sino que comprendía el arte del riego a través de bucos y canales, la proporción exacta de agua y el tiempo. Una habilidad envidiable para un hombre que había cursado solo cuarto grado pero que dominaba la gramática y las matemáticas como cualquier catedrático o astrofísico.

La visita de cupido

Manuel jamás se imaginó que una tarde lluviosa lo visitaría Cupido, quien, con su poderosa flecha, atravesó su corazón al momento de visitar a su primo, Domingo Guédez, propietario de una bomba de gasolina situada en la carretera hacia Yaritagua, en el sector denominado El Carabalí. Allí, en la tiendita de la gasolinera, Clara Aurora 'Lola' Díaz lo miró firmemente al momento de ser presentados por Carmencita, compañera sentimental de Guédez. Más tarde, y cuando ya había nacido Anaida Pastora, Manuel le propuso matrimonio, acto que se consumó en noviembre de 1957.

Lola era natural de Baragua, (municipio Urdaneta del estado Lara), en donde nació el 14 de octubre del año 14. Fue una mujer virtuosa. Madre abnegada y esposa incondicional, que hizo suyo el refrán 'Detrás de cada gran hombre, hay una mujer excepcional'. Cuando Lola juró amor eterno ante el juez, lo hizo una premisa inmemorial: acompañó a don Manuel hasta su último suspiro ocurrido en Cabudare el 20 de noviembre de 2002. Lola le sobrevivió varios años, y pese al involuntario olvido que le agobiaba, con cada ocaso evocaba a Manuel rememorando sus mejores momentos junto a sus nietos Manuel Alejandro, Ana Daniela, María Fernanda Corado Gómez y Luis Daniel Perozo Colmenárez.

Su tiempo imborrable

Don Manuel José Gómez, aparte de fundador de haciendas y centrales azucareros, atesoró las crónicas del valle del Turbio como suyas, y su memoria excepcional le permitió narrar los acontecimientos más sonados, así como la cotidianidad y sus personajes. Al final de su tiempo se le veía en los solitarios atardeceres de Santa Elena, caminar entre las blandidas espigas del cañamelar, acariciándolas con la mirada, como ofreciendo su gratitud por la vida plena, llena de aventuras y oportunidades, por la familia que formó y los amigos que cultivó. Su ejemplo imborrable es una llamarada perpetua para quienes tuvimos el inmenso honor de tenerlo y conocerlo. Hasta siempre don Manuel Gómez. El Valle del Turbio rememorará para la eternidad tu tiempo y tus momentos.

Eurípides Ponte fue testimonio del tiempo cabudareño

A la memoria de don Eurípides Ponte, insigne cabudareño
que me mostró el camino de reseñar las vivencias

SIRVIÓ A SU PUEBLO por más de medio siglo y afirma con un entusiasmo fascinante que donde haya un puesto de lucha, es el primero en la línea de fuego, porque ama a su terruño. Este hombre ocupó diferentes escaños como funcionario público y en su gestión, el municipio Palavecino conoció el progreso. El trabajo realizado es la muestra de su optimismo sobre el futuro de la localidad. Su nombre de imperecedera estirpe, sin duda, está inscrito en la memoria histórica de esta pujante jurisdicción larense, por su legado y por su ejemplo. Conocer a Eurípides Ponte es pasearse por un texto de historia. Pero no cualquier título nos lleva al mágico mundo de las solariegas calles de tierra y casas de bahareque y palmas, con su pulpería y botica. La infaltable iglesia frente a la Plaza Bolívar con los caballos y burros con sus chirguas y jamugas cargadas.

Hablar con Eurípides es sumergirse en el pasado remoto, es reconstruir la historia y separarse en el tiempo y el espacio. Es comprender por qué y cómo se instaló el primer concejo municipal en los albores democráticos, la construcción de los primeros urbanismos y vías de comunicación, la instalación de grandes estructuras deportivas, la llegada de entidades bancarias y comerciales, en fin, el progreso de la ciudad.

Sí, en la Plaza Bolívar de Cabudare, a partir de las cuatro de la tarde, se reúne un grupo de hombres de tiempo, unos nacidos en esa localidad y otros llegados en la década de los treinta, cuando caía la cruel dictadura. Entre estos primeros hombres se encuentra Eurípides, ayudado a venir al mundo por "mamá Micaela" una partera veterana, en el exacto sentido de la palabra, el 13 de noviembre de 1925. "Cuando veía a la viejita Micaela tenía que hincarme y pedirle la bendición", evoca con añoranza.

Isabel Hernández Agüero, su madre, de estirpe alemana llegó a Barquisimeto a principios del siglo veinte, proveniente de Quíbor. Su padre, José María Ponte Carmona, era descendiente de españoles. Según Juan de Dios Meleán, considerado uno de los primeros cronistas no oficiales del municipio Palavecino, apuntó en uno de sus libros, que en el primer poblamiento de Cabudare ya la familia Ponte figuraba entre los habitantes.

Con la misma sencillez que relata sus crónicas y gloriosos días de juventud, Eurípides señala con orgullo, ser familia directa de Monseñor José Antonio Ponte, VI Arzobispo de Caracas y primer prelado criollo con esta memorable investidura que tuvo Venezuela. Nacido en Cabudare y sepultado en la Catedral de Caracas. Los arzobispos anteriores a él -explica- eran enviados desde España y Colombia. Él nos dio esa gloria y nosotros le pagamos con una anodina estructura ya derruida que rememora el lugar de su nacimiento en la actual avenida Libertador. Eurípides vino al mundo en la casa materna, frente a la de Monseñor Ponte, las dividía el antiguo camino Real que conducía desde Barquisimeto hacia los llanos. Cinco hermanos cuatro varones y una hembra.

Ramón Ignacio Eurípides Ponte, es su nombre de pila. Revela que lo llamaron Ramón por su abuelo, Ignacio por haber nacido el día de ese santo y Eurípides porque acababa de llegar esa novela a Caracas, coincidiendo su nacimiento con la visita de unos familiares, quienes pidieron "me colocaran ese nombre". Pero yo me enteré que tenía tres nombres, agrega, cuando me jubilaron del Central Río Turbio, donde trabajé 34 años y ocupé diferentes puestos, empezando como escribiente, hasta llegar a Jefe de Ventas. También fui directivo de la empresa.

Las primeras letras

No fue un devoto de los libros, pero gracias al inminente maestro Héctor Ferdinando Rojas Meza, Eurípides conoció la lectura y escritura. Comenta que fue a los once años cuando el noble preceptor lo invitó a una escuela nocturna, "para peones", porque conocía bien su situación familiar. A Eurípides se le tenía prohibido asistir a la escuela. Benigno Contreras, jefe civil de Cabudare y esbirro del régimen dictatorial, había certificado la orden toda vez que José María Ponte, no simpatizaba con Juan Vicente Gómez.

-Recuerdo que yo estaba parado frente a la Plaza Bolívar de Cabudare, cuando don Héctor me abordó y me dijo: mira Eurípides, tú no puedes seguir sin aprender a leer, lo espero esta noche sin falta, me exhortó.

Eurípides es uno de los firmantes del acta constitutiva de la primera biblioteca pública instalada en Cabudare por iniciativa del insigne maestro Rojas Meza, luego de la caída de la feroz dictadura gomecista, "fue la primera vez que firmé un documento en medio de una muchedumbre, ya que en el pueblo eran muy pocas las personas que sabían leer y escribir".

Casta J. Riera inspiró la superación

Pero estudiar el bachillerato era muy difícil para ese tiempo, lo cual no fue obstáculo para Eurípides. Se inscribió en la Academia Comercial Mosquera Suárez, ubicada frente a la Plaza Bolívar de Barquisimeto. Recuenta con ligereza que tenía que levantarse, todos los días, a la cinco de la mañana para irse caminando, desde Cabudare hasta la academia. "El camino era de tierra y atravesaba la Hacienda Tarabana, propiedad de don Mariano Yepes Gil, para subir por Zamurobano, hasta la Cruz Blanca, pero Barquisimeto empezaba en el Mercado Altagracia, lo demás era puro monte y culebra".

Eurípides relata que siempre llegaba tarde a clases, lo que molestaba a la maestra Casta J. Riera, que con singular imposición reclamaba su aparición tardía, "no existía pretexto válido, así viviera en Cabudare, porque el estudio y la superación eran prioridad para ella". En invierno era imposible atravesar el caudaloso río Turbio, por tanto, el padre de Eurípides rentó una habitación de una pensión del centro de la ciudad, "para que yo pudiera continuar los estudios y graduarme de contabilidad y mecanografía".

Se instala la primera cámara municipal

En las inaugurales elecciones de los albores democráticos, realizados en diciembre de 1958, donde participaron AD, COPEI, URD, UPA, Partido Socialista de Venezuela, Eurípides Ponte salió electo concejal por la tolda blanca, la cual obtuvo la mayoría de los votos y consiguió seis ediles. El nuevo ayuntamiento democrático fue juramentado en marzo del año siguiente, correspondiendo la presidencia al también cabudareño Julio Álvarez Casamayor, primera vicepresidencia Eurípides Ponte, segunda vicepresidencia Juan Irene Vásquez por URD, y como vocales fungieron Juan de Dios Meleán, Aura Rosa Agüero, (primera concejal mujer del municipio), Pablo González, José Ramón Marín y Miguel Pacheco como secretario.

Fue concejal hasta 1969, cuando triunfó COPEI, por la división de AD al no aceptar la candidatura del Maestro Luis Beltrán Prieto Figueroa, acusado de comunista para ese entonces, "lo que sucedió es que él sí era socialista, pero las apetencias personales de algunos políticos de ese entonces, lo condenaron". Los concejales no devengaban salario alguno, los cargos se desempeñaban "por vocación. El único que tenía una asignación era el presidente del Concejo. Cuando yo ocupé ese cargo, la retribución era de 800 bolívares mensuales y más tarde, Antonio Palacios la aumentó a mil bolívares".

Sirvió a Cabudare

Eurípides Ponte, afirma con palabras sencillas, la satisfacción que le produce servirle a Cabudare. Sus ojos empezaron a anegarse de lágrimas fáciles. "Aún sigo aportándole a este pueblo, no como antes, pero persigo ese motivo cotidiano para enseñar algo bueno, como ahora con usted, que le enseño parte de esa pequeña historia local". Sostiene con vehemencia que en su gestión como presidente del cabildo, logró conseguir otras escuelas, "ya que el pueblo contaba con una sola: la Ezequiel Bujanda, que además no tenía sede propia y mensualmente funcionaba itinerante en la casa de algún vecino".

A ese concejo también se le atribuye, entre otros logros, las construcciones del Liceo Jacinto Lara y el Estadio Terepaima, complicado proyecto debido a la cuantiosa inversión, toda vez que tuvieron que indemnizar a las familias que vivían en "casitas de palma" en los predios donde se construiría la monumental estructura deportiva. Otra conquista fue la recolección de los desechos sólidos, que se realizaba en carreta tirada de mulas, adquisición de una porción de terreno de la Hacienda La Mata, donde se cultivaba cocuiza y era propiedad del doctor Julio Alvarado Silva. La avenida La Mata también se ejecutó en la gestión de Eurípides Ponte, con una inversión de 350 mil bolívares -de los de antes-. En la actualidad es una de las arterias viales más importantes de Cabudare.

Otras actividades meritorias

Eurípides Ponte afirma con la modestia de quien no necesita abrigarse con lisonjas para saberlas merecidas, que fue fundador del primer equipo oficial de béisbol de Palavecino. También creó el Club de Leones de Cabudare, del cual aún es miembro. Pero existe otra actividad que le regocija hondamente: es miembro activo de los Guardianes del Libertador de la Plaza Bolívar de Cabudare, calificativo que la cotidianidad le colocó a ese inmortal grupo de hombres que reunidos diariamente, rememoran el pasado y las anécdotas del pueblo. Redactan documentos donde plantean con sentido crítico soluciones concretas para la ciudad. Afianzan conocimientos del ayer para preservarlos y comprender lo que somos hoy.

Sus cátedras son escuchadas diariamente por grandes y chicos que visitan ese lugar mágico. En la actualidad son menos los Guardianes del Libertador. Algunos se han marchado a otras instancias, pero han dejado intacta la sabia caudalosa de sus conocimientos y, sobre todo, la conciencia firme que esa misión es una labor social en función de defender lo propio y coadyuvar al bienestar colectivo. De eso vive y se alimenta, porque Eurípides Ponte, a sus 83 años de fructífera existencia, testimonio del tiempo, cree en el progreso de Cabudare y en un mejor porvenir.

En un baile encontró el amor

Rosa Emilia Cordero Morillo, había llegado a Cabudare procedente de Caracas cuando apenas era una moza. Pero es oriunda de Las Yegüitas, cerca de Siquisique y descendiente de indígenas Jirajaras. Recuerda Eurípides que conoció a su esposa en una fiesta que se celebraba en Cabudare, en la casa de Claudina de Colombo, donde después de mucha insistencia de un amigo, entró al baile y allí, en medio del espíritu festivo, divisó a Rosa Emilia, cuyos deslumbrantes ojos le cautivaron de por vida. Ya en misa, ese domingo de lluvias tardías, la vio de nuevo y pasó toda la ceremonia mirándola. Ella por su parte, lo ignoró pese a que el muchacho ya se había ganado su atención. Pero fue a la salida de la iglesia -expresa con exaltación- que la conocí realmente, porque ella paseaba por la plaza con un perrito y repentinamente se le escapó. Eché a correr, lo atrapé y se lo entregué en sus manos. Tiempo después nos casamos y trajimos al mundo cinco bellos hijos.

Se entrevistaron con Betancourt

Para la adjudicación de una parte de los terrenos de la Hacienda La Mata, una comisión representada por Eurípides Ponte como presidente del concejo municipal, Julio Álvarez Casamayor, Juan Irene Vásquez y Francisco "Coché" Rojas, presidente de la extinta Asamblea Legislativa del estado Lara, visitaron el despacho de Rómulo Betancourt, presidente de la República. Recuerdo muy bien que cuando entramos a la oficina presidencial, describe con fervor, estaba don Rómulo con su cachimba sentado y se colocó de pie para saludarnos.

-Posterior al protocolo de presentación, le dije: señor presidente me va a permitir un minuto para contarle una anécdota, el mandatario asintió con la cabeza y proseguí, cuando usted estaba escondido en la Posesión La Mata, en tiempos de la dictadura, entró un joven al rancho que le servía de refugio. Allí, Catalino Escalona, encargado de su custodia, nos presentó advirtiéndole a usted, que el muchacho era de confianza, pues ese joven era yo, que aparte de llevarle algunas frutas, quería conocerlo.

Luego de la entrevista, señala Eurípides Ponte, don Rómulo levantó el teléfono y llamó al Instituto Agrario Nacional y pidió comunicarse con Edgar Pérez Segnini, a quien le indicó girar los recursos necesarios para comprar los terrenos de la citada hacienda, con la intención de desarrollar un complejo habitacional.

El ejecútese se realizó seis meses después, donde ya el Concejo Municipal tenía toda una brillante y bien elaborada planificación del nuevo urbanismo, desarrollado por Jesús Rodil, un acreditado topógrafo. En 1969, el propio presidente Betancourt inauguró la naciente urbanización. Y en el discurso del ministro de la vivienda felicitó al cabildo por el desarrollo habitacional, "nunca antes visto, porque hemos recorrido todo el territorio nacional inaugurando viviendas para el pueblo y ésta ha sido la mejor planificada", pronunció. El salón donde realiza las sesiones el Concejo Municipal de Palavecino lleva el nombre de don Eurípides Ponte a solicitud de quien firma esta crónica como homenaje póstumo a su memoria.

Andrés María Verde, un intelectual que fomentó la educación en Los Rastrojos

UN HOMBRE camina amparado por las pálidas luces de los pocos candiles que hay apostados en la calle Real del pueblito de Los Rastrojos, a nueve kilómetros de Cabudare. Su sombra es más grande que él. Lo acompañan el silbido del viento, el grillar ensordecedor de un centenar de grillos y sus pensamientos.

Son las siete de la noche. Ya es tarde para aquella sociedad de finales del siglo XIX. El hombre misterioso acelera el paso y atraviesa la plazoleta del templo matriz. Dos campanadas le advierten que el pueblo se apresta a descansar, pero para él, la noche recién comienza.

Ya en su casa, sentado en un corredor con vista al jardín central, el maestro Andrés María Verde, se dispone a proseguir su trabajo artesanal, ese que utilizaba en sus clases para estimular la creatividad de los niños, un novedoso método –muy criticado por las santurronas de aquellos remotos años-, pero que según la experiencia del maestro, era impactante.

Silva Uzcátegui afirma, que Andrés María Verde construía "sólidos geométricos de cartón y salía con sus alumnos en excursiones por el campo, para hablarles de las plantas, los animales, los minerales, etc", agregando que el maestro se adelantó a los métodos de enseñanza de su tiempo, empleando en su escuela el sistema objetivo que muchas décadas después, se decretó para su uso.

"Tomaba por ejemplo, un vaso de agua y esparcía ésta por el suelo, para que con la mancha que se formaba, dar una lección objetiva de geografía, indicando a sus alumnos, cuáles eran las islas, las penínsulas, los cabos, etc".

Vocación por más de tres décadas

La historiadora Yolanda Aris, encontró reveladores datos en donde se topa con el maestro que nos ocupa, apuntando que en 1882, la Memoria del Ministerio de Instrucción Pública, (ente creado en 1881), especifica que en Cabudare las escuelas eran atendidas por los maestros Juan Vicente González y Mercedes de Meleán; en Los Rastrojos por, Andrés María Verde y Petrona V. Orozco; en Sarare por, Guadalupe de J. Peña y Concepción S. de Blasco; en Buría por Nicolás Quintero; en El Altar por José L. Arana; y en Carauya por Antonio María Peraza.

Once años más tarde (1893) la Memoria del Ministerio de Instrucción Pública menciona 4 escuelas en Cabudare, atendidas por Carlos Guevara, Clodomiro Ojeda, Mercedes de Meleán y Ana M. Parra; en Los Rastrojos Andrés María Verde y Petra de Aular; y en Sarare Nicolás Quintero y Petra M. de Orozco.

De acuerdo a la memoria que presenta el Ministro de Instrucción Pública al Congreso en 1896, funcionaban en el estado Lara 47 escuelas federales, (conocidas hoy como nacionales), de las cuales 8 estaban ubicadas en el espacio político territorial que nos ocupa, distribuidas así: dos de varones en Cabudare regentadas por Isaac Rojas y Jacobo Acuña y una de hembras a cargo de Mercedes de Meleán; en Los Rastrojos funcionaba una de varones a cargo de Andrés María Verde; En Sarare están Guadalupe Peña y Petrona de Orozco; en La Miel, Francisco Ramírez y en La Montaña una de varones cuyo preceptor era Francisco Vásquez. Para 1897, la escuela de La Montaña había desaparecido y en Cabudare Ramón Suárez sustituía a Isaac Rojas.

En 1898, este mismo organismo da cuenta sobre los centros de enseñanza en Cabudare, imprimiendo que en Cabudare funcionaban 3 escuelas atendidas por Ramón Suárez, Jacobo Acuña y Mercedes de Meleán; en Los Rastrojos Andrés María Verde atendía una escuela; en Sarare continuaban Guadalupe Peña y Petrona de Orozco; en La Miel la dirigían Francisco Ramírez y la escuela de La Montaña era regentada por Alquímides Teoboldo Sánchez.

Y las pesquisas arrojaron que Andrés María Verde, atesoró una trayectoria vocacional como maestro durante 30 años en Los Rastrojos, pero también como consejero del gobierno municipal y local, actividad por la cual siempre se negó a recibir alguna contribución económica. Y no hubo quien no lo exhortara a aventurarse a algún cargo de elección pública, debido a su capacidad intelectual y su conocimiento general de los problemas que aquejaban a la población, postulación que rebatió aceptar en todo momento.

Había nacido en Carora, pero se trasladó a El Tocuyo para ingresar al Colegio La Concordia de don Egidio Montesinos, en donde adquirió conocimientos en Filosofía y Leyes, a pesar de no terminar el curso, datos que no hemos podido precisar.

Falleció en 1903. Un epitafio derruido en el Cementerio de Los Rastrojos, señala el lugar de su último descanso.

Fuente: Rafael Domingo Silva Uzcátegui. Enciclopedia Larense. Tomo II. Caracas 1969

Yolanda Aris. La educación pública en el Municipio Palavecino www.concejodepalavecino.org.ve/2019/01/la-educacion-publica-en-el-municipio.html

El enfermero más antiguo de Cabudare

ES CONSIDERADO un patrimonio viviente del municipio Palavecino, por su conducta intachable y vocación de servicio. Más de 45 años ininterrumpidos ejerciendo labores de enfermero y médico rural. Fue asimismo concejal, presidente del ayuntamiento cabudareño y heredero de un apellido de estirpe histórica

En una casa amplia de techo alto y tejas centenarias, con un portal en madera que evoca tiempos remotos, de columnas coloniales con un zaguán repleto de plantas ornamentales, vive don Felipe Cruz Ponte Hernández, reconocido enfermero y hombre de gran valía entre los moradores de la singular comarca cabudareña.

Esta casona está marcada para siempre con el estigma de un apellido glorioso, pues perteneció al valiente general Nicolás Patiño, primer Presidente Constitucional del Gran Estado de Barquisimeto.

Entre recuerdos gratos y la vista segada por los años, transcurren los días de este hombre ejemplar. Su aun lúcida memoria deja escurrir entre las grietas los instantes efímeros de su juventud remota con relatos fascinantes del Cabudare rural, de cuando no existía la luz eléctrica y sólo algunas esquinas ostentaban faroles de kerosén "que se encendían mucho antes de llegar el ocaso".

Tampoco existían los automóviles y las pocas calles existentes eran de tierra. Las casas se podían contabilizar fácilmente y la mayoría estaban construidas de bahareque. "pero el pueblo tenía una gran actividad comercial", apunta en uno de sus libros don Vidal Hernández, historiador y tío de este eminente enfermero.

En ese escenario, y fruto del amor de Isabel Hernández y José María Ponte, nació Felipe, el 20 de abril de 1918, en una casona colindante con la calle Real, muy cercana a la frondosa ceiba que resguardó al Libertador Simón Bolívar en su primera visita al afable poblado. Allí transcurrió su infancia, y a temprana edad asistió a la Escuela Federal Número 16, aprendiendo las primeras letras bajo la dirección de los insignes maestros Petra Orozco y Virgilio Árzaga, compartiendo el pequeño recinto educativo con Jesús María Agüero y Dante José Rojas Valbuena, entre otros notables hijos de este pueblo.

Su pasión; servir

La pasión ardorosa del joven Felipe y su abnegado espíritu de servicio lo llevó a inscribirse en un curso medio de enfermería dirigido por los doctores Honorio Sigala, presidente del estado Lara, y Pedro Rodrigo Ortiz, quienes lo emplazaron a realizar tales estudios debido a que Cabudare carecía de un enfermero y él, servidor incansable, exhibía ese perfil.

Así, a los diecisiete años de edad, y luego de dos años, ya Felipe estaba certificado para "colocar inyecciones, suturar heridas, diagnosticar enfermedades y recetar medicamentos", apunta con una marcada y radiante sonrisa este enfermero, blasón y gloria de la comarca cabudareña.

Si bien es cierto que don Felipe Ponte dedicó cuarenta y cinco años de servicio como profesional de la enfermería, antes, y por razones de salud pública, don Héctor Rojas Meza, otro cabudareño y hombre de letras, ejerció estas funciones, en 1918, como consecuencia fatal de la Gripe Española.

-Recuerdo que los médicos, algunos provenientes de Caracas, eran muy rígidos. Las clases comenzaban con el cantar de los gallos y sin pérdida de tiempo principiaban las charlas, algunas con prácticas incluidas y regaños a cada rato al momento de una equivocación, explica don Felipe con el recuerdo íntegro en su animada tertulia.

Sostiene que al curso de enfermería asistieron reconocidas parteras de oficio de ese Cabudare aldeano, como: María Agustina Valero, Bárbara López, Felipa Giménez, entre otras, "y aprobaron el curso con muy buen rendimiento académico".

Recuenta también que la única botica existente en Cabudare era regentada por el doctor Ferrer, graduado en Mérida, "y era un hombre muy servicial y especial, la mayoría de veces la gente acudía a su farmacia a solicitar alguna medicina y al ver el costo, desilusionados la regresaban, pero él les decía llévela y luego me la paga. Llegó a este mundo con la expresa misión de hacerle bien a la humanidad".

De largo transitar

-La medicatura era una casita viejita de carrizo y tejas donde había dos camas solamente y estaba ubicada frente a la plaza Bolívar de Cabudare, en la calle Santa Bárbara, donde es hoy la sede de la Inspectoría de Tránsito Terrestre. Allí trabajé como enfermero treinta y ocho años, recuenta don Felipe Ponte con añoranza. Rememora Naudy Salguero, primogénito de don Felipe y ex concejal del municipio, que "era rutina de papá abrir todos los días, a la cinco de la mañana, el dispensario médico. Pero sus inicios fueron en el Hospital de la Caridad, lo que es hoy el Museo de Barquisimeto". En fascinante relato, Salguero describe, que "se levantaba a la hora que fuese necesario para dirigirse, desde su casa de habitación hasta cualquier lugar, para suministrarle el tratamiento a algún enfermo".

La mística y dedicación demostrada por don Felipe tenía un sello especial, "y cuando el tratamiento era continuo y ameritaba su suministro o control muy seguido, papá era la persona más rigurosa en cuanto a eso se refería. Era como esos médicos de cabecera que dormían en una silla o catre muy cerca de los pacientes", narra Salguero sin advertir su profunda admiración.

Don Felipe Ponte es un hombre alto, con voz aguda, de buen talante y audaz conversador. Descubre en su mirada y gestos, que en su época de mozo, fue un hombre apuesto y elegante. Papaíto luego de salir de la medicatura, se iba a pie a recorrer los caseríos foráneos como El Placer, El Tamarindo, El Taque, Papelón, El Mayal y Coco e´ Mono, para visitar a los enfermos y recetarlos. En ese ínterin se llevaba una libreta y un maletín que contenía diferentes soluciones y todo el material de enfermería", comenta

Carmen de Rodríguez, enfermera e hija de don Felipe, al tiempo que se anegaban sus ojos de lágrimas fáciles.

Por otra parte, Argenis Latiegue, describe que a don Felipe se le veía caminando en diferentes sectores de Cabudare, "con su maletín, una guayabera blanca y un sombrero de ala corta como el del doctor José Gregorio Hernández". Pero don Felipe trascendió las fronteras y sus angustiados deseos de atender a la población lo llevaron a tierras sanareñas, donde permaneció dos años "en el puesto de socorro del poblado, donde dormía en un cuartico contiguo a la sala de cura".

Hijo Ilustre de Palavecino

La labor meritoria de don Felipe Ponte fue reconocida años más tarde, pero al enterarse de que el Concejo Municipal lo nombraría Ciudadano Honorable del Distrito, aquel 12 de octubre de 1974, padeció por un instante de desdicha, pues, aun insiste "que sólo cumplía con un trabajo, y lo hacía colocando toda mi voluntad al servicio de la gente". En ese entonces, y en acuerdo de la Cámara Municipal, rubricada por su presidente Pastor Alberto Palacios, se le otorgó una bonificación de estímulo y una pensión vitalicia, de 600 bolívares de los de antes, que luego, y por ignorancia de los ediles electos del gobierno revolucionario, suspendieron la insignificante asignación, con un infeliz alegato propio de la inopia atrevida. Pero quizá el reconocimiento más significativo y merecedor lo efectuó el gobierno regional en conjunto con el Ejecutivo nacional al inaugurar el moderno Ambulatorio de Cabudare, el 10 de noviembre de 1994, y registrar como su epónimo a don Felipe Ponte Hernández.

Al acto asistieron diversas personalidades, tanto nacionales como locales, incluyendo al entonces gobernador del estado Ibrahim Sánchez Gallardo y Carlos Segura como alcalde de Palavecino. Más tarde, en el año 2006, don Felipe se hizo acreedor de la Orden Cristóbal Palavecino, en su Tercera Clase, máxima distinción que confiere la municipalidad palavecinense "a los más distinguidos ciudadanos en reconocimiento a los méritos, servicios y aportes".

En ese entonces, la primera autoridad municipal ofreció públicamente la construcción de una casa nueva para "el hijo ilustre de Palavecino", pero nuevamente, el enfermero de Cabudare quedó en el lúgubre silencio e ingrato olvido, pero con la frente en alto y la conciencia serena. Hoy se le divisa satisfecho de su ejemplar proceder. Hoy y hasta el confín de los siglos, será ejemplo imperecedero.

Digno representante del pueblo

Felipe Ponte también participó activamente en la política cabudareña, y como muestra ejemplar lo encontramos representando con hidalguía los intereses de su terruño, en 1945, como presidente del Cabildo en compañía de Domingo Guédez, Vicente Castillo, José de los Santos Guédez, Daniel Mozón, Augusto Casamayor, Horacio Mogollón, Nelson Linarez, Marcos Sánchez y como secretario interino: Pompeyo Rojas, "pero cuando el golpe a Rómulo Gallegos, el 24 de noviembre de 1948, nos sacaron a empujones de nuestros cargos, que eran ad honorem".

De igual forma está presente en la directiva del Concejo Municipal en 1949, con el cargo de Síndico Procurador, en el 52, ya como concejal, administra la segunda vicepresidencia del ayuntamiento, y del 56 al 58 ocupa nuevamente el cargo de procurador local. Al restablecerse la democracia venezolana, el 23 de enero de 1958, don Felipe Ponte preside la Junta Administrativa del naciente concejo democrático, en compañía de Justo Rivero, Antonio Pérez, Juan Irene Vásquez, Agustín Gómez, Roseliano Palacios y Julio Álvarez Casamayor.

Un apellido de abolengo

Según investigaciones del historiador Taylor Rodríguez García, Cronista Oficial del municipio Palavecino, reseña que don José María Ponte, padre de don Felipe, fue miembro de la Junta de Socorro fundada en Cabudare para combatir la gripe española.

Asimismo, señala que el apellido Ponte es muy antiguo en jurisdicción cabudareña, "pues ya para finales del siglo XVIII ya existía la familia Ponte en la aldea, aparecen unos propietarios de unidades de producción en el camino que va hacia Sarare, exactamente en la hacienda Los Cristales".

Destaca el investigador que la familia Ponte que se asienta en la ciudad tenían raíces canarias, "pues encontramos un Juan de Ponte que donó dinero en efectivo para la construcción de la iglesia matriz San Juan Bautista de Cabudare, en febrero de 1818, así como también concedió un terreno en el pleno casco central".

Rodríguez sostiene que el historiador José Ramón Brito rescató para la historia el nombre de Juan de Dios Ponte, quien fue Gobernador de la Provincia de Barquisimeto y entre sus políticas desarrolladas les otorgó cuantiosas contribuciones a los pequeños productores agrícolas. También trajo para Cabudare el primer servicio de aguas blancas.

Otro Ponte de vital importancia es un homónimo de don Felipe, quien fue nombrado por el General en Jefe José Tadeo Monagas, el 15 de abril de 1856, Primer Comandante del batallón N° 3 de la Milicia Nacional del Cantón Guanarito de la Provincia de Portuguesa.

Acota el cronista, que el referido Felipe Ponte, antes, en 1835 apunta en un trascendental documento localizado en el Archivo General de la Nación, las primeras estadísticas oficiales sobre Cabudare.

-Pero el primer Ponte que llegó a Caracas, en julio de 1603, se llamó Juan de Ponte y que tres años más tarde ocupó el cargo de Procurador General de la nación, dato que recoge el cronista Ismael Silva Montañés, en sus cuatro grandes tomos titulados Hombres y Mujeres del Siglo XVI Venezolano, y no es casual que nos encontremos con otro Juan de Ponte, un siglo después en Cabudare, anota Rodríguez. Igualmente es gloria de Cabudare don José Antonio Ponte.

El Lechuguero, mítico personaje de Cabudare

ANTES DE DESPUNTAR la aurora, ya José Natividad Cañizalez Falcón, popularmente conocido como 'El Lechuguero', se preparaba para atender el huerto familiar. Nacido en Humocaro Alto el 8 de septiembre de 1935, radicándose en Cabudare en 1951, cuando "los viejitos" (Aureliano y Juan Antonio) buscando un mejor porvenir decidieron tomar un autobús y comprar una casona (la Nº 21) en la calle San Rafael con Miguel Bernal, en pleno casco histórico. José Natividad se enfrentó desde joven "al qué dirán" al repudio general por su comportamiento "indeseado" para la sociedad, pues se enteró en la pubertad, que su condición sexual no era de su simpatía, o mejor dicho, del agrado del entorno. Eran años duros para José Natividad, que con el paso del tiempo, aceptó vivir entre la burla y el rechazo.

Conocedor del arte de sembrar

Estudió hasta segundo grado en Humocaro y a pesar que no le favoreció la academia, José Natividad conoce a la perfección las estaciones según la luna, recurso que aprendió para tener éxito en el oficio que habría de emprender. Contiguo a su vivienda, comenzó cultivando lechuga, cilantro, perejil y pimentón, entre otros rubros que vendía en el mercado popular de Cabudare. Con el correr de los años, 'El Lechuguero' se especializó en la siembra de plantas medicinales y no había quien no lo visitara a la hora de un padecimiento.

Los boticarios de la época concurrían al huerto de José Natividad a adquirir parte de sus plantas, así como comerciantes de origen asiático que perseguían la mostaza y la albahaca, para la reventa. "El Lechuguero" consiguió que un tío vendiera parte de sus cultivos en el antiguo Mercado El Manteco, dinero que utilizaba para la subsistencia de él y sus familiares directos.

Entre lo curativo y la popularidad

José Natividad ya no cultiva por la edad, o, mejor dicho, es poco lo que siembra para vivir, pero aún recuerda el agradable aroma matutino del romero, el poleo, el llantén, la artemisa, el malojillo, el oreganón y la yerbabuena.

Cuando se le inquiere si se casó alguna vez, responde tajante: Nunca. Camina diariamente el centro de Cabudare y saluda a todo el mundo, pues es tan conocido como la plaza Bolívar y la ceiba en donde acampó el Libertador.

El 21 de diciembre de 2015, la infausta noticia de su fallecimiento corrió rápidamente entre los moradores de Cabudare. Ese día no hubo funerales, ni mucho menos homenaje alguno, aunque se podía respirar el luto por la partida de este personaje popular y más allá, mítico.

Ella es Juana Judith, una mujer palavecinense de este y otro tiempo

SON 98 AÑOS. Se dice fácil pero cuánta agua ha pasado por debajo de ese puente. Pese a su edad, Juana Judith Parra, aun se levanta antes del cantar de los gallos "a las tres de la madrugada" se toma un vaso de agua de avena y emprende su dilatada faena.

Es dueña de una lucidez envidiable, de la cual hace alarde sin tregua y sin intensión, rememorando escenarios añejos del Palavecino de antaño. La encontramos el Día de la Mujer. Nos topamos con Juana Judith en la Plaza Bolívar de los Rastrojos. Caminaba ella con cortas zancadas pero seguras. Iba desde su casa en esa localidad, a pie, hasta Cabudare, como suele hacerlo. Ese día estaba de cumpleaños. Se celebraba el Día Internacional de la Mujer y la municipalidad le entregaría un reconocimiento a su destacada labor. La festividad era doble.

Con su vestido, sus hermosas clinejas que atan su gris cabellera, testigo del tiempo que no se borra, sus sandalias de cuero tejidas por sus afables manos, caminaba con alegría recordando sus años mozos acontecidos en El Placer, un apacible caserío del ayer y hoy municipio Palavecino. Allí vino al mundo el 8 de marzo de 1916, "pero fui presentada en 1931", en plena dictadura gomecista.

Arepas a bolívar y empanadas a medio

Juana Judith levantó a sus hijos a fuerza de trabajo. Desde su mocedad aprendió muy bien las labores de la casa, lo que le permitió, en una época rural del país, poder salir adelante. A su edad, aun trabaja: "Vendo arepas, empanadas, números, elaboro sábanas, o sea, hago de todo menos robar", relata con jocosidad. Con orgullo narra que elabora 70 arepas diarias, "de lunes a lunes", las que vende previo encargo. En otra época, vendía diez arepas por un bolívar y cuatro empanadas por un medio en La

LUIS ALBERTO PEROZO PADUA

Piedad, a donde llegaba temprano con una cesta en la cabeza y sus dos retoños a cada lado.

Asimismo, elabora almuerzos para obreros de la zona, y, eso sí, no faltan los números de la lotería, recurriendo al auxilio de artimañas en una lista de combinaciones para ver si atina uno y adquiere algunos bolívares demás. Los miércoles son de mercado. Luego del trajín, Juana Judith agarra una marusa y se va caminando para el mercado La Cruz, el cual recorre en la búsqueda de precios justos y atractivos ingredientes para sus arepas.

En las redes de Cupido

Ismerio y Raúl son la consecución del flechado de Cupido. "Me junté a los catorce años, muy jovencita, con Juan Abarca, natural de San Felipe, pero lo conocí en Los Rastrojos. María Gilberta Parra se llamaba su madre, de quien aprendió el arte de la cocina. Fue también su partera y su confidente. De Tomás Eusebio Parra, su padre, le quedó el grato recuerdo de los días en la casa del tamarindo, aledaña a la vivienda de Vicci Sosa.

"El Placer era un campo con una callecita de tierra por donde caminaba el ganado y una que otra carreta tirada de bueyes. Ahora es un gran caserío que ha crecido mucho y en donde se han quedado los hijos y nietos de mis vecinos", añade melancólica, pero con su increíble sonrisa que la acompaña a donde quiera que va. Se desprende de su conversa la añoranza por su lar nativo, a donde concurren sus recuerdos de infancia y juventud, motivo por el cual, dos veces por semana, emprende camino hacia El Placer y antes de caer el ocaso, ya está de vuelta en Los Rastrojos, para hacer la cena y sentarse a coser las sábanas que sirven de sustento para el hogar.

Repara que no acude al descanso sin antes ver los noticiarios para estar al tanto del acontecer diario, y asistida de la luz del televisor, cose, zurce y remienda prendes de vestir, pero nunca la acompañan los lentes, porque no usa.

Las primeras letras

Estudió en El Placer y reseña que la escuela funcionaba en la pulpería del caserío, compartiendo las letras con Carlitos Gómez, María Justina Giménez, Victorina, José Eriberto Parra, Bartolo Aréjula, Josefina, Rafaela, Pedro, Pastor y Moisés Sosa, Cándida Pérez, Saturnino, Rufino Juárez y Jorge Gutiérrez, todos de la mano de la maestra Sergia Vázquez, esposa de Pompilio Rivero. La maestra Sergia, vecina de Los Rastrojos, acudía al apartado pueblito a cumplir con su abnegada labor, y adiciona Juana Judith: "Ella nos enseñó a leer con EL IMPULSO". En el año 39 Juana Judith abandona El Placer y se radica en Los Rastrojos, en su casa materna, aun lado de Ramona Tona, más tarde, en el 83, adquiere un predio "fíao" a don Eustaquio Yépez, por 600 bolívares, que canceló vendiendo números a locha, más tarde a medio para 20 bolívares, a real y medio para 50 y a bolívar para 80. Así construyó su hogar y una vida admirable. Juana Judith, es una mujer palavecinense de este y otro tiempo.

Llevó la magia del cine a los parajes más lejanos

ENTRE LAS CALLES Libertador y El Matadero, en lo que alguna vez fue el camino principal hacia el Llano, luego la Real y más tarde la avenida Libertador de Cabudare, en una casona de tejado alto identificada con el número 63, vivió buena parte de su existencia Enrique Peláez, aunque nació el 15 de julio de 1931 en Los Rastrojos. Hijo natural de María de la Paz Peláez.

Los cabudareños recuerdan a Enrique en su moderna bicicleta, transitar por las angostas calles del pequeño pueblito. Iba a los mandados y venía con recados. Con el paso del tiempo, Enrique adquirió una camioneta, vislumbrando la ausencia de vehículos de transporte. Comenzó entonces haciendo traslados desde la calle de Las Chancletas o Santa Bárbara de Cabudare hasta la Plaza Altagracia de Barquisimeto, "por tres reales, ida y vuelta".

Se levantaba antes del cantar de los gallos para llevar a Vicente Palacios al Manteco, en busca de mercancías, y antes de las ocho de la mañana ya estaban en Cabudare. Su espíritu generoso era reconocido por los vecinos de aquel pueblito calles estrechas, pues a Enrique lo buscaban a cualquier hora para trasladar algún enfermo o parturienta desde la Medicatura hasta el Hospital Central de Barquisimeto.

El cine: una pasión

Pese a las limitaciones de la época, Enrique era un enamorado del cine, amor que hundió sus raíces en el Cine Juares de Cabudare, en donde tuvo como visión expandir la industria hasta las zonas más apartadas del entonces Distrito Palavecino.

Compró un proyector por 120 bolívares, y en su camionetica roja, se trasladaba hasta la Hacienda Tarabana, los caseríos de la parte alta: Agua Viva y Las Cuibas; así como también El Placer, El Mayal, El Tamarindo, El Palaciero, Los Naranjillos y La Piedad, en cuyos moradores impregnó la magia del cine mexicano. Xiomara Peláez, su hija, narra con devoción, que los habitantes de esos parajes, no podían esconder la alegría cuando veían a lo lejos acercarse la camionetica roja.

La gente salía con sus taburetes, sillas, perezosas, latas, gaveras, bloques, chinchorros y hasta en el suelo se sentaban a disfrutar del drama mexicano que cautivaba, destacando películas: Vamos con Pancho Villa, Los Olvidados, El Compadre Mendoza, Una Familia de Tantas, Nazarín, Él, La Mujer del Puerto, El Lugar sin Límites, protagonizadas por Pedro Infante, Lupita Tovar, Andrea Palma, Mario Moreno y Domingo Soler, entre otros.

La proyección tenía un precio de una locha por persona, pero como se transmitía al aire libre, la mayoría no pagaba. «Más los niños miraban la película gratis». Enriquito Peláez, acompañaba a su padre durante su periplo, incluso en momentos cuando decidieron traspasar fronteras y llevar el cine a sitios más distantes.

Titicare, San Miguel, Buena Vista, Cuara, Arenales, fueron otros parajes que conocieron el cine itinerante de Enrique Peláez, que como antesala el Conde Bucano, embelesaba al público con su magia, espectáculo que costaba 1 bolívar con derecho a la posterior película.

Enriquito Peláez evoca que fueron los mejores años de su vida junto a su padre, enfatizando que durante los eventos era el encargado instalar las sillas y de colocar una sábana blanca en donde se proyectaba las películas de 16 milímetros que Luis Gallardo alquilaba en 8 bolívares.

Ernesto Rodríguez, policía de Cabudare era el presentador de los eventos de magia y cine mexicano. Horas antes llegaban al pueblo con un megáfono para anunciar el magno evento, recorriendo todas las calles.

Una casa comercial para Cabudare

Enrique no desistió en su interpretación de ofrecer servicios para Cabudare, por lo que emprendió caminos con líneas de autobuses. como transporte público. De seguida, Junto a sus compadres Morales y Marín, se asoció para instalar una casa comercial de muebles, estableciéndose en casa de la familia

Camero. Posteriormente, Enrique pasó de vender muebles a repuestos para carros, legado que dos de sus hijos aún conservan.

Contrajo nupcias en Cabudare con María Edecia Escalona, unión de la cual nacieron cinco hijos: María Edelmira, Enrique, Xiomara, Edwar y Gustavo Peláez.

Gran parte de su tránsito vital, Enrique se los dedicó con devoción y entrega a servir a los palavecinenses y tras momentos críticos de salud, le sorprendió la muerte el 31 de agosto de 2006. Aun se le recuerda caminando las procesiones de Semana Santa por las calles de Cabudare.

Fue la primera mujer concejal de Cabudare

EDUCADORA EJEMPLAR y primera dama concejal en la historia contemporánea del municipio Palavecino. Así fue calificada esta luchadora mujer, en un justo y sincero reconocimiento conferido por la Alcaldía y la Biblioteca Maestro Héctor Rojas Meza, el 24 de junio de 2002. Afirma ser una mujer que siempre ha sorteado las dificultades con persistencia.

Aura Rosa Agüero Manzanares de Rojas es su nombre completo. Se define como una mujer decidida, diligente, dotada de grandes principios y sobre todo, una servidora vocacional. Trabajó toda su vida, como maestra en el día y en la noche, como enfermera. Asegura con convicción que jamás desatendió los compromisos del hogar como atañe a toda madre. Proviene de una familia muy trabajadora. Lo cual la enorgullece. Su Padre, Don Ricardo Agüero, era oriundo de Sarare, y se estableció en el Cabudare de ayer, en los albores del siglo pasado.

Poco tiempo transcurrió para que el progenitor se le conociera, en todo el pueblo y sus periferias, como el barbero de Cabudare. Doña Columba Manzanares, la matrona, tenía la gran responsabilidad de los quehaceres del hogar, de la educación de los hijos. Aura Rosa vino al mundo a principios de abril de 1924, en pleno centro de la capital palavecinense, en una pequeña casa ubicada en la calle Real, actual avenida Libertador.

La buena mano de la comadrona

Luego de dos años de estudios, Aura Rosa Agüero se graduó de Asistente de Enfermería en el Hospital Central de Barquisimeto. El doctor Otto Alvizu, director de la maternidad Luisa Cáceres de Arismendi, le concedió el certificado que le permitía aplicar inyecciones y asistir nacimientos. "El primer parto que socorrí fue en la montaña, y a pesar de los nervios todo salió bien. Pasado el tiempo, acudí al alumbramiento de mi hermana Carmen, aquí en

Cabudare, en calidad de ayudante y terminé asistiéndola en dos oportunidades".

Aura Rosa es reconocida en el pueblo por su buena mano para colocar inyecciones, tanto es así que, a sus 81 años de edad, aún practica esta legendaria faena. En sus inicios cobraba un bolívar, ahora ha aumentado la tarifa a mil. Para ese entonces cada inyectadora costaba un medio. Al preguntarle si todavía inyectaba bien, soltó una larga carcajada para comentar, con ingenua vanidad, que a su casa llegan personas de todas partes, a solicitar sus oficios.

"Aquí viene mucha gente, hasta de Barquisimeto, y yo misma los he escuchado decir: Voy para que Doña Aura, porque a ella, ni se le siente la mano. Yo inyecto a mucha gente, el que tiene plata me paga y el que no tiene, cómo le digo que no. Eso es una injusticia, además ese es mi deber". En sus tiempos de moza, colaboró en muchas jornadas rurales de vacunación infantil, ya que la mortalidad de los infantes, alcanzaba cifras espeluznantes. "Nos íbamos en Jeep a Loma Redonda, El Placer, El Mayal, a todos esos pueblos lejanos, a vacunar contra la parálisis infantil y otras enfermedades".

Del aprendizaje a la enseñanza

Aura Rosa aprendió las primeras letras de la maestra Josefina Salas, en la escuela Ezequiel Bujanda, quizá esta vivencia marcó su inclinación por la docencia. Egresó, en 1944, de la Casa del Maestro de la capital del estado Lara, para comenzar a impartir clases en El Palaciero, comunidad rural enclavada en la puerta hacia los llanos, en una casona colonial de tejas viejas y gigantescos ventanales. El inmueble era propiedad de Don Miguel García. Se atendían cuarenta y cinco niños, desde las ocho de la mañana hasta las once, el primer turno, y el segundo, desde la una de la tarde hasta las cuatro.

Permaneció en ese lugar cinco años, con un salario inferior a los seiscientos bolívares mensuales, remuneración que recibía de la Prefectura de Los Rastrojos, que estaba a cargo del señor Aníbal

Palacios. "Para llegar a la escuela era una travesía, caminaba una hora, desde Zanjón Colorado hasta El Palaciero, por una carreterita de granzón".

De allí fue transferida a La Montaña, luego pasó a Cabudare, a dar clases en la escuela que la formó y del cual cosechó una gran experiencia. Allí se quedó por espacio de diez años, para posteriormente pasar a la escuela Valmore Rodríguez, donde estuvo otro decenio. Consiguió su esperada y merecida jubilación, como maestra municipal, hace diecinueve años.

Su amor llegó entre versos y serenatas

Era intolerable para la época que una mujer caminara sola por la calle, y menos si excedían las seis de la tarde. El espacio televisivo fue reflejo del rol social que cumplía la mujer común de ese tiempo. Pero muy contrariamente a las restricciones, a los tabúes y las miradas de puritanos, a Aura Rosa, el amor de su vida le llegó temprano.

Enciende en llamas su corazón las serenatas y versos que declamaba Pedro Rojas Valbuena, músico consagrado. Llegaba a eso de las diez u once de la noche a declarar, con prosas su amor eterno. Aura Rosa lo conoció desde que era niña, en el Cabudare pueblo, pero no fue hasta los catorce años, cuando comenzó a observarlo con otros ojos. El romance se oficializó y años más tarde, en octubre de 1950, intercambiaron los anillos en la iglesia San Juan Bautista de su pueblo natal. La Rosa de Pedro sostiene, que el día de su boda es el recuerdo más agradable de toda su vida. De este maravilloso idilio nacieron siete hijos y de éstos vinieron catorce nietos y seis bisnietos.

Era cosa de hombres

Aura Rosa traspasó las fronteras al lograr salir de ese quehacer hogareño, de las costuras y el bordado, de la cocina, de cuidar a los hijos, hasta apartó un tiempo la noble función de maestra, para insertarse en la escena política y retumbar con su voz las reivindicaciones de la mujer, ganando espacios prohibidos por la sociedad machista de entonces, al ganar un escaño como concejal, la primera que tuvo este Distrito, en las primeras elecciones de los albores democráticos. "En política no existía espacio para la mujer. Ni pensarlo siquiera. Era cosa estrictamente para los hombres".

Los sufragios se realizaron en diciembre de 1958, con la participación de AD, COPEI, URD, UPA, Partido Socialista de Venezuela. Fueron oficialmente nombrados los nuevos concejales, en marzo del siguiente año. Seis ediles por Acción Democrática y uno por URD, integraron el primer concejo participativo en la historia contemporánea del país, correspondiendo la presidencia del nuevo Ayuntamiento cabudareño, a Julio Álvarez Casamayor.

En la primera Vicepresidencia, estuvo Eurípides Ponte, segunda Vicepresidencia a cargo de Juan Irene Vásquez, por URD, y como vocales fungieron, Juan de Dios Meleán, Aura Rosa Agüero, Pablo González, José Ramón Marín y Miguel Pacheco como secretario, sin retribución monetaria alguna. Con un irrisorio presupuesto se instaló la cámara edilicia. Aura Rosa tuvo un papel activo en el Ayuntamiento, demostrando con hechos la vocación de servidora pública que siempre la caracterizó.

A esa nueva directiva se le atribuye, entre otros logros, una línea de autobuses que cubría la ruta entre Barquisimeto y Cabudare, la adjudicación de los terrenos de la hacienda La Mata para la construcción de viviendas y el aseo urbano, que si bien se recogía con una carreta tirada de mulas, era un adelanto de suma importancia, ya que este servicio antiguamente no existía.

Sí, Aura Rosa Agüero de Rojas, llegó a ser la primera mujer concejal que tuvo el municipio Palavecino y llegó a ocupar la primera Vicepresidencia del Concejo Municipal. También ha recibido distintos reconocimientos por parte de la Alcaldía, de la Federación de Maestros, de diversos grupos culturales y uno como ciudadana ejemplar del Municipio.

Pero esta mujer, testimonio del tiempo y firme ejecutora de sus ideales, hasta los últimos días de su existencia, mantuvo viva la esperanza de un mejor porvenir para las generaciones futuras. Su lucha pervive, ejemplo franco y extendido de la mujer venezolana. A su memoria. Es este nuestro más pequeño tributo.

Memorias del cronista cabudareño
Julio Álvarez Casamayor

ENTRE LAS LARGAS conversaciones con el cronista y costumbrista Julio Álvarez Casamayor sobre el devenir histórico de Palavecino, refirió con asombrosa lucidez, que Cabudare tuvo la grandeza de recibir al contralmirante Wolfgang Larrazábal. Reseñó que la ilustre visita ocurrió el 30 de junio de 1958, cuando "llegó con una numerosa comitiva integrada por varios ministros, entre ellos el doctor Espiritusanto Mendoza, titular de la cartera de Sanidad y Asistencia Social, así como también el doctor Rafael Pizani, representante del Ministerio de Educación.

Larrazábal vino a Cabudare, narró con orgullo, para atender una invitación que le dispensara el señor Roseliano Palacios, presidente de la Junta Promejoras de Cabudare. Fue recibido con honores por los poderes públicos en la antigua Casona de Gobierno (Hoy edificio de la Escuela de especialidades Luisa Cáceres de Arismendi).

El profesor Francisco José (Coché) Rojas Rodríguez, luego de la salutación oficial, leyó a nombre de la referida junta una exposición sobre la necesidad de adquirir la Hacienda La Mata, propiedad del doctor Julio Alvarado Silva, valorada en un millón 500 mil bolívares, para resolver problemas concretos como prever la expansión de Cabudare y la construcción de un acueducto para la población actual, servicio de cloacas, dado el aumento en el caudal de aguas disponibles para el acueducto.

Tierras ejidales que daría cabida a fábricas, industrias y urbanizaciones, que garantizarían la estabilidad económica del colectivo "ya que Cabudare estaba cercada por todos los puntos cardinales de haciendas como Tarabana, San Antonio, La Capilla (Santa Bárbara fraccionada) y La Mata".

"En su voz pausada no se percibió respuestas a los pedimentos que le hiciera la junta", apuntó Álvarez, añadiendo que Larrazábal recibió un ramo de flores de las niñas Zuleima Ponte y Nelly Troconis. De allí el candidato presidencial para el nuevo periodo, visitó la iglesia San Juan Bautista y admiró la imagen del Nazareno.

Vidal Hernández fue el primer documentalista de Cabudare

LA COMADRONA SALIÓ de la oscura habitación y anunció el nacimiento de un varón. Vidal había llegado al mundo en hogar cabudareño en 1874, de la unión de Ramón Brito Hernández y María Agüero. Testimonios escritos narran que desde sus primeros años, el niño Vidal, mostró inquietud por el campo intelectual, interesándose por la lectura antes de los cuatro años de edad.

Su juventud la dedicó a la lectura e investigación, desarrollando actividades culturales trascendentales para Cabudare, constituyendo la Asociación Religiosa San Juan Bautista, en donde logró agrupar las cofradías y organizaciones entorno al templo matriz. A principios del siglo XX, Vidal Hernández, se encargó de dirigir los trabajos de refacción del camposanto municipal, acción que le llevó a organizar una junta interventora con la participación del Ejecutivo regional y el cabildo local. En paralelo, fungió también como maestro de primeras letras en la escuela Ezequiel Bujanda de Cabudare.

Compilador y periodista

Durante las tres primeras décadas del siglo XX, Vidal Hernández se trazó como propósito organizar el monumental índice documental del Distrito Cabudare, registrando y compilando en dos tomos, documentos oficiales de los años 1844 hasta 1936, un legado invalorable y único en la región. En los años cuarenta, encontramos a este enérgico cabudareño en las lides periodísticas, fundando y dirigiendo el periódico **El Número**, de diaria circulación que luego expandió sus páginas y se transformó en un semanario.

En el diario **EL IMPULSO**, Vidal Hernández, figuró como asiduo articulista por varias décadas, con interesantes crónicas y reseñas sobre el acontecer cabudareño, hasta 1955, año que lo alcanza la muerte en su natal Cabudare. Don Vidal Hernández Agüero, organizó y resguardó los papeles históricos de Palavecino para que las generaciones venideras conocieran épocas pasadas de su lar nativo.

José Genaro Pérez: el barbero más antiguo de Barquisimeto cuenta su historia

CON MÁS DE 60 AÑOS en el oficio y 89 de existencia, este singular personaje ha peluqueado a más de 150 mil personas aproximadamente, entre los que destacan, periodistas, religiosos, militares, políticos, hombres de letras, entre muchos otros. Se inició en el oficio de manera empírica, "trasquilando a cuanto melenudo" se le atravesaba. Su tarifa inaugural fue de un bolívar por corte, en 1948. Cinco años después subió el precio a dos bolívares los adultos conservando el precio inicial para los niños.

Atesora clientes de más de 50 años con quienes tiene un lazo indisoluble de amistad. Su lúcida memoria es testigo del tiempo y su espíritu jocoso su mayor riqueza. No hay quién pase frente a la barbería de Genaro Pérez que no le procure un saludo cordial. Niños, jóvenes y adultos -y hasta hermosas damas- le saludan con cariño y reverencia.

Es el barbero más antiguo de Barquisimeto.

Se inició en el oficio -de manera empírica- por allá en el año 43, en pleno servicio militar, donde un día, en medio de un sopor insomne propio de las tierras zulianas, un grupo de compañeros le pidieron a Genaro los afeitara. Pero la profesión propiamente dicha la comenzó a ejercer en la sastrería de Virgilio Valera, cuyo negocio quedaba en la calle Agüero entre Ayacucho y Libertador. Allí, en los ratos libres, -pues trabajaba como ayudante de sastre-, "me la pasaba pelando a los muchachos de la cuadra". Así comenzó la carrera que desempeñaría por más de medio siglo y se extendería hasta nuestros días, el cual le ha traído inmensas satisfacciones, gratos recuerdos y un caudal de buenos amigos.

En América afeitaron a bolívar

El 5 de abril de 1948, cuando gobernaba el país el ilustre escritor don Rómulo Gallegos, Genaro Pérez inauguró una flamante barbería con el nombre de *América*, donde la tarifa inicial fue de un bolívar por cada corte de cabello y a dos lochas los niños. El reluciente local estuvo situado en la carrera 18 entre calles 30 y 31, con el número 246. Allí, instaló su primera silla de barbería, la cual le costó tres mil bolívares de los de antes, "todo un dineral". Luego don Genaro se mudó a la calle Aldao (calle 31) entre Ilustre Americano (carrera 17) y Calle Ayacucho (carrera 18) número 17-80, donde reabrió una nueva y moderna barbería de nombre *Chic*. Don Genaro cierra los ojos y se sumerge en los confines más profundos de su memoria para agregar con un entusiasmo cautivante que las primeras perfumadoras, -de acero inoxidable- las compró en 1948 por cinco bolívares, "y las otras dos las compré, cuatro años después, por diez bolívares".

El nacimiento del fígaro

Don Genaro Pérez vino al mundo en un "campito" conocido como Tamboral, perteneciente al entonces distrito Crespo, el 19 de septiembre de 1919. Hijo de Roso Rodríguez, natural Duaca, y de María Lourdes Pérez. Es el segundo de seis hermanos. Aprendió a leer y a escribir en su terruño natal. Ya cumplido los once años se vino a Barquisimeto en busca de nuevas oportunidades. Comenta con fascinación que abordó el Ferrocarril Bolívar con destino a la capital de Lara. "El viaje costaba tres reales".

Estudié hasta cuarto grado en la Universidad Popular, ubicada en la avenida La Ciencias (luego 5 de Julio, hoy calle 30) con Aldao (calle 31), cuando ingresé al ejército en 1943 hasta el 45, en el gobierno del general Isaías Medina Angarita, en plena Segunda Guerra Mundial, rememora con gracia.

Afirma que fue el barbero de la Compañía de Ametralladoras Antiaéreas, acantonada en San Lorenzo, estado Zulia, "pero no sabía ni cómo agarrar una tijera, pero rompiendo se aprende". Como retiro del servicio militar le dieron 448 bolívares, "toda una fortuna para la época", ríe con picardía sin dejar las tijeras a un lado mientras le corta el cabello a don Augusto Ramos, un cliente de más de treinta años. Desde el 52 comparte su vida con

Nelly Palencia, con quien contrajo matrimonio el 6 de septiembre, en la iglesia El Cristo. De la unión nacieron cinco hijos: Ivett Virginia, Luis Guillermo, primer contrabajo de la Sinfónica del estado Lara, perteneciente también al grupo Ensamble Nueva Segovia, Yadira, Lissett Josefina y Jesús Genaro Pérez, "Chulalo", querido sacerdote barquisimetano.

Los clientes más asiduos

Según don Genaro, afianzándose en su memoria impecable, comenta que sus clientes infaltables son los hermanos Fermín, Solano y Amor Serrano, así como el abogado y escritor Hernán Vargas Calles, a quien le corta el cabello desde niño. Pero se regocija nombrar a otros clientes como: Ramón Escobar Salom, parlamentario y ex Fiscal General de la República, Miguel Romero Antoni, gobernador del estado, los hermanos Yépez Gil: don Mariano, don Domingo y don Daniel, los Sigala también figuran en su generosa lista.

Asimismo, destacan notables periodistas, dueños de medios e historiadores como: Lino Iribarren Celis, Esteban Rivas Marchena, columnistas e investigadores de EL IMPULSO, Rafael Ángel Segura, dueño de las principales emisoras de radio de la ciudad, Joaquín Carrera, Iván Brito López, entre otros. Pero don Genaro no podía cerrar la lista sin añadir que al único que nunca le cortó el cabello fue al escritor Julio Garmendia, "porque me dijo un buen día, que él no se entendía con los barberos".

Barberías del Barquisimeto de antaño

Relata don Genaro que ya en 1930 existían en la ciudad varias barberías que mantuvieron sus puertas abiertas por largos años. Afirma también que las mismas eran centros sociales y culturales, "donde se reunía la gente para cantar, charlar y contar anécdotas y sucesos de la ciudad". Una de las más conocidas era la Petit Trianon, de Miguel Ángel Silva, conocido barbero y buen cantante. Barbería Modelo, de Gervasio y Pánfilo Vásquez, ubicada en la carrera 18 entre calles 30 y 31.

Otra fue El Fígaro, de Aníbal Terán, situada en la calle Comercio (hoy avenida 20) entre 28 y 29. Sobresalieron en el oficio también: Genaro Machado "El Taparo", frente al cine Rialto, Celestino López, en la carrera 17 con calle 27, Marcos Perdomo, en la calle 31 entre carreras 15 y 16, al lado del famoso bar "Cambural" de Benito Poleto, donde se congregaban la mayoría de los barberos después de bajar la santa maría. 60 años cortando pelos, ¡Na'guará…! Dirá nuestro Esteban Rivas Marchena. Y adicionamos, ¿Cuánta agua ha corrido bajo ese puente? Y a los 89 años de edad, vemos día a día al *Fígaro más antiguo de Barquisimeto*, en el arte de rejuvenecer a la gente, en su localcito de la calle Aldao, donde se detuvo el tiempo en 1948.

EL IMPULSO, compañero inseparable Se declara lector de EL IMPULSO desde el año 48, cuando costaba 0,25 céntimos, "yo lo compro todos los días para que mis clientes se culturicen también y por supuesto para estar siempre enterado de lo que sucede en el mundo, en el país y en la región. EL IMPULSO siempre se ha caracterizado por ser un vocero muy completo". Comenta don Genaro con asombrosa lucidez -como si fuera ayer- que trabajó como pregonero de EL IMPULSO, "pero lo hice por corto tiempo (unos 2 años), y me dediqué más tarde a limpiar botas, porque consideraba más decente lustrar zapatos". Luego, y ya pasado los veinte años de edad, acota, comprendí que era muchísimo más decente vender periódicos que trabajar como limpiabotas, por una sencilla razón: como pregonero leía todos los días el periódico.

Genaro Pérez 30 años menos

(Al excelente amigo don Genaro Pérez,
En su septuagésimo cumpleaños)
Hay en la tierra un humano
Que es único en esta ERA
Manejando las tijeras
Con la una y la otra mano.
Como fígaro es muy bueno
Y como amigo excelente
Pues deja a todos sus clientes

Con unos treinta años menos.
Más porque nada es perfecto
Hay en él algo incorrecto
Pues también cobra a los calvos.
Genaro por favor, no reclames
¡Que el único ha sido Adames,
en escapar sano y salvo!
Esteban Rivas Marchena
Septiembre 19 de 1989

El perro de mi vecino

(Merengue de Genaro Pérez, 1968)

"El perro de mi vecino tiene un tufito que causa horror, los vecinos no lo quieren ni con creolina ni con formol, y el que pasa por la calle corriendo anda con gran temor, sacando el cuerpo a este perro que lo persigue sin compasión. Cuidado mama que el perro me va a morder, no te preocupes que dientes no tiene ya. Serían las diez de la noche que se formó el vaivén, porque el ama del perrito quiso atenderlo con gran temor y en vez de darle comida en su casa, como es deber, lo puso frente al vecino, lo cual aquel se disgustó. Cuidado mama que el perro me va a morder, no te preocupes que dientes no tiene ya".

60 años de don Genaro como fígaro

Días trabajados: 312 x año
Afeitadas x día: 8 promedio
Semanas x año 52
312x 8 = 2.496
Años trabajados 60 años (1948-2008)
2.496 x 60 = 149.760
Clientes afeitados en 60 años de servicio: 149.760
Florencio Sequera Jiménez "Fuller"
Abril 5 de 2008

María de Jesús, una palavecinense que vivió entre retazos de tela

A SUS 90 AÑOS esta hacedora de muñecas de trapo de Agua Viva, recuerda con anhelo aquel momento que aprendió el arte de la costura de manos de su madre, con una máquina de coser marca "Nueva Nacional", de manigueta, cuando era una niña de ocho años de edad. Las elaboraba con los retazos de tela que quedaban de los encargos de su progenitora para venderlas en Cabudare y Barquisimeto

Cuando aún no había llegado la luz eléctrica, ni las calles de asfalto a la pequeña comunidad de Agua Viva, era necesario ir al río a buscar agua en "chirguas" para el consumo y leña en burro para cocinar, ya la niña María de Jesús Escalona González, ayudaba a su madre con las costuras que le encargaban los vecinos. Era la mayor de cinco hermanos y aprendió rápidamente todo lo relacionado con las faenas del hogar.

María de Jesús nació el 1° de julio de 1916, en una modesta casita de bahareque con techo de "tamo" (espiga de la caña de azúcar), en la localidad de Las Cuibitas, vía cerro Terepaima. Fue criada con leche de cabra, porque tenían un corral con unos cincuenta animales, además de puercos y gallinas. También sembraban caraotas, quinchonchos, yuca, maíz y tomates, para el uso propio y para la venta.

Vivían de lo que producían en la vega aledaña al hogar y del trabajo de su padre, el señor José Escalona, que laboraba en el bosque de Agua Viva como palero (limpiador de bucos). A veces vendían un chivo por diez bolívares, dependiendo de su tamaño. El trozo de queso costaba real y medio, la botella de leche un real y por el mismo precio se expendían cinco huevos.

Describe María de Jesús, con nostálgica expresión, que cuando comenzó a construirse la vía a Río Claro, ella y su madre, antes de despuntar el alba, ya estaban en camino, con los burros cargados de ollas con caraotas y arepas de maíz para vender a los obreros.

"Mis hermanas Josefina, Adelaida y yo éramos las encargadas de pilar el maíz para las arepas y nos levantábamos a las cuatro de la mañana. Mis otros hermanos trillaban el café en una piedra, para luego tostarlo en el fogoncito de la casa, ya que no existían cocinas a kerosén.

Mi mamá hacía las caraotas para vender", comenta sumida en sus recuerdos. Lavaban la ropa en el río de "La Montaña", con conchas de parapara, porque aún no existía el jabón. Se iban en la mañana, bien temprano, acompañadas de sus hermanos, que tenían la ardua tarea diaria de recolectar la leña y cazar algunos conejos o cachicamos, y cuando la suerte les acompañaba, algún venado.

Una tradición que pervive

María de Jesús también aprendió el arte de la dulcería criolla, ayudando a su madre en la elaboración de conservas de coco, alfajores, buñuelos, gofios, dulce de leche, lechosa con papelón y pan de horno, para venderlos en las festividades religiosas y procesiones que se hacían en Cabudare o para el expendio en las pulperías de Augusto Casamayor y Lucio Peraza. "Recuerdo que comprábamos el saquito de azúcar de 10 kilos a ocho bolívares, de la producción del trapiche de los Yepes Gil, para hacer los dulces".

Explica que cuando el gobierno tiránico del dictador Juan Vicente Gómez, Agua Viva era un pueblo desamparado, sumido en el letargo, que contaba con pocas calles y las que había, eran de tierra. "No había ni escuelas por aquí. Nosotros aprendimos a medio leer y escribir con el favor del padre José Eleano Mendoza, que venía de vez en cuando, y nos ponía a escribir", apunta María de Jesús con vehemente entusiasmo – y agrega –, "hoy en día hay muchas cosas para aprender y los muchachos son muy vivos".

La vida era dura para ese entonces y el rostro surcado de arrugas de esta incansable mujer, de cabellos blancos, testigo del tiempo, así lo demuestra. Hoy día, María de Jesús continúa haciendo dulces, no con la constancia y abnegación de tiempos remotos, pero sí con el mismo cariño.

Mágicos recuerdos

Aún rememora con abrumadora lucidez cuando otrora su madre le explicaba las técnicas y tipos de costuras que debía aplicar, como cortar las telas, cocer las orillas y bordar, así como poner un botón y hasta pegar un cierre. Desde entonces, sus manos no se apartaron de ese arte mágico. "Yo hacía las muñecas de trapo con retacitos de tela que le sobraban a mi mamá, muchas veces a mano y otras con una máquina de cadeneta. La alegría más grande fue cuando me compré mi propia máquina de coser, que me costó ochenta bolívares".

A los diez años es cuando María de Jesús toma en serio este noble oficio y relata que se iba a pie desde Agua Viva hasta Barquisimeto, por el camino de El Manzano o por la hacienda El Molino, propiedad de don Daniel Yepes Gil, atravesando el caudaloso río, por la vía de Zamurobano, que llegaba hasta la plaza Macario Yépez, para comerciar sus muñecas en los mercados San Juan, Altagracia y El Manteco.

María de Jesús vendía cada muñeca en una locha, las más pequeñas, y las grandes a real o real y medio, con las ganancias que obtenía, compraba comida y algunos retazos de telas para seguir con la producción.

Les imprimía humanidad a las muñecas

Narra la hacedora de muñecas de Agua Viva, que no existían patrones para hacer los vestidos de las muñecas ni medidas específicas, sólo la creatividad y las ganas de confeccionar cada una con gestos propios, que reflejaran verdaderos y humanos sentimientos. "La primera muñeca que yo hice medía un metro y la hice a mano, sin máquina, recuerdo que me quedé muchas noches, hasta tarde, alumbrando con una vela". Manifiesta con verdadera exaltación que se escogía primero el color del vestido, que debía ser muy vivo y colorido, luego de armarlo y cocerlo, primero a mano y luego con máquina, se procedía a darle forma.

Al preguntarle cómo seleccionaba las formas y colores que debían tener sus creaciones, hace una extensa pausa y con desconsuelo revela, que por lo general siempre hacía muñecas de tamaños diferentes, con cabelleras negras o castañas y muchas rubias, con crinejas o de cabello liso. Algunas con sombreros o pañoletas, pero siempre tenía como norma sentimental colocarles un nombre "y cuando me gustaba mucho alguna, le ponía el nombre de mi mamá: Flor de María".

Los ojos de las muñecas se elaboraban con hilo negro, verde o azul, dependiendo del matiz de su figura y la fisonomía que le deseaba dar. Los brazos y las piernas se hacían por separado, dándole forma a los dedos con el hilo. Luego se cocían al cuerpecito. El relleno era de retazos bien picados, porque el algodón era muy costoso y sólo se usaba para dar la forma al rostro. La boca se perfilaba con puntadas de hilo rojo, para proporcionarle mayor esplendor y belleza. Unas eran menos rellenas que otras y comúnmente eran delgadas.

Para María de Jesús las muñecas representan un tesoro invaluable y para quien las elabora llega a formar parte de sí. "Una muñeca para mí es como una hija. Yo dedicaba mucho tiempo a confeccionarlas, porque le entregaba el alma y el corazón, será por eso que después no las quería vender y siempre, cuando me separaba de ellas, me embargaba la melancolía".

Cupido pasó por Agua Viva

Miguel Torrealba y sus padres llegaron a la comunidad de Agua Viva, procedentes de Curarigua, en busca de mejores oportunidades. Miguel era un hombre de retos y a pesar de la juventud que le acompañaba no escatimó esfuerzos para ganarse el corazón de María de Jesús. La conoció en el ir y venir de las faenas del campo, espacios naturales que testificarían muchos encuentros furtivos. Poco tiempo pasó para que Miguel declarase su amor a María de Jesús frente al altar.

Se mudaron de Las Cuibitas a una casa grande que Miguel construyó en 1934, cerca de la hacienda Agua Viva, donde aún hoy vive María de Jesús entre retazos de tela y con la vista cansada, abrigando la sencilla esperanza de continuar haciendo sus muñecas de trapo. María de Jesús ya no está en este mundo terrenal, pero habita en nuestros corazones y en la memoria de quienes llegamos a adorar su mirada y su amistad.

Patrimonio vivo

María de Jesús Escalona González fue declarada Patrimonio Cultural de la Nación, en el área de la tradición oral, de acuerdo a la clasificación y categoría establecida por el Instituto de Patrimonio Cultural. Gracias al escarpado trabajo realizado por José Luis Sotillo, cronista parroquial de Agua Viva en conjunto con el IPC para otorgarle el sitial de honor, no sólo a esta singular mujer, sino a tantos otros admirables personajes que permanecen en el insensible anonimato. Con esta postulación se le reconoce la larga y fructífera labor a esta virtuosa muñequera de trapo, olvidada por las autoridades locales, pero siempre recordada por muchos.

Juan Vargas fue el prefecto más simpático de Cabudare

ENTRE LAS CRÓNICAS del pueblo de Cabudare, destaca las acciones emprendidas por Juan Vargas, prefecto de esta localidad durante los primeros años de la democracia. En la imagen destacada se aprecia «el simpático Juan Vargas» de último a la derecha. Le siguen: Aura Rosa Agüero, Eurípides Ponte, Julio Álvarez Casamayor, Juan Irene Vásquez y Juan de Dios Meleán, todos miembros del cabildo de Cabudare de 1963. Por su parte, Naudy Salguero, exconcejal de Palavecino, atestigua que este funcionario tenía una forma peculiar de "poner orden en el pueblo". Reseña que en una oportunidad, en la calle Juan de Dios Ponte, cerca de la capilla Santa Bárbara, en una casa contigua a la familia Mendoza, las autoridades descubrieron una radio clandestina que funcionaba en un subterráneo construido dentro de la vivienda. La larga antena de la emisora la disimulaban entre el enramado de un pino altísimo, de unos diez metros, ubicado en el solar de la casa.

Corría el año 63 -apunta Salguero hundido en las crónicas-, estando la guerrilla en su apogeo, el prefecto Juan Vargas encabezó una comitiva de funcionarios que se apersonaron para verificar la existencia de la emisora clandestina. Acompañaron al prefecto, Eurípides Ponte, Francisco José Rojas, Roseliano Palacios, Ramón Bernal, entre otros, quienes integraban el gobierno municipal de ese entonces.

"Que nadie de un paso más"

Narra Salguero, que cuando la comisión de funcionarios llegó al sitio, y se situaron frente al boquete que daba acceso al subterráneo -de un poco más de un metro de alto y uno de ancho-, Juan Vargas gritó tocándose la cintura: "¡Que nadie de un paso más! ¡Todavía no entre nadie porque dejé el revólver en la casa!". Anota Salguero entre risas, que nadie dio un paso hasta que Vargas volvió con el arma. "La gente respetuosamente esperó expectante al prefecto Juan Vargas, quien regresó con el revolver para descender por una inclinada escalera de madera, hasta el subterráneo en donde confirmaron la existencia de la radio. No encontraron persona alguna". Lo simpático de este prefecto -resume-, era que tenía arma, pero nunca la utilizaba. Juan Vargas era hermano del ministro de la Defensa, general Ramón Florencio Gómez.

Gustaba jugar al dominó

Asimismo, Salguero apunta que Vargas se trasnochaba en exceso, aunque no ingería alcohol, sino que era un funcionario preocupado por la seguridad del pueblo de Cabudare y sus periferias. Gustaba Vargas entablar partidas de dominó con amigos y conocidos, pero debido a los continuos desvelos, el prefecto se quedaba dormido con la mirada clavada en las piezas, por lo que los jugadores creían que estaba pensando la estrategia.

Carlitos Gómez es el pulpero activo más antiguo de Palavecino

CON LOS PRIMEROS resplandores del alba y el incesante cantar de los gallos, un mocito despacha presuroso la clientela del caserío. Por sus descarnadas manos pasan cortes de carne de res, quesos de cabra, bizcochuelos de maíz, chichas de arroz, panes, harinas, café, papelón, jabones, escobas, entre otras cosas.

El negocio está bien equipado, hasta se expende aguardiente blanco, y, lo más buscado es un insumo medicinal denominado cocuy de culebra ciega. Corría el año cuarenta y cinco en una Venezuela agitada por la frágil democracia y los aires de dictadura. Fue entonces cuando el 18 de octubre, el mismo día que tumbaron al presidente Isaías Medina Angarita, este joven abre las puertas de la pulpería.

Era pequeña pero bien abastecida y se encontraba ubicada en un apartado lugar del pueblo, un hermoso paraje dominado por árboles de naranjas que deleitaban a propios y extraños, que al probarlas confesaban un gran placer, por ello, el nombre que data de más de doscientos años. Allí trabaja "desde que Dios amanece hasta que se acuesta" en esa noble institución de la Venezuela rural, "lugar de encuentros y desencuentros, donde luego de sacudirse las alpargatas, los clientes entraban para conversar un rato". Así describe Carlitos Gómez sus inicios en la pulpería de María Engracia Gómez, su madre. Relata que el caserío tenía sólo cinco casas con techos de tamo y paredes de barro, y no más de veinte habitantes, con una calle real o principal de tierra. Recuenta Carlitos Gómez que en tiempo de invierno, nadie podía pasar, pero incluso en medio de estas penurias, "el comercio de la zona era muy bueno porque venía gente de Santa Rosa, Cabudare, Yaritagua y hasta de Acarigua, a comprar Naranjas y otros enceres que expendíamos aquí".

Asimismo, refiere que desde Barquisimeto venían otros comerciantes (pulperos) a comprar el papelón en grandes cantidades, "ya que Cabudare era una zona donde existían grandes trapiches, como por ejemplo el de los hermanos Yepes Gil, donde se elaboraba mucho y buen papelón". La manteca de cochino era otro producto muy comerciable en la bodega de Carlitos Gómez, así como el café en grano, "traído desde Loma Redonda, en las faldas del cerro Terepaima".

-El queso era un producto muy apreciado y no faltaba en la mesa. La mantequilla la comprábamos en latas grandes para despacharla detallada. Además de todos los granos que se cosechaban en la zona, indica con humildad. Relata que el pan era transportado hasta la pulpería en mulas con aguaderas, que eran una especie de bolsas elaboradas con bejuco que caían a los lados de la bestia, "y venían muy bien empaquetados a un costo de dos panes grandes por una locha".

Con una sonrisa llena de picardía, Carlitos Gómez narra que en los años cuarenta, con una locha se podían comprar cuatro cosas: café, papelón, sal y mantequilla. También podía adquirir, manteca, harina, granos y "hasta unos cuantos palitos de cocuy". Allí se detiene y ríe con gracia, como transportándole a ese pasado remoto, "donde todo era barato". Describe que durante tres décadas la economía venezolana no varió jamás, "los precios eran estables y durante estos años una bodega que obtuviera como ganancia veinte bolívares, en el transcurso de una semana, era mucha plata".

Se modifica la tienda

Años posteriores la Pulpería tuvo que mudarse de su sitio original, porque la clientela creció y el reducido espacio hacía incómodo e infuncional el despacho y almacenamiento de la mercancía. Así que Carlitos Gómez construyó una moderna estructura frente a su casa de habitación, más amplia, con 600 metros de platabanda y paredes de concreto, "la cual me costó 14 mil bolívares (de los antiguos).

-Eso era muy caro para la época. Mil bloques costaban 37 bolívares y un saco de cemento gris, cinco reales, apunta. Recuerda haber comenzado con 900 bolívares de capital, que representó, según él, "un camión grande de corotos que los compré en la tienda de don Augusto Casamayor, quien nos fió prácticamente la bodega, fijando la tarifa en diez bolívares quincenales". La pulpería se equipó con un moderno enfriador fabricado en el año 50 y costó siete mil bolívares. Aún se conserva como ícono y patrimonio del establecimiento comercial.

El récord del pulpero

Carlitos Gómez nació en El Placer el 16 de mayo de 1928. Hijo único de la unión de Doroteo Díaz y María Engracia Gómez, ambos naturales de El Placer, antiguo distrito Cabudare. En su partida de nacimiento no aparece el nombre de la persona que asistió el parto de su madre, "pero la comadrona oficial del caserío era Dolores Aguilar". Realizó sus estudios en la escuela rural de la zona, más el quinto y sexto grado, los cursó en la escuela Ezequiel Bujanda, con el doctor Reinaldo Leandro Mora, ex senador y Ministro de Educación de los presidentes Rómulo Betancourt y Carlos Andrés Pérez.

A los 15 años abrió la bodega y en 1958, contrajo matrimonio con Cruz María Menzoa, con quien tiene once hijos, "pero el destino me regaló veintiún hijos más, todos muy buenos". Con orgullo señala que casi todos sus hijos son profesionales, entre ellos, Pedro Giménez, quien estudió en Houston, Estados Unidos, y otras ciudades de Japón, beneficiado por el programa de becas del primer gobierno de Carlos Andrés Pérez.

Detalla Carlitos Gómez, que en la actualidad, su hijo presta servicios a la Administración Espacial y Aeronáutica Nacional, NASA, en Cabo Cañaveral, donde se desempeña como ingeniero nuclear en proyectos de investigaciones espaciales. Pero la cuenta se hace cada vez más larga al escuchar los relatos del bodeguero más antiguo de Cabudare, "pues tengo 122 nietos y 84 bisnietos, situación que llamó la atención de los editores del *Libro Guinness*, quienes me entrevistaron por considerarme, según esta organización, el venezolano en vida con más familiares directos". Pero Carlitos Gómez se confiesa, sin timidez alguna, ser un enamorado de su trabajo, además exhibe con orgullo su condición de ser el pulpero más antiguo de Palavecino, y afirma incluso, ser "el más viejo del estado Lara, porque son 65 años ininterrumpidos, durante 365 días de todos estos años". Así finaliza la agradable entrevista, con una imagen imborrable: su rostro marcado por una afable sonrisa que desprende esperanza y toda una vida de cuentos y relatos.

El brebaje mágico

El relato se torna más fascinante al adentrarnos a épocas remotas de la zona rural de Palavecino, de cuando las fiestas patronales se celebraban con seis días de toros coleados y la presentación de un sinnúmero de conjuntos y agrupaciones folklóricas de todas las latitudes de la geografía nacional. -Hasta Reina Lucero nos honró con su hermosa presencia y su inconfundible vos, quien mostró gran emoción al ver las improvisadas talanqueras armadas en medio de la vía con varas de jua-jua, acotó.

Pero durante las fiestas la bebida más buscada era un cocuy que contenía una culebra ciega en el fondo, de unos dos metros de largo, además contenía alacrán, ciempiés, palo de arco, chuchuguaza y marihuana. Sostiene que el brebaje es altamente curativo, "sus beneficios están demostrados desde hace más de sesenta años, ya que tiene la virtud de sanar la artritis y otras dolencias óseas. Así se hizo famoso esta bebida, la cual aún preparo y vendo". Esta bebida está registrada en el Catálogo del Patrimonio Cultural Venezolano, Región Occidente del estado Lara, municipio Palavecino, LA 06, en su edición del año 2005.

Aquellos precios y artículos

En la pulpería de Carlitos Gómez se vendían artículos y víveres que hoy son añoranza para muchos y leyendas para otros, en fin, vale aquí destacarlos por su valor histórico:

El refresco Green Spot se comenzó a despachar en la bodega en el año 1948, a un valor de 0,25 céntimos

La Chicha *A1* es otro alimento de tradición cuyo costo era de un medio

Milkao fue una conocida bebida achocolatada. Se vendía a dos lochas

El refresco Astor era uno de los preferidos

La cerveza Zulia de un tercio se distribuía en una caja de cartón a un precio de seis bolívares

La leche en polvo Klin y Nido, también se vendían en la pulpería a Bs. 2,75, pero son más contemporáneas

Avena Quaker estaba marcada con un novedoso rotulado con las siglas PV, que significaba precio de venta: 1,25 (dos y medio cuartillo)

Cuatro onzas de queso blanco costaban tres lochas

El litro de Kerosén una locha, ahora es más caro que la gasolina

Una pastilla OK para el dolor de cabeza, una locha

Un kilogramo de maíz en concha valía un medio

Un palito de cocuy de culebra ciega... era gratis

Berta Burgos heredó el arte de la tierra y de crear vasijas

"NACÍ ENTRE LAS LABORES de la creación de vasijas de barro". Así comenzó Berta Burgos a narrar una pequeña parte de su vida, evocando una tradición heredada a través de muchas generaciones y desarrollada en La Piedad. Ya en 1943, Berta y Fidelia, su madre, amoldaban el barro para la fabricación de tinajas que luego se cargaban en los agajes de los burros (una especie de jamugas) para ser distribuidas en Yaritagua, Chivacoa o en los mercados de Cabudare, Santa Rosa y Barquisimeto, en un periplo que podía durar varios días, práctica desarrollada hasta entrados los años sesenta. De la venta de las chirguas quedaban unos 14 bolívares de ganancias, y cuando la larga travesía no rendía los frutos esperados, la mercancía se canjeaba en El Mayal y El Tamarindo, por caraotas, frijoles, arroz, plátanos, maíz, manteca, pan fresco, ropa o calzados.

Arraigado linaje

Berta vino al mundo el 30 de marzo de 1937, en La Piedad, pero su linaje es tan antiguo como la misma localidad. Según investigaciones del desaparecido cronista de Palavecino, profesor Taylor Rodríguez García, ya para 1856, se registra una familia campesina de apellido Burgos en La Piedad. Pese al transcurrir del tiempo, Berta rememora los días que Fidelia le enseñaba los secretos de la tierra.

Un arte ancestral

La fabricación de losas de barro se remonta a unos dos mil años, arte que la familia Burgos desarrolló en La Piedad.

Narra Berta, como si fuera ayer, que la materia prima la extraía de la quebrada El Cambural, a unas dos horas de la localidad. La arena rojiza para cubrir las piezas, la buscaban en una quebrada muy cerca de Los Naranjillos y La Campiña (La Marimisa) y sus aledaños, en donde la colaban con una totuma con múltiples perforaciones, labor que realizaba con su madre y hermanos, y ya contemporáneo, con sus nietos, quienes la trasportan a La Piedad "en bojotes encima de la cabeza".

La quema era sabatina

Berta comenta, con un dejo de nostalgia en sus ojos, que la fabricación de losas era semanal. -Mi mamá quemaba todos los sábados, junto a sus siete hijos describe. Triturábamos la tierra en las tardes, anota, para dejarla remojada y al otro día la amasábamos. A fuerza de brazo se iniciaba el proceso de amasar la tierra "acompañada de una palangana de agua para después amoldar la pieza". -Con una piedra y las palmas de las manos se va formando la vasija, para luego recubrirla con el barniz (tierra roja), alisándola con una totuma, adiciona Berta al tiempo que muestra las pequeñas chirguas.

La cocción se realizaba cuando se tenían más de 12 piezas, las cuales apiñaban y rodeaban de leña a la intemperie, que luego de 12 horas a fuego vivo, las tinajas, múcuras y/o vasijas, adquirían color rojo brillante. Berta abrigaba la esperanza de seguir siempre en el ancestral oficio, "pero ya los años me pesan y las rodillas me duelen", escenario que ha obligado a dejar en el pasado la tradición de la tierra y la creación.

Los coquitos de Cabudare una tradición de 30 años

UN POCO más de 30 años contabiliza Ángel González elaborando y vendiendo los populares coquitos en Cabudare, que según su expresión, más que una tradición en Palavecino, son un patrimonio (sonríe). **"Soy nacido y criado en Cabudare"**, **expresa con énfasis el populachero coquero, quien vino al mundo el 15 de octubre de 1953, en la calle 'Las Chancletas' o Santa Bárbara. Isidro González y Margot Vázquez, sus padres, le inculcaron dos valores al Ángel de la casa: respeto y dedicación.**

Coquitos de bolívar

Anota con gracia Ángel, que hace 32 años, cuando se registra sus inicios en el arte de la elaboración de los coquitos, comenzó a comercializarlos por tres reales y al hacerse popular, los aumentó a un bolívar "con ñapa", que eran los sobrantes de la mezcla. Hoy los vende a 15 bolívares. Aunque no revela quién le dio la receta, sostiene que su fabricación es "trabajosa" y tiene sus secretos.

Según Ángel, los coquitos no pueden quedar duros ni muy blandos, "porque si quedan tiesos, al bañarlos con el melao se parten en dos, y tampoco se pueden redondear". Confiesa que el "melao" es azúcar blanca sin agua, "pero tiene su técnica. Hay que darle brazo parejo".

De variados sabores

Los coquitos de Ángel tienen variados sabores. Esto para que la clientela "no se aburra". Hay días que los elabora con piña y otros con cambur o plátano "muy madurito", y a veces combina los sabores. Sin embargo, la base siempre es el coco rallado. "Una vez que se redondean, se colocan en una tabla mojada para evitar que se peguen. Así se colocan a la intemperie para que sequen", recita y adiciona con un dejo de orgullo, que diariamente elabora 150 cocos.

Los vende todos -inquirimos-, deja escapar una carcajada con la bandeja en la cabeza sin sujetarla, y responde: "No queda ni uno", añadiendo que a las 12 del mediodía regresa a su casa con la bandeja "limpiecita". El coquero suma día a día, varios kilómetros al recorrer las calles de Cabudare, La Mata y Los Pinos, de lunes a sábado. El ínterin le permite también precisar la materia prima: el azúcar que escasea en estos tiempos.

De meticulosa elaboración

Ángel se levanta religiosamente todos los días a las tres de la madrugada, para emprender la meticulosa elaboración. Antes de las cinco ya el fogón está en su máxima expresión. A las seis los cocos están redondeados y a las ocho le vierte el melao, para una hora más tarde salir a comercializarlos. Saluda con alegría a propios y extraños, ganándose la simpatía de todos. Su pasatiempo es conversar con la gente, y a uno que otro le obsequia un poco de lo que sabe hacer: coquitos. La tradición de los cocos viene de familia, pues doña Margot los hacía como merienda para los niños de la cuadra, y su abuela, los elaboraba con papelón, para los jornaleros de las haciendas de cañamelar.

En Cabudare se conserva una de las bodegas más antiguas

LA BODEGA de Carlos Rondón, registrada con el número 61, ubicada en la Calle Juan de Dios Ponte con Palavecino, era ampliamente conocida en Cabudare. Aparte de pulpería, era un centro de abastecimiento de otras bodegas de esa localidad y otras que situadas en zonas foráneas. Carmen Rondón, una de los nueve hijos de 'Carlitos Rondón' cuenta que la casa data de finales del siglo XIX. Originalmente la casona de 800 metros cuadrados, de ventanas y portones con estilo colonial, techumbre de tejas y caña brava, paredes de adoboncitos, vigas de madera y amplio jardín interno, era la casa materna de la familia Pérez-García. Carlos Rondón llegó de los Andes con un sueño: ser policía y poco después de alcanzar su anhelo, fue atrapado por las redes de Cupido, desposándose con Carmen García en el templo San Juan Bautista de esta ciudad.

Vendía de todo

Carlitos Rondón heredó de Benjamín Pérez, el arte del comercio y pronto se encargó de la pulpería, logrando conquistar el mercado. Vecinos de Pueblo Arriba, advierten que el pulpero "vendía de todo", desde alfileres, cortes de tela, sombreros, pasando por escobas de millo, alpargatas, kerosén, platos, cubiertos y hasta medicamentos. Los embutidos y lácteos no faltaban. Tampoco los panes, huevos ni la carne de cerdo de su propio corral. En el patio se arrumaban los quintales de café provenientes de la montaña de Terepaima, que más tarde eran comercializados en la región. Su hija subraya que Carlitos Rondón, era propietario de tres bodegas más: una incluso apostada en Agua Viva. Carmen recuerda a su padre, vestido con su característico sombrero, que usó hasta el final de sus días, ocurrido en el año 2006.

Entre las crónicas

Américo Cortez, cronista de Cabudare, narra que la bodega de Carlitos Rondón era una especie de almacén porque las pulperías de la localidad tenían esa característica, pues surtían a los pueblos circunvecinos que solo podían hacer compras una vez al mes dado lo difícil de movilizarse en ese entonces. "Existía el abasto La Ceiba con más de tres décadas de funcionamiento; la bodega de Domingo, frente a la casa de don Felipe Ponte, en la calle Real o Libertador; el negocio de don Augusto Casamayor; el de Vicente Palacios, expendios que cumplían una función más como almacén que como bodegas". En estos expendios se practicaba el sistema del 'fíao' o sistema de abono con un crédito abierto. "La bodega de Rondón era una de las más fundamentales, instalada en los años 50 por la familia Pérez que luego pasó a ser de Carlitos".

La casona fue construida por Manuel Pérez 'El Antillano' venido de Curazao a Cabudare y padre de Abelardo Pérez, quien fue general de la Guerra Federal, reseñado en el Diccionario Histórico y Geográfico del estado Lara de Telasco McPherson, editado en 1883, que más tarde casó con la cabudareña Carmen Gutiérrez. Fue hijo del héroe federal Benjamín Pérez, quien fuera propietario de la bodega que luego pasaría a Carlos Rondón.

Sociedad de San Rafael Arcángel

'El Antillano' trajo de Curazao a Cabudare el culto a San Rafael Arcángel. El cronista sostiene que Abelardo Pérez y el doctor Jesús María Araña, fundaron la Cofradía o Sociedad de San Rafael Arcángel, fiestas que se comenzaron a realizar en los años veinte y que una década después Manuel López, en su mocedad, se encargó de la cofradía hasta los años ochenta. La primera capilla de San Rafael, de 1918 conjuntamente con la casona de Carlos Rondón, eran los centros de atracción de Pueblo Arriba, en Cabudare.

Inestimable patrimonio religioso

Cabudare ostenta con orgullo su patrimonio religioso

*A Naudy Salguero, ilustre cabudareño que
lleva el gentilicio por doquier. Dedico*

EL 10 DE JUNIO de 1834, los pobladores de Cabudare ven materializados sus sueños al contemplar concluida el majestuoso templo de San Juan Bautista. Fue un día festivo para los moradores de la pequeña comarca. El recinto se comenzó a construir en 1818, en terrenos donados por don Juan de Ponte, espacios que estaban dedicados a la cría de caprinos. La fastuosa inauguración y bendición solemne de la iglesia se llevó a cabo, por autorización del obispo doctor Ramón Ignacio Méndez, el 24 de junio del mismo año. La parroquia eclesiástica y su templo matriz San Juan Bautista, fueron decretados el 1º de abril de 1818.

Antes, la feligresía recibía la palabra del Señor en el oratorio de Santa Bárbara, propiedad del alférez real don José Alvarado de la Parra, pero debido a lo distante de dicha capilla, el presbítero Manuel Antonio Limardo, con ayuda de algunos fieles, improvisaron una ermita "con techo de tamo" en el casco del sitio de Cabudare. Tomaron parte en la construcción de la iglesia San Juan Bautista, mano de obra pagada. Otros colaboraron con "un jornal", es decir un día de trabajo. Las damas cabudareñas también dieron su aporte: fueron las encargadas de buscar el agua en la quebrada Tabure, a un lado del histórico jabillo donde acampó el Libertador Simón Bolívar. También cocinaban la comida de los jornaleros, así como el traslado de materiales como ladrillos, sacos de cal, palos y tejas. Varias familias cabudareñas donaron bienes materiales y dinero a la iglesia, lo que se conoció como oblata.

El bautisterio y la torre

No fue hasta 1865, cuando se inicia la construcción del bautisterio y el campanario de la iglesia San Juan Bautista de Cabudare. El general Nicolás Patiño, hijo de esta tierra, presidente del Gran Estado de Barquisimeto 1965-1868, a través de la legislatura del estado, contribuyó con 10.000 pesos, y el dinero restante fue sufragado por los vecinos. El bautisterio fue bendecido el 24 de junio de 1883, en actos de celebración del natalicio del Libertador, que es cuando el templo asume la majestad arquitectónica definitiva.

Gratitud de los fieles

Según testimonio de don Eurípides Ponte, otro hijo ilustre de Cabudare que permanece en la memoria palpitante de la población, las campanas que estrenó la visible torre de la iglesia matriz, fueron donadas por las familias con poder económico: los Meleán, Bernal, Méndez y Ponte, y fueron forjadas allí por Manuel Torres y Manuel Escorche. De igual forma, los portones del templo fueron un donativo de los señores Agustín y Zacarías Labado, quienes habían grabados sus nombres en la regia madera. Ambos vecinos inmediatos de la iglesia. En la cúpula de la torre, aun se observa una girándula o vector, con las iniciales inmortalizadas de Juan Zacarías Labado García, que otrora giraba con el viento proveniente de Terepaima. Ya en el siglo XX, Enrique Orozco, presidente del Ayuntamiento, dona todo el mosaico de la iglesia San Juan Bautista para el derruido piso de las naves laterales. Da testimonio del hecho, dos placas ubicadas en el templo.

Templo San Juan Bautista de Cabudare

El anuncio de las campanas

Ponte aseguró en una entrevista para EL IMPULSO, que las campanas representaban "un modo de información para el pueblo y su sonido se podía escuchar en las Sabanas de Tarabana". Los domingos a las seis de la mañana, doblaban las sonaras campanas para anunciar la proximidad de la celebración de la eucaristía. Refirió que a las seis de la tarde -de todos los días- las campanas tocaban el Angelus, para rezar un Avemaría y en la mañana un Padrenuestro. A las ocho de la noche las campanas volvían a sonar ocho veces para notificar el cierre de las puertas del comercio, y a las nueve decretaban el descanso de la población.

Narró Ponte, que existía otro "toque", el de alarma, que era cuando las campanas sonaban continuamente para así alertar a los habitantes de Cabudare "que algo malo ocurría", y era conocido también como arrebato o plegaria.

"Era algo realmente trágico escuchar este angustioso sonido. Normalmente era cuando alguna casa se estaba quemando y el pueblo salía inmediatamente a la calle a ver que estaba sucediendo". La loable labor de ejecutar todos estos toques, sería de Jesús 'Chucho' Camacho y Jesús María Espinoza, entre otros tantos campaneros.

Festividades religiosas

Durante todo el año se realizaban festividades litúrgicas en la iglesia San Juan Bautista de Cabudare. "Hoy día se han perdido y solo quedan en el recuerdo", apuntó Ponte en entrevista para EL IMPULSO. Señaló que las festividades eran las procesiones de imágenes de Nuestra Señora del Carmen, Santa Rita, la Divina Pastora (de Cabudare), Nuestra Señora del Rosario, Las Mercedes, Santa Faz (Divino Rostro), San Francisco, San Antonio de Padua, Nuestra Señora del Perpetuo Socorro, Corazón de Jesús, San José, María Auxiliadora, El Nazareno, y las infaltables misas de Aguinaldos, a las cuatro de la madrugada, entre otras celebraciones.

"La niña Socorro Meza, Graciela y María Meleán, eran las encargadas de preparar a los niños para la proximidad de la primera comunión", registró Ponte. Todas las imágenes del templo San Juan Bautista fueron donaciones de acaudalados comerciantes y hacendados de la zona, otras por contribuciones de la feligresía.

Patrona de Cabudare

La inauguración de la iglesia se realizó un 24 de junio, día de San Juan Bautista, "por eso hay la tradición de pensar que este es el santo patrono de Cabudare", sostiene el cronista, acotando que la patrona de la comarca es Nuestra Señora de la Candelaria, porque la mayoría de los vecinos que contribuyeron con la construcción del templo, eran de origen canario.

Como dato sorprendente

Entre los años 1912 y 1914, se renovó todo el piso de la nave central de la iglesia San Juan Bautista, remplazándolo por mosaico. En diferentes partes del piso se podía observar una serie de paneles que enseñaban un número, y cada uno de éstos representaba la lápida de un cadáver sepultado allí. Actualmente, en el templo hay 53 mosaicos de color blanco con una cruz, esparcidos por todo el piso del templo. Frente al altar, se encuentra enterrados los restos mortales del general Nicolás Patiño, los cuales están identificados con una generosa placa que contiene todos sus datos. En la última restauración de la iglesia, en 2009, cuando se estaba refaccionando el friso de las paredes de la capilla contigua a la nave lateral derecha, fue encontrado –entre los adobes de barro y arcilla- restos de osamenta humana. Allí, en memoria de estas personas no identificadas, se colocó otra lápida.

Igualmente, en una capilla de la nave norte, se encuentra sepultado el presbítero Vicente Sánchez Belisario, cura párroco de notable trayectoria contemporánea de la catedral de Cabudare. Hoy el templo atraviesa difíciles situaciones por la carencia de un presupuesto que le permita su mantenimiento, pero pese al deterioro progresivo, la ruina en algunos puntos, en el interior del recinto religioso se respira historia, huele a crónicas, que no es más que una lucha contra la desmemoria.

Cómo eran las procesiones de la Divina Pastora

TODOS LOS AÑOS, sin exceptuar uno solo, ni aun en las épocas de revoluciones y montoneras, incluyendo la Guerra Federal, que fue de cinco años, cada 14 de enero, a las cinco de la madrugada, salía de Barquisimeto una peregrinación, a pie, hasta Santa Rosa, para traer en la tarde a su querida imagen de la Divina Pastora. Era costumbre durante esa época levantar arcos triunfales en las calles por donde pasaba la procesión y poner en las ventanas briseras con velas encendidas y platillos para quemar incienso. Todas las campanas de las iglesias anunciaban que la Virgen vendría ese día.

«La imagen de la Divina Pastora posiblemente fue adquirida entre 1715 y 1724, traída de Sevilla, España, dado se propagaba rápidamente el apostolado pastoril de la Virgen en esa zona, además de acostumbrarse a importar las imágenes religiosas».

Siete kilómetros de recorrido

La imagen era cargada por una docena de hombres sobre un mesón y éstos se colocaban sobre la cabeza unos rodetes de trapo para soportar el peso. Dos hombres se ocupaban de levantar el paño que cubría el mesón para dar aire a los sofocados cargadores.

Había relevo a lo largo del trayecto de unos siete kilómetros. Un sacerdote presidía la romería que salía del pueblo de Santa Rosa cerca del mediodía, llegaba a una plazuela en la entrada de la ciudad como a las cuatro, y hacía una parada en la casa del señor Casimiro Casamayor. Hasta allí la traían dentro de un camarín para protegerla del polvo del camino, luego le daban el último arreglo y le colocaban el Niño en los brazos.

«El Niño Jesús es de idéntica madera a la de su madre la Divina Pastora. En los años 50, de visita de casa en casa, se quemó y alguien (nunca se supo quién) lo guardó en un cajón en la iglesia y lo sustituyó por uno de mayor dimensión hasta que el padre Fidel González, ex párroco de Santa Rosa, por cosas del azar, descubrió el cajón y al Niño allí guardado, quien volvió a los brazos de su Madre para cumplir con la procesión».

Al destapar la imagen le cantaban una salve y, antes de proseguir el camino hasta la Catedral (hoy templo de San Francisco de Asís), la ciudad entera le brindaba un recibimiento majestuoso. Luego, cada domingo, sacaban la venerada imagen en procesión, paseándola por las calles para llevarla a las diferentes iglesias de manera que las personas pudieran, en cada parroquia, expresarle su devoción y acercarse a ella. Se acostumbraba regresarla al pueblo de Santa Rosa una vez concluido el recorrido, antes del domingo de carnaval, para evitar el juego callejero que usualmente tenía lugar en estas fiestas. A su regreso, pasaba de nuevo por el monumento a la Cruz Salvadora y paraba en saca de Casimiro Casamayor, para cubrirla con el camarín que la protegería.

«Serían las 4 o 4:30 de la tarde, cuando llegó por primera vez la venerada Imagen de la Divina Pastora a la Tierrita Blanca y se inauguró en ese sitio el sacro emblema de nuestra redención», apuntó el Hermano Nectario María

Con el paso de los años, la procesión fue creciendo hasta el punto de convertirse en la expresión mariana más acontecida de Venezuela y una de las más importantes de América. La Divina Pastora está cargada de leyendas y de historia. La Divina Pastora es la manifestación de amor del pueblo larense.

Procesión de la Divina Pastora el 14 de enero de 1980

Fuente: La Divina Pastora, Historia de una Devoción. María Matilde Suárez y Carmen Bethencourt. Barquisimeto 2005
Lo Bello y lo Útil de Lara. Casa Propia Entidad de Ahorro y Préstamo. Barquisimeto 2004
Historia de la Divina Pastora de Santa Rosa. Hermano Nectario María. Barcelona 1926.
El Padre José Macario Yépez 1799-1855. Lino Iribarren Celis. Caracas 1952
Barquisimeto: Historia Privada, Alma y Fisonomía de Barquisimeto de Ayer. Rafael Domingo Silva Uzcátegui. Caracas 1959
www.CorreodeLara.com

Macario Yépez no le imploró a la Divina Pastora

LA HISTORIOGRAFÍA romántica elevó a la divinidad al presbítero y maestro José Macario Yépez, hasta tal punto que los historiadores y cronistas de la época –salvo contadas excepciones-, desfiguraron, retorcieron y alteraron la figura de este activo personaje del siglo XIX. Este sacerdote, de polémico verbo, connotado proceder y todo cuanto existe aún en los archivos y apuntes de la historia oral y escrita, aparte de sobresalir en la política nacional como representante ante el Congreso y el Senado de la República, fundó periódicos y escuelas.

Su amor por la iglesia fue demostrado en incontables escenarios, y uno de los tantos ejemplos fue aquella aventura cuando adquirió una deuda milmillonaria de *"dos mil pesos para sufragar la reconstrucción del templo parroquial"* de la Concepción, destruido por el Terremoto de 1812, dinero que el Gobierno nacional le negó. Pero historiadores y cronistas, mucho después de su muerte, lo llevaron al terreno de los dioses, deificándolo hasta el plano del culto al romanticismo, soslayando muchos aspectos de gran relevancia.

Murió cinco meses después

El Hermano Nectario María, escribió que el sacerdote y maestro Yépez falleció de cólera, pero el padre Alegretti, demostró que éste murió de tifus o fiebre tifoidea, el 16 de junio de 1856, cinco meses luego de la primera visita de la Divina Pastora a Barquisimeto.

Cita que *"La enfermedad adquirió la forma cerebral, delirio violento o hipertermia. Los médicos de ese tiempo le aplicaron sangrías"*. Más adelante refiere al educador Juan Manuel Álamo, quien afirmó que solo por razones políticas y para evitar que sus enemigos dieran curso a una venganza póstuma y *"lo llevasen al dividivi"* (probablemente para colgar su cadáver), los seguidores del padre Yépez, *"lo inhumaron prontamente en el Cementerio de San Juan". "Casi clandestino"* –sostiene Álamo-. *"Sin aparato y como a la sordina",* se lamenta el sacerdote Alegretti.

El testimonio de Raldíriz

El cronista de Barquisimeto, Ramón Querales, afirma que el padre José Macario Yépez, terminó sus días padeciendo de tifus, lo que le devino en muerte, no sin antes invocar a la Inmaculada Concepción, no a la Divina Pastora -como lo han hecho ver algunos escritores- pidiéndole ser él la última víctima del cólera. Este episodio lo relata el padre M. Raldíriz –amigo y confidente de Macario Yépez, en la obra Defensa de la Iglesia, en la cual relata: *"Una o dos horas antes de morir este varón, que era todo caridad, recobra las fuerzas que aún le quedaban, se levanta del lecho y estando delante de la Imagen de la Santísima Virgen María, bajo la advocación de su Concepción Inmaculada, que se le había llevado a su casa como la patrona de este pueblo exclama: Virgen María, Madre de Dios, por el misterio de tu Concepción Inmaculada, te pido ruegues a tu Santísimo Hijo Jesús, me otorgue la gracia de que yo sea la última víctima del cólera en esta ciudad".*

Fotos: Archivo del Diario EL IMPULSO
Fuente: Ramón Querales. (RE) Visión, Apuntes para la Historia del Municipio Iribarren. Barquisimeto 1995
Hermano Nectario María. Historia de la Divina Pastora de Santa Rosa. Segunda Edición 1926
www.CorreodeLara.com

Los encuentros entre el Nazareno de Los Rastrojos y la Divina Pastora

LOS REGISTROS historiográficos y las crónicas registran once encuentros entre Jesús Nazareno de Los Rastrojos y la Excelsa Medre Divina Pastora. En cuanto a las procesiones, ambas figuras han coincidido en cuatro oportunidades. La providencia divina vinculó la imagen del Nazareno de Los Rastrojos con la Divina Pastora durante los acontecimientos de aquel 14 de enero de 1856. En tiempos cuando el país, azotado por la epidemia del cólera que llegó también a Barquisimeto el 17 de diciembre de 1855, el padre José Macario Yépez hizo entonces la convocatoria para una procesión con la Divina Pastora de Santa Rosa y el Nazareno del templo de la Inmaculada Concepción de Barquisimeto, que más tarde sería trasladado al pueblo de Los Rastrojos.

Las imágenes fueron conducidas en procesión en procesión solemne, cada una saliendo desde su templo al lugar de encuentro: la Cruz Salvadora, el monumento expiatorio levantado en Tierritas Blancas, hoy plaza Macario Yépez. Ese 14 de enero de 1856, el Nazareno llegó primero al lugar y el pueblo, congregado de rodillas y suplicante, esperó pacientemente la llegada de la Divina Pastora.

Consecutivos encuentros

El segundo encuentro del Hijo y la Excelsa Madre, lo registra las crónicas escritas, el 31 de diciembre de 1911, cuando la Divina Pastora fue traída desde Barquisimeto hasta Los Rastrojos, en donde recibió el Año Nuevo. En 1919, en marzo, la Patrona larense visita Los Rastrojos encontrándose por tercera vez con Jesús Nazareno.

El 14 de enero de 1956, Jesús Nazareno nuevamente se encuentra con la Divina Pastora en la plaza Macario Yépez, para conmemorar el primer centenario de la primera visita de la Excelsa Patrona a Barquisimeto.

En el año 2000, propiamente el 14 de enero, la venerada imagen del Nazareno esperó debajo del arco de entrada a la ciudad de Barquisimeto (Iglesia Claret, plaza Macario Yépez), la llegada de su Madre para después en hombros del pueblo trasladarse hasta la Catedral, acto enmarcado por el Jubileo del Nacimiento de Nuestro Señor Jesucristo. El sexto encuentro lo registra la historia el 5 de agosto de 2006: El Nazareno recibe a la Divina Pastora en la Casa de la Cultura de Cabudare, con motivo de celebrar 150 años desde la primera visita a la ciudad de Barquisimeto.

Durante los días 20 al 22 de octubre de 2006, la Santa Madre Divina Pastora regresa a Los Rastrojos para conseguirse con el Nazareno, en lo que sería el séptimo encuentro de las dos sagradas imágenes. En el 2008, entre los días 20 y 21 de septiembre, la Pastora de almas llega a Los Rastrojos, con motivo a celebrarse el ascenso del templo parroquial Sagrada Familia a Santuario Arquidiocesano del Nazareno de Los Rastrojos, acto solemne que presidió el arzobispo de Barquisimeto monseñor Antonio José López Castillo. El noveno encuentro se efectúa entre los días 26 al 28 de agosto de 2009, cuando la Parroquia Sagrada Familia de Los Rastrojos nuevamente recibe a la Divina Pastora, que en procesión de ambas imágenes, visitan diversos sectores de esa comunidad. Los días 26 y 27 de noviembre de 2011, la comunidad de Los Rastrojos y el Nazareno, reciben a la Excelsa Divina Pastora para celebrar el centenario de la primera visita a esa comunidad.

El encuentro número once se celebró este 14 de enero de 2015, cuando la venerada imagen del Nazareno partió en hombros de 14 parroquias cristianas congregadas en la Zona Pastoral Sagrado Corazón de Jesús, que integran los municipios Palavecino y Simón Planas.

A las cuatro de la madrugada, partió la procesión, de unos cinco kilómetros, desde el Santuario del Nazareno en Los Rastrojos hasta superada la cuesta de Santa Rosa, lugar destinado para el histórico encuentro de las dos veneradas imágenes que coincidieron antes del mediodía.

Fuente: María Matilde Suárez y Carmen Bethencourt. La Divina Pastora. Patrona de Barquisimeto. Historia de una devoción. Barquisimeto 2005
Florencio Sequera Jiménez. A 155 años de la Primera Visita de la Divina Pastora a Barquisimeto. Fondo Editorial Techo de la Ballena. Septiembre de 2009
Bogdan Zalewski. Los Rastrojos, pequeño pueblo con grandes historias. Barquisimeto, marzo de 2013
Divina Pastora de Cabudare. Un siglo caminando junto a su pueblo. Diario EL IMPULSO Luis Perozo Padua. Martes 13 de enero de 2015
Reportaje publicado en Diario EL IMPULSO 16 de enero de 2015

La Divina Pastora, una remota devoción

DURANTE LOS REZOS populares en las calles de la Sevilla de 1703, el padre Isidoro aprovechaba la ocasión para predicar en honor a la Virgen. Allí se inicia el culto a la Virgen Divina Pastora, según antiguos pergaminos de cronistas de la época añeja. Su inspiración tuvo origen en un sueño o una visión, según los historiadores, y cierto día por la mañana, junto a un hermano, contrató a Miguel Alonso de Tovar, reconocido artista de la escuela pictórica sevillana, para que le fabricara un lienzo el cual plasmó en detalles:

En el centro y bajo la sombra de un árbol, la Virgen Santísima sedente en una peña, irradiando de su rostro divino amor y ternura. La túnica roja, pero cubierto el busto hasta las rodillas, de blanco pellico, ceñido a la cintura. Un manto azul, terciado al hombro izquierdo, envolverá el contorno de su cuerpo, y hacia el derecho, en las espaldas, llevará el sombrero pastoril, y junto a la diestra aparecerá el báculo de su poderío. En la mano izquierda sostendrá unas rosas y posará la mano derecha sobre un cordero que se acoge hacia su regazo. Algunas ovejas rodearán la Virgen, formando su rebaño, y todas en sus boquitas llevarán sendas rosas, simbólicas del Ave María con que la veneran. En lontananza se verá una oveja extraviada y perseguida por el lobo −el enemigo- emergente de una cueva con afán de devorarla, pero pronuncia el Ave María, expresado por un rótulo de su boca, demandando auxilio; y aparecerá el Arcángel San Miguel, bajando del cielo, con el escudo protector y la flecha, que ha de hundir en el testuz del lobo maldito. Todo lo cual dicho con absoluta decisión, como el que bosqueja algo que vislumbró en lo más recóndito, como quien habla por inspiración divina.

J. B de Ardales escribe que dos meses tardó el pintor en ejecutar el lienzo, al cual el padre Isidoro le colocó por título "Pastora Coronada", "Pastora Asumpta", "Pastora de Almas". Aprovechando la fiesta de la Natividad de la Virgen, Isidoro sacó a la procesión de Sevilla el lienzo montado en un estandarte realzado con guirnaldas de flores y cintas. La Virgen Pastora de Almas con su nuevo atavío salió de la iglesia de San Gil precedida de una cruz alumbrada con faroles y dos filas de hombres que marcaban el paso. El clero la rodeaba y detrás iban los músicos y el coro de mujeres. La procesión llegó a la Alameda de Hércules repleta de gente.

"Fue acogida, primero con desagrado, después con cierta burla y al fin con admiración al ver la imagen de María Santísima, que cualquiera que la mira, como poderoso imán, le arrebata el corazón", anota Ardales.

Adquirida en Sevilla

Los conquistadores y misioneros fueron los primeros en traer de España imágenes sagradas para las distintas advocaciones, con diversos propósitos, uno de los cuales eran las pacificaciones, práctica sustentada en el ordenamiento jurídico vigente *"... con el empeño importar tallas para dotar a las iglesias y fomentar los cultos"*.

La imagen de la Divina Pastora, posiblemente fue adquirida entre 1715 y 1724, traída de Sevilla, España, porque en esos años la propagación del apostolado pastoril de la Virgen se encontraba en plena expansión y se acostumbraba a importar las imágenes religiosas.

En una caja de madera

Según descripción de la talla, la Divina Pastora es una imagen de vestir, articulada, con apariencia de maniquí. La cara, las manos y los pies tallados en madera están recubiertos de yeso y pintados. Los brazos y las piernas son listones de madera coloreados de azul. Las articulaciones están sujetas con clavos y el torso también es de madera.

La imagen lleva una larga cabellera y un vestuario completo, que le dan una expresión muy hermosa y natural. Existe la hipótesis que la imagen llegó desarmada en una caja de madera para facilitar su traslado. Trajo por separado la cabeza, los pies y las manos, y localmente se hizo la armazón del cuerpo en madera.

Fuente: J. B D. Ardales. La Divina Pastora y el Barquisimeto. Sevilla 1949
María Matilde Suárez y Carmen Bethencourt. La Divina Pastora, Patrona
de Barquisimeto
Archivo del Diario EL IMPULSO 1950-1980

Divina Pastora, un himno para el cincuentenario de su visita

Sagrada Imagen de la Divina Pastora.
Década de los 80

EL 14 DE ENERO DE 1906, se cumplían 50 años de la primera visita de la Divina Pastora a Barquisimeto, con el propósito de erradicar el cólera, epidemia que estaba diezmando a la población. La ciudad se preparó para celebrar tan importante suceso en el marco del cincuentenario "con especial suntuosidad", preparando diversas actividades en cálido homenaje.

El reconocido compositor barquisimetano doctor Simón Wohnsiedler compuso el Himno de la Divina Pastora de Santa Rosa con letra del poeta Andrés Delgado, una manifestación en honor a la Virgen, una oración cantada que el pueblo le dedica todos los 14 de enero en su santuario, en las calles durante la procesión y en los templos que recorre durante su peregrinar por Barquisimeto.

El Diario La Religión de Caracas, publicó que para la celebración del Cincuentenario de la visita mariana, "El himno fue cantado por un coro de cincuenta niñas vestidas de pastorcitas que simbolizaron los cincuenta años del magno acontecimiento". Las pastorcitas entonaron el himno cuando la imagen traspasaba el umbral de la puerta principal de la Catedral, "ante una feligresía embargada por una emoción que no tenía precedentes".

Para 1906 el templo de San Francisco, funcionaba como Catedral de Barquisimeto, situado en la carrera 17 frente a la entonces Plaza Bolívar, hoy Plaza Lara de Barquisimeto.

Himno de la Divina Pastora de Santa Rosa

Coro
¡Oh piadosa y amante Pastora!
De las almas dulcísimo amor
Oye el himno que cantan, Señora,
Los que te aman con tanto fervor.
I
Tú eres, Madre, divino consuelo
Del que lleva en el alma pesar;
Tú le ofreces las llaves del Cielo
Al que siempre te sabe alabar.
II
Flores puras, lozanas y bellas
Su exquisita fragancia te da;
Y al redor de tu trono de estrellas
Los querubes cantándote están.
III
A tu influjo, Pastora celeste,
Para siempre de aquí se alejó
La horrorosa y mortífera peste
Que este pueblo infeliz desoló.

IV
**Dadnos Virgen, la paz que anhelamos
Y con ella la dicha eternal
Como siempre nosotros te amamos,
Dulce madre de todo mortal.**

Fotos: Colección de José Arnoldo Dávila Uzcátegui
Fuente: Rafael Domingo Silva Uzcátegui. Barquisimeto, Historia Privada. Caracas 1959
María Matilde Suárez y Carmen Bethencourt. La Divina Pastora Patrona de Barquisimeto
www.CorreodeLara.com
Fotoleyenda
Para recibir la imagen de la Divina Pastora, el 14 de enero de 1937, en la antigua Catedral de Barquisimeto, un coro de 50 pastorcitas le rindió un cálido tributo entonando el Himno de Wohnsiedler y Delgado

El desconocido patrimonio religioso de Cabudare

EN EL INVENTARIO sagrado descrito por el doctor Mariano Martí, autoridad eclesiástica de la Provincia de Caracas, en su visita oficial a poblados de Barquisimeto en 1779, precisa que recorrió los predios ubicadas en el Valle del río Turbio. Relata en sus anotaciones que se encontró con un recinto sagrado que pertenecía a la familia Alvarado de La Parra: "… este oratorio o capilla (está) bajo el título de la Inmaculada Concepción en el sitio de Bureche…", hoy espacios del municipio Palavecino del estado Lara.

El 19 de febrero de 1779 estuvo el obispo en Las Cojobas, una hacienda establecida desde 1625 en los predios del hoy Fuerte Terepaima, visitando la capilla u oratorio establecida bajo la invocación de la Madre de Dios de la Concepción. De Las Cojobas, el itinerario pastoral refiere que el prelado pasó el día 20 al sitio de Bureche, donde la familia de Luis de Alvarado tenía haciendas, también con ermita edificada bajo la advocación de la Inmaculada Concepción. Luis de Alvarado fue el padre del Alférez Real Juan José Alvarado de la Parra.

EL DATO

En el censo que practicó el Obispo Mariano Martí, en 1779, arrojó la cantidad de 3.344 almas existentes en la parroquia de Santa Rosa, a la que pertenecía Cabudare y todos sus caseríos

En las Cojobas y Bureche, la autoridad religiosa hizo anotaciones sobre el estado de los oratorios y dejó órdenes escritas a sus propietarios para sus mejoras. Estas dos capillas, la de Las Cojobas y de Bureche, fueron las primeras en territorio del hoy municipio Palavecino, conjuntamente con la de San Rafael del Taque. Las tres datan aproximadamente de 1600.

Inventario del arzobispo Méndez

Otro inventario de patrimonio sagrado es el referente a la capilla de Santa Bárbara de Cabudare, que según documento fechado el 15 de julio de 1835, redactado por el doctor José Ignacio Méndez, arzobispo de la Diócesis de Caracas, prelado que se trasladó a Cabudare a efectuar un registro de bienes, se lee: "... En El Altar Mayor (Retablo Mayor) que es (el) único que hai... (Se observan) ... dos imágenes de escultura, una de la Ynmaculada Concepción de Nra (nuestra) Sra (señora)... y otra de Santa Bárbara...".

Igualmente describe otras piezas como la de Nuestra Señora del Mayor Dolor, que según el padre Juan Bautista Briceño Pérez, actual cura párroco de la iglesia matriz de Cabudare, es la misma Nuestra Señora de las Angustias, patrona de La Piedad, lo que deduce que jornaleros de estos predios trabajaban en la Hacienda Santa Bárbara y trasladaron la devoción hasta esa localidad.

Destaca el documento del arzobispo Méndez que igualmente en la Capilla Santa Bárbara sobresalía una imagen de San José y una tercera del apóstol San Pedro. Pero también había unos grabados enmarcados como el de Nuestra Señora de Las Angustias, otro sobre San Francisco y Santo Tomás de Aquino.

Patrimonio del alférez real

La familia Alvarado, fue propietaria de una gran extensión de tierra en el Valle del Turbio, y sus antepasados en El Tocuyo y una rica expansión hacia el estado Yaracuy. Don Juan José Alvarado de la Parra, ejerció un cargo casi vitalicio, sumándosele un poco menos de treinta años como alférez real del Cabildo de Barquisimeto, cargo que fue comprado, pues no era elegible, lo que le otorgaba una connotación social bien elevada. Alvarado de la Parra fue dueño de siete haciendas en el Valle del río Turbio, pero la hacienda más conocida fue la de Santa Bárbara, ubicada en la hoy entrada de Cabudare que se extendía hasta casi los límites del estado Yaracuy.

En la relación testamentaria del alférez Real don Juan José Alvarado de la Parra se describe el caudaloso patrimonio:

-7 haciendas agropecuarias. De ellas 3 con trapiches

-2 casas con solares, vecinas a la plaza Real de Barquisimeto

-1 oratorio en devoción a Santa Bárbara, en su etapa final nueva construcción

-6 casas en las inmediaciones de su hacienda Santa Bárbara en Cabudare

-28 mulas, indeterminada cantidad de cabezas de ganado vacuno y equino

–Dinero en efectivo: 18.500 pesos, de ellos 500 de oro

Bienes de uso personal:

-1 silla de montar a caballo con un herraje de plata, estribo y pistola

-1 espada de oro, terno de hebillas, charretera y corbatín, también de oro y otras prendas de plata no especificadas

Bienes de uso doméstico (muestra):

-1 Palangana de plata

-1 jarro, cubiertos y cuchillos con cacha de plata

Capilla del Nazareno de Cabudare data de mediados del siglo XIX

ENCLAVADA EN EL CORAZÓN de Cabudare está la Capilla del Nazareno. Descansa casi en la fronda del jabillo histórico que cobijó las tropas libertadoras de Simón Bolívar en noviembre de 1813. Aunque no estaba construida para la grandiosa fecha, esta estructura religiosa data de mediados del siglo XIX. Probablemente fue construida en 1840, por instrucciones de don Domingo Méndez, según datos del cronista Américo Cortez.

La hipótesis la sustentan investigaciones cronista de Cabudare, quien rememorando que Domingo Antonio Méndez, custodio de la imagen del Nazareno mucho antes de la construcción del templo matriz de Cabudare en 1835, encargó la construcción de una capilla para albergar la sagrada efigie.

El primer oratorio

Méndez vivía en las cercanías y ordenó la edificación de una primera capilla en predios de su propiedad. El oratorio se levantó para la veneración del histórico Jesús Nazareno y hasta 1812, permaneció la imagen en su nicho, al iniciarse un litigio familiar. Debido al estado deplorable del inmueble sacro con desplome parcial del techo, el friso de las paredes de barro, intervino pues, la Curia de Barquisimeto, para trasladar la imagen hasta una nueva capilla construida dentro de la iglesia San Juan Bautista.

Sepultada en abandono

Cortez narra que posterior a la partida del Nazareno, la Capilla fue abandonada a su suerte, desplomándose en su totalidad. Décadas más tarde, fue levantada nuevamente. Para 1962, cuando Julio Álvarez Casamayor era presidente del Cabildo de Palavecino, realizó gestiones para el rescate de la capilla. La iniciativa se generó cuando se crea el Parque Libertador Simón

Bolívar, seguidamente conocido como Ezequiel Bujanda y hoy La Ceiba. En 1965, con motivo del centenario del natalicio del insigne poeta cabudareño, Ezequiel Bujanda, vuelve el Concejo Municipal, inyectar recursos para la rehabilitación de la Capilla del Nazareno. Durante la gestión de Gonzalo Nieves, presidente del Ayuntamiento de Palavecino, se reemplaza el techo de la capilla, que exhibía angustiante escenario.

"Solo a partir de la gestión del concejal Nieves, en 1989, se comenzaron a realizar actos litúrgicos en la histórica capilla", señala Cortez, resumiendo que la estructura en cuestión tuvo que ser construida en 1840 aproximadamente, la cual se desplomó a principios del siglo XX, y reconstruida con serios problemas en 1912, como ya se apuntó.

El Nazareno del siglo XVIII

Según las crónicas del esclarecido historiador cabudareño José Ramón Brito Calles, quien dedicó parte de su vida a investigar sobre las tradiciones religiosas de su lar nativo, hurgando en los archivos arquidiocesanos consiguió que don Domingo Méndez, personalidad de renombre en la ciudad, adquirió una imagen del Nazareno en Caracas en la primera mitad del siglo XVIII.

Semana Mayor de 1850

Datos del presbítero Juan Bautista Briceño Pérez, cura párroco de la catedral de Palavecino, revelan que para 1850, ya existían en Cabudare todas las imágenes de Semana Santa, detallando a: La Dolorosa, San Juan, Jesús en La Columna, Jesús, Humildad y Paciencia, Jesús en El Huerto, Las Tres Marías (las cuales desaparecieron con el transcurrir del tiempo), el Santo Sepulcro y por supuesto El Nazareno. Afirma que para 1856, existían en la pequeña ciudad de Barquisimeto, tallas más antiguas del Nazareno como el de San Francisco y el mismo de la Concepción.

La Candelaria protectora de Cabudare desde 1818

Cabudare se organizó como pueblo bajo la tutela "(…) Un nuevo curato de vecinos españoles distinto del de Doctrina de Santa Rosa bajo el Patronato de Nuestra Señora de la Candelaria, y el nombre de Cabudare, en cuyo sitio y lugar designado erigía y erigió asimismo una iglesia parroquial bajo la advocación y título del Glorioso Precursor San Juan Bautista (…)" así se lee en el Auto dictado el 1º de abril de 1818 por el Gobernador del Arzobispado, Presbítero Don Manuel Vicente de Maya.

El investigador Oswaldo Lozano, creador del estandarte del municipio Palavecino, apunta que la festividad de la Candelaria o Purificación de la Santísima Virgen es una de las celebraciones religiosas populares tradicionales venezolanas, relacionadas al culto a la Virgen María, reconocida en la imagen de la Candelaria, en nombre de la cual se realizan ferias y festividades con la finalidad de rendir homenaje cada 2 de febrero en memoria del Santoral Católico cuando la Virgen María se presentó al templo, 40 días después del nacimiento de Jesús.

El culto a la Virgen de la Candelaria, Patrona, Protectora y Amparo de Cabudare, nació en lejana fecha de 1818

Se le conoce a esta celebración con el nombre de la Purificación de Jesús en el Templo, por la misma razón antes señalada; y Candela por hacerse la Bendición de las Candelas que se encienden y van en procesión este día. Esta fiesta se instituyó en el reinado de Justino o en el de Justiniano en el año 542.

La Morenita

La Virgen de la Candelaria, es una de las advocaciones más antigua de la Virgen María y la primera aparición que se conoce de esta imagen fue en la comarca de Guimar, Isla de Tenerife entre 1400 y 1401, representada en una hermosa dama con un niño en brazos y una candela en la mano. La devoción a La Morenita (Nombre con el cual se le conoce en el devocionario venezolano) llegó al país en el último tercio del siglo XVII.

En el inventario de Cabudare

La investigación de Lozano advierte que la imagen que se conserva en el templo San Juan Bautista de Cabudare, es una talla de madera de artesanos venezolanos de finales del siglo XVIII y se encuentra inserta en el inventario de esta catedral desde 1853. A la Candelaria los hacendados cabudareños, venidos de España, invocaban para obtener buena cosecha, costumbre arraigada pues en febrero es cuando vienen los nuevos tiempos de siembra y los labriegos regresan al campo y lo primero que hacen es preparar los predios, quemar en la tierra el rastrojo, las yerbas secas y raíces que estorbarían al arado. El culto a la Virgen de la Candelaria, Patrona de Cabudare, protectora y amparo nació en la lejana fecha de 1818.

Las Mercedes, el viejo oratorio de la Hacienda Tarabana

Julio Álvarez frente a la Capilla Las Mercedes. Nótese el
frontis del oratorio, hoy desaparecido por el abandono

CON LOS DESTELLOS del sol sobre la capilla, los vecinos de
las Sabanas de Tarabana y algunos allegados de otras latitudes
esperan impacientes. Escuchan lejanos cascos de bestias de silla.
Al poco, en medio del tan famoso y polvoriento camino, aparecen
finalmente dos figuras. Eran el cura del templo San Juan Bautista
de Cabudare, seguido de su monaguillo. Aquella mañana por
sugerencias suyas, el repiqueteo de las campanas del oratorio
debía ser rápido, enérgico y alegre, pues era domingo y día de la
Virgen de Las Mercedes

Las Mercedes, antiguo oratorio-capilla, que según único
documento rastreado –hasta el momento-, contabiliza 133 años
de edificado, desempeñó una función de primer orden en las
Sabanas de Tarabana, del Cantón Cabudare de aquella Venezuela
rural de finales del pasado siglo. Con asiento en la Hacienda

Tarabana, jurisdicción del hoy municipio Palavecino del estado Lara, aun sobrevive a los rigores del tiempo.

Su historia se remonta a finales del siglo XIX, propiamente a 1887, dato rastreado por la historiadora Yolanda Aris, cronista de Palavecino, en una nota periodística de La Reintegración Liberal, del 19 de agosto de 1887, ejemplar número 15, refiere que don Felipe Cruz Ponte, levantó la capilla en la Hacienda Tarabana, feliz iniciativa ejecutada como compromiso con El Altísimo, los jornaleros de las haciendas de cañamelar del Valle del río Turbio, disponían de la firme empresa de reconstruir una derruida choza de barro y techo de cañabrava que servía de oratorio.

Otro dato revelador es el publicado en el periódico El Ateneo de Barquisimeto, del 24 de septiembre de 1881, marcado con el Número 64, cuyo texto asienta: «Plegaria a Nuestra Señora de las Mercedes en Cabudare (fiesta anual que le dedican sus cofrades)», más no especifica si las fiestas se realizarán en la capilla o en los espacios de la Hacienda Tarabana.

Existía una antigua capilla

Pese a no poseer registros de la fecha de cuando la capilla comenzó a funcionar bajo la advocación de la Virgen de Las Mercedes, las pesquisas del antiguo documento de compra de la Hacienda Tarabana, demuestra que la posesión disponía de un lugar sagrado, pues para 1920, "el fundo" antes denominado Tarabana, era conocido como Las Mercedes, en homenaje a la capilla que honraba a la Madre de Jesús.

Juan Bautista Piñero Higuera, natural de Santa Ana de Coro (bisabuelo de los hermanos Yepes Gil, que luego serán los propietarios de la hacienda en cuestión) suscribe documento: *"En la ciudad de Barquisimeto, a los veinte y un días del mes de mayo de mil ochocientos veinte y dos años, ante mí el escribano público y testigo […] la ciudadana Rosa de Alvarado, viuda y albacea testamentaria del ciudadano Juan Galíndez, a la que doy fe conozco, que es vecina y mayor de veinte y cinco años: que traspasa en el ciudadano Juan Bautista Piñero […] una posesión compuesta de diez y seis fanegadas de tierra de labor, en las que están fundados doce mil árboles de cacao, con regadío propio de el agua viva, con una casona y un lugar de oración, en el sitio que llaman de Tarabana, cuyo nombre también viene de dicha posesión..."*

La tradición de la Hacienda Tarabana data del 14 de octubre de 1791, cuando según escritura, Juan Galíndez y Anzola, esposo de Rosa de Alvarado, compró veinte y una fanegadas de tierras de labor por la cantidad de "siete mil quinientos pesos" al Regidor Don Santiago Villalonga, cuyos linderos se describen así: *"La hacienda Tarabana linda con el Naciente con el Camino Real que viene de los Llanos, y tierras de los herederos de Don Antonio Pino".*

El oratorio fue levantado lindante al camino carretero que, en tiempos de la Guerra de Independencia, comunicaba a Barquisimeto con Cabudare, y a su vez con los llanos, en el exacto lugar donde se reorganizaron las tropas de Simón Bolívar, Rafael Urdaneta y Cristóbal Palavecino, para partir al encuentro violento de la Batalla de Tierritas Blancas, contra las tropas realistas del brigadier de José Ceballos, aquel funesto 10 de noviembre de 1813.

Hoy la capilla Las Mercedes, desaparece en el inmerecido olvido gubernamental. Exhibe abrumadora desidia a pesar de estar reconocida por el Instituto del Patrimonio Cultural Venezolano, IPC, que declaró, entre otras cosas, esta bienhechuría como Bienes de Interés Cultural, según Resolución N 003-05 de fecha 20 de febrero de 2005, quedando sometidas a las disposiciones contempladas en la Carta Magna, la Ley de Protección y Defensa del Patrimonio Cultural e Histórico y su Reglamento. En la gráfica de LAPP, se aprecia el marcado maltrato de su frontispicio, el cual sobrevive parcialmente

---

José Antonio, Mariano, Cruz María, Daniel
y Domingo Antonio Yepes Gil

De ancestral tradición

Serán Mariano, Cruz María, José Antonio, Domingo Antonio y Daniel Yepes Gil, los bisnietos de Juan Bautista Piñero, quienes proseguirán la tradición iniciada por la familia Ponte, cuando cada 24 de septiembre, luego de la Eucaristía que impartía el sacerdote de Cabudare, desde la hermosa capilla que cobija el Central Tarabana, por costumbre ancestral, organizaban la festividad religiosa para compartir con los trabajadores del ingenio y agradecer a la Virgen el éxito de la zabra.

Luego del sarao, sacaban la sagrada figura en procesión, -con velas, mecheros y lámparas de kerosén en mano-, por los caseríos Tarabana y El Peñusco hasta el sitio de La Montañita o Bosque de Agua Viva, entre cánticos marianos y rogativas para revivir las aguas. Durante las paradas realizaban el respectivo velorio y posterior tamunangue, fiestas que se prolongaba por tres días. Con el paso de los años, las procesiones se hicieron tan atractivas, que comenzaron a llegar devotos de Barquisimeto, La Piedad, Los Rastrojos, El Placer, El Mayal, Sarare, La Miel y Yaritagua, "y hasta de Curarigua y El Tocuyo, acudían los golperos", tradición que se mantuvo hasta 1992, cuando fue mermando como consecuencia de la construcción de la avenida Hermano Nectario María, señalada como La Ribereña, vía que partió en dos los espacios de la Sabana de Tarabana.

La hermosa capilla de impecable tonalidad blanquecina, con paredes de adoboncitos perfectamente frisados, techo de cañabrava y tejas enrojecidas, con un gran ventanal y un portal principal de dos hojas, resguardaba en su nicho de cristal enclavado en el altar mayor, la cándida y enternecida figura de la Sagrada Virgen de Las Mercedes, celosamente conservada por generaciones de campesinos creyentes de la Madre de Jesús. Igualmente se realizaron importantes celebraciones eucarísticas en este recinto religioso, figurando la boda de don Jesús Briceño Ecker 'Chucho' con Elia Yepes-Gil Oropeza, el 15 de diciembre de 1945. (Hija de don Mariano Yepes Gil y Guillermina Oropeza), socio propietario del Central Tarabana, ingenio construido bajo la protección de la Virgen de Las Mercedes y su ancestral capilla-oratorio.

Breve genealogía

Juan Bautista Piñero Higuera, natural de Santa Ana de Coro, casado en primeras nupcias con Dominga Galíndez, nacida en El Tocuyo, en 1817 y fallecida en 1837. Tuvieron 13 hijos, 7 varones y seis hembras, entre ellas:

Abigail Piñero Galíndez, con registro de nacimiento en El Tocuyo, casada, con Pacífico Yepes Arangú, igualmente nacido en El Tocuyo. Casaron el 30 de abril de 1849. Procrearon 14 hijos, siendo el último Juan Bautista Yepes Piñero, quien nació en El Tocuyo, el 27 de febrero de 1856.

Juan Bautista Yepes Piñero contrajo matrimonio el 20 de enero de 1881, en El Tocuyo; con Josefa Antonia Gil Fortoul, nacida el 14 de febrero de 1863, en El Tocuyo. Hija del Doctor y general José Espiritusanto Gil García (conocido en la literatura histórica como el Pelón Gil) y doña Adelaida Fortoul Obregón.

Entre la unión de Juan Bautista Yepes Piñero y Josefa Antonia Gil Fortoul, nacieron:

1. Juan Bautista Yepes Gil, en El Tocuyo, 29 de enero de 1882.
2. José Antonio Yepes Gil, Hacienda Vira-Vira, Hato Arriba, el 14 de marzo de 1883.
3. Abigail Yepes Gil, en Hato Arriba, Barbacoas, el 4 de octubre de 1884.

4. Mariano Yepes Gil, en El Tocuyo, el 8 de mayo de 1886.

5. María Adelaida de las Mercedes Yepes Gil, Hacienda Vira-Vira, Barbacoas, el 14 de diciembre de 1887

6. Cruz María Yepes Gil, en Barbacoas el 25 de septiembre de 1890

7. Domingo Antonio Yepes Gil, en Barbacoas el 4 de agosto de 1892

8. Manuel María Yepes Gil; en El Tocuyo el 20 de octubre de 1894

9. Daniel Yepes Gil en El Tocuyo el 4 de junio de 1896, (abuelo materno del autor de esta crónica)

10. María Josefa Yepes Gil, en El Tocuyo, el 13 de abril de 1898

11. Lisandro Yepes Gil, en El Tocuyo el 17 de mayo de 1900

12. Adelaida Yepes Gil, en Barquisimeto en 1901

13. Carlos Yepes Gil, en El Tocuyo, el 8 de diciembre de 1903

Fuente:

Tarabana. José Antonio Yepes Azparren. Alcaldía de Iribarren y Fondo Editorial Río Cenizo. Barquisimeto 2003

Historial Genealógico de Familias Caroreñas. Ambrosio Perera, Tomo I. Segunda Edición. Gráfica Americana, C.A, Caracas 1967

Tarabana, contemplación Mariana por la Virgen de Las Mercedes. José Luis Sotillo, cronista de Agua Viva. 26 de septiembre de 2018. CorreodeLara.com

Diario La Reintegración Liberal Número 15 del 19 de agosto de 1887. Editado por Telasco MacPherson

El Ateneo de Barquisimeto, ejemplar del 24 de septiembre de 1881, Número 64

La Divina Pastora en el amor del pueblo larense

LA IMAGEN de la Divina Pastora posiblemente fue adquirida entre 1715 y 1724, traída de Sevilla, España, dado se propagaba rápidamente el apostolado pastoril de la Virgen en esa zona, además de acostumbrarse a importar las imágenes religiosas. En 1703, en Sevilla, el cura de la iglesia de San Gil, padre Isidoro de Sevilla, encargó al pintor Miguel Alonso Tovar, un cuadro de la Virgen, ataviada como pastora, que poco después fue expuesta en la procesión del 8 de septiembre, día de la natividad de la Virgen, imagen que pronto cautivó el afecto de la población española.

Los gayones se caracterizaron por ser un pueblo aguerrido e indoblegable, los cuales, desde la presencia de los colonizadores, se enfrentaron constantemente. En el siglo XVIII, ya diezmados demográficamente por el acoso colonizador, es cuando Fray Bartolomé de Salazar y Ruiz, cura doctrinero de Santa Rosa del Cerrito, consigue la pacificación con paciencia a través de la prédica de la Divina Pastora, acontecimiento que da inicio a la devoción, que se acrecentó con el paso de los años y con la aparición de la epidemia del cólera en Barquisimeto, inducen al pueblo a solicitar al Poder Divino de la Virgen, protección y consuelo.

La imagen se quedó en Santa Rosa

Entre la tradición barquisimetana que rodea la historia de la venerada imagen destaca, que en 1740, el párroco de Santa Rosa, Sebastián Bernal quiso para su iglesia una imagen de la Inmaculada Concepción, y al mismo tiempo el vicario del templo de la Inmaculada Concepción, solicitó una imagen de la Divina Pastora, "pero por designios de la Providencia", al llegar los encargos en cajas de madera se intercambiaron y el de la Pastora fue a parar a Santa Rosa y el otro a la iglesia de la Concepción.

Cuando Bernal abrió su encomienda, advirtió la equivocación, ordenando a unos indios y arrieros llevar el cajón y su contenido hasta Barquisimeto, "pero el bulto se tornó tan pesado que ni los indios ni las bestias pudieron mover el cajón que contenía la imagen en piezas de la Divina Pastora".

Bernal con estupor al comunicar lo sucedido, el Vicario de la Concepción se sorprendió por el acontecimiento y consideró que la imagen debía quedarse en Santa Rosa porque demostró ser ese su deseo. No existe hasta el presente pruebas documentales que demuestren este hecho, pero el histórico suceso forma parte, como señalamos, de una arraigada tradición.

El nicho de la Pastora

Con el propósito firme de promover la veneración a la Divina Pastora, se construyó en la capilla de Santa Rosa del Cerrito, un altar y para el año de 1746, ya se hace referencia a este con motivo de la visita eclesiástica del Vicario Superintendente Carlos Herrera.

El culto a la imagen fue creciendo, especialmente cada 8 de septiembre, día de la Natividad de la Virgen, fecha en donde Santa Rosa se convertía en una gran romería de su devoción.

El acontecimiento siguió desarrollándose hasta el terremoto del 26 de marzo de 1812, cuando el sismo destruyó casi todas las edificaciones en Barquisimeto, incluyendo la iglesia de la Concepción, así como el templo de Santa Rosa, "pero la nave lateral, en donde permanecía la Divina Pastora, quedó intacta y la imagen no sufrió ningún daño". Luego del histórico y desbastador suceso, se inició la reconstrucción del templo, concluyéndose la obra en 1864.

El templo ha sido sometido a mejoras parciales desde la fecha, pero la más importante ocurrió en 1956, con motivo de la coronación canónica de la Virgen, restaurándose el altar mayor.

La epidemia

En noviembre de 1855, se reportó los primeros casos de cólera en Barquisimeto, epidemia que llegaría a Venezuela, a través del vapor venezolano 'Integridad' que atracó en el río Orinoco el 9 de septiembre de 1854. Gobernaba la comarca el general Zabulón Valverde, pero sin recursos ni ánimo para hacerle frente a la mortal epidemia, ésta pronto se propagó.

El gobierno creó cuadrillas de policías y de presos para enterrar a los muertos y construyó el cementerio del Dividive o de los Colerientos. El terror se apoderó de la región y es aquí, en donde como último acto de fe y esperanza, surge la histórica rogativa del padre José Macario Yépez, quien pide cese la enfermedad a cambio de su vida.

Rogó ante la Pastora

En 1855, el padre Yépez, viendo la propagación de la epidemia del cólera, hace edificar el monumento a la Cruz Salvadora en el sitio de Tierritas Blancas, en las afueras de la ciudad, obra dirigida por Mariano J. Raldiriz y José Manuel Otero, consagración llevada a cabo en diciembre.

Más tarde, el 14 de enero de 1856, convoca a una gran rogativa ante la cruz y se llevan al sitio imágenes de los templos barquisimetanos, entre ellos la Divina Pastora de Santa Rosa y Jesús Nazareno desde la parroquia Concepción.

En elocuente relato, el historiador Nectario María apunta que al finalizar la plática el padre Yépez, movido por un celestial impulso de caridad cristiana, exhaló su alma en sublimes términos de abnegación y heroísmo; cayó de hinojos, puestos los brazos en la cruz y vuelto hacia la imagen, con voz fuerte y trémula entrecortada por sollozos, exclamó:

Virgen Santísima, Divina Pastora, en aras de la Justicia Divina, por el bien y la salvación de este pueblo te ofrezco mi vida. Madre mía, Divina Pastora, por los dolores que experimentó tu Divino Corazón, cuando recibiste en tus brazos a tu Santísimo Hijo en la bajada de la Cruz, te suplico Madre Mía, que salves a este pueblo, ¡que sea yo la última víctima del cólera!

Durante su sermón, la cura calma a los angustiados fieles y los invita a seguir en procesión hasta el templo de la Concepción, seguidos de la sagrada imagen de la Virgen Zagala y El Nazareno. El Nazareno llegó primero y el pueblo congregado de rodillas y suplicante, esperó pacientemente la llegada de la Divina Pastora. Hubo prédicas, oraciones y súplicas, y el padre Yépez, acompañado del presbítero Raldiriz, presidió el acto. Dicen que desde ese día disminuyó la epidemia, y por ello quedó establecida la tradición de traer anualmente la imagen de la Divina Pastora a la ciudad de Barquisimeto.

Según estos recuentos, la inauguración y la bendición de la Cruz Salvadora de Tierritas Blancas precedió la visita de la Divina Pastora el 14 de enero; y el Jesús Nazareno fue llevado allí en procesión dos veces: la primera para la consagración de la cruz en diciembre de 1855 y la segunda, el 14 de enero de 1856 para recibir la imagen de la Divina Pastora desde Santa Rosa. La Divina Pastora permanece en ese templo varios días y posteriormente es llevada otras iglesias de Barquisimeto.

El cólera comenzó a desaparecer y con la epidemia el padre Yépez que morirá de fiebre tifoidea meses después, el 16 de junio de 1856. Sepultado "a escondidas y a toda prisa, al abrigo de la noche por sus alumnos, en el cementerio de San Juan", dado que las fuerzas del Gobierno Liberal venían tras el padre para apresarlo por adversario al régimen y conspirador.

Fuente: La Divina Pastora, Historia de una Devoción. María Matilde Suárez y Carmen Bethencourt. Barquisimeto 2005
Lo Bello y lo Útil de Lara. Casa Propia Entidad de Ahorro y Préstamo. Barquisimeto 2004
Historia de la Divina Pastora de Santa Rosa. Hermano Nectario María. Barcelona 1926.
El Padre José Macario Yépez 1799-1855. Lino Iribarren Celis. Caracas 1952
Barquisimeto: Historia Privada, Alma y Fisonomía de Barquisimeto de Ayer. Rafael Domingo Silva Uzcátegui. Caracas 1959

Divina Pastora de Cabudare, devoción de un siglo

LA IMAGEN de la Virgen María en su advocación de Divina Pastora ha caminado junto al pueblo de Cabudare desde hace más de un siglo. El hallazgo fue revelado por el presbítero Juan Bautista Briceño Pérez, cura párroco de la catedral Cabudareña, que, según indagaciones en archivos y registros, la imagen de la Divina Pastora de Cabudare fue una encomienda realizada en Sevilla, España en 1915, luego que el obispo de Barquisimeto, prohibiera la salida de la imagen a pueblos y caseríos con el propósito de preservarla.

Se pensaba que la imagen de la Pastora de Almas, con un báculo en su mano izquierda, de sombrero pastoril, que en brazos lleva un niño sentado y rodeado de dos ovejas, piezas elaboradas en mármol y yeso pulido, de un metro diez centímetros, aproximadamente, había llegado al templo San Juan Bautista en 1920. Pero el dato fue rechazado por el sacerdote investigador, que enfatiza que la imagen y la procesión tienen más de cien años. "Nosotros creemos firmemente en que la imagen tiene una data superior al siglo de antigüedad, pues supera ese periodo de prohibición para que la imagen de la Divina Pastora de Santa Rosa, saliera a los pueblos vecinos", recalca Briceño. Por supuesto, antes, en Cabudare, el acontecimiento no colmaba las calles, pero sí se realizaba la peregrinación uno o dos días antes del 14 de enero.

"La procesión de la Divina Pastora de Cabudare tiene más de cien años recorriendo el casco histórico de la capital de Palavecino"

Tres hermanas

El sacerdote del templo matriz de Cabudare, subraya que anualmente se le tributa un homenaje a la imagen de la Divina Pastora "nuestra" con la preparación de la feligresía para el gran día del 14 de enero. Recuerda que Cabudare está íntimamente unido a la devoción mariana que cada 14 de enero sale del pueblo de Santa Rosa hasta Barquisimeto. El presbítero asegura que "las tres hermanas del Valle del Turbio, que son Barquisimeto, Cabudare y Yaritagua, tienen como madre a la Divina Pastora", devoción que alcanza a más de dos millones y medio de personas, lo que incide en el desarrollo espiritual, cultural, económico y social de este eje.

Fiesta en honor a la Pastora

Todo los 13 de enero, la parroquia celebra con alegría las fiestas de la Divina Pastora de Cabudare, iniciando a las seis de la mañana un repique de campanas; seguido a las 3:30 de la tarde, un Rosario en el templo parroquial y seguido la peregrinación que empieza a la 4:15 con la salida de la sagrada imagen en recorrido por las dos principales calles del casco central de esta ciudad.

La Divina Pastora en su otrora peregrinar

LA DEVOCIÓN a la Divina Pastora en Barquisimeto es una herencia de la orden capuchina. Los misioneros trajeron de Sevilla, España esa advocación a comienzos del siglo XVIII, para evangelizar a los indígenas de las llanuras de Caracas y particularmente, a los indios gayones alzados en las sabanas y montañas de Barquisimeto, El Tocuyo, Quíbor y Carora.

Esta imagen mariana fue determinante para pacificarlos y someterlos en un pueblo de misión denominado Santa Rosa del Cerrito. Cuentan las crónicas, que en el templo de aquel pueblo, una imagen de María Santísima bajo la advocación de Divina Pastora, fue despertando una devoción insospechable, que creció luego que el sacerdote Bernal efectuara solemne bendición, colocándola en el altar de una de las naves laterales de la iglesia de Santa Rosa.

"Desde entonces se esforzó en inculcar la devoción a la Divina Pastora entre todos sus feligreses, en su mayoría indios", afirma Silva Uzcátegui y agrega: "Desde que cesó como por encanto la epidemia del cólera en Barquisimeto al llevar en procesión a la Divina Pastora de Santa Rosa, se le profesa allí una devoción tal, que es difícil expresarla en una manera exacta".

A la cinco de la mañana

A partir de aquel 14 de enero de 1856, Eliseo Soteldo añade: "A las cinco de la mañana sale de Barquisimeto una peregrinación, a pie, hasta Santa Rosa, para traer en la tarde a su querida imagen de la Divina Pastora".

"Ese día la ciudad se engalana para recibirla. En las calles por donde ha de pasar, se levantan arcos triunfales con palmas, flores y cintas celestes. Muchas personas colocan candiles y briseras con cebo en las ventanas de sus casas para alumbrar, así como platillos en donde quemaban incienso al pasar la Virgen. Los frentes de las casas eran decorados con banderines blancos y azules, y muchas palmas", asienta Soteldo en sus crónicas.

"La sagrada imagen de la Divina Pastora era cargada por 12 hombres con rodetes de tela en la cabeza"

Coinciden quienes han recogido las crónicas de la procesión de la Divina Pastora, que desde la víspera, se escuchaban repiques de campanas en todos los templos para expresar la alegría de la población por tan digna visita.

La trasladaban cubierta

Silva Uzcátegui reseña que durante las primeras procesiones, trasportaban la imagen en un pesado mesón, por lo que era necesario emplear 12 hombres, cada uno con tres rodetes de trapo sobre la cabeza para poder soportar el peso.

Delante iban dos hombres más levantando el paño que cubría el mesón, a fin de que pudieran ver el camino los cargadores y les entrara aire fresco. Siempre va un sacerdote a buscar la imagen a Santa Rosa, "y desde que fue designado cura de Altagracia hasta su muerte, lo hacía todos los años el presbítero Juan Falcón, quien reunía a la feligresía en la madrugada de cada 14 de enero y ya a la cinco se iban caminando hasta Santa Rosa. A mediodía salían de regreso con la sagrada imagen para estar a las cuatro de la tarde en la entrada de Barquisimeto, que entonces era una plazuela frente a la casa del señor Casimiro Casamayor, muy devoto de la Virgen", el referido sitio es hoy la Plaza Macario Yépez.

Anota el cronista, que hasta ese sitio traían la imagen tapada con "un cubre polvo" para protegerla de la tierra del camino, y allí, en ese sitio, le colocaban al Niño

Jesús en los brazos. "Al descubrirla, el sacerdote entonaba una Salve que acompañaban en coro un grupo de cantantes ensayados por él", acota.

Luego continuaba la procesión hasta la Catedral (templo de San Francisco) en donde recibían la imagen con intensos repiques de campanas y toda la solemnidad y majestuosidad que requiere un acto religioso.

Fuente: Eliseo Soteldo. Crónicas de Barquisimeto 1801-1854. Ediciones de la Casa Lara de Caracas 1952

Rafael Domingo Silva Uzcátegui. Barquisimeto, Historia Privada. Caracas 1959

Diccionario de Historia de Venezuela. Fundación Polar. Tomo A-D

www.CorreodeLara.com

El templo San José de Barquisimeto destruido y en ruinas desde su construcción

EL PAVOR SE APODERÓ de la ciudad. El estruendoso sonido producido por las edificaciones y el rugido del poderoso movimiento telúrico debajo del suelo, estremecieron a los habitantes de Barquisimeto y las poblaciones vecinas aquel 26 de marzo de 1812. La iglesia de San José, situada en la calle Juares (calle 25), fue una de los edificios que se vino abajo con la misma intensidad del mortífero terremoto. La ciudad entera quedó envuelta en una nube de polvo, gritos desesperados y horripilantes lamentos.

Reducida a espantosos recuerdos y a una montaña de escombros, quedó por muchos años el vestigio de esta iglesia. Más tarde, con el transcurrir de las décadas, fue paulatinamente reconstruida, desde sus cimientos, parte de su infraestructura. En 1925, el obispo Aguedo Felipe Alvarado, entregó lo que quedaba del templo a los misioneros redentoristas, que habían sido expulsados de México por la revolución. El obispo conoció a esta logia en España y los invitó a venir a Venezuela e instalarse en el templo de San José, en donde se celebró por muchos años, las fiestas de Las Posadas, evento que se realizaba antes de la Navidad.

San José como parroquia, fue creada por decreto el 2 de agosto de 1964, aun cuando su construcción ya estaba en pie a principios del siglo XIX. Es uno de los templos más antiguos de Barquisimeto

Reducido a escombros

El pavoroso terremoto de marzo de 1812, destruyó el eje edificado entre Barquisimeto y San Felipe, y varias correspondencias de la época nos ilustran lo dramático de aquel evento natural que redujo a escombros casas y templos. El clérigo Juan Francisco Muxica, cura de Santa Rosa, desde este poblado dirigió una misiva al obispo Coll y Prat, el 26 de agosto en donde le relata el horror y los estragos que causó aquel sismo en la ciudad.

"También dirijo a V. S. I. la certificación de la muerte de los venerables curas rectores de la ciudad de Barquisimeto. Esto está muy desordenado, porque el territorio alcanza a doce leguas, más o menos, y las almas a doce mil o más, de las cuales apenas perecerían como mil,..." y agrega un parte de la destrucción: "Los templos que cayeron fueron la Parroquial de la ciudad, las filiales de Altagracia, Nuestra Señora de la Paz, no caio; pero quedó arruinada, San Joseph caio hasta los fundamentos, y la de Nuestra Señora de San Juan, y el Convento de San Francisco caieron totalmente".

Otra carta del cura José Antonio Vázquez dirigida a Coll y Prat, el 25 de septiembre de 1812, describe la magnitud de la destrucción del referido movimiento telúrico: "... el memorable 26 de marzo... la horrible catástrofe de aquel día quedó también asolado el alabado templo de San José" (de Barquisimeto).

Gestiones para la reconstrucción

En el Diccionario de Telasco A. Mac-Pherson (1883), encontramos un interesante dato que da cuenta de las gestiones realizadas para la reconstrucción del majestuoso templo de San José de Barquisimeto, destruido por un movimiento telúrico. "El templo de San José, enclavado en la plaza Bruzual de esta ciudad (Barquisimeto), que se encontraba en la más completa ruina y abandono, ha sido levantado por el esfuerzo perseverante del joven Diácono Juan Falcón, que con vocación ejemplar sigue la carrera eclesiástica y ha realizado esa obra en un corto número de meses. El Gobierno del Estado, atendiendo a su justa súplica le dio el auxilio de que he hecho referencia".

Inhumados en la iglesia

Entre las familias preocupadas por el estado ruinoso del templo de San José, figuraban los Yepes Piñero, propiamente don Juan Bautista Yepes Piñero y su hijo mayor Juan Bautista Yepes

Gil, aportando generosos donativos para la reconstrucción de la derruida infraestructura religiosa, por tal razón, muchos años después, como sentido homenaje, la Diócesis de Barquisimeto, decidió inhumar los restos mortales de ambos caballeros en el templo, acto solo reservado para personalidades públicas o religiosas. Según los investigadores Ghersi Gil y Yepes Azparren, autores del libro: La Historia de la familia Gil desde la época colonial, describen que varios años después de la muerte de Juan Bautista Yepes Piñero, Barquisimeto 10 de febrero de 1915 y de su hijo, ocurrida también en esta ciudad el 16 de marzo de 1914, «los féretros fueron trasladados al templo de San José y colocados en nichos, situados a ambos lados del altar mayor, identificados por gruesas planchas de mármol blanco. Originalmente sepultados en cofres de madera, fueron depositados -muchos años después, durante la refacción de la iglesia años-, bajo el suelo del altar mayor.

Fuente: Diccionario Histórico, Geográfico, Estadístico y Biográfico del estado Lara. Telasco A. Mac-Pherson, Puerto Cabello, 1883
El desastre de 1812 en Venezuela: sismos, vulnerabilidades y una patria no tan boba. Rogelio Altez. Fundación Empresas Polar. Caracas, 2006
La Historia de la familia Gil desde la época colonial y su descendencia hasta hoy. Marco Antonio Ghersi Gil y José Antonio Yepes Azparren. Barquisimeto 2013
Sitio Web www.CorreodeLara.com

Los templos como reflejo de la fe en Cabudare

Capilla Santa Bárbara de Cabudare. Archivo del
Diario EL IMPULSO. Década de 1950

REZABAN EN FAMILIA en pequeños oratorios de las haciendas o en los amplios salones de las casonas. A pesar del movimiento comercial en la zona, Cabudare y Los Rastrojos, dieron muestra de una profunda vocación religiosa al preocuparse por disponer de una casa de oración. La capilla Santa Bárbara, considerada Patrimonio Histórico y Cultural del municipio Palavecino, da cuenta de esa historia colonial apegada a la religiosidad. Este oratorio formaba parte de una unidad de producción dedicada al cañamelar, patrimonio del alférez real Juan José Alvarado de la Parra, abonado vecino de este sitio. La capilla Santa Bárbara, fue el primer centro de pensamiento católico en las cercanías de Cabudare.

Originalmente, a principios del siglo XVII, en un solar que perteneció a la familia Casamayor, en lo que hoy está asentado el caserío El Taque, existió una capilla de piso de tierra, sin paredes, alguna campana y un sitio de oración. Pero ésta no trascendió en el tiempo.

El oratorio en dos etapas

La capilla Santa Bárbara llenó el vacío de una iglesia matriz, y tuvo dos etapas bien documentadas: una primera desde 1797 a 1812, en donde fungió como iglesia matriz del sitio de Cabudare y sus aledaños, porque lejos estaba aún de decretarse la Parroquia Eclesiástica o Curato.

Como un dato curioso, la capilla Santa Bárbara fue reducida a polvo y escombros producto de pavoroso terremoto del 26 de marzo de 1812. La otra etapa del oratorio correrá desde 1821 hasta 1835, porque si bien el 1º de abril de 1818, se había decretado la parroquia religiosa, aun no tenía un templo matriz, ni mucho menos una casa cural. La capilla Santa Bárbara, fue reconstruida en sus dimensiones originales tras petición testamentaria del alférez real, al hacer énfasis en: «que se extraigan de las ruinas las piezas sagradas como el copón, el Cali y otros materiales para construirse tal cual como el original».

El templo matriz

El primer párroco del Curato de Cabudare fue Juan Francisco Muxica, hombre de avanzada edad, que asistía al pueblo de Santa Rosa. Para cubrir esta deficiencia, se trajo a Cabudare como interino otro sacerdote que ofrecía la eucaristía en la capilla Santa Bárbara y atendía la construcción del nuevo templo: José Miguel Pimentel. Otro dato relevante será que Cabudare tendrá como cura interino al padre José Macario Yépez, el sacerdote de la rogativa a la Divina Pastora, cumpliendo su labor durante los primeros treinta días del mes de enero de 1828, esto porque probablemente se requerían sus servicios de maestro en el Colegio Nacional de Barquisimeto. El 17 de agosto de 1834, el padre José Miguel Pimentel i Bravo, quien será el tercer párroco de la parroquia eclesiástica con 32 años de servicio en el sitio, contribuyó a construir la nave central desde 1818 hasta 1834.

Otro periodo importante para el templo de Cabudare, será desde 1835 hasta 1865, en donde se concretará el cimiento del campanario, coincidiendo la inauguración de esta infraestructura, la presencia del ilustre hijo de Cabudare y gobernador de la Provincia de Barquisimeto, general en jefe Nicolás Patiño Sosa. Durante el centenario del nacimiento del Libertador Simón Bolívar, Cabudare celebró el magno acontecimiento y en una fausta fiesta religiosa se inaugura el campanario y la cúpula de la iglesia matriz, evento registrado el 24 de julio de 1883 lo que consolida la sagrada edificación.

María y José

Para la construcción de la iglesia matriz de Los Rastrojos, los terrenos fueron adjudicados en el mismo momento del nacimiento de la Parroquia Civil Mongas, el 26 de noviembre de 1850. Los vecinos de esta localidad espontáneamente donaron tres terrenos: uno para el templo matriz, otro para la plaza pública y el restante para el camposanto, muy cerca del lugar.

La iglesia se denominó con el nombre de María y José, y según el investigador eclesiástico presbítero Renzo Begni, esta se construyó en dos fases: su nave central desde 1850 a 1864. El campanario y su cúpula, cuyo costo fue de 200 pesos, se levantó entre 1864 y 1865, año de su inauguración. El camposanto de Los Rastrojos entró en servicio 1890.

Fuente: Datos de la Oficina del Cronista Municipal de Palavecino e investigador Argenis Latiegue, asistente del cronista

Nazareno de Cabudare, fe y heredad de dos siglos

Nazareno de Cabudare. Abril 6 de 1975.
Foto José Ramón Brito Calles

A Domingo Antonio Brito, fiel heredero de esta ancestral tradición

EL 24 DE JUNIO DE 1835 se inauguró la iglesia matriz del pueblo de Cabudare y según datos del historiador cabudareño José Ramón Brito Calles, "para esa magna fecha ya existía la figura del Nazareno de Cabudare". En sus apuntes precisa que la imagen no estaba en el templo, sino en una ermita construida por don Francisco Méndez "el viejo", quien había ordenado su edificación para veneración de la figura del Nazareno.

En el testamento de don Domingo Antonio Méndez, único hijo del matrimonio de don Francisco Méndez y doña María Lorenza Páez, existe un párrafo que devela el misterio de la antigüedad del Nazareno de Cabudare.

"Declaro que mis padres por devoción al Divino Jesús le construyeron una capilla y de la cual sale en procesión e miércoles de la Semana Mayor, la que continuó a mi cargo por la muerte de aquellos, y dejo yo también a cargo a mis herederos, con la obligación de hacerle los debidos reparos en la capilla de conservar sus vasos y ornamentos sagrados".

La incógnita rodea la talla

Pese a sus diligencias, Brito no consiguió nunca dar con el tallista del Nazareno de Cabudare, pero sí describió de qué estaba hecha atribuyéndole al cedro rojo su composición, por tanto, se creía que había sido tallada en Roma Italia. No obstante, "el viejo", bisabuelo de Brito y quien había ordenado la figura, decía que la talla era obra del escultor Manuel González, el autor del Nazareno de San Pablo, figura que se encuentra en el templo de santa Teresa, en Caracas.

"La imagen de Cabudare sobresale a la del que me he referido, tanto en la altura, lo bien hecho de los pies, manos, rostro i de su forma anatómica", sostiene Brito. La figura del Nazareno de Cabudare tiene por medidas: un metro 60 centímetros de altura, pese a su inclinación. La pintura es de color pálido muy natural, y su rostro -bien seleccionado-, es de un hebreo del mundo antiguo.

El testimonio de Guevara i Lira

En uno de los libros de Visitas Pastorales que se conservan en el Archivo Parroquial de Cabudare, en lo referente a la visita que en 1864 realizara el arzobispo de Caracas y Venezuela, doctor Silvestre Guevara i Lira, describe que el prelado llegó al pueblo de Los Rastrojos y continuó su marcha hacia Cabudare, haciendo una parada en la Capilla Santa Bárbara "casi en escombros testigo del terremoto de 1812. Y de esa capilla continuó a pie, bajo Palio hacia Cabudare". El arzobispo pernoctó en casa del presidente provisional del estado Barquisimeto, don Domingo Antonio Méndez, casona contigua a la capilla del Nazareno, en las inmediaciones de la histórica ceiba donde acampó Simón Bolívar en 1813.

El libro de Visitas Pastorales atestigua que cuando Guevara i Lira entró a la capilla del Nazareno, quedó sorprendido por la naturalidad de la imagen, y expresó a Méndez: "Me atrevería a cambiar la imagen del Nazareno de San Pablo por la de Cabudare", a lo que Méndez respondió tajante: "Es una reliquia familiar, por lo tanto, es imposible cualquier cambio".

Juan Bautista Briceño Pérez, cura-párroco de la iglesia San Juan Bautista, declaró a EL IMPULSO: «Sobre el Nazareno de Cabudare se halló un documento que refiere su antigüedad: fue adquirida una imagen del Nazareno en Caracas en la primera mitad del siglo XVIII".

Tres visitas a Barquisimeto

En un extenso trabajo publicado en el Diario EL IMPULSO, medio en donde Brito publicaba sus ensayos con el seudónimo de Juan de Terepaima, asienta que la imagen del Nazareno de Cabudare fue llevada a Barquisimeto en tres oportunidades. "La primera vez fue cuando trajeron también por primera vez la imagen de la Divina Pastora de Santa Rosa, a fin de darle más realce al acto de la procesión i debido a que para esa fecha, 1856, en Barquisimeto no había imagen del Nazareno sino hasta 1876, que un hombre muy distinguido, don Flavio Campos, trajo la imagen que hoy se encuentra en el templo de san Francisco de esta ciudad, imagen que le arreglaban i adornaban en su casa situada en la calle Ayacucho" (hoy carrera 18 entre calles 23 y 24). "La segunda vez, fue traído el Nazareno de Cabudare a Barquisimeto, en hamaca, lo que se hizo a cargo de don Felipe Cruz Ponte, para que don Eduardo Vásquez, el del célebre i bello púlpito del templo de la Concepción, para que este pintor le retocara las manos y pies".

"Durante las continuas revoluciones y contiendas armadas del siglo XIX, en Cabudare no se celebraba la Semana Santa, pero lo que nunca se dejó de hacer fue sacar al Nazareno en

procesión, a toque de caja i corneta, i escoltada de tropa armada con bayoneta calada"

Narra Brito, que el tercer traslado del Nazareno sería en 1946, y que él preparó el viaje acondicionando una cama de campaña introducida en una camioneta de don Casiano Perdigón.

"Cuando subíamos el Nazareno a la camioneta, hubo dobles de campana por mayor en el templo de Cabudare. Se aprovechó de hacerle un trabajo en el brazo derecho a fin de que llevara mejor la cruz. Terminado el trabajo por don Eleazar Ugel, se llevó en cama de campaña para Cabudare, a pie, i en horas de la madrugada, siendo recibida la imagen, con arcos de flores, discursos i solemne festividad amenizada por la Orquesta Mavare que la ofreció espontáneamente su director don Napoleón Lucena, que asistió a los actos".

En 1964, José Ramón Brito ordena a una modista hacer nueva vestidura para el Nazareno de Cabudare, y entre los obsequios figuraron faldones, cordones de hilos de oro, finas potencias y cenefa con las que por muchos años se adornaba la imagen. La familia Méndez ha realizado otros donativos a lo largo de los años en estricto cumplimiento testamentario de don Francisco Méndez.

Nueva ermita dentro del templo

Tras la muerte de los Méndez, la capilla del Nazareno comenzó a deteriorarse y pronto se desplomaría el techo. Fue entonces cuando los herederos de la custodia de la imagen de Jesús Nazareno, decidieron demoler la ermita por el peligro que representaba sus ruinas. Para resguardar la talla de Jesús Nazareno, la familia Méndez optó por su traslado hasta la iglesia San Juan Bautista y depositarla en la pequeña capilla recién construida para ello. En 1946, Brito donó recursos al templo parroquial para instalar mosaico al piso de esa ermita que desde hace más de un siglo, abriga al ancestral Nazareno de Cabudare. Para Brito, el Nazareno de Cabudare representaba la fe de un pueblo, el de su pueblo, el de Cabudare. Que la venerada figura era la parte espiritual y social de nuestros antepasados, entonces "mal podemos darle con el pie a esa tradición ancestral, i a lo que forma parte integrante de nuestro patrimonio histórico y artístico".

Fuente: Diario EL IMPULSO, edición del miércoles 6 de abril de 1977. Escrito por José Ramón Brito Calles, escritor, historiador y artista plástico

Investigación revela trascendencia histórica de El Nazareno de Los Rastrojos

LOS PUEBLOS PEQUEÑOS son muy especiales. Guardan sus secretos celosamente y llevan el ritmo de la historia de una manera muy diferente. No buscan ser anfitriones de los grandes momentos. De algún modo, es la historia que los atrapa y cambia. La fuerza que los acompaña son sus raíces, y su presente es moldeado por su pasado. Así inicia la introducción del proyecto Los Rastrojos, pequeño pueblo con grandes historias, del presbítero Bogdan Zalewski, cura párroco del Santuario Arquidiocesano de El Nazareno, cuya estructura consta de tres capítulos, los cuales responden a una cierta etapa de la historia de este poblado capital de la parroquia José Gregorio Bastidas del municipio Palavecino.

Explica el sacerdote que la obra parte desde un punto de vista religioso, vinculado a la iglesia y vida religiosa de la parroquia. Por tal razón, apunta que "Un pueblo sin pasado no tiene futuro". "Esta es la razón que me llevó a esta pequeña aventura con la historia rastrojeña. Este es el motivo de rescatar del olvido lo que queda antes de que seamos consumidos por la cultura moderna, que en su peor versión reduce todo a la palabra "light", o sea despreocupación marcada por falta de compromiso, anota Zalewski.

Observando una pequeña figura de El Nazareno, el párroco, acota: "Este pequeño libro no pretende ser un estudio historiográfico, más bien desea recoger el sentir rastrojeño que indudablemente es vinculado con etapas de la historia de este pueblo, rescatar del olvido ciertos temas que todavía deben ser más estudiados". Para Zalewski, la historia de Los Rastrojos tiene mucho que ver con la historia de la Parroquia eclesiástica, por tanto, en el libro estas dos realidades se encontrarán muchas veces, resaltando la figura de El Nazareno.

En el capítulo I, Zalewski habla de la fe católica con numerosas referencias pastorales, que muestran la devoción, expresando que "las imágenes católicas indudablemente han inspirado a nuestros pueblos". Indica el autor que, desde los tiempos de la Colonia, se conoce en Venezuela la devoción al Nazareno. Por ende, no es nada extraño encontrar en las iglesias y hasta en casas de familias, las imágenes de Jesús de Nazaret. El nombre "Nazareno" que acompaña a Jesús tiene su fuente en la Biblia. Obviamente, se relaciona con el lugar donde vivió Jesús: pueblo de Nazaret en Galilea.

La obra trata, con singular referencia, el motivo de la imagen y el fervor, subrayando que "Con el paso de los tiempos el nombre Nazareno ha tomado la forma de una devoción: Jesús con la Cruz sobre sus hombros y vestido de púrpura o morado representa al Nazareno, y es la imagen que recuerda su máximo sacrifico, sufrimiento, pasión y finalmente su muerte en el madero de la cruz". Zalewski cita textual el libro, acotando que en Venezuela, particularmente, son muy conocidas dos imágenes de El Nazareno: el de San Pablo en Caracas y el de Achaguas.

El origen de la imagen

"No hay duda que las imágenes católicas imprimen un sello especial sobre la vida de cada uno de nosotros y de nuestros pueblos, y este también es el caso de una devoción que ocupa el lugar privilegiado en el corazón del pueblo rastrojeño", se lee en el capítulo II de la obra de Zalewski, que reconstruye la historia oral y escrita como testimonio del tiempo. Enfatiza que no se sabe cómo llegó El Nazareno al pueblo de Los Rastrojos y hasta hoy no se han encontrado datos documentales ni hay referencia verbal para esclarecer esta parte de su historia.

El Nazareno de Los Rastrojos tiene sus orígenes en el siglo XVIII, según estudio realizado por Blanca Silveira, titulado La tradicional devoción del pueblo barquisimetano a Jesús Nazareno, en el cual señala la existencia de algunos datos históricos: Relación de la visita general que en la Diócesis de Caracas y Venezuela hizo el Iltmo. Sr. Dr. Mariano Martí.

Esta monumental obra, observa Zalewski, ayuda a precisar un poco los orígenes de la venerada imagen, con una cita interesante que habla de la Cofradía de Jesús Nazareno de mucha antigüedad, existente en la Iglesia de la Inmaculada Concepción de Barquisimeto, primer templo de la ciudad.

Acompañó a la Divina Pastora en 1856

El sacerdote apunta en su libro, como un dato revelador, que de acuerdo con la profunda devoción al Nazareno en Barquisimeto, esta imagen fue llevada, años más tarde, desde la iglesia Inmaculada Concepción hasta el templo de Los Rastrojos. La anterior conclusión la ofrece el estudio de Blanca Silveira, aunque ciertamente resalta la carencia de otras fuentes históricas que podrían precisar estos hechos.

Pero el libro cita a las investigadoras María Matilde Suárez y Carmen Bethencourt, autoras de una de las obras más precisas sobre la historia y la devoción a la Divina Pastora, en la cual se reseña que en tiempos cuando el país, azotado por la epidemia del cólera que llegó también a Barquisimeto, "El padre Macario Yépez hizo entonces la convocatoria para una procesión con la Divina Pastora de Santa Rosa y El Nazareno del templo de la Inmaculada Concepción de Barquisimeto, y las imágenes son trasladadas en procesión solemne, cada una saliendo desde su templo al lugar de encuentro: la Cruz Blanca, el monumento expiatorio levantado en Tierritas Blancas en Barquisimeto, hoy la plaza Macario Yépez".

En esta sección de la obra, Zalewski sobre los encuentros de la Pastora de Almas con El Nazareno, en una breve cronología, pero como dato trascendental, aborda la restauración y el minucioso estudio que dos profesionales le hicieran a la talla de Los Rastrojos, así como el proceso de recuperación, y concluye con testimonios de los devotos de El Nazareno.

El capítulo III, ya el epílogo, es un encuentro a la historia de la parroquia Sagrada Familia, el origen de Los Rastrojos como parroquia civil y la creación de la eclesiástica, decretos de gobernantes y prelados de ese tiempo remoto, los nombres adoptados, la construcción del templo y propiedad del solar, biografías de sacerdotes que atendieron al poblado, y la elevación de la Parroquia a Santuario Arquidiocesano de El Nazareno, en 150 páginas, con un tiraje de 1.000 ejemplares, compilado en dos años, desde finales de 2010 hasta enero de 2013, con apoyo de fuentes éditas, inéditas, testimonios, libros de la Parroquia Eclesiástica de Los Rastrojos, a partir de 1864, hemerografía de EL IMPULSO y la exploración del voluminoso Archivo Arquidiocesano de Barquisimeto.

Cronología

-14 de enero de 1856: Se realizó el primer y más importante encuentro ante la Cruz Salvadora, ubicada en las Tierras Blancas de Barquisimeto, hoy plaza Macario Yépez.

-31 de diciembre de 1911: Segundo encuentro entre ambas imágenes en Los Rastrojos, según el primer testimonio escrito que poseemos después de 1856.

-14 de enero de 1956: El Nazareno nuevamente se encuentra con la Divina Pastora en la plaza Macario Yépez para conmemorar el primer centenario de la primera visita de la Excelsa Patrona a Barquisimeto.

-14 de enero de 2000: El Nazareno esperó debajo del arco de entrada a la ciudad de Barquisimeto iglesia Claret, plaza Macario Yépez, la llegada de su Madre para después en hombros del pueblo trasladarse hasta la Catedral, acto enmarcado por el Jubileo del Nacimiento de Nuestro Señor Jesucristo.

-5 de agosto de 2006: El Nazareno recibe a la Divina Pastora a la Casa de la Cultura de Cabudare, con el motivo de celebrar 150 años desde la primera visita a la ciudad de Barquisimeto.

-20-22 de octubre de 2006: La Divina Pastora regresa a Los Rastrojos para encontrarse con El Nazareno y conmemorar el primer encuentro de 1856.

-20-21 de septiembre de 2008: la Excelsa Patrona llega a Los Rastrojos, con motivo de la celebración por la elevación del templo parroquial a Santuario Arquidiocesano de El Nazareno de Los

Rastrojos. El arzobispo de Barquisimeto monseñor Antonio José López Castillo presidió la Solemne Eucaristía.

-26-28 de agosto de 2009: La Parroquia Sagrada Familia de Los Rastrojos nuevamente recibe a la Divina Pastora. Diversos sectores de la comunidad son visitados por ambas imágenes.

-26-27 de noviembre de 2011: La comunidad de Los Rastrojos recibe a la Divina Pastora para celebrar el centenario de la primera visita.

Testimonio de la época

"El Nazareno llegó primero (al templo de la Inmaculada Concepción, en 1856) y el pueblo, congregado de rodillas y suplicante, esperó pacientemente la llegada de la Divina Pastora".

Cofradía de Jesús Nazareno

Está fundada en la Iglesia de la Inmaculada Concepción de Barquisimeto. Sus constituciones fueron aprobadas por el licenciado Dn. Juan Días Vargas Machuca, Visitador general por el Ilustrísimo Señor Dr. Dn. Diego de Baños y Soto Mayor, en esta ciudad a 8 de febrero de 1687. La visita del Obispo Mariano Martí ocurrió el 9 de marzo de 1779, por tanto, se infiere que el templo, "muy probablemente poseía una imagen de El Nazareno o al menos estaba en proceso de adquirirla".

Primeros sacerdotes de Los Rastrojos

-Pbro. Domingo Antonio Yépez, desde 20 de enero de 1864.

-Pbro. Leonardo Castillo (Cura auxiliar), desde 6 de abril de 1864.

-Pbro. Domingo Antonio Yépez, desde mayo de 1864 a 1866.

-Pbro. Regino Aular (Cura interino), desde el 11 de abril de 1874

-Pbro. Domingo Antonio Yépez, desde el 8 de enero de 1876.

-Pbro. Leonardo Castillo, desde el 24 de agosto de 1878.

-Pbro. Regino Aular, desde el 6 de febrero 1879.

-Pbro. Fidel R. Tovar (Cura auxiliar), desde el 27 de abril de 1897.

-Pbro. Jesús María Hurtado, desde mayo de 1901.

Sacerdotes del templo San Juan Bautista de Cabudare hasta 1900

CABUDARE ADQUIERE JERARQUÍA como Parroquia Eclesiástica el 1º de abril de 1818, pero no será hasta 1835, cuando se inaugure formalmente el templo matriz bajo la advocación de San Juan Bautista, sirviendo hasta entonces como casa de oración la Capilla Santa Bárbara edificada en 1797. En la Parroquia Eclesiástica La Candelaria, desde el mes de mayo de 1818, hasta 1903, se desempeñaron como párrocos:

1.
Dr Juan Francisco Muxica, desde abril de 1818 hasta mayo de 1821

2.
Manuel Antonio Limardo, mayo de 1821-junio de 1825

3.
Miguel Pimentel, junio de 1825-diciembre de 1827

4.
Bachiller José Macario Yépez (El sacerdote de la histórica rogativa a la imagen de la Divina Pastora) Ofreció sus servicios en calidad de cura Interino de Cabudare desde el 1º al 27 de enero de 1828

5.
Miguel Pimentel, enero-abril de 1828

6.
Manuel Antonio Limardo, abril de 1828-septiembre del mismo año

7.

Miguel Pimentel, septiembre de 1828-marzo de 1842

8.

Domingo Andrés [Interino] marzo de 1842- septiembre del mismo año

9.

Miguel Pimentel, septiembre de 1842-junio de 1843

10.

Domingo Andrés, junio de 1843-agosto del mismo año

11.

Miguel Gaceo [cura coadyutor] agosto de 1843-noviembre del mismo año

12.

Ignacio María Montes de Oca, noviembre de 1843-octubre de 1844

13.

Miguel Pimentel, octubre de 1844-mayo de 1846

14.

Patricio Escalona, [teniente-cura] mayo de 1846-febrero de 1852

15.

Miguel Pimentel, marzo de 1852-junio del mismo año

16.

Manuel María García, [cura coadyutor] junio de 1852-junio de 1855

17.

Miguel Pimente, junio de 1855-septiembre de 1856

18.

Andrés Pedro Fuvena, [coadyutor] octubre de 1856-febrero de 1857

19.

Ignacio María Montes de Oca, marzo de 1857-junio del mismo año

20.

Miguel Pimentel, junio de 1857

21.

Carlos Dupuy, [vicario parroquial] desde junio hasta septiembre de 1857

22.

Nicolás Vázques, [teniente-cura] desde septiembre hasta octubre de 1857

23.

Miguel Pimentel, noviembre de 1857 hasta enero de 1858

24.

Nicolás Vázques, desde enero hasta julio de 1858

25.

Ignacio María Montes de Oca, [auxiliar] agosto de 1858

26.

Lcdo. Juan Bautista Obregón, desde agosto hasta noviembre de 1858

27.

Ignacio María Montes de Oca, desde noviembre hasta diciembre de 1858

28.

Lcdo. Juan Bautista Obregón, diciembre de 1858 hasta marzo del 1859

29.

Rafael María Dluna [Coadyutor] marzo de 1859-noviembre de 1860

30.

Ignacio María Montes de Oca, noviembre de 1860-septiembre de 1861

31.

Vicente j Riera [auxiliar] septiembre de 1861-octubre de 1862

32.

Br. Domingo Antonio Yépez, noviembre de 1862-septiembre de 1863

33.

Juan Bautista Obregón [rector] septiembre de 1863-1864

34.

Lcdo. Leonardo Castillo [auxiliar] abril de 1864-octubre 1898

35.

Jesús María Hurtado, [interino] octubre de 1898-enero de 1899

36.

Leonardo Castillo, desde enero hasta abril de 1899

37.

Jesús María Hurtado, desde abril hasta septiembre de 1899

38.

Dioceliano del Carmen López, septiembre de 1899-febrero de 1900

39.

Pedro María Alvarado, desde febrero hasta mayo de 1900

40.

José Fortuce, desde mayo hasta septiembre de 1900

41.

Jesús María Hurtado, septiembre 1900-mayo 1902

42.

José Fortuce, mayo de 1902-octubre 1903

43.

Felipe Aular, octubre de 1903

Fuente: Archivo de la Arquidiócesis de Barquisimeto. Secciones párrocos de templos de la ciudad.
El Kabudari, Órgano Divulgativo de la Cultura de Palavecino. Nº 4 marzo de 1999
Datos de la Oficina del Cronista Oficial de Palavecino 2011

Los sacerdotes en la historia de Los Rastrojos desde 1860

LA HISTORIA RELIGIOSA de Los Rastrojos es rica en contenido, pues resulta que fueron muchos los personajes que se inscribieron en las páginas del tiempo con su denuedo y entrega en favor del progreso. En los registros parroquiales del Archivo Arquidiocesano de Barquisimeto, así como en el libro del padre Bogdan Zalewski, nos topamos con un número considerable de sacerdotes que sirvieron en tierras rastrojeñas, unos nacidos en Venezuela y otros fuera de nuestras fronteras.

Entre los sacerdotes que sirvieron a Los Rastrojos, destacaron el presbítero Domingo Antonio Yépez, primer cura párroco de ese sitio, así como Regino Aular, reconocido y muy apreciado en aquel pueblo de Jesús y María, como fue designado en sus inicios. Advertimos que el orden cronológico no es preciso debido que la diócesis y posterior arquidiócesis, no contaba con suficiente atención pastoral, escenario que cambia a partir de 1961, cuando las autoridades eclesiásticas de la Arquidiócesis de Barquisimeto, asignan para Los Rastrojos, un sacerdote oficial.

1. Pbro Domingo Antonio Yépez
   Desde el 20 de enero de 1864.

2. Pbro Leonardo Castillo
   Desde 6 de abril de 1864.

3. Domingo Antonio Yépez
   Mayo de 1864 hasta 1866.

4. Regino Aular
   Desde 11 de abril de 1874.

5. Domingo Antonio Yépez
   Desde 8 de enero de 1876.

6. Leonardo Castillo
   Desde 24 de agosto de 1878.

7. Regino Aular
   Desde 6 de febrero de 1879.

8. Pbro Fidel R Tovar
   Desde el 27 de abril de 1897.

9. Pbro Jesús María Hurtado
   Desde mayo de 1901.

10. Pbro José Fortucci
    29 de junio de 1901 a 22 de mayo de 1906.

11. Pbro Felipe Aular Urguiola
    27 de mayo de 1906 a 26 de noviembre de 1913.

12. Pbro R. Chapman L.
    26 de nov. Hasta febrero de 1916, nombrado cura encargado
    por el obispo Dr. Aguedo Felipe Alvarado.

13. Pbro Felipe Aular
    9 de julio de 1916 a 25 de enero de 1919, fecha de su muerte.

14. Pbro Luis Yuste Vilar, párroco del templo San Juan Bautista
    de Cabudare y auxiliar de Los Rastrojos.
    25 de enero de 1919 a 24 de febrero del mismo año.

15. Pbro José Manuel Ferrera
    18 de marzo de 1919 hasta septiembre de 1920.

16. Luis Yuste Vilar
    Septiembre de 1920 hasta 16 de mayo de 1922.

17. José Manuel Ferrera
    16 de mayo de 1922 a 21 de febrero de 1924, funge como cura
    auxiliar, y desde 21-2-1924 hasta 1-2-1928, cura interino de la
    parroquia eclesiástica Sagrada Familia Los Rastrojos.

18. Pbro Muñoz L. Párroco de la iglesia San Juan Bautista de Cabudare y auxiliar de Los Rastrojos.
1° de febrero de 1928 a 23 de febrero de 1931.

19. Pbro. Agustín H Álvarez Cura penitenciario y cura auxiliar de Los Rastrojos.
10 de marzo de 1931 al 25 de diciembre de 1932.

20. Pbro. J.Y. Sánchez. Párroco del templo San Juan Bautista de Cabudare y cura auxiliar de Los Rastrojos.
3 de marzo de 1933 al 15 de agosto de 1934.

21. Pbro Benito Cordón Jiménez
26 de agosto de 1934 al 24 de enero de 1935.

22. Pbro Néstor C Oropeza. Párroco de iglesia San Juan Bautista de Cabudare y auxiliar en Los Rastrojos
3 de febrero de 1935 al 3 de febrero de 1936.

23. Pbro Julián Amado
3 de diciembre de 1936.

24. Pbro Leonardo González Sacerdote redentorista, encargado de la iglesia San Juan Bautista de Cabudare y de la parroquia Jesús y María de Los Rastrojos.
21 de febrero de 1939 al 30 de abril del mismo año.

25. Pbro Julián Amado. Párroco del templo San Juan Bautista de Cabudare y cura auxiliar de Los Rastrojos.
8 de mayo de 1939 al 30 de mayo de 1948.

26. Pbro Falcón Hurtado
Mayo de 1948.

27. Pbro Pedro Rodríguez. Párroco del templo San Juan Bautista de Cabudare y cura auxiliar de Los Rastrojos.
1° de septiembre de 1956 al 29 de octubre de 1961.

28. Pbro Arsenio Castells Batanero.
Desde 9 de noviembre de 1961 al 6 de noviembre de 1966.
Este sacerdote fue nombrado párroco residencial de la parroquia después de 32 años de un titular, solo atendida por curas de Cabudare. Libro de Gobierno N°4, folio 2.

29. Pbro Ángel D'Auria
11 de febrero de 1967 al 7 de enero de 1968.

30. Pbro Luis Góngora
17 de marzo de 1968 al 29 de enero de 1972.

31. Pbro Teófilo Mendivelso Fuentes
22 de marzo de 1972 al 21 de septiembre de 1973.

32. Pbro José Rosario Duarte.
21 de septiembre de 1973 al 24 de octubre de 1974.

33. Pbro Saúl García de la Ossa. Párroco de la parroquia Sagrada Familia de Los Rastrojos y auxiliar de la iglesia Sagrado Corazón de Jesús de La Mata, Cabudare.
24 de octubre de 1974 al 17 de febrero de 1976.

34. Pbro Julio César Barillas Araujo.
30 de enero de 1976 al 30 de septiembre de 1979.

35. Pbro Pablo Orlando González
1° de septiembre de 1979 al 30 de junio de 1987.

36. Maximino Pérez Marcos. Administrador parroquial
30 de junio de 1987 al 20 de junio 1990.

37. Diácono Jesús Antonio Palencia Arias. Encargado de la parroquia.
20 de junio de 1990 al 25 de septiembre del mismo año.

38. Pbro Cornelio Alfonso Galavís Villamizar.

25 de septiembre de 1990 al 17 de diciembre de 1994.

39. Pbro José Gerardo Belandria Contreras
18 de diciembre de 1994 al 25 de septiembre 1997.

40. Pbro José Napoleón Parrales García. Administrador parroquial.
25 de septiembre de 1997 al 17 de noviembre del citado año.

41. Havis Harley Escalona Echeverría. Administrador parroquial.
17 de noviembre de 1997 al 10 de febrero de 1998.

42. Pbro José Napoleón Parrales García. Administrador parroquial.
10 de febrero de 1998 al 14 de enero de 1999.

43. Tadeuz Brodzinski
14 de enero de 1999 al 15 de julio de 2002.

44. Pbro Bogdan Marek Zalewski
15 de septiembre de 2002 hasta abril de 2013.

45. Pbro Nelson Parra
7 de abril de 2013 hasta su fallecimiento ocurrida el 2 de octubre de 2015

En 154 años de historia de la parroquia eclesiástica de Los Rastrojos, recibió nueve visitas pastorales, y el sacerdote que más tiempo estuvo al frente del templo fue el padre Regino Aular con 20 años como párroco y el presbítero Bogdan Zalewski con 11 años, seguido de Felipe Aular Urguiola, con 10 años, entre muchos otros, quienes fueron partícipes de los avatares del tiempo histórico de esta parroquia.

Fuente: Registros parroquiales del Archivo Arquidiocesano. Sección Los Rastrojos y Cabudare
Bogdan Zalewski, presbítero. Los Rastrojos, pequeño pueblo con grandes historias. Barquisimeto, marzo de 2013

Con infinito amor para Olga Padua

CUANDO LUIS DANIEL PEROZO se disponía a abrir aquel increíble hallazgo, las manos le temblaban y comenzaba a transpirar copiosamente. Minutos después, permaneció inmóvil, expectante, mirando el manuscrito sin siquiera pestañear. Por un momento se imaginó a su padre redactando aquella histórica nota. Habían transcurrido, 101 años, siete meses y 37 mil 132 días, desde aquel sagrado momento. Un siglo después, la epístola, que nunca llegó a su destinataria, estaba por ser revelada.

La carta, dentro de un sobre impecable, con sello de lacre donde resaltaban las iniciales ′LP′, milagrosamente bien preservada, fue localizada dentro de un pequeño cofre de lata y madera con bordes de plata, el martes 25 de diciembre de 2018, en una casa de campo en ruinas afincada en las entrañas de la montaña de Terepaima. El amarillento sobre, que se mantuvo intacto por la nula exposición a la luz y el oxígeno ausente, estaba dirigido a Olga Padua, pero lo que revelaría la nota en sí, sería realmente conmovedor.

Cabudare, abril 27 de 1917

Mi amada Olga, hoy he de confesarte, con infinita alegría, que escribí tu nombre en mi memoria por siempre y para siempre.

Fue aquella mañana de rocíos cuando descubrí que caminé durante un siglo entero para encontrar tu mirada. Sólo me detuve para descansar y dormir algunas horas, las cuales aproveché para conversar con Dios, quien a su vez diariamente me indicó el camino, luego proseguí nuevamente en mi solitario y eterno recorrido en medio de aquel vasto y desmesurado reino de recuerdos.

En la incierta travesía, surcada de tenebrosas veredas, interrumpí el trajinar para buscarte en las aguas salobres de mis propias lágrimas.

Sollocé aturdido por la evocación devastadora de tu agria partida, la cual me desgarró aún más las entrañas.

Pese a los tumbos agónicos, en mi mente y corazón ardoroso permanecía vivo un determinante propósito: encontrarme contigo, pero a cada paso, dejé desperdigado un prolongado reguero de suspiros, aquellas noches de estrellas y días de lluvias grandes que jamás cesaron.

En el transcurrir de esa fría centuria, reviví por instantes fugaces mis días infantes a tu lado, anhelando retroceder las agujas del reloj de péndulo, pero las tinieblas agotaron las últimas nostalgias que se escurrieron por las grietas de mi memoria. No pude verte.

Me marché en medio de una desilusión sin medida, cuando se acabó el mundo, cautivo de una trampa del destino en la que no tenía valor para comprender y sortear. Eran las señales premonitorias de ese desventurado día.

Comprendí entonces que estaba señalado desde siempre por el estigma de la soledad, entonces recorrí miles de kilómetros, desde Alaska hasta la Patagonia sin hallar tu rastro, inclusive me adentré para buscarte una y otra vez, en los confines ignotos de desiertos inclementes, selvas espesas y mares profundos.

Me hundí sin asidero en las arenas movedizas de tus recuerdos. Me sumergí en un letargo de muerte del que había sido en otros tiempos un paraíso terrenal. Era un torbellino del cual inútilmente intenté burlar, pero que con cada paso sucumbí con premura, no sin antes intentar ocultar la estela de mis amargas lágrimas.

Ahogado en mis anhelos, luego de la primera centuria, un martes de abril, entre la bruma y una lluvia tenue, caí tumbado bocabajo, ensimismado en desconsuelo atroz.

Y padecí por un momento la desdicha de ser mortal, donde mi invencible corazón comenzaba a resignarse en el sopor lento del aliento que tocaba la campana de mi hora mortal. La vida se me escapó en un último sorbo, apenas si me sobraba un póstumo instante para mirar las hullas desvencijadas propensas a borrarse.

Mi rostro atribulado y mis ojos anegados de lágrimas fáciles testificaron el infalible ocaso. Divisé el horizonte con la mirada trémula donde retornaba el astro rey, fulgurante y abrasador. Con excesivo esfuerzo levanté la cabeza nuevamente y vi aparecer en medio de la luz intensa la imagen sublime de un sueño reflejado en el espejo de otro sueño. Creí verte.

Inmerso en letargo me vi, y con el corazón resquebrajado de dolor dejé escapar centellas de desesperanza, pero no hice un solo gesto que denunciara mi desolación. Traté de aferrarme a la vida. Tendí la mano en el vacío inmenso, y milagrosamente el único asidero que encontré fue la mano maravillosa del arcano de los tiempos.

En cada anochecer insisto en nuestro reencuentro, y al despuntar la aurora, vuelvo a proseguir mi itinerario eterno. Tengo la delirante sensación que han pasado entre cien y doscientos cuarenta años desde que comencé a soñarte. Nadie más habla de ti. No existe huella alguna de tu sendero, pero hay quienes cuentan que te han visto caminando entre las altivas espigas de cañamelar de los predios del Valle del río Turbio, incansable, con aquel ánimo indestructible. Te he buscado mi Olga.

Dejaste un trazo de recuerdos en medio del verdor de Tarabana y El Molino. Hoy apunto estas líneas en papiros como vestigio infinito, para que mis hijos puedan hallarte y conocerte. Y al tiempo que esto acontezca, seguiré viéndote en la profundidad inescrutable de mis sueños de cada amanecer.

Mi gratitud abuela Olga.

Tuyo siempre y para siempre

LP

PD
Cuando mi cuerpo deje este mundo, que los papiros permanezcan bajo la custodia de Luis Daniel, Gabriel Alejandro, Andrés Santiago y Mathías Marcelo, y una vez revelados, éstos sean devueltos al orgulloso Terepaima, en donde pasaste tus días primaverales. Allí hay parte de ti. Me reconforta saber que algún día los leerás, pues allí estarán para cuando decidas retornar.

Epístola que obtuvo el Primer Lugar en la II Edición Concurso Cartas desde el Corazón 2016, organizado por la Alcaldía del municipio Palavecino del estado Lara

Discurso

Cabudare en un discurso

Jabillo histórico en donde acampó el Libertador
el 10 de noviembre de 1813

Pieza oratoria de Luis Alberto Perozo Padua en Solemne Acto del Día de Cabudare. Oratorio de Santa Bárbara. Cabudare, 27 de enero de 2014

En primer término, debo agradecer profundamente al Concejo Municipal de Palavecino, en la persona de su presidente Leonardo Castañeda y los honorables concejales integrantes de este cuerpo legislativo, el alto honor que me han dispensado, al tener la oportunidad de dirigirme a ustedes, este día especial para los cabudareños.

Cuando tan solo era un niño, recuerdo que encendía el televisor los días de fiesta nacional, solo para apreciar con vibrante alegría los encendidos discursos en el hemiciclo del Palacio Federal Legislativo, disculpen la referencia personal y esta anécdota muy propia, pero cuántas veces mi imaginación llegó hasta esa tribuna, en donde me veía dirigiéndome al auditorio.

Hoy 27 de enero de 2014, no es menos interesante el escenario, no es menos emocionante estar frente a este augusto auditorio, en donde la mayoría son caras conocidas, compañeros de luchas, amigos de la vida que sueñan con un Palavecino para todos, un Palavecino para Vivir.

Una brillante mujer, Haydee Padua, que hoy nos honra con su deslumbrante presencia, ha dedicado parte de su tránsito vital a recalcarme que es falso que exista un destino ya prefigurado, del que no nos podemos soltar.

Es falso que no tengamos otro camino sino el de la resignación a ser simples hebras en los vientos de una predestinación frente a la cual no nos queda opción sino la de cumplir lo ya dispuesto por fuerzas e intereses superiores y extraños.

Pues no, y lo mismo ocurrió con los primeros pobladores de este Cabudare, un sitio, un pueblo, una comarca, como la han descrito varios viajeros de tiempos pretéritos y como la han definido historiadores de principios del siglo XIX. Aquellos cabudareños, empeñados en el progreso observaron como el sitio era infatigablemente visitado por viajeros que buscaban en este iridiscente cruce de caminos hospedaje y provisiones para el trayecto.

Kabudari, árbol grande

Hace varios lustros, cuando por referencia del abogado cabudareño Luis Lozada Castillo, para entonces edil de esta corporación municipal, me obsequió un pequeño pero mágico folleto, repleto de ideas y de historia, en el cual encontré una certidumbre que en este momento deseo transmitir a ustedes, en instante tan solemne, imborrable, como fuente de un precioso saber.

En este librito, uno de mis preferidos, pude leer: *"En lenguaje aborigen Cabudare significa puerta de los llanos. Su espléndida topografía semeja una espaciosa antesala que une las últimas estribaciones de los Andes majestuosos con las llanuras ilímites de nuestra deslumbrante geografía".*

Fueron estas líneas apuntadas por el acucioso historiador Francisco Cañizales Verde, en su discurso del 10 de noviembre de 1991, como orador de orden en la primera sesión celebrada con motivo del Día de Cabudare para ese entonces, las que quizá embargaron mi corazón, empujándome a enrolarme en las faenas de la historia de este sitio, de este maravilloso sitio, pero también me indujo a caminar la travesía irrenunciable de la lucha por las mejoras sociales desde los ámbitos de la academia y con fogosidad desde el periodismo a través de EL IMPULSO.

Además del aporte del Dr. Cañizales Verde se cuenta con los rigurosos estudios del Dr. Gustavo Rojas Lugo y del maestro Renato Agagliate, quiénes exponen que el topónimo es KABUDARI escrito en lengua ARAWAKA, cuyo significado es ÁRBOL GRANDE, lo cual nos vincula a las antiguas especies vegetales de gran tamaño como la Ceiba y el Jabillo Blanco, incluso con la vida de los aborígenes AJAGUAS, ancestrales pobladores en alguna de las comunidades de este otro lado del Turbio, otra significativa investigación aportada por el Cronista Oficial, profesor Taylor Rodríguez García, así contenido en la Ordenanza de Símbolos Municipales.

La historia nos enseña que la extraordinaria fuerza de un pensamiento, de una lucha, de una causa abrazada con temple, resuelta, valiente, ha sido capaz repetidamente de modificar los rumbos y sentidos, de las culturas, de las localidades y hasta de las naciones.

Creo sin lugar a equívoco, que el pueblo de Cabudare, ya ha entrado en ese compromiso de cambio.

Poblamiento formal

Sirvan los primeros párrafos de esta intervención para una necesaria aclaratoria. Sobre si Cabudare tiene 200 o 300 años de fundado o establecido, es un debate latente ya suficientemente esbozado, y quizá no agotado, porque las páginas de la historia se escriben a diario.

El debate está abierto y como decimos los humanistas, más allá de las consignas o banderas políticas, la historia entraña un valor substancial, para ello nos formamos y seguimos en esa senda.

Y no podemos soslayar que la fundación es un acto oficial, se registra en un acta, en un documento, y en aquella remota época, un escribano dejaba testimonio escrito del poblamiento, con definición de los límites, identificándolos, en donde también se nombraba a un juez poblador quien coordinaba todas y cada una de las acciones a seguir para que el acto se inmortalizara.

El poblamiento -atención al auditorio-, es un acto espontáneo, en donde los vecinos ocupan un espacio para satisfacer fines, en primer lugar materiales, pero también propósitos espirituales, caso específico, y el cual hoy nos ocupa, los cabudareños desde 1811, habían estado solicitando con pertinacia, ante las autoridades oficiales de Barquisimeto y Caracas, que se dotara al sitio de una "casa de oración".

Pero qué ocurrió: amigos y amigas que nos acompañan, en 1793, don Juan José Alvarado de la Parra, rico propietario del Valle de Turbio y alférez real del cabildo de Barquisimeto, por sugerencia del obispo de Caracas Mariano Martí, solicitó permiso ante el despacho diocesano de Caracas, para construir un espacio adecuado "para el cultivo de la fe" y así fue otorgado. Pero no se construirá este hermosísimo oratorio bajo la advocación de Santa Bárbara, sino cuatro años después, en 1797.

Están ustedes, señoras y señores, ante una de las edificaciones religiosas más antiguas del país, y del decir del maestro de la arquitectura colonial Grazziano Gasparini: "La más hermosa" y les aseguro que han sido interminables las noches de desvelo, leyendo, investigando y cavilando sobre esta sin igual capilla.

Fue entonces cuando los habitantes del sitio de Cabudare, comenzaron a congregarse los domingos y días de fiesta, en el oratorio, primer templo de la comarca.

Pero el horrendo suceso del 26 de marzo de 1812, hizo sucumbir el oratorio reduciéndolo a simples ruinas, y de seguida tanto los vecinos como la familia Alvarado de la Parra, levantaron un tinglado de techo de tamo y paredes de bahareque, sin tener la misma receptividad, lo que implicaba que la gente debía trasladarse hasta la iglesia de Santa Rosa, cuando los ríos Turbio y Claro no estaban crecidos.

En la segunda quincena de noviembre de 1817, los vecinos de este sitio recibieron la buena nueva, que estaba pronto a erigirse la creación de la Parroquia Eclesiástica y la construcción de su templo mayor.

Pero cuál es la trascendencia del 27 de enero, que es la antesala inmediata a la creación de la Parroquia Religiosa, en donde los fieles, los vecinos, en el propósito de definir y satisfacer una necesidad espiritual, se congregaron aquí espontáneamente, más allá de las consecuencias legales que ello pudo generar y que generaron, porque el mando del general realista Pablo Morillo, se apersonó a esta tierra y ordenó cerrar las pulperías, pero ya Cabudare era un corazón latente.

No se trataba, de una voluntad ciega, improvisada de un grupo de vecinos que anhelaban constituirse como pueblo, pues, no todos los voluntarismos son garantía de un mañana mejor, de una vida más digna y edificante, en consecuencia, en 1826, los comerciantes de Barquisimeto actuaron, tras bastidores, para que Cabudare no alcanzara la jerarquía de pueblo.

Es esta la trascendencia impostergable del 27 de enero, que evocando al recordado maestro Francisco 'Coché' Rojas: "bendito Cabudare que nació entre la Capilla Santa Bárbara y el templo matriz San Juan Bautista, bajo la advocación de la Virgen de La Candelaria.

Enfatizamos pues, sin el suceso histórico del 27 de enero de 1818, nos hubiésemos negado a la edificación de una escuela, un camposanto, las primeras pulperías y nuestro templo matriz.

Ese día, se consolidó el casco urbano separándolo de los solares productivos como El Carabalí, Bureche, El Mayal, edificándose en Cabudare las sedes de los servicios públicos, y es que éramos tan pequeños, que el primer columbario o cementerio, estuvo ubicado en las márgenes de la hoy Escuela Valmore Rodríguez.

Y citamos una brillante investigación reflejada en el centenario diario EL IMPULSO, del historiador Rodríguez García, en donde cita un párrafo interesantísimo, por demás revelador, reproducido por el Boletín del Centro de Historia Larense de abril mayo y junio de 1944, en donde se reunieron los vecinos el 27 de enero de 1818, con "la junta plenaria" integrada por el doctor Juan de Mujica, cura de Santa Rosa, los dos curas de Barquisimeto, presbíteros bachiller Sebastián Bueno y José Antonio Meleán, el Alférez Real Juan José Alvarado de la Parra y el padre Andrés Torrellas, que rubricó el acta de demarcación "ordenada por el señor gobernador de este obispado, procedimos a reconocer el terreno que debía desmembrarse –de Santa Rosa- para la creación de la nueva parroquia". Al final del documento se acentúa que esta "SERÁ LA EXTENSIÓN PARROQUIAL DEL NUEVO CURATO DE CABUDARE y sus límites, los mismos que quedan mencionados, en cuya operación no manifestaron oposición alguna los señores curas y se conformaron en todo con la expresada demarcación".

Seguidamente -dice este valiosísimo pergamino-, procedemos a la demostración y reconocimiento del terreno en que debe fundarse la Iglesia Parroquial del enunciado curato, casa pública para la instrucción de la juventud, y casa para la habitación del cura, Y DETERMINAMOS QUE EL TERRENO SITUADO AL FRENTE DE DON MIGUEL BERNAL, HACIA LA PARTE DEL NORTE, EN POSESIÓN DE LOS ORDOÑES, ES EL MÁS PROPÓSITO Y CAPAZ PARA FUNDACIÓN…

En el sitio se clavó una cruz como señal de que allí se instalaría el poder religioso y así quedó escrito y firmado, por ello, sin el 27 de enero, no existiera Los Rastrojos, ni agua Viva, porque desde este epicentro llamado Cabudare, se conquistó el poblamiento que luego fue progresivo.

Aclaramos que el cronista de Palavecino, no se limitó únicamente al contenido del citado boletín, sino que en archivos nacionales, estadales, locales e incluso en bibliotecas privadas, consultó y fichó numerosos textos primarios y secundarios, luego de su interpretación, confrontación, elaboró su propio análisis, lo cual contribuyó a escribir el tomo número 1 de su libro: Historia de la parroquia religiosa San Juan Bautista de Cabudare, obra que se ampliará en agosto del presente año con la publicación de un nuevo tomo.

Estos párrafos son la esencia que destaca Rodríguez García en sus rigurosas investigaciones, son soportes documentales que hasta ahora no han podido refutarse, pues, desde hace 17 años, con el visto bueno de entes como la ilustre Universidad Fermín Toro, con respaldo del Centro Historia Larense y otros organismos académicos, se logró durante la administración del entonces alcalde Freddy Alberto Pérez, que la Cámara Municipal en pleno votara unánimemente para que Cabudare celebre su día cada 27 de enero.

Decir lo contrario ameritaría una nueva investigación, y porque no, que se abra el debate entonces, dado los métodos históricos son flexibles, por tanto, bienvenidos a este formidable debate que hemos asumido con pasión, primero desde las cátedras con el cronista Rodríguez García, a quien respaldamos plenamente en sus investigaciones, serias, metódicas, analíticas; y ahora bajo la tutoría formal del catedrático doctor en Historia Reinaldo Rojas con una maestría en historia y próximamente y sin dilación, el doctorado en esa ciencia social.

Por cierto, en marzo del año en curso, en este mismo recinto estaremos bautizando la versión bibliográfica del tomo 1 sobre el Oratorio-Capilla, su importancia en la vida espiritual local, y un segundo tomo que será destinado a investigadores sociales y en cuyo contenido se compilarán los documentos más antiguos, además de una entrevista al maestro-arquitecto Gasparini, obra elaborada por el mismo Rodríguez García y este servidor, para la cual aspiramos contar con el sello editorial de la fundación que actualmente administra este sublime oratorio.

Francisco José (Coché) Rojas, Julio Álvarez Casamayor
(Centro) y Dante Rojas Valbuena con templo
matriz de Cabudare San Juan Bautista

Junta Promejoras de Cabudare

Quiero pedirle, a los distinguidos concejales, al alcalde José Barreras, y a este hermoso pueblo presente en este mágico recinto espiritual, que otrora funcionó como uno de los asentamientos más productivos del valle, un poco de paciencia, porque no podemos pasar inadvertidos a dos adalides, herederos de las glorias del comandante Cristóbal Palavecino, Nicolás Patiño y Aquilino Juares, a quienes la historia les ha designado el honroso título de Los Arquitectos del Siglo XX Cabudareño: Francisco José Rojas Rodríguez y Eurípides Ponte Hernández, que tuve la grandeza de conocerles y entrevistar.

Aún recuerdo aquellas tardes de interminables tertulias en la Plaza Bolívar de Cabudare. De estos dos hombres, de estos dos admirados amigos, Cabudare y Palavecino en general obtuvieron las más grandes conquistas, a través de lo que llamaríamos hoy una ONG, adelantándose en el tiempo.

Se denominó Junta Promejoras de Cabudare –que repito-, funcionó en la praxis como una ONG, porque no era una organización político-partidista, sino de lograr metas sociales. Como por ejemplo, desde comienzos de 1960, esta organización, envió correspondencias y telegramas a: Ramón J Velásquez, secretario de la Presidencia de la República; a Eligio Macías Mujica, periodista del Diario La Nación; a Luis Augusto Dubuc, ministro de Relaciones Interiores; a Manuel Vicente Ledezma, presidente de la Cámara de Diputados del Congreso Nacional; al periodista Juan Liscano, del Diario El Nacional; a Ildegar Pérez Segnini, presidente del Instituto Agrario Nacional; a Eligio Anzola Anzola, gobernador del estado Lara y Rómulo Betancourt, presidente de la República, a fin de dar a conocer el drama de la falta de ejidos y la carestía de agua, que podría solucionarse con la adquisición de la Hacienda La Mata. Cuando el profesor Rodríguez García, me entregó en calidad de préstamo el grueso libro que contiene la correspondencia despachada de la Junta Promejoras de Cabudare, entre 1958 y 1963, descubrí que a esta organización Cabudare le debe su progreso y lo que es hoy.

Interesantísima por demás son cada una de las epístolas y telegramas, tan llenas de servicio social, de humanidad, de sentido de pertenencia y me atrevo a asegurar que ni los entes oficiales eran tan enérgicos. Cuando firman el acta constitutiva, en Cabudare el 1° de marzo de 1958, lo hacen "inspirados en el espíritu y la letra de los principios establecidos, con conciencia netamente progresista, laborará en acuerdo con los siguientes principios:

Sus actividades se realizarán con la única finalidad de lograr obras de verdadera utilidad pública, asistencia social, educación, edificaciones, mobiliario, tecnificación, embellecimiento urbano, reconstrucción de calles y aceras, acueducto con capacidad suficiente para la población actual, establecimiento de la red de cloacas, solución al problema de la carencia de predios ejidales para el establecimiento industrial y de vivienda".

Dice el acta más adelante que los fondos necesarios para el funcionamiento de la junta, serán recabados de la contribución de sus miembros y mediante colectas populares, rifas y otros medios. Y ya para rubricar el documento agregan: Con el mayor entusiasmo y la mejor buena voluntad, CON LA PROMESA JURADA DE SERVIR decididamente a los objetos que sustenten estos principios.

De esa madera estaban hechos estos cabudareños. Es ese nuestro legado. Debe ser esa nuestra consigna señores concejales, señor alcalde, público presente: SERVIR DECIDIDAMENTE.

Firmaron el acta constitutiva de la Junta Promejoras de Cabudare

Su presidente Roseliano Palacios

Vice presidente Juan de Dios Troconis

Secretaria Nedda Álvarez

Tesorero Eurípides Ponte Hernández

Y los vocales: Juan de Dios Meleán, Ligia de Meleán, Catalino Escalona, Julio Álvarez Casamayor, Pedro López Amaya y Francisco José Rojas.

La Mata, primer urbanismo moderno

A través de este ente sin fines de lucro y con el respaldo de los ediles del cabildo local, quienes laboraban sin salario alguno, se conquistaron importantes obras para la ciudad, convirtiendo los predios de la Hacienda La Mata, en ejidos para la expansión urbana y para obtener agua potable.

Según dato que gentilmente nos aportó Argenis Latiegue, ayudante del cronista municipal, la hacienda disponía de un moderno sistema de riego a través de canales construidos con ladrillo, para servir de agua a Cabudare, con pilas ubicadas en la calle Domingo Méndez entre San Rafael y Vicente Amengual; la siguiente estaba situada en los límites del Puente Rojas Paúl y la última en la calle Juan de Dios Ponte con Guillermo Alvizu.

La Mata en consecuencia fue la primera urbanización moderna del siglo, construida entre 1960 al 67, con una exquisita planificación urbana, calles y aceras amplias, inaugurada por el presidente Raúl Leoni. Un urbanismo verdaderamente humanizado, a donde fueron a vivir los propios cabudareños, una nueva generación de palavecinences.

El 24 de agosto de 1960, la cámara municipal acordó distribuir las 538 parcelas de 1.500 metros cuadrados para la siembra de árboles frutales con su respectiva vivienda de interés social. La Junta Promejoras de Cabudare, se preocuparía inmediatamente por conseguir la construcción de la avenida principal, denominada Presbítero Daniel Vizcaya. Luego, en la gestión de Ignacio Dam, se conquistaría la red de cloacas, la electrificación y el asfaltado. Sería extenso describir la enorme cantidad de obras y mejoras gestionadas por esta ONG, inclusive en La Miel, Sarare, Los Rastrojos y Agua Viva.

Eurípides Ponte para el salón de sesiones

Ahora, ya en el epílogo de este discurso, y como lo diría mi admirado amigo Benjamín Terán, presidente del Ateneo de Cabudare, que por más de 21 años le ha regalado cultura a este prodigioso sitio de Cabudare: HABLAR DE DON EURÍPIDES PONTE, ES HABLAR DE LA HISTORIA PERO TAMBIÉN DEL PROGRESO.

Conocer a Eurípides Ponte fue pasearse por un texto de historia. Pero no cualquier título nos lleva al mágico mundo de las solariegas calles de tierra y casas de bahareque y palmas, con su pulpería y botica. La infaltable iglesia frente a la Plaza Bolívar con caballos y burros con sus chirguas y jamugas cargadas.

Hablar con Eurípides era sumergirse en el pasado remoto, era reconstruir la historia y separarse en el tiempo y el espacio. Era comprender por qué y cómo se instaló el primer concejo municipal en los albores democráticos, la construcción de los primeros urbanismos y vías de comunicación, la instalación de grandes estructuras deportivas, la llegada de entidades bancarias y comerciales, en fin, el progreso de la ciudad.

Eurípides, fue ayudado a venir al mundo por "mamá Micaela" una partera veterana, el 13 de noviembre de 1925. Hijo de doña Isabel Hernández Agüero, de estirpe alemana quien llegó a Barquisimeto a principios del siglo XX, proveniente de Quíbor. Su padre, José María Ponte Carmona, era descendiente de españoles.

Eurípides vino al mundo en la casa materna, frente a la de Monseñor José Antonio Ponte, sexto arzobispo de Venezuela y familiar directo, las viviendas las dividía el antiguo camino Real que conducía desde Barquisimeto hacia los llanos. Cinco hermanos cuatro varones y una hembra.

Siendo un niño, en 1936, acompañó Eurípides al humanista también cabudareño don Héctor Rojas Meza, en la creación de la primera biblioteca de este pueblo, que honrosamente llevó el nombre de Ezequiel Bujanda.

En el acta constitutiva de aquella biblioteca ha quedado para la posteridad la firma de don Eurípides Ponte.

Por medio de la Junta Promejoras, jamás se rindió en su lucha para que en Cabudare se edificara un liceo, el hoy altivo Jacinto Lara, que para justificarlo, junto a Coché Rojas, fueron de escuela en escuela a levantar un censo de sexto grado, el cual llevaron hasta Caracas, para consignarlo al ministerio correspondiente.

En las inaugurales elecciones de los albores democráticos, realizadas en diciembre de 1958, donde participaron AD, COPEI, URD, UPA, PCV, Eurípides Ponte salió electo concejal por la tolda blanca, la cual obtuvo la mayoría de los votos y consiguió seis ediles.

En 1960, encontramos a un Eurípides enérgico en las labores parlamentarias del ayuntamiento como su vicepresidente; en el 61 fue presidente de la instancia edilicia; en el 62 y 63 retoma la vicepresidencia hasta 1966, que vuelve a asumir los destinos del Concejo Municipal hasta el 68.

Más adelante, cuando fue a nacer una nueva iglesia en Cabudare, a solicitud de los fieles ante la Junta Promejoras, el propio obispo Críspulo Benítez, emplazó a Coché y Eurípides, para confirmarle su asentimiento con el decreto de creación de la Parroquia Sagrado Corazón de Jesús, situada en La Mata.

Es precisamente, este caballero, este adalid cabudareño que vengo a presentarles señores parlamentarios, aunque hoy ya no está en cuerpo, convencido estoy que muchos aquí lo tenemos presente en el corazón, en nuestro diario proceder. En nombre de su esposa aquí presente, sus hijos, sus sobrino Naudy Salguero, a quien admiro profundamente, me tomo el atrevimiento de solicitar a la ilustre cámara que el salón en donde se realizan las sesiones del Concejo Municipal de Palavecino, se le designe con el nombre inmortal de don Eurípides Ponte Hernández, gloria de esta tierra a la que él tanto amó y por la que entregó toda su voluntad para verla grande y próspera. Él es gentilicio cabudareño siempre y para siempre. Nuestra gratitud eterna.

Obras para la ciudad

Otro de los petitorios que quisiera proponer como una urgencia parlamentaria, es la creación del anhelado Fondo Editorial, que llevaría el nombre de Eduardo Ortiz, periodista y redactor del Cóndor de Terepaima, génesis del periodismo en la localidad.

Este fondo más que una aspiración, es una necesidad sentida entre los entes públicos del municipio, que coadyuvará con publicaciones oficiales como gacetas, ordenanzas, resoluciones, decretos, además del aporte intelectual de investigadores, escritores, poetas, contribuyendo así con la cultura y el mundo del conocimiento.

Sin duda, amigos concejales, ambos petitorios tienen plena justificación. *Es honra pero también justicia*, diría José Ángel Ocanto, otro admirado maestro de periodistas, cuya pluma ha inspirado parte de este discurso.

En los albores del presente, deseo que la renovada cámara municipal, junto al alcalde José Barreras y el concurso de la Asociación Civil Proyecto Palavecino, Fundación Esperanza y todas las organizaciones presentes, con el mayor entusiasmo y LA PROMESA JURADA DE SERVIR, instemos al Gobierno nacional, a los ministerios correspondientes, al Ejecutivo regional para ver materializadas obras que son anhelo de muchos años como la

Circunvalación Sur, la conclusión del Hospital de Cabudare, la construcción y mudanza del Mercado Municipal, el liceo de Agua Viva, el Distribuidor Tarabana, la Zona Industrial de Palavecino, que contribuiría sensiblemente a palear el creciente desempleo de la entidad local, y una obra que amerita urgente atención, la construcción de la red cloacal de la zona rural de este municipio.

Cese de la violencia

No obstante, el cese de la VIOLENCIA aunado a la destructiva INSEGURIDAD es nuestro principal anhelo. Tenemos que reconstruir la sociedad, desde nuestros hogares. Queremos PAZ, exigimos PAZ, gritamos PAZ, no es el sueño aislado de los cabudareños, es el deseo recurrente de los larenses, de los venezolanos, por todo lo anterior, estamos llamados a unirnos, sin miramientos.

Un compromiso impostergable

La convocatoria es para asumir este presente, sin más dilación, las premuras, las encomiendas de la patria, de esta patria chica, de este sitio de Cabudare, en el que tanto hay por construir, en el que tanto hay por enmendar, en el que tanto hay por soñar.

Tenemos frente a nosotros un compromiso histórico. No esperemos que nada nos sea dado sin sacrificio. No procuremos que nadie nos prepare o reglamente el futuro. Vamos a luchar por ese futuro, por el verdadero Palavecino para Vivir, con tenacidad, con rebeldía razonable del decir de mi madre. Si lo hacemos juntos, tendremos eco. El mañana será nuestro, sólo si así lo deseamos.

Muchas gracias

www.ingramcontent.com/pod-product-compliance
Lightning Source LLC
Chambersburg PA
CBHW051847170526
45168CB00001B/10